农作物生产技术

杨强学 孔泽华 赵 展 著

湘潭大学出版社
XIANGTAN UNIVERSITY PRESS

图书在版编目（CIP）数据

农作物生产技术 / 杨强学, 孔泽华, 赵展著. -- 湘
潭：湘潭大学出版社, 2024.3
　ISBN 978-7-5687-1159-3

　　Ⅰ.①农… Ⅱ.①杨… ②孔… ③赵… Ⅲ.①作物 –
栽培技术 Ⅳ.①S31

中国国家版本馆CIP数据核字(2023)第127388号

农作物生产技术
NONGZUOWU SHENGCHAN JISHU

杨强学　孔泽华　赵　展　著

责任编辑：丁立松
封面设计：万典文化
出版发行：湘潭大学出版社
社　　址：湖南省湘潭大学工程训练大楼
邮　　编：411105
印　　刷：北京荣玉印刷有限公司
开　　本：787 mmx1092 mm 1/16
印　　张：18
字　　数：449千字
版　　次：2024年3月第1版
印　　次：2024年3月第1次印刷
书　　号：ISBN 978-7-5687-1159-3
定　　价：72.00元

PREFACE 前 言

农业是国民经济的基础。作物栽培及加工生产是农业活动的基本环节。我国有14亿的人口，人民生活所必需的粮食、大量纺织工业及其他轻工业产品的原料和畜牧业所需要的饲料等主要靠作物栽培业供给。同时，农作物生产也是创汇农业的重要组成部分，其发展能够促进和带动整个农业的发展，并满足一部分工业的需要。所以，农作物生产业在国民经济中占有十分重要的地位。

为使学生具备从事农业栽培和生产所必需的农作物基本知识和基本技能，使学生具备基本专业综合能力和职业适应能力，本书贯穿了以学生为主体，以能力为本位的原则。本书力求内容新颖，贴近生产，通俗易懂，重点突出，实用够用，体现出了农业职业教育的实践性和针对性。

本书首先对作物生产的概念进行简要概述，介绍了现代作物生产的内涵、作物的生长发育与产量、品质形成理论、作物的繁殖理论与技术等，然后对农作物生产技术实践的相关问题进行梳理和分析，包括作物高效生产、主要粮食作物生产技术、主要油料作物生产技术、主要水果作物提质增效技术，以及茶类、菌类及药材的生产技术，等等；还有在农作物食品加工、生产及食品安全与质量控制方面进行探讨。本教材论述严谨，结构合理，条理清晰，内容丰富，其可作为农业及食品相关专业学习的教材或学习参考用书。

本书的编写参考了大量的相关文献资料，借鉴、引用了诸多专家、学者和教师的研究成果，得到很多专家学者的支持和帮助，在此深表谢意。由于现代农业的飞速发展，虽极力丰富本教材内容，力求完美，经多次修改仍难免有不妥与遗漏之处，恳请专家和读者指正。

CONTENTS 目　录

第一章 作物生产基础

导读

我国是一个农业大国，也是一个历史文明古国，在漫长的发展过程中，中华民族积累了丰富的农业生产经验，尤其是在新中国成立后，农业生产技术和水平不断提高，取得了巨大成就，用占世界7%的耕地，养活了占世界22%以上的人口。我们应当学习先进的作物生产技术、经验和理论，再结合我国的国情和地区特点，走自己的路，发展我国的农业生产。

学习目标

1. 了解作物生产的概念。
2. 掌握作物生产的特点。
3. 掌握作物生长发育的含义。
4. 了解作物繁殖的基本理论。
5. 掌握一定的作物繁殖技术。

第一节 作物生产的内涵

一、作物生产的概念

作物的概念有广义和狭义之分。从广义上讲，凡是对人类有应用价值，为人类所栽培的各种植物都称为作物。从狭义上讲，作物是指田间大面积栽培的植物，即农业上所指的粮、棉、油、麻、烟、糖、茶、桑、蔬、果、药和杂等。因其栽培面积大、地域广，故又称为大田作物，也可称为农艺作物或农作物。我们一般所讲的作物是狭义的，是栽培植物中最主要的、最常见的、在大田栽培的、种植规模较大的几十种作物。全世界这种作物大约有90种，我国大约有50种。

二、作物生产在农业中的重要性

人类为了生存和发展，首先必须解决吃、穿这些生存生活的基本问题，然后才能从事其他生产活动和社会活动。吃是为了获得生命活动所必需的能量，穿是为了适应变化的生活环境。为了生存，首先需要食、衣、住以及其他东西，因此，人类首要的活动就是生产满足这些需要的资料，即生产物质。解决吃、穿问题主要靠农业生产。农业是世界上最原始、最古老和最根本的产业，也被称为第一产业。有了第一产业的发展，人们生存生活的基本问题才能得到保证，才能解放一部分劳动力进行社会分工，才有第二产业即制造业的产生。之后又发展起第三产业，即服务业。由此可见，农业是人类一切社会活动和生产发展的基础，这是不以人们的意志为转移的客观规律。

人类生活之所以离不开农业的根本原因，是因为人的生命活动所必需的能量目前只能从食物中获得。而食物中的能量，究其来源，是绿色植物通过光合作用转化为太阳能的产物。

绿色植物以其特有的叶绿素吸收太阳能，通过光合作用，将从空气中吸收的二氧化碳和从土壤中吸收的水分和无机盐类，经过复杂的生理生化活动，合成富含能量的有机物质。对于这些有机物质，一部分直接用来作为人类的食物，另一部分作为农业动物的饲料转化成奶、肉、蛋等食品。人类摄取这些食品，在消化过程中将储存在有机物质中的太阳能又释放出来，满足生命活动的需要。

人类栽培的绿色植物称为作物，它是有机物质的创造者，是太阳能的最初转化者，其产物是人类生命活动的物质基础，也是一切以植物为食的动物和微生物生命活动的能量来源。因此，作物生产称为第一性生产。种植业在我国农业中占的比重最大，种植业的发展不但提供了全国人民的基本生活资料，而且提供了原料，是农业的基础。国家列入统计指标的有粮、棉、油、糖、麻、烟、茶、桑、果、菜、药、杂等十二项，这些为人类栽培的植物都称为"作物"，这是广义的作物概念。狭义的作物主要指农田大面积栽培的粮、棉、油、糖、麻、烟等，一般称为农作物。

三、作物生产的特点

作物生产具有以下主要特点。

作物生产是生物生产。作物生产的对象是有生命活动的农作物有机体，它们都有自己的生长发育规律；土地既是作物生产最基本的生产资料，又是农作物生长发育的基本环境。因此，作物生产必须珍惜土地，保护和改善环境，根据作物的基本特性和生长发育规律行事，处理好作物、环境和人类活动的关系。

作物生产具有强烈的地域性和季节性。作物是一种生物，它的生长发育要求一定的环境条件，由于不同地区的地理纬度、地势、地貌不同，导致其光、热、水、土等环境条件的差异，进而影响植物的生长发育和分布，因此作物生产必须"因地制宜，因土种植"。同一地区，在一年中，由于地球的自转和公转等天体运动的规律性变化，使得以太阳辐射为主体的农业自然资源条件——热量、光照、降水等呈现明显的冷暖、明暗、干湿季节性变化，作物生产要依此而变化，因此作物生产要"把握农时，适时种植"。

作物生产具有时序性和连续性。作物是有生命的有机体，不同作物种类具有不同的个体生命周期。同时，个体的生命周期又有一定的阶段性变化，需要特定的环境条件，各生长发育阶段不能停顿中断，不能颠覆重来，具有不可逆性。作物生产每一周期互相联系，相互制约：一是人类的需要是源源不断的，天天三餐都要吃，年年岁岁都要制衣；二是作物本身也需要世代繁衍，一代一代地延续下去。因此，作物生产要一季季、一年年地进行下去，不可能一次进行，多年享用或一劳永逸，这就要求我们要有长远的观点，"瞻前顾后，用养地结合"，走可持续发展道路。

作物生产具有复杂性和综合性。作物生产是一个有序列、有结构的复杂系统，受自然和人为的多种因素的影响和制约。它是由各个环节（子系统）所组成的，既是一个大的复杂系统，又是一个统一的整体。多个部门、各种因素息息相关，只有各部门、各种因素优化组合才能获得成功，各种社会、科技、自然因素都将对作物生产产生影响，作物生产一定要高度重视各种因素的综合影响。

四、作物的分类

（一）按植物学分类

可以根据作物的形态特征，按植物科、属、种进行系统分类。一般采用双名法命名，称为学名。这种分类法的最大优点是能把所有植物按其形态特征进行系统的分类和命名，可以为国际上所通用，例如玉米属禾本科，其学名为 Zea mays L.，第一个字为属名，第二个字为种名，第三个字是命名者的姓氏缩写。这种分类法的缺点是对农业工作者来说有时不太方便。

（二）按作物生物学特性分类

按作物对温度条件的要求，可分为喜温作物和耐寒作物。喜温作物生长发育的最低温度为10℃左右，最适合温度为20℃～25℃，最高温度为30℃～35℃，如稻、玉米、谷子、棉花、花生、烟草等；耐寒作物生长发育的最低温度为1℃～3℃，最适合温度为12℃～18℃，最高温度为26℃～30℃，如小麦、黑麦、豌豆等。

按作物对光周期的反应，可分为长日作物、短日作物、中性作物和定日作物。凡在日长变短时开花的作物称为短日作物，如稻、大豆、玉米、棉花、烟草等；凡在日长变长时开花的作物称为长日作物，如麦类作物、油菜等；开花与日长没有关系的作物称为中性作物，如荞麦、豌豆等；定日作物要求日照长短有一定的时间才能完成其生育周期，如甘蔗的某些品种只有在12小时45分的日长条件下才能开花，长于或短于这个日长都不开花。

根据作物对二氧化碳同化途径的特点，可分为三碳作物、四碳作物和景天科作物。三碳作物光合作用最先形成的中间产物是带三个碳原子的磷酸甘油酸，其光合作用的二氧化碳的补偿点高，有较强的光呼吸，这类作物有稻、麦、大豆、棉花等；四碳作物光合作用最先形成的中间产物是带四个碳原子的草酰乙酸等双羧酸，其光合作用的二氧化碳补偿点低，光呼吸作用也低，在较高温度和强光下比三碳作物的光合强度高，需水量低，这类作物有甘蔗、玉米、高粱、苋菜等；景天科作物在晚上气孔开放，吸进二氧化碳，与磷酸烯醇式丙酮酸结合，形成草酰乙酸，进一步还原为苹果酸，白天气孔关闭，苹果酸氧化脱羧放出二氧化碳，参与卡尔文循环形成淀粉等，植物体在晚上有机酸含量高，碳水化合物含量下降，白天则相反，这种有机酸合成随日变化的代谢类型称为景天科代谢（CAM）。

（三）按农业生产特点分类

按播种期，可分为春播作物、夏播作物、秋播作物、冬播作物等。凡秋冬季节播种，第二年春夏季节收获的作物为小春作物，一般为耐寒作物，如小麦、油菜等；大春作物是在春夏季节播种，夏秋季节收获，一般为喜温作物，如水稻、玉米、棉花、大豆等。

按播种密度和田间管理等，可分为密植作物和中耕作物等。

（四）按用途和植物学系统相结合分类

1. 粮食作物（或称食用作物）

（1）谷类作物

绝大部分属禾本科，主要作物有小麦、大麦（包括皮大麦和裸大麦）、燕麦（包括皮燕麦和裸燕麦）、黑麦、稻、玉米、谷子、高粱、黍、稷、稗、龙爪稷、蜡烛稗、薏苡等，也称为禾谷类作物。荞麦属蓼科，其谷粒可供食用，习惯上也将其列入此类。

（2）豆类作物（或称菽谷类作物）

属豆科，主要收获其种子或果实，蛋白质含量较高，常见的作物有大豆、豌豆、绿豆、小豆、蚕豆、豇豆、菜豆、小扁豆、蔓豆、鹰嘴豆等。

（3）薯芋类作物（或称根茎类作物）

植物学上的科、属不一，主产品器官一般为生长在地下的变态根或茎，多为淀粉类食物，常见的有甘薯、马铃薯、木薯、豆薯、山药（薯蓣）、芋、菊芋、蕉藕等。

2. 经济作物（或称工业原料作物）

（1）纤维作物

包括：种子纤维作物，如棉花；韧皮纤维作物，如大麻、亚麻、红麻、黄麻、苘麻、苎麻、洋麻等；叶纤维作物，如龙舌兰麻、蕉麻、菠萝麻等。

（2）油料作物

其主产品器官的油脂含量较高，常见的有花生、油菜、芝麻、向日葵、蓖麻、苏子、红花等。

（3）糖料作物

主要有甘蔗和甜菜，一般南方为甘蔗，北方为甜菜，即南蔗北菜。此外还有甜叶菊、芦粟等。

（4）其他作物

有些是嗜好作物，主要有烟草、茶叶、薄荷、咖啡、啤酒花、代代花等。此外还有挥发性油料作物，如香茅草等。

3. 饲料及绿肥作物

豆科中常见的有苜蓿、苕子、紫云英、草木樨、田菁、柽麻、三叶草、沙打旺等；禾本科中常见的有苏丹草、黑麦草、雀麦草等；其他的有红萍、水葫芦、水浮莲、水花生等。

4. 药用作物

药用作物种类繁多，包括：根及根茎类，如人参、川芎等；皮类，如杜仲、黄檗、厚朴等；花类，如红花、菊花等；全草类，如柴胡、薄荷等；果实与种子类，如薏苡、枳实等；叶类，如大叶桉等；茎藤类，如大血藤等。

随着保健事业的发展，对中草药的需求不断增长，野生草药已供不应求，人工栽培迅速地发展起来，国家已将其列入重点产业，并逐步发展成一门独立的学科。

以上是狭义的农作物，广义的农作物还包括：

木本油料作物，如油茶、油桐、油棕、油橄榄和其他多年生油料作物。

纤维作物，如芦苇、席草、木棉等。

饮料作物，如咖啡、可可等。

调料作物，如胡椒、花椒、八角、肉桂等。

染料作物，如蓝靛、红花等。

特用作物，如桑、漆、橡胶等。此外还有大量的蔬菜、果树等。

上述分类是相对的，有些作物可以有几种用途，例如，大豆既可食用，又可榨油；亚麻既是纤维作物，种子又是油料；玉米既可食用，又可作为青贮饲料；马铃薯既可作为粮食，又可作为蔬菜；红花的花是药材，种子是油料。因此，上述分类不是绝对的，同一作物，根据需要，有时可以划到这一类，有时又把它归并到另一类。

第二节　作物的生长发育与产量、品质形成理论

一、作物生长与发育

在作物的一生中，有两种基本生命现象，即生长和发育。生长是指作物个体、器官、组织和细胞在体积、重量和数量上的增加，是一个不可逆的量变过程。例如，风干种子在水中的吸胀，体积增加，就不能算作生长，因为死的风干种子同样可以增加体积；而营养器官根、茎、叶的生长，通常可以用大小、轻重和多少来度量，则是生长。发育是指作物细胞、组织和器官的分化形成过程，也就是作物发生形态、结构和功能上质的变化，有时这种过程是可逆的，如幼穗分化、花芽分化、维管束发育、分蘖芽的产生、气孔发育等。叶的长、宽、厚、重的增加谓之生长；而叶脉、气孔等组织和细胞的分化则为发育。

作物的生长和发育是交织在一起进行的，二者存在着既矛盾又统一的关系，没有生长，就谈不上发育，没有相伴的生长，发育一般也不能继续正常进行。生长和发育有时又是相互矛盾的。从生产实践的角度分析，作物生长与发育经常出现4种类型：①协调型：生长与发育都良好，始终协调发展，能全面发挥品种潜力，达到高产、优质、低耗、高效；②徒长性：营养生长过旺，生殖器官发育延迟或不良以致低产、劣质、高消耗；③早衰型：营养生长不足，生殖器官分化发育过早过快，如禾谷类的"早穗"，穗少、穗小，未能发挥品种潜力，严重减产；④僵苗型：前期僵苗，生长不良，生育迟缓，以致迟熟、低产、品质差。

二、作物营养生长与生殖生长

作物营养器官根、茎、叶的生长称为营养生长，生殖器官花、果实、种子的生长称为生殖生长。通常以花芽分化（幼穗分化）为界限，把生长过程大致分为两段，前段为营养生长期，后段为生殖生长期。但作物从营养生长期过渡到生殖生长期之前，均有一段营养生长与生殖生长同时并进的阶段。例如，单子叶的禾谷类作物，从幼穗分化到抽穗开花，这一时期不仅有营养器官的进一步分化和生长，也有生殖器官的分化和生长，这一阶段也是植株生长最旺盛的时期。

营养生长与生殖生长关系密切。营养生长期是生殖生长期的基础，如果作物没有一定的营养生长期，通常不会开始生殖生长。例如，水稻早熟品种一般要生长到3叶期以后才开始幼穗分化；小麦发育最快的春性品种需生长到5~6片叶后才开始幼穗分化；玉米的早熟品种要生长到6片叶时、晚熟品种需生长到8~9片叶时才开始雄穗分化。营养生长期生长的优劣直接影响生殖生长期生长的优劣，并会最终影响作物产量的高低。

营养生长和生殖生长并进阶段两者矛盾大，要促使其协调发展。在作物营养生长和生殖生长并进阶段，营养器官和生殖器官之间会形成一种彼此消长的竞争关系，加上彼此对环境条件及栽培技术的反应不尽相同，从而影响营养生长和生殖生长的协调和统一。这一阶段如果营养生长过旺，像水稻、小麦等会出现群体过大，叶片肥硕，植株过高等现象，容易引起后期倒伏。此外，还会使幼穗分化受到影响，造成穗多，粒少，空壳多，致使产

量降低。在生殖生长期，作物主要是生殖生长，但营养器官的生理过程还在进行，并且对生殖生长的影响还很大，如果营养生长过旺，则导致后期贪青倒伏，影响种子和果实的形成；如果营养生长太差，则会引起作物早衰，同样影响种子和果实的形成。

三、作物的生育期和生育时期

（一）作物生育期

作物出苗到成熟之间的总天数即作物的一生，称为作物的生育期。作物生育期的长短主要是由作物的遗传性和所处的环境条件决定的。同一作物的生育期长短因品种而异，有早、中、晚熟之分。早熟品种生长发育快，主茎节数少，叶片少，成熟早，生育期较短；晚熟品种生长发育慢，主茎节数多，叶片多，成熟迟，生育期较长；中熟品种各种性状均介于以上二者之间。

作物生育期的长短也受环境条件的影响。作物在不同地区栽培由于温度、光照的差异，生育期也发生变化。例如，水稻是喜温的短日照作物，对温度和日夜长短反应敏感。从南方到北方引种，由于纬度增高，生长季节的白天长，温度又较低，一般生育期延长；反之，从北方向南方引种，由于纬度降低，白天较短，温度较高，生育期缩短。相同的品种在不同的海拔种植，因温度、光照条件不同，生育期也会发生变化。在相同的环境条件下，各个品种的生育期长短是相当稳定的。

栽培措施对生育期也有很大的影响。作物生长在肥沃的土地上或施氮较多时，土壤碳氮比低，茎叶常常生长过旺，成熟延迟，生育期拖长。如果土壤缺少氮素，碳氮比高，则生育期缩短。一般来说，早熟品种单株生产力低，晚熟品种单株生产力高，但这并不是绝对的。

（二）作物生育时期

作物的生育时期是指作物一生中其外部形态上呈现显著变化的若干时期。在作物的一生中，其外部形态特征总是呈现若干次显著的变化，根据这些变化，可以划分为若干个生育时期。目前各种作物的生育时期划分方法尚未完全统一，几种主要作物的生育时期大致如下。

禾谷类：出苗期，分蘖期，拔节期，孕穗期，抽穗期，开花，成熟期。

豆类：出苗期，分枝期，开花期，结荚期，鼓粒期，成熟期。

棉花：出苗期，现蕾期，花铃期，吐絮期。

油菜：出苗期，现蕾期，抽苔期，开花期，成熟期。

黄、红麻：出苗期，苗期，现蕾期，开花结果期，工艺成熟期，种子成熟期。

甘薯：出苗期，采苗期，栽插期，还苗期，分枝期，封垄期，落黄期，收获期。

马铃薯：出苗期，现蕾开花期，结薯期，成熟期，收获期。

甘蔗：萌芽期，苗期，分蘖期，蔗茎伸长期，成熟期。

对于不利用分蘖的作物，如玉米、高粱等，可不必列出分蘖期。为了更详细地进行说明，还可将个别生育时期划分得更细一些。比如，开花期可细分为始花、盛花、终花三期，成熟期又可再分为乳熟、蜡熟、完熟三期等。

四、作物产量

（一）生物产量

作物利用太阳光能，通过光合作用，同化 CO_2、水形成有机物，进行物质和能量的转化和积累，形成作物的根、茎、叶、花、果实和种子等器官。作物在整个生育期间生产和积累有机物的总量，即整个作物的总干物质量的收获量称为生物产量。

（二）经济产量

经济产量是作物在单位面积上所收获的有经济价值的主要产品的重量，生产中一般所指的产量即经济产量。由于作物种类和人们栽培的目的不同，不同作物所提供的产品器官各不相同，如禾谷类（水稻、小麦、玉米等）、豆类和油料作物（大豆、花生、油菜等）的主产品是子粒，薯类作物（甘薯、马铃薯、木薯等）的产品是块根或块茎，棉花是种子上的纤维，绿肥饲料作物是全部茎叶等。

（三）经济系数

在正常情况下，经济产量的高低与生物产量成正比，尤其是以收获茎叶为目的的作物。经济系数是综合反映作物品种特性和栽培技术水平的一个通用指标。经济系数越高，说明植株对有机物的利用越经济，栽培技术措施的应用越得当，单位生物量的经济效益也就越高。

五、作物品质及其形成

（一）作物的品质及其评价标准

1. 作物的品质

作物的品质是指产量器官，即目标产品的质量。作物种类不同，用途各异，对它们的品质要求也各不一样。依据人类栽培作物的目的，可将作物分为两大类：一类是作为人类及动物的食物，包括各类粮食作物和饲料作物等；另一类是作为人类的食用、衣着等的轻工业原料，包括各类经济作物。对于食用作物来说，品质的要求主要包括食用品质和营养品质等方面；对于经济作物来说，品质的要求包括工艺品质和加工品质等方面。

2. 作物品质的评价指标

（1）形态指标

形态指标是指根据作物产品的外观形态来评价品质优劣的指标，包括形状、大小、长短、粗细、厚薄、色泽、整齐度等。例如，禾谷类作物子实的大小，棉花种子纤维的长度，豆类作物种子种皮的厚薄等。

（2）理化指标

理化指标是指根据作物产品的生理生化分析结果评价品质优劣的指标。包括各种营养成分如蛋白质、氨基酸、淀粉、糖分、维生素、矿物质等的含量，各种有害物质如残留农药、有害重金属等的含量等。

3. 食用品质和营养品质

所谓食用品质，是指蒸煮、口感和食味等的特性。稻谷加工后的精米，其内含物的90%左右是淀粉，因此稻谷的食用品质很大程度上取决于淀粉的理化性状，如直链淀粉含量、糊化温度、胶稠度、胀性和香味等。

所谓营养品质，主要是指蛋白质含量、氨基酸组成、维生素含量和微量元素含量等。营养品质也可归属于食用品质的范畴。一般来说，有益于人类健康的成分越丰富，产品的营养品质就越好。

4. 工艺品质和加工品质

工艺品质是指影响产品质量的原材料特性。例如，棉纤维的长度、韧度、整齐度、成熟度、转曲、强度等，烟叶的色泽、油分、成熟度等外观品质也属于工艺品质。

加工品质是指不明显影响产品质量，但对加工过程有影响的原材料特性。如糖料作物的含糖量，油料作物的含油率，棉花的衣分，向日葵、花生的出仁率，以及稻谷的出糙率和小麦的出粉率等，均属于与加工品质有关的性状。

（二）作物品质的形成过程

1. 糖类的积累过程

作物产量器官中储藏的糖类主要是蔗糖和淀粉。蔗糖的积累过程比较简单，叶片等的光合产物以蔗糖的形态经维管束输送到储藏组织后，先在细胞壁部位被分解成葡萄糖和果糖，然后进入细胞质合成蔗糖，最后转移至液泡被储藏起来。淀粉的积累过程与蔗糖有些类似，经维管束输送的蔗糖分解成葡萄糖和果糖后，进入细胞质，在细胞质内果糖转变成葡萄糖，然后葡萄糖以累加的方式合成直链淀粉或支链淀粉，形成淀粉粒。通常禾谷类作物在开花几天后，就开始积累淀粉。由非产量器官内暂储的一部分蔗糖（如麦类作物茎、叶鞘）或淀粉（如水稻叶鞘），也能以蔗糖的形态通过维管束输送到产量器官后被储藏起来。

2. 蛋白质的积累过程

豆类作物种子内的蛋白质特别丰富，如大豆种子的蛋白质含量可达40%左右。蛋白质由氨基酸合成。在种子发育成熟过程中，氨基酸等可溶性含氮化合物从植株的其他部位输出转移至种子中，然后在种子中转变为蛋白质，以蛋白质粒的形态储藏于细胞内。

谷类作物种子中的储藏性蛋白质，在开花后不久便开始积累。在成熟过程中，每粒种子所含的蛋白质总量持续增加，但蛋白质的相对含量则由于籽粒不断积累淀粉而逐步降低，从豆类作物大豆来看，开花后10~30d内种子中以氨基酸增加最快，此后氨基酸含量迅速下降，标志着后期氨基酸向蛋白质转化的过程有所加快。蛋白质的合成和积累通常在整个种子形成过程中都可以进行，但后期蛋白质的增长量可占成熟种子蛋白质含量的一半以上。

在豆类种子成熟过程中，果实的荚壳常起暂时储藏的作用，到了种子发育后期才转移到种子中去。在果实、种子形成前，植株体内一半以上的蛋白质和含氮化合物都储藏于叶片中，并主要存在于叶绿体内，在果实形成后，则开始向果实和种子转移。

3. 脂类的积累过程

作物种子中储藏的脂类主要为甘油三酯，包括脂肪和油，它们以小油滴的状态存在于细胞内。油料作物种子含有丰富的脂肪，如花生可达50%左右，油菜可达40%左右。在种子发育初期，光合产物和植株体内储藏的同化物以蔗糖的形态被输送至种子后，以糖类的形态积累起来，以后随着种子的成熟，糖类转化为脂肪，使脂肪含量逐渐增加。

油料作物种子在形成脂肪的过程中，先形成的是饱和脂肪酸，然后转变成不饱和脂肪酸，所以脂肪的碘价（每100g植物油吸收的碘的克数）随种子成熟而增大。同时在种子成熟时，先形成脂肪酸，以后才逐渐形成甘油酯，因而酸值（中和1g植物油中的游离脂肪酸所需的氢氧化钾的毫克数）随种子的成熟而下降。因此，种子只有达到充分成熟时才能完成这些转化过程。如果油料作物种子在未完全成熟时就收获，由于这些脂肪的合成过程尚未完成，因此不仅种子的含油量低，而且油质也差。

4. 纤维素的积累过程

纤维素是植物体内广泛分布的一种多糖，只是一般作为植株的结构成分存在。纤维素的合成积累过程与淀粉基本类似。

棉纤维的发育要经过纤维细胞伸长、胞壁淀积加厚和纤维脱水形成转曲三个时期。胞壁淀积加厚期是纤维素积累的关键时期，历时 25~35d。开花 5~10d 后，在初生胞壁内一层层向内淀积纤维素，使细胞壁逐渐加厚。

（三）影响作物品质的因素

1. 受作物品种的影响

有关作物品质的许多性状，如形状、大小、色泽、厚薄等形态品质，蛋白质、糖分、维生素、矿物质含量及氨基酸组成等理化品质，都受到遗传因素的限制。因此，采用育种方法改善作物品质是一条行之有效的途径。

2. 环境条件对作物品质的影响

很多品质性状都受环境条件的影响，这是利用栽培技术改善作物品质的理论基础。

（1）温度

禾谷类作物的灌浆结实期是影响品质的关键时期，温度过低或过高均会降低粒重，影响品质。如水稻遇到 15℃ 以下的低温，会降低籽粒灌浆速度，超过 35℃ 的高温，又会造成高温逼熟。

（2）光照

由于光合作用是形成产量和品质的基础，因此光照不足，特别是品质形成期的光照不足会严重影响作物的品质。如南方麦区的小麦品质较差，其原因之一就是春季多阴雨，光照不足引起籽粒不饱满。

（3）水分

作物品质的形成期大多处于作物生长发育旺盛期，因此需水量大、耗水量多。如果此时通过水分胁迫，一般都会明显降低品质。

（4）土壤

土壤包括土壤肥力和土壤质地等多种因素。通常肥力高的土壤和有利于作物吸收矿质营养的土壤，常能使作物形成优良的品质。如酸性土壤施用石灰改土，可起到明显提高作物蛋白质含量的作用。

3. 受栽培技术的影响

作物的栽培技术总是围绕高产和优质进行的，因此，合理的栽培技术通常能起到改善品质的作用。

（1）播种密度

对于大多数作物而言，适当稀播后能起到改善个体营养的作用，从而在一定程度上提高作物品质。一般禾谷类作物的种子田都要较高产田密度稀一些，就是为了提高粒重，改善外观品质。生产上最大的问题通常是由于密度过大、群体过于繁茂，引起后期倒伏，导致品质严重下降。对于收获韧皮部纤维的麻类作物，适当密植可以抑制分枝生长，促进主茎伸长，从而起到改善品质的效果。

（2）施肥

氮肥对改善品质的作用最大，特别是在地力较低的中低产田，适当增施氮肥和增加追肥比例通常能提高禾谷类作物籽粒的蛋白质含量，起到改善品质的作用。但是施用氮肥过多，也容易引起物质转运不畅和倒伏等问题，反而导致品质下降。施用磷、钾肥及微量元素肥料，一般都能起到改善作物品质的作用。

（3）灌溉

根据作物需水规律，适当地进行灌溉补水，通常能改善植株代谢，促进光合产物的增加，从而改善作物的品质。对于大多数旱地作物来说，追肥后进行灌溉，能起到促进肥料吸收、增加蛋白质含量的作用。特别是当干旱已经影响到作物正常的生长发育时，进行灌溉补水不仅有利于高产，而且是保证品质的必需条件。

（4）收获

适时收获是获得高产优质的重要保证。如禾谷类作物大多数都是蜡熟或黄熟期收获产量最高、品质最好。再如棉花，收花过早，棉纤维成熟度不够，转曲减少；收花过晚，则由于光氧化作用，不仅会使转曲减少，而且纤维强度会降低，长度变短。

第三节　作物的繁殖理论与技术

一、种子的概念

种子在生产上的概念和在植物学上的概念是不相同的。植物学上所说的种子是指卵细胞受精以后胚珠逐渐发育而成的繁殖器官。种子至少包括两部分，即胚和种皮，有时还有胚乳，与胚同包藏于种皮之内。胚由合子发育而来，合子是胚囊内的卵细胞与花粉管内一精子相融合而成的。花粉管内另一精子与次级细胞相融合，经多次分裂，发育成胚乳，珠被则变为种皮，种皮为保护机构。胚是植物的雏形，犹如一个微型电脑，储存很多的信息，指导种子的生长发育。胚乳为养分储藏处（所），有的植物没有胚乳，而有发达的子叶，则胚发育需要的养分储藏于子叶中。兰科植物种子没有胚或营养丰富的子叶，需要菌根与之共生或在培养基上培养种子才能萌发。

生产（栽培）上所说的种子是指用以繁殖后代或扩大再生产的播种材料，包括植物学上的种子（如油菜、豆类等）、果实（如禾谷类的颖果等）以及营养器官（如大蒜、百合的鳞茎，马铃薯的块茎，生姜的根茎，甘薯的块根等）。

二、种子的采集与采后处理

（一）种子的采集

1. 种子的成熟与后熟

（1）种子的成熟

种子成熟包括两方面的含义，即形态上的成熟和生理上的成熟，只具备其中任何一个条件时，都不能称为真正的成熟。因此，种子的采集必须掌握以下几个标准：①养料运输已经停止，种子所含干物质不再增加。②种子含水量减少，硬度增加，对环境条件的抵抗能力增强。③种子坚固，呈现出本品种的固有色泽。④胚具有发芽能力，即种子内部的生理成熟过程已经完成。

（2）种子的后熟

所谓后熟，是指种子在果实中最后所进行的生理、生化过程，或者说是种子形态成熟至生理成熟所经历的那一段时间。它是对形态成熟先于生理成熟的种子而言的，例如瓜类、茄果类的种子，当果实成熟采集后，必须放置几天进行后熟，然后再取种。

2. 种子的采集时期

对于自然开裂、落地或因成熟而开裂的果实，为防止种子丢失，须在果实熟透前收获，如荚果、蒴果、长角果、针叶树的球果、某些草籽等；对于肉质果的种子，须在果实变得足够软时采集，以利去掉肉质部分，如桃、杏等；其余种类的种子在多数情况下，直接从成熟的植株上采集快要变干的种子。

3. 取种

取种过程因作物种类而异。一般颖果、蒴果、荚果、瘦果等的种子经敲打和机械处理后即自动脱出，如小麦、水稻、棉花、豆类等；肉质果的果实一般要后熟几天，然后切开果实取出种子，连同果汁一起发酵两天，漂洗后晾干，如黄瓜、番茄、甜瓜等。

（二）种子的采后处理

1. 种子的干燥

采集后的种子必须充分干燥，才能入库储藏。种子干燥的方法有日光干燥、火力干燥和冷冻干燥。大多数作物种类的种子采用日光晾晒干燥即可；对于种子较大，风干、晒干较慢的种子可用火力加热干燥；冬季寒冷地区，种子采集较晚，来不及晾干即上冻，可采取冷冻干燥方法。

2. 种子的清选、分级

收获后的种子还须进行清选，去掉杂质。大粒种子可采用人工清选分级，小粒种子一般采用清选机进行。清选机的种类有悬吊手筛、溜筛、手摇风筛机、风车及多功能谷物精选机等，并在清选过程中，按大小、形状、表面状态、重量进行分级。

三、种子的储藏

一般繁殖用种不需储藏年限过长，多采用简易储藏方法。根据不同作物种子的特点和寿命，常采用如下方法。

干藏法。将干燥的种子放于冷室或通风库储藏，如大田作物的种子及部分花草、蔬菜的种子。

干燥密闭法。将充分干燥的种子放入罐中或干燥器中，置于冷凉处，密封储藏。

低温储藏法。将干燥种子置于1℃~5℃下保存，需有控温设备。

层积储藏法。层积储藏法又称沙藏法。大多数落叶果树及一些花卉种子非常怕干，常采用湿沙层积处理。

水藏法。某些水生花卉的种子，如睡莲、玉莲等，必须藏于水中或湿泥土中，才能保持其生活力。

四、种子的生活力鉴定

进行种子生活力鉴定主要是为了了解种子的质量状况，以确定播种用量，达到合理播种、出苗整齐的目的。常用的方法有目测法、染色法和发芽试验法。

目测法。直接观察种子的外部形态，根据种子的饱满度、色泽、粒重、剥皮后种胚及子叶颜色等判断种子活性。测定者需有一定的实践经验，才能准确判断。

染色法。标准方法是用 TTC（氯化三苯基四氮唑）液染色。具有生活力的种子其种胚被染成浅红色，无生活力的种子不上色。另外，还有红墨水染色，但染上红色的为无活力种子，不上色的具有生活力。

发芽试验法。发芽试验法是鉴定种子生活力最准确、有效的方法，但所需时间较长。做法是随机取 100 粒种子，放在浸湿的吸水纸上，注意保温保湿，在种子发芽期内计算发芽种子数及发芽百分率。

五、播种

（一）播种期

作物的适宜播种期因作物种类、当地的气候条件及栽培目的不同而异。总的原则是根据作物的生长发育特点及当地的气候生态条件，让其在一定时间内完成其生育周期，使其各生育期尤其是重要生育时期处于最佳的生长季节，以获得优质高产。

（二）播种方法

常见的播种方法有人工播种和机械播种。人工播种又分撒播、条播、点播（穴播）和机播。

撒播。多用于育苗时播种及小粒种子的播种。如水稻育秧和蔬菜的育苗，苗长大后进行移栽。撒播要均匀，不可过密，播后镇压或覆土。

条播。用工具先按一定行距开沟，沟内播种，覆土镇压，如小麦、韭菜、薤菜等。

点播（穴播）。适于大粒种子。开穴播种，每穴若干粒，如豆类 4~8 粒，玉米、花生 3~4 粒，核桃、板栗、杏 2~3 粒，出苗后间苗定株。

机械播种（简称机播）。一些大田作物采用较多，如小麦的机播较为普及，在棉花、玉米、大豆上也有使用。机播也分机条播、机点播和机撒播。

（三）播后管理

播种后要注意温度和水分的管理，发芽前期要求水分充足，温度较高，后期应降温控水，防止胚轴徒长，培育壮苗。育苗移栽的种类一般 2~4 片叶时分苗或间苗，4~6 片叶时移栽。

六、无性繁殖（营养繁殖）

（一）无性繁殖的类型

1. 营养繁殖

营养繁殖通常是指以种子以外的营养器官产生后代的方式。例如，利用芽、茎、根等营养器官和球茎、鳞茎、根茎、匍匐枝或其他特殊器官（如珠芽）等进行繁殖，常见的有甘薯、马铃薯、蒜、洋葱、草莓、甘蔗、桃、苹果等。

2. 无融合生殖

不经过雌雄性细胞的融合（受精）而由胚珠内某部分单个细胞产生有胚种子的现象称为无融合生殖。其遗传本质属于无性繁殖，但在表现上却有种子的产生。

3. 组织培养

利用植物的细胞、组织或器官，在人工控制条件下繁殖植物的方法称为组织培养。植物组织培养的生理依据是细胞全能性，即植物体的每一个细胞都携带有一套完整的基因组，并具有发育成完整植株的潜在能力。组织培养与种子生产关系最密切的是快速繁殖、种苗脱毒以及人工种子制作等。

（二）分株繁殖

1. 变态茎

（1）鳞茎

鳞茎具有短缩而呈盘状的鳞茎盘，肥厚多肉，鳞叶之间可发生腋芽，每年可从腋芽中形成一个至数个子鳞茎，并从老鳞茎旁分离开。子鳞茎可整个栽植（水仙、郁金香等），也可分瓣栽植（大蒜、百合等）。利用鳞茎繁殖的主要是蔬菜和花卉，如百合、水仙、风信子、郁金香、大蒜等。

（2）球茎

球茎上有节和节间，节上有干膜状的鳞片叶和腋芽。一个老球茎可产生 1~4 个大球茎及多个小球茎。供繁殖用时，有的整球栽植，有的可切成几块繁殖。球茎繁殖的代表种类有唐菖蒲、荸荠、慈姑等。

（3）根茎

地下水平生长的茎上有节和节间，节上有小而退化的鳞片，叶腋中有腋芽，由此发育为地上枝，并产生不定根。可将根茎切成数段用来繁殖，每段必须带有一个腋芽，一般于春季发芽前进行分殖。莲、睡莲、鸢尾、美人蕉、紫苑等多用此法繁殖。

（4）块茎

由地下茎膨大而成的块茎上或顶端有芽眼（内有一至数个休眠芽），可用来分割繁殖。可将块茎分成几块，每块带有至少一个芽眼，如马铃薯、山药、马蹄莲等。

（5）匍匐茎与走茎

匍匐茎的蔓上有节，节部可以生根发芽，产生幼小植株，将其与母株分离即成新的植株。节间较长不贴地面的为走茎，如吊兰、虎耳草；节间较短、横走地面的为匍匐茎，如草莓和多种草坪植物（狗牙根、野牛草等）。

（6）蘖枝

一些果树或木本花卉植物，有很强的萌蘖性。它们的根上可以发生不定芽，萌发成苗，将其与母株分离后即成新株。这种繁殖法也称为分株繁殖法，主要种类有刺槐、木槿、山楂、枣、杜梨、萱草、蜀葵、玉簪、一枝黄花等。分株的时间依植物种类而定，一般春季开花的秋季分株，秋季开花的则春季分株。

2. 变态根

用于繁殖的变态根主要是块根，由不定根（营养繁殖植株）或侧根（种子繁殖的植株）经过增粗生长而形成的肉质储藏根。在块根上易发生不定芽，多用来进行繁殖。可用整个块根来栽植（如大丽花的繁殖），也可将块根切成数块来繁殖。甘薯则是用整个块根进行繁殖育苗后，再分株移栽。

（三）扦插繁殖

扦插繁殖是利用植物营养器官具有再生能力、可发生不定根或不定芽的特性，切取其茎、叶、根的一部分，插入土壤或其他基质中，使其生根发芽，成为新植株的繁殖方法。

扦插繁殖适用于很多植物，果树中的葡萄、石榴，蔬菜中的番茄、甘蓝，花卉中的月季、紫薇、迎春、芙蓉、茉莉、木香等。大田作物中适于扦插的种类很少，但甘薯主要用扦插繁殖。

（四）压条繁殖

所谓压条繁殖，就是将母株上的枝条人为地压入土中，或包裹在能发根的基质中，使之形成不定根，然后再与母株分离，成为一个新植株。压条繁殖的优点是新植株在生根前，其养分、水分和激素均由母株提供，故较扦插易生根。缺点是繁殖系数低，一般大规模生产中很少使用。但对于温室盆栽的花草植物和少量扦插难以生根的种类（榛、荔枝、芒果、番石榴等），特别是那些自然界利用这种方式繁殖的一些灌木或果树（黑树莓、蔓生黑刺毒莓、醋栗等），比较适合应用压条繁殖。另外，压条还广泛用于繁殖砧木等。

为了促进压条生根，有时也采取如刻伤、环剥、缢缚、扭枝、黄化处理、植物生长调节剂处理等方法。

（五）嫁接繁殖

嫁接就是人们有目的地将一株植物上的枝条或芽等组织，接到另一株植物的枝、干或根等适当部位上，使之愈合后生长在一起，形成一个新的植株。接上的枝或芽称为接穗，承受接穗的植株部分称为砧木。嫁接用符号"+"表示，即砧木+接穗；也可用"/"来表示，它的意义与"+"表示的相反，一般接穗放在"/"之前。例如，桃/山桃，或山桃+桃。

嫁接的意义在于保持和发展优良种性，实现早期丰产，改变树形，提高抗性，高接换头、变劣为优，挽救垂危大树，快速育苗等。

思考题

1. 简述作物生产在农业中的重要性。
2. 作物生产的特点有哪些？
3. 作物的分类方式有哪些？
4. 什么是作物的生育期？作物的生育时期有哪些？
5. 简述嫁接的概念、应用、方法及管理。

第二章　作物高效生产理论与技术

导　读

　　传统的精耕细作的作物生产费工耗本、高产低效，不再适应于已进入全面工业化的中国。针对我国作物生产中的肥药用量多、劳动强度大、生产成本高、比较效益低的问题，研究一种省工简便的作物生产技术，如免耕、直播等省工的栽培技术和种衣剂、可控释肥等物化技术产品，适合于中国农民现在和将来的需要。这种集成的轻型优质高效的综合栽培配套技术和开发应用配套物化技术产品，具有节约资源、保护环境、减少劳动力投入的特点，对提高我国作物生产的比较效益，推动作物生产由数量型向质量型和效益型转变，增强我国作物生产的比较效益和国际竞争能力，促进作物生产的持续协调发展具有重要意义。

学习目标

　　1. 了解并掌握常见作物的轻简高效栽培技术。
　　2. 了解作物生产关键环节的机械化方法。
　　3. 掌握作物的高效施肥技术。

第一节　作物轻简高效生产技术

一、作物轻简高效栽培技术

（一）水稻轻简高效栽培技术

1. 水稻直播栽培技术

（1）直播稻生长发育特点

　　直播稻播种期推迟，使生育期明显缩短，主要是营养生长期缩短，生殖生长期相对稳定。分蘖早而发生快，分蘖节位低，有效分蘖节位多，前期生长条件优越，易获得足够穗数。总发根节位减少，有效发根节位多，根系发达而浅生，氧气充足，根系活力强。总叶片数减少，中后期单株绿叶数多，功能期长，熟相好，有利于光合产物的形成，提高千粒重。直播稻日生长量高于手栽稻，谷草比高，干物质积累量多。

（2）直播稻产量形成特征

　　直播稻省去了育秧和移栽环节，无植伤、缓苗和返青期，使分蘖发生早且快，分蘖势强，低位分蘖成穗多，易形成足够的有效穗数。直播稻高产稳产的形成关键在于提高单位面积有效穗数。

（3）直播稻存在的问题及其高产栽培关键技术

目前直播稻生产上主要存在的问题：一是直播稻栽培技术管理粗放，高产高效栽培理论研究较少，配套技术还不完善；二是直播稻稳产性不高，群体倒伏风险大，抗灾能力差；三是直播稻播种量偏大，齐苗匀苗难，杂草危害严重。

针对上述问题，提出以下直播稻高产栽培关键技术：一是适当减少播种量，有条件的地区可采用机械条播或穴播，改善直播稻田间通风透光条件；二是合理施肥，二叶一心施分蘖肥，促进直播稻低位大分蘖生长，获得足够的有效穗数，同时因苗施好穗肥，巩固穗数；三是通过中期搁田，优化控制群体数量，促进生育后期光合物质积累，争取大穗，提高成穗率；四是及时防除杂草和防治病虫害，做到"一封、二杀、三补"。

2. 水稻抛秧栽培技术

（1）抛秧稻生长发育特点

缓苗期短或无，分蘖早生快发，低位分蘖多，高峰苗量大。根系保护好，植伤轻，秧苗品质高，抛秧入土浅，根量大，分布浅。抽穗后群体光合层较厚，叶层配置均匀，光合作用强，光合势大，净同化率高，干物质积累量多。单位面积有效穗数多，群体颖花量多，下层穗数比例大，成穗率偏低。

（2）抛秧稻产量形成特征

抛秧稻由于带土移栽，使根系保护好，植伤轻，活棵早，分蘖发生快，前期具有明显生长优势。如何合理利用抛秧稻的前期生长优势，培育"前发、中优、后强"的高光效群体，是抛秧稻获得高产的关键。抛秧稻产量形成特征是单位面积有效穗数显著增加，从而提高群体颖花量，且保证正常千粒重和结实率。

（3）抛秧稻存在的问题及其高产栽培关键技术

抛秧稻生产上存在的主要问题：一是抛秧稻入土较浅，根系纵向分布不深，支撑能力相对较弱，易发生根倒伏；二是抛栽时直立苗比例低，影响群体整齐度；三是抛秧不够均匀，存在缺穴漏苗。

抛秧稻高产栽培关键技术：一是培育适龄、高标准的矮壮秧；二是因品种精确计算基本苗；三是精确定量肥水管理，通过以水控肥、以水控苗、以肥促苗促进个体与群体协调平衡生长。

3. 水稻机插栽培技术

（1）机插秧水稻生长发育特点

生育期缩短，比同品种手栽稻播种期推迟 15~20d，全生育期缩短 10~15d，抽穗和成熟期后移。育秧播种密度大，个体所占营养面积小，但对秧龄大小较为敏感。由于机械移栽，使得植伤较重，缓苗期较长，返青之后分蘖集中呈爆发性，高峰苗数量较多。与手栽稻相比，单位面积颖花量多，有效穗数多，但穗型小，成穗率低。

（2）机插秧水稻产量形成特征

机插秧水稻由于高密度播种育秧和小苗机械移栽，与其他栽培方式有明显区别，移栽后植伤较重，缓苗期较长，一般 7~10d 出现分蘖，分蘖后群体数量呈直线上升，够苗期和高峰苗期较手栽稻均有所提前，成熟期有效穗数多，成穗率不高。机插稻通过配套的高产栽培措施能够获得高产，宜选用大穗型或穗粒兼顾型品种，培育壮秧，建立合理群体起点；控制无效分蘖，从而获得适宜高峰苗数量；充分利用优势分蘖，提高单株干物质积累量；培育壮秆大穗，形成足够的库容，并保证正常结实率和千粒重。

（3）机插秧水稻存在的问题及其高产栽培关键技术

在政府农机补贴和惠农政策实施下，机插稻应用面积迅速扩大，但生产中还存在以下问题：一是盲目追求秧苗成毯和机插不漏穴漏苗，播种量大，使得秧苗品质变差；二是生产季节紧张，秧龄弹性小，易造成超秧龄，影响机插质量；三是栽插质量差，缺苗断垄，穴苗数偏多。

机插稻的稳产高产栽培配套关键技术：一是适当减少播量，通过化控措施，培育高品质、高标准秧苗；二是精确计算基本苗，保证足穗；三是适时早搁田，做到多次轻搁，及时控制无效分蘖，优化群体质量；四是倒4叶和倒3叶时，施好穗肥，增强生育后期光合生产能力。

4. 不同轻简高效栽培方式适用范围

充分利用水稻生长季节的热量资源是最大限度挖掘品种产量潜力的重要条件。我国水稻种植范围广，生态区多，熟制多，使得水稻种植制度呈多元化发展。与传统手栽稻相比，直播稻、抛秧稻和机插稻等轻简高效栽培方式的全生育期均缩短，以直播稻生育期缩短最多。而一些地区盲目追求水稻轻简化栽培，造成水稻稳产高产性差，不能充分发挥水稻品种产量潜力。比如江苏省，要达到大面积水稻单产 $9t/hm^2$ 的目标，手栽稻和机插稻在全省均适宜，直播稻在苏南和苏中地区适宜，苏北地区不适宜，抛秧稻生育期介于手栽稻和机插稻之间，故在苏南、苏中和苏北均适宜。衡量水稻轻简高效栽培方式是否适宜本地区，主要看当地主推品种能否充分利用温光资源，能否安全成熟，能否达到大面积平衡高产。

5. 水稻轻简高效栽培与其他技术的结合

（1）少免耕轻简栽培

少免耕轻简栽培是指在前季作物收获后不用或少用犁耙整理土地，水稻播种或移栽前使用灭生性除草剂除草和摧枯前茬，灌水并施肥沤田，待水落干后进行播种或移栽的栽培技术。少免耕轻简栽培技术侧重于整地的简化，具有保护土壤、减轻水土流失、改善土壤理化性状、增强有益微生物活动、提高土壤肥力的作用，也能减轻劳动强度和降低生产成本。少免耕轻简栽培是将直播或抛秧栽培技术与少免耕栽培技术相结合的栽培方式，具有更突出的省工、节本、高效等特点。近年来，中国南方稻区免耕栽培技术推广面积较大，水稻免耕直播、免耕抛秧已进入研究与示范推广并重的阶段。许多学者研究认为，少免耕轻简栽培水稻具有增产潜力，能提高产出率和经济生态效益。

（2）秸秆还田轻简栽培

秸秆还田轻简栽培是指把作物秸秆直接或间接施入土壤的栽培技术，一般分沤肥还田、过腹还田和直接还田等方式。作物秸秆含有一定数量作物必需的碳、氮、磷、钾等营养元素，是重要的有机肥源之一。秸秆还田具有改善土壤理化性状、增加有机质含量、提高土壤肥力、增加作物产量等作用，能避免秸秆焚烧带来的环境污染问题，还能促进农村养分资源的循环利用和农业可持续发展。秸秆还田轻简栽培是将秸秆还田栽培与直播、抛秧、机插等轻简栽培相结合的稻作方式，可充分利用秸秆还田改善土壤结构而提高肥力，并达到轻简栽培省工、节本、高效的优势。

（二）玉米轻简高效栽培技术

1. 玉米免耕机械直播技术

玉米免耕机械直播就是在小麦收获后的地块上，不耕翻土壤，直接进行播种的作业方式。玉米直播可确保种植密度，保证苗齐、苗全、苗壮，增加玉米产量，为玉米联合收获打下良好基础。同时，减少因玉米套种对小麦产量的影响。使用免耕播种机一次可完成破茬开沟、深施肥、播种、覆土、镇压等作业工序。

（1）技术实施要点

地块准备。小麦联合收获机作业后的地块，播前不耕翻、不灭茬，将残留在田间的秸秆撒匀，使其覆盖在地表，实现秸秆还田。若土壤墒情差，可先行墒。

选择优良品种，并对种子进行精选处理。要求种子的净度不低于98%，纯度不低于97%，发芽率达95%以上。播种前应适时对所用种子进行药剂拌种、等离子体、磁化或浸种等处理。

合理选择机具。推荐使用国家机具补贴目录中的玉米贴茬直播机或玉米小麦两用免耕播种机进行播种，带农药喷施装置的优先选用。

机具调整要领。在使用前对所购机具进行一次全面的检查调整，并进行试播，保证运转灵活，工作可靠。

注意以下几项调整要领：①确定行距、株距。按农艺要求，推荐行距为60 cm，根据玉米品种的不同要求，株距为20～25cm。②播种深度。播种深度一般控制在3～5cm，沙土和干旱地区播种深度应适当增加1～2cm。③施肥深度及施肥量。施肥深度一般为8～10cm（种肥分施），即在种子下方4～5cm；施肥以复合颗粒状种肥为好，可控制施肥量为10～20 kg。

适时抢播。收获小麦后及时抢墒播种，可充分利用有效积温，有利于玉米生长，保证玉米成熟，增加产量。

适时适量喷施化学除草剂和农药。应在播种3d内喷施化学除草剂，对每平方米黏虫多于5只的地块还要添加杀虫剂，以上药剂均匀混合后一次喷洒。

（2）应用玉米机械直播玉米增产的主要因素

能做到合理密植。机播可以做到不间苗或少间苗，减少苗生长的间苗损害。用玉米贴茬机播种玉米，种子分布均匀，播深一致，种子入土后吸取营养成分趋于平衡，有利于生长发育。能做到边收边种，种的时间提前，出苗早2～3d，增加了积温。免耕覆盖秸秆增加了土壤持水能力和土壤肥力。播种时，同施除草剂，减少和抑制了杂草的生长。

2. 玉米简化高效施肥技术

采用相应的栽培调控措施，使得肥料的释放和玉米的养分吸收同步，一次使用可保证玉米整个生长季节的需要，大大降低了施肥劳工的投入，简化栽培管理程序。

该项技术包括如下关键内容。

玉米专用长效控释肥。玉米专用长效控释肥是通过特殊工艺处理的氮、磷、钾和微量元素复合肥。各种养分（主要是氮素养分）可根据玉米需求缓慢释放供肥。增产效果稳定，有利于氮磷养分的效应提高；可满足氮肥的全程需求，提高了氮肥的控释效果，而且降低了生产成本。

免耕施肥播种机进行播种，同时一次性施入玉米整个生长季节所需要的玉米专用控释肥，施肥深度为5～10cm，施肥需距玉米种子或植株10cm左右，以防距离太近出现肥料烧苗现象。

采用精量或半精量播种技术，简化田间管理。播种、施肥一次完成，可大大简化栽培管理程序，减少施肥投工 70% 左右。

（三）小麦轻简高效栽培技术

1. 小麦免耕直播栽培技术

小麦免耕直播栽培最适合于在水源方便的中稻田和有抗旱条件的旱田进行操作。也可在水稻收割后长期连遇阴雨，土壤含水量较高（达 90% 以上），土质黏重、适耕性差，耕整机械无法下田作业时作为一项抗灾技术。由于小麦化学除草技术比较过关，因此不用担心杂草危害。若能辅以稻草覆盖，更可锦上添花。

（1）前茬收获后，及时开沟整厢

按厢宽 2.5m 开沟整厢，尽量动锹挖沟，滤水田也可用犁打沟，翻起的沟土不用打碎散开，但沟内要清理干净，做到四沟配套通畅。

（2）清理厢面

无论是水田还是旱田，要将作物残渣秸秆清理，集中到厢沟内备用。但稻桩不必清理。若田间杂草较多，播前 2~3d，每亩用 200~250mL 百草枯加金都尔 60mL 兑水 50kg 均匀喷施于田间杂草及残茬上，注意不能用混泥水配药，喷施时田间必须无水。若田大杂草较少，可不处理。

（3）科学施肥

底肥每亩用含量为 40% 以上的复合肥 20~30 kg。因为肥料全部面施，容易挥发流失，所以不要用碳酸氢铵作底肥，不要一次将肥施完。可逢雨多次追肥。

（4）种子处理

播前晒种 1~2d，然后用 15% 粉锈宁按 0.5kg 种 1g 药的标准兑水 0.6~0.75kg，如果加入"芸苔素硕丰 481"浸种效果更佳（每 2g 药兑水 10~13kg 浸麦种 10~12kg）。浸种 8h 左右，然后捞出沥干，并采用干干湿湿的方法催芽，即每隔 8~10h 淋一次水，很快就可破胸，注意根芽不要太长。

（5）播种

合理密植：免耕小麦出苗率高，分蘖节位低，成穗率高，应适当控制播种量，每亩不超过 10 kg。

灵活抢墒播种：10 月 20 日后在适播期内，田内有墒随时施肥播种；田内墒情不好则需灌水泡田溶肥，待厢面剩瓜皮水时播种，可趁下雨时冒雨施肥播种，也可施肥播种后用潜水泵喷水人工造墒。

（6）盖草

将原收集在沟内的作物秸秆覆盖到厢面，有很好的保墒作用，利于一播全苗。盖草厚度 0.25~0.5cm，每亩用稻草 250kg，标准是"土不露白，草不成砣"。如果没有覆盖也可以，但要特别注意在出苗之前保持田面湿度，遇旱要及时抗旱。

2. 套作小麦机播高效栽培技术

该技术以微耕机为动力，挂接 2BSF-4-5A 型谷物播种机播种，播量易于调控，开沟器强度大和吃入土壤能力强，种子入土深度适宜，地轮不易打滑，导种管不易堵塞，漏播情况少。播种后小麦出苗整齐均匀，群体结构合理，有效穗增加，从而增产。

播前检查机器性能，调整好开沟器入土深度和播量。一般入土深度以 5cm 为宜，根据土质和土壤墒情适度调节；同时根据产量构成所需基本苗调节播量。可先用塑料袋套在排种管上，在地里开动机器前行 5m 左右，数塑料袋中的种子数，根据种子发芽率及田间出苗率计算基本苗，保证 9 万~12 万株/亩的基本苗，易于获得高产，即 1m 内每行 65 苗左右，一般每亩用种量 7~9kg。播种时保持中速匀速前进，平均每小时行进 1km，采用套播、转大弯解决丘陵旱地地块小、转弯难的问题。播前用钉耙将小麦枯枝落叶清理至预留行，播后用其覆盖或用钉耙抓土覆盖。播时随时观察排种孔，避免漏播。出苗后检查麦苗均匀程度，及时进行催芽补种和疏密补稀，确保苗全苗壮。

（四）油菜直播轻简高效栽培技术

1. 选用耐密抗倒优质高产良种

直播油菜密度较大，特别是为避免后期倒伏，适应机械联合收获，生产上应选用株高适中、株型紧凑、耐密抗倒性好的"双低"油菜品种。在稻油季节矛盾较大的区域，应选用高产、高油、高抗、适合机械化种植的早熟或中早熟油菜新品种。

2. 适期适墒播种

油菜适宜播种期为 9 月下旬至 10 月上旬。油菜可采用人工直播（撒播、点播）或机械直播。人工撒播时为达到苗匀效果，一般将种子与炒死的商品油菜籽 2kg 左右或颗粒状尿素 5kg 混合均匀，分成四等分，全田来回重复四次均匀撒播。机械直播可采用旌阳牌小四轮油菜播种机浅旋条播或东方红牌 LX804 拖拉机油菜精量施肥联合播种机。一播全苗是直播油菜高产的基础和保证，播种前注意田间墒情，不宜过湿也不宜过干，以免湿害或炕种。

3. 化学除草

直播油菜田间容易滋生杂草，搞好化学除草是关键。播前灭草，一般在油菜播种前 3~5d 选用 20% 百草枯，或播种前 7~10d 选用 10% 草甘膦，均匀喷雾田面。苗期除草，以禾本科杂草为主的油菜田，可用 10.8% 高效盖草能乳油于 4~5 叶期喷雾；禾本科杂草、阔叶杂草混生田块，可用烯草酮在油菜 5 叶期以后喷雾。

4. 合理密植

直播油菜播种期一般比育苗移栽油菜晚 20~30d，为获得高产和适应机械联合收获，应保证成熟期种植密度在 2 万~3 万株/亩，基本苗密度应随着播期推迟而相应增加。每亩的播种量随播种期早迟以 150~250g 为宜。

5. 科学配方施肥，足量基肥，合理追肥

直播油菜生育期相对育苗移栽油菜较短，种植密度大。根据生产实践，总施肥量（特别是氮肥用量）可适当减少，每亩氮磷钾总用量以纯氮 9~12kg、五氧化二磷 3.0~5kg、氧化钾 3.0~5kg 为宜。科学施肥原则是基肥足而全，合理追肥。底肥中氮应占 70% 左右，一般在苗期追施一次速效氮肥即可，磷钾肥和硼肥（1kg）均作底肥。

6. 防湿抗旱

容易出现湿害的区域和田块，应在水稻收获后及时开沟（围边沟、中沟）；湿害严重的田块，应按 3~4m 幅宽开好厢沟，沟深应达到 20cm 以上。若油菜播种前墒情不够或苗期遇到干旱，可适当灌溉，浸润田（厢面）即可（忌播种后淹水）。

7. 综合防治病虫害

直播油菜的病虫害防治与前述育苗移栽油菜相似，但由于直播油菜的种植密度相对而言较大，可能引起病虫害发生特点的一些变化，应加强田间调查和预防工作。根据生产实

践，机直播油菜种子采用氢霜唑拌种后播种，具有较好的预防根肿病的效果。

8. 适期收获

直播油菜可采用人工或机械收获，但建议有条件的地方尽量采用机械联合收获。采用人工收获或分段二次机械脱粒时，适宜收获期与育苗移栽一致，应在油菜达到黄熟期时开始拔秆或低桩割秆，后熟 5~7d 再打收脱粒。当采用机械联合收获时，应在油菜全田角果充分成熟（完熟期）后选择晴天或阴天进行收获。

二、作物机械化生产技术

（一）作物机械化生产的重要性

1. 农机化在现代农业发展中发挥了主导和引领作用

转变农业发展方式，实现农业现代化，最根本的是要实现农业技术集成化、劳动过程机械化和生产经营信息化。农业机械化是运用农机装备进行农业生产的具体过程，是现代农业的主要生产方式和重要标志。发达国家的经验表明，农业现代化的实现均以农业生产实现机械化为前提，没有农业的机械化，就没有农业的现代化。

2. 农机化在促进粮食稳定增产中发挥了支撑和载体作用

农业机械是科技的物化，机械化生产突破了人畜不能承担的生产规模、生产效率限制，实现了人工所不能达到的现代农艺技术要求，已成为引领农艺制度深刻变革、促进农业技术集成应用的主要载体。大力发展农业机械化，用现代科学技术改造传统农业，用现代物质条件装备农业，已成为大规模应用先进农业科技、实现现代精准化作业的主要途径。

3. 农机化在促进农民持续增收中发挥了替代和推动作用

发展农业机械化，与农村劳动力转移、增加农民收入息息相关。通过发展农业机械化，一是可以大大降低农业生产成本，直接创造财富。实行机械化作业，既能够增加农作物产量，提高农产品品质，还能够节约种子、水源、肥料、人工等生产要素的投入，降低生产成本，实现农业的节本增效。二是可以促进农村劳动力稳定转移，拓宽农民增收渠道。农业机械化的发展，极大地提高了劳动生产率，高效率地完成农业生产，显著地替代了农村劳动力。

4. 农机化在培育新型职业农民中发挥了领跑和带头作用

农业机械化生产的发展过程在很大程度上也是造就高素质新型职业农民的过程。将来从事农业生产主要是以农机手为代表的、以机械化生产方式为主导的新型职业农民。随着农业机械的大量使用和农机化新技术的普及推广，将会涌现出更多的农机作业能手、维修能手、经营能手，催生更多的种植大户、养殖大户，造就更多的高素质新型职业农民，成为发展现代农业的中坚力量和社会主义新农村建设的领跑者、带头人。

（二）作物生产关键环节的机械化

1. 整地机械化

（1）概述

整地机械是对农田土壤进行机械处理使之适合于农作物生长的机械。整地是作物栽培的基础，整地质量好坏对作物生长有显著影响。

（2）整地机械

整地作业包括耙地、平地和镇压，有的地区还包括起垄和做畦。

耕地后土垡间存在着很大间隙，土壤的松碎程度与地面的平整度还不能满足播种和种植的要求，所以必须进行整地，为作物的发芽和生长创造良好的条件。在干旱地区用镇压器压地是抗旱保墒、保证作物丰产的重要农业技术措施之一。有的地区应用钉齿耙进行播前、播后和苗期耙地除草。

2. 播种、施肥机械化

播种作业是农业生产的重要环节之一，是农业增产的基础，所以播种机械应满足下述农业技术的要求：（1）因地制宜，适时播种，满足农艺环境条件。（2）能控制播种量和施肥量，播种量准确可靠，行内播种粒距（或穴距）均匀一致。（3）播深和行距保持一致，种子播在湿土中，覆盖良好，并按具体情况予以适当镇压。（4）播行直，地头齐，无重播、漏播。（5）通用性好，不损伤种子，调整方便可靠。

3. 植保机械化

（1）病虫害防治措施

农作物在生长过程中，常常遭受病菌、害虫和杂草的侵害，必须采取防治措施，以确保丰产、丰收。病虫草害的防治方法很多，可用以下各种方法进行综合防治。

农业技术防治法。包括选育抗病虫的作物品种，改进栽培方法，实行合理轮作，深耕和改良土壤，加强田间管理及植物检疫等。

生物防治法。利用害虫的天敌、生物间的寄生关系或抗生作用来防治病虫害。近年来这些方法在国内外都获得很大发展，如我国在培育赤眼蜂防治玉米螟、夜蛾等虫害方面取得了很大成绩。为了大量繁殖这种昆虫，还成功研制出培育赤眼蜂的机械，使生产率显著提高。又如国外成功研制了用 X 射线或 γ 射线照射需要防治的雄虫，破坏雄虫生殖腺内的生殖细胞，造成雌虫不能生育，以达到消灭害虫的目的。采用生物防治法可减少农药残留对农产品、土壤、空气和水的污染，保障人类健康，因此，这种防治方法日益受到重视，并得到迅速发展。

物理和机械防治法。利用物理方法和工具来防治病虫害，如利用诱杀灯消灭害虫，利用选种机剔除病粒及用微波技术来防治病虫害等。

化学防治法。利用各种化学药剂来消灭病菌、害虫、杂草及其他有害生物。特别是有机农药大量生产和广泛使用以来，它已成为植物保护的重要手段。这种防治方法的特点是操作简单，防治效果好，生产率高，而且受地区和季节的影响较少，故应用较广。但是如果农药使用不当，就会造成污染环境，破坏或影响整个农业生态系统，在作物植株和果实中易留残毒，影响人体健康。因此，使用时一定要注意安全。

目前所用的植物保护机械，实际上都是用来喷施化学药剂的机械。

（2）化学药剂的喷施方法

常量喷雾法。药剂以水为载体，利用喷雾机对稀释浓度较小的药剂加一定的压力，经过喷头使其雾化成大量的直径为 $100 \sim 300 \mu m$ 的雾滴，喷施在农作物上。这种方法射程远、雾滴分布均匀、黏附性好，受气候影响小，在农业中应用最广泛。

弥雾法。也称低量浓缩喷雾法，药剂以气流为载体，利用风机产生的高速气流，将粗雾滴破碎、吹散、雾化成直径为 $75 \sim 100 \mu m$ 的雾滴，并吹送到目标物。弥雾法可用于高浓度低喷量的药剂，可大大减少稀释用水。用弥雾法喷雾，雾滴小，覆盖面积大，药剂不易流失，是一种防治效果好、作业效率高、经济性好的施药方法。

超低量喷雾法。也称飘移积累型喷雾法，利用超低量喷雾机将少量药液（一般为油剂原液）雾化成直径为 15~75μm 的雾滴，由气流或自然气流将其吹送到目标物。细小雾滴在飘移中沉积在作物上。植株各部位所接受的药滴是由多次单一喷幅积累而成的，因而将这种方法称为飘移积累型。这种方法药滴小，覆盖面大，用药量小。但所用药剂应具有高效、低毒、挥发慢、沉降快等特点，否则药滴飘移将造成环境污染。

喷粉法。利用喷粉机的高速气流，将药粉喷洒到植株上。但药粉的黏附性低，耗药量大，受气候影响较大。

喷烟法。先利用烟雾机产生的高温气流和常温气流使药液雾化成直径为 5~10μm 的超微粒子形成烟雾，再随高温气流吹送到目标物，药粒悬浮于空气中弥散到各处。烟雾穿透力强，覆盖性好，较适用于森林、果园、仓库。

土壤处理法。用喷洒机或土壤注射机将农药喷洒或注入土壤中，以达到除病害、虫害的目的。

航空植保。航空植保是运用农用飞机进行的植保作业。它在机具形式和作业方式上与地面作业有很大的不同。目前，农业上使用的飞机主要采用单发动机的双翼、单翼及直升机。我国农业航空方面使用最多的是运-5 型双翼机和运-11 型单翼机，适用于大面积平原、林区及山区，可进行喷雾、喷粉和超低量喷雾作业。飞机作业的优点是防治效果好、速度快、功效高、成本低。但航空植保作业每次添加药液均需往返升降，而且稀释药液时，给水不方便，为提高飞行一次所喷施的面积，常用超低量喷雾。

静电喷雾。静电喷雾是给喷洒出来的雾滴充上静电，使雾滴与植株之间产生电力，这种电力可以促进雾滴的沉降与黏附，并减少飘移。雾滴充电的方法有电晕充电、接触充电和感应充电三种。

（3）植保机械的维护保养

许多农药都具有强烈的腐蚀性，而制造药械的材料又是薄钢板、橡胶制品、塑料等。因此，要保证植保机械有良好的技术状态，延长其使用寿命，维护保养是非常重要的。

主要的维护保养手段如下：添置新药械后，应仔细阅读使用说明书，了解其技术性能和调整方法、正确使用和维护保养方法等，并严格按照规定进行机具的准备和维护保养。转动的机件应按照规定的润滑油进行润滑，各固定部分应固定牢靠。各连接部分应连接可靠，拧紧并密封好，缺垫圈或垫圈老化的要补上或更换，不得有渗漏药液或漏药粉的地方。每次喷药后，应把药箱、输液（粉）管和各工作部件排空，并用清水清洗干净。喷施过除莠剂的喷雾器，如果用来喷施杀病虫剂时，必须用碱水彻底清洗。长期存放时，各部件应用热水、肥皂水或用碱水清洗后，再用清水清洗干净，可能存水的部分应将水放尽、晾干后存放。橡胶制品、塑料件不可放置在高温和太阳直接照射的地方。冬季存放时，应使它们保持自然状态，不可过于弯曲或受压。金属材料部分不要与有腐蚀性的肥料、农药存放在一起。磨损和损坏的部件应及时修理或更换，以保证作业时良好的技术状态。

4. 灌溉机械化

灌溉机械是农业机械化的重要组成部分，它对改变农业生产的条件、抵御自然灾害、确保农作物的高产稳产具有十分重要的作用。

传统的灌溉方法有沟灌、洼灌和淹灌。其优点是简便易行，耗能少，投资小。其缺点是用水浪费大，只改变田间小气候，生产率低。而我国是一个水资源贫乏的国家，水资源人均占有量仅为世界的 1/4。随着经济的发展，工业和城市用水量激增，农业用水供需矛盾日益突出，干旱缺水已成为制约我国农业发展的主要因素之一。一方面农业缺水，另一方面用水浪费现象普遍存在，使发展节水灌溉技术、提高灌水的利用率成为解决农业缺水的有效方法。

节水灌溉技术是以节约农业用水为中心的综合技术的总称。其核心是在有限的水资源条件下，通过采用先进的水利工程技术、农业机械工程技术、适宜的农业耕作栽培技术和用水计划管理等综合技术措施，充分提高农业水的利用率和水的生产效率，确保农业持续发展。

近几年来，在我国干旱缺水地区已开始推广使用喷灌、滴灌等先进的节水灌溉方法。喷灌和滴灌具有省水、省工、省地、保肥、保土，适应性强及便于实现灌溉机械化、自动化等优点，是农田灌溉的发展方向。

5. 收获机械化

（1）谷物收获

谷物收获包括收割、捆束、运输、堆垛、脱粒、分离、清粮等作业，它可以用不同的方法来完成，目前我国有以下三种方法。

分别收获法。用人力或机械分别完成收获过程的各项作业。例如，用收割机收割谷物，铺放在留茬地上，由人工捆束、装车运回场上，进行人工堆垛，用脱粒机脱粒、分离和清粮。此方法的优点是所用机械构造简单、投资费用少、对使用技术要求不高，适用于经营规模较小、经济发展水平不高的地区。它的缺点是收获过程的各项作业分别进行，需要众多的劳动力，劳动生产率低，劳动强度大，收获损失也较大。

联合收获法。用谷物联合收获机一次性完成收割、脱粒、分离和清粮等作业。此方法的优点是一次性完成上述作业、需要的劳动力少、劳动生产率大幅度提高、劳动强度减轻、收获损失较小，适用于经营规模大、经济发展水平高的地区。它的缺点是谷物联合收获机构造复杂，投资费用大，而在一年中的使用时间短，并要求有较高的使用技术。

分段联合收获法。先用割晒机收割，谷物条铺在留茬地上，经几天晾晒使谷物后熟和风干，再用装有捡拾器的谷物联合收割机完成捡拾、脱粒、分离和清粮等作业。此方法的优点是割晒机可以比联合收获机提早几天开始收割，谷物可以后熟和风干，品质较好。它的缺点是机器两次作业，行走部分对土壤破坏和压实程度增加，油料消耗比联合收获法增加 7%~10%，如遇连续阴雨天气，谷物在条铺上易长霉和生芽。若将分段联合收获法与联合收获法结合起来，即在收获初期用分段联合收获法，而在收获中、后期使用联合收获法，这样可以充分发挥各自的优点，取得良好的效果。

谷物收获的农业技术要求：适时收获，收获质量好、损失少，割茬高度适宜，茎秆和颖壳分别堆放或将切碎的茎秆均匀撒于田间。

（2）谷物联合收获机

联合收获机融收割机和脱粒机的工作部件为一体，在田间一次性完成作物的切割、脱粒、分离和清粮等全部作业，直接获取清洁的粮食，并依要求对茎秆作适当处理。

对谷物联合收获机的农业技术要求：适应谷物高产的要求；收割、脱粒、分离、清粮等总损失不超过籽粒总收获量的 2%；籽粒破碎率一般不超过 1.5%；收获的籽粒应清洁干净，以小麦为例，其清洁率应大于 98%；割茬高度越低越好，一般要求在 15cm 左右，割大豆时应尽可能低，对某些需要茎秆还田地区，或因客观条件限制使降低割台高度有困难的，允许高一些。

（3）玉米联合收获机

玉米收获机与小麦等收获机不同，一般需要自茎秆上摘下果穗，剥去苞叶，然后脱下籽粒。玉米茎秆切断后可铺放于田间，以后再集堆；或将茎秆切碎撒开，待耕地时翻入土中；也有在收果穗的同时将整秆切断、装车、运回进行青贮。

机械化收获玉米可用谷物联合收获机或专用的玉米联合收获机。

第二节 作物高效施肥理论与技术

一、施肥的基本理论

（一）施肥的基本原理

1. 养分归还学说

由于作物吸收的各种矿质养分在作物体内分布不同，通过根茬向土壤返还的比例不同，施肥措施也会不尽相同。氮、磷、钾属于归还程度低的元素，需要施肥重点补充；钙、镁、硫等养分属于中度归还，虽然作物地上部分所摄取的数量大于根茬残留给土壤的数量，但根据土壤和作物种类不同，施肥也应有所区别，如在交换性钙含量较低的酸性土壤上种植喜钙的双子叶作物时可施用含钙肥料，在中性和石灰性土壤上种植禾本科作物则不需另外补充含钙肥料；高归还度的铁、锰等元素，其归还比例甚至可以高达60%~70%，同时在土壤中这些元素的含量也很丰富，一般情况下不必以施肥的方式补充。

2. 最小养分律

植物为了生长发育需要吸收各种养分，但是决定植物产量的却是土壤中那个相对含量最少的养分因素（即最小养分），产量也在一定程度上随着这个因素的增减而相对地变化，如果无视这个限制因素的存在，即使继续增加其他营养成分，也难以再提高植物产量。"最小养分律"又被称为施肥的"木桶理论"：储水桶是由多块木板组成的，每一块木板代表着作物生长发育所需的一种养分，当有一块木板（养分）比较低时，其储水量（产量）也只能达到与最低木板的刻度对应的储量。

3. 报酬递减律

意思是"从一定土地上所得到的报酬，随着向该土地投入的劳动和产量的增大而有所增加，但随着投入的单位劳动和资本的增加，报酬（单位报酬）的增加却在逐渐减少"。就施肥来讲，尽管作物种类不同，施肥效果各异，但综合大量的施肥量与产量的关系，都符合这一经济规律。

报酬递减律是农业生产中最基本的一条经济规律，在各项技术条件相对稳定的前提下，反映出限制因子与作物产量的关系，即投入与产出的关系。因此，施肥就有一个经济合理的问题，不能盲目增大施肥量，要追求高效益。

4. 同等重要律和不可代替律

作物所需的营养元素，在作物体内的含量差别可达十倍、千倍甚至数百万倍，但是不管数量多少，都是同等重要，不能互相代替，这称为"营养元素的同等重要律和不可代替律"。例如作物缺氮，生长缓慢，老叶黄化，除施用氮肥外，其他任何肥料都不能减轻这种症状，氮的营养作用不能被其他任何一种元素完全代替；虽然钼是作物体内含量最少的营养元素，但花菜缺钼出现"鞭尾状叶"只能通过使用钼肥缓解症状，钼的营养作用和其他营养元素一样重要。

(二) 施肥的基本依据

1. 作物营养特性与施肥

所有作物的正常生长发育都需要碳、氢、氧、氮、磷、钾、钙、镁、硫、铁、锰、铜、锌、硼、钼、氯16种必需营养元素，而且作物吸收养分都有阶段性和连续性，这就称为作物营养的共性或一般性。

作物营养的个性或特殊性也广泛存在。首先反映在不同种类作物（甚至不同品种）所必需营养成分的数量和比例各不相同。例如，小麦、玉米、水稻等谷类作物需要较多的氮素，但也要配合一些磷、钾；豆科作物及豆科绿肥因根部有根瘤，能固定空气中的氮，可少施或不施氮肥，应增施磷、钾肥，特别是对磷的需求比一般作物多；以茎、叶生产为主的麻、桑、茶及蔬菜作物，需要较多的氮素，施氮尤为重要；油菜和糖用甜菜需硼比一般作物多；烟草、薯类需要较多的钾；常规稻的需肥量低于杂交稻，粳稻一般比籼稻耐肥。除此之外，有些作物还有特殊需求，如水稻需要较多的硅，豆科作物固氮需要微量的钴。

其次，不同作物对不同形态的肥料反应不同。例如水稻和富含糖的薯类，施用铵态氮肥较硝态氮肥效果更好，其中马铃薯不仅利用铵态氮，硫对其生长也有良好的作用，因此以施硫酸铵为好。小麦、玉米、棉花、向日葵等都是喜硝态氮的，由于钠盐对纤维品质有良好作用，可使纤维排列紧密，提高纤维强度和拉力，所以棉、麻宜施用硝酸钠。在甜菜生长初期施用硝态氮优于铵态氮，后期则以铵态氮较好。而番茄则相反，生长期还原过程占优势，宜施铵态氮肥，后期氧化过程占优势，宜施硝态氮肥。烟草施用硝酸铵较好，因为硝态氮有利于柠檬酸和苹果酸的积累，提高其燃烧性，铵态氮可促进烟叶内芳香族挥发油的形成，增进烟的香味。对薯类、烟草、茶、柑橘等忌氯作物不宜施用含氯肥料。

再次，各种作物不仅对养分的需求有差别，而且吸收能力不同。油菜、花生等豆科作物能很好地利用磷矿粉中的磷，玉米、马铃薯只有中等的利用能力，而小麦利用能力就很弱。对利用能力强的可施难溶性磷肥，反之应施速效性磷肥。

最后，对同一品种的作物，需注意其不同生育阶段对养分的不同需求。作物生长发育有一定规律性，前期以营养生长为主，主要扩大营养体，形成骨架；中期是营养生长和生殖生长并进时期，生长迅速；后期是生殖生长时期，主要进行物质的运输，形成籽粒。不同营养阶段有不同的营养要求，前期需较多的氮，后期需较多的磷和钾，中期追求营养平衡。此外，在作物营养期中还应注意两个施肥的关键时期，即作物营养临界期和作物营养最大效率期。

元素过多、过少或营养元素间的不平衡对作物生长发育起着不良影响的时期，称为作物营养临界期。不同作物其临界期不同，但一般都出现在生长初期，这个时期作物需养分不多，但很迫切，表现非常敏感，养分缺乏造成的影响即使在以后补施肥料也难以纠正和弥补，造成严重减产。

在作物的营养期中，作物所吸收的营养物质能够产生最大效能的那段时期称为作物营养最大效率期。这个时期需要养分的绝对量和相对量往往最大，吸收速率快，生长旺盛，是施肥的关键时期。氮肥的最大效率期通常是小麦在拔节到抽穗期，玉米在喇叭口到抽雄初期，大豆、油菜在开花期，棉花在盛花始铃期，红薯在生长初期（扦插后30~50d）；红薯磷、钾肥的最大效率期在块根膨胀期；棉花磷肥的最大效率期为花铃期。

2. 土壤条件与施肥

根系通过土壤吸收养分，土壤的养分含量是合理施肥的重要参考。我国土壤全氮（N）含量一般在 $0.2 \sim 2g/kg$ 变动，全磷（P）含量为 $0.18 \sim 1.1g/kg$，全钾（K）含量远比氮、磷高，一般在 $3 \sim 23g/kg$ 内。由于多呈迟效态存在，全量养分只是作物营养的物质基础，一般还不能完全说明土壤对作物养分的供应情况。与当季作物产量和施肥效果有明显关系的是土壤中的有效养分含量。一般认为土壤有效氮小于 $50mg/kg$，速效磷（P）小于 $5mg/kg$，速效钾（K）小于 $66mg/kg$ 的，三要素供给水平就较低，施肥就有明显增产效果，有效养分含量越高，施肥效果越差。除此之外，施肥还应注意养分平衡，使氮、磷、钾和微量元素适量配合施用。

土壤酸碱反应也直接影响肥料的施用效果。酸性土壤施磷矿粉较好，石灰性和中性土壤施用过磷酸钙。为了减少磷与铁、铝、钙、镁的固定反应，应集中、分层地施于根系分布密集的土层，或根外追肥，以利于吸收。对氮肥来讲，酸性土壤应选用碳酸氢铵等碱性或生理碱性肥料，石灰性土壤可选用硫酸铵、氯化铵等生理酸性肥料。

除此之外，土壤结构、通气状况、水分状况等也都与肥料的施用有关，如水稻不宜施用硝态氮肥，铵态氮肥需施入还原层较好。

3. 气候条件与施肥

气候条件会影响土壤养分的状况和作物吸收养分的能力，从而影响施肥效果。高温多雨的地区或季节，有机肥料分解快，可施半腐熟的有机肥料，化肥追施一次施用量不宜过大，施肥不宜过早，以免养分淋失。温度较低、雨量较少的地区或季节，有机质分解较缓慢，肥效迟，应施腐熟程度高的有机肥料和速效性的化学肥料，而且应适当早施。在高寒地区，宜增施磷、钾肥和灰肥，有利于提高作物抗寒能力，有助于作物安全过冬。光照不足、光合作用弱时，如果单施速效氮肥，会使碳、氮代谢失调，体内糖分积累相对减少，影响机械组织形成，造成徒长倒伏，增施钾肥有补偿光照不足的作用。光照充足、光合作用强时，作物新陈代谢旺盛，需要养分多，可多施一些肥料。

4. 肥料品种特性与施肥

肥料种类很多，性质差异也很大，合理施肥必须考虑到肥料性质。与施肥关系密切的性质有养分的含量、溶解度、酸碱度、稳定性、土壤中的移动性、肥效快慢、后效大小及有无副作用等。例如，有机肥料，养分全、肥效迟、后效长，有改土作用，多用作基肥；化肥养分浓度大、成分单一、肥效快而短，便于调节作物营养阶段的养分要求，多用作追肥；铵态氮肥（如碳铵）化学性质不稳定，挥发性强，应特别强调深施盖土，减少养分损失；硝态氮肥在土壤中移动性大，施后不可大水漫灌，也不宜作基肥施用；磷肥的移动性小，用作基肥时应注意施用深度，应施在根系密集土层中。

二、测土配方施肥技术

（一）测土配方施肥概述

1. 提高产量

在测土配方的基础上合理施肥，促进农作物对养分的吸收，可增加作物产量 $5\% \sim 20\%$ 或更高。

2. 减少浪费，节约成本

测土配方施肥解决了盲目施肥、过量施肥造成的农业生产成本增加的问题。

3. 减少环境污染，保护生态环境

测土配方施肥条件下，作物生长健壮，抗逆性增强，农药施用量减少，降低了化肥农药对农产品及环境的污染。

4. 改善农产品品质

通过测土配方施肥，实现合理用肥，科学施肥，能改善农作物品质。而滥用化肥会使农产品质量降低，导致"瓜不甜、果不香、菜无味"。

5. 改善土壤肥力

使用测土配方施肥，了解土壤中所缺养分，根据需要配方施肥，才能使土壤缺失的养分及时获得补充，从而维持土壤养分平衡，改善土壤理化性状。

(二) 测土配方施肥步骤

1. 测土

在作物收获后或播种施肥前，一般在秋后采集土样。按照"随机""等量"和"多点混合"的原则，一般采用"S"形或"梅花"形布点采集混合样。采样深度一般为 0 ~ 20cm，四分法保留 1kg 左右，风干，研磨成 0.25mm ~ 1mm 粒径，测定其 pH 及有机质、全氮、碱解氮、有效磷和速效钾含量，骨干样品还需测定阳离子代换量、交换性钙镁、有效硫、有效微量元素等含量，以了解土壤供肥和保肥状况。

2. 配方

全国农业技术推广服务中心发布的《全国测土配方施肥技术规范（试行）》中，肥料配方设计有 2 大类（基于田块的肥料配方设计和县域施肥分区与肥料配方设计），共 5 种方法。生产中常用的方法有肥料效应函数法、土壤养分丰缺指标法和养分平衡法。

3. 配方肥料合理施用

在养分需求与供应平衡的基础上，坚持有机肥料与无机肥料相结合，坚持大量元素与中量元素、微量元素相结合，坚持基肥与追肥相结合，坚持施肥与其他措施相结合。在确定肥料用量和肥料配方后，合理施肥的重点是选择肥料种类、确定施肥时期和施肥方法等。

三、叶面施肥技术

(一) 叶面施肥技术概况

1. 叶面施肥的特点

（1）直接供给养分，防止养分在土壤中的转化固定

某些微量元素，如锌、铁、铜等易被土壤固定（有人将硫酸铜施入缺铜的腐殖砂土 2h 后，发现 90.4% 的铜会被吸附固定），使土壤的利用率不高，而采用叶面喷施效果较好。

（2）吸收效率快，能及时满足作物的营养需要，见效快

有人利用放射性 ^{32}P 在棉花上进行试验，将肥料涂于叶面，5min 后测定各个器官中的 ^{32}P，均发现含有放射性磷，而尤以根尖和幼叶含量最高；10d 后，各器官中的含磷量达到最高值。相反，如果通过土壤施用，15d 植物吸收磷的数量才相当于叶面施肥 5 min 时的吸收量。植物从土壤中吸收尿素，4~5d 后才能见效，但叶面喷施 2d 后就能观察到明显效果。

（3）施肥量少，比较经济

据研究，叶面喷施需肥量仅需土壤施肥量的10%，就能达到同样的营养效果。

（4）施肥量有限，肥效短暂

对氮、磷、钾等大量元素来说，应以土壤施用为主，叶面施用只能作为解决特殊问题的临时措施。但对微量元素来说，由于需要量不多，叶片施用就可满足作物营养的需要，应作为微量元素肥料施用的主要方法。

2. 叶面施肥的适用范围

一般在下面几种情况下，可以考虑采取叶面施肥：（1）作物根系受到伤害。（2）遇自然灾害，需要迅速恢复作物的正常生长。（3）需要矫正某种养分缺乏症。（4）养分在土壤中容易转化和固定，如磷肥和微量元素肥料。（5）基肥不足，作物有严重脱肥现象。（6）植株密度太大，已无法土壤施肥。（7）深根作物（如果树）用传统施肥方法没有收效。

（二）叶面施肥的作用机理

1. 叶片的基本功能

叶片是由表皮、叶肉和叶脉三部分组成的。在表皮上有上、下两层，都是保护层，在下表皮上有许多气孔，可与周围大气进行气体交换。在进行光合作用过程中，吸进二氧化碳，放出氧气；而在呼吸作用过程中则吸进氧气，放出二氧化碳。叶脉就是维管束，穿过叶柄与茎维管束相通，叶脉里的木质部把从根部吸收上来的水分和溶解于水中的无机养分输送到叶片的各部位，这是一条运输通道。叶肉分栅栏组织和海绵组织，是进行光合作用的主要场所。

2. 叶面的吸收机理

叶面（包括一部分茎的表面）吸收营养物质，主要是通过气孔扩散和角质层渗透，使营养物质进入植物体内而实现的。例如通过气孔，植物叶片可以吸收二氧化碳（CO_2）、水蒸气（H_2O）和二氧化硫（SO_2）等，特别是叶面吸收二氧化硫对于植物的硫营养需求起着很大的作用。

叶片表皮细胞的外面是角质层和蜡质层。过去认为，叶面吸收外界物质是由气孔进入，而角质层和蜡质层难以透过这些物质，但近年研究表明，矿质溶液中的溶质除通过气孔进入细胞内部外，还可以透过角质层、蜡质层被表皮细胞吸收。

（三）影响叶面吸收养分的因素

1. 溶液组成

溶液组成取决于叶面施肥的目的，同时也要考虑各种元素的特点。磷、钾能促进碳水化合物的合成与运输，故后期施用磷、钾肥对于提高马铃薯、红薯、甜菜的产量有良好作用，并能使其提早成熟。在早春作物苗期，土温较低，根系吸收养分的能力较差，叶面喷施氮肥效果很好。在选择具体肥料时，要考虑肥料的吸收速率。就钾肥而言，叶片吸收速率为氯化钾>硝酸钾>磷酸氢二钾；对氮肥来说，叶片吸收速率为尿素>硝酸盐>铵盐。一般无机可溶性养分的吸收速率较快，均可作为根外追肥。在喷施微量元素时，加入尿素可以促进吸收，防止叶面出现的暂时黄化。

2. 溶液浓度

在一定浓度范围内，矿质养分进入叶片的速率和数量随浓度的提高而增加，但浓度过高会灼伤叶片，一般适宜浓度为0.1%~2%。

3. 溶液 pH 值

一般而言，酸性溶液有利于叶片对阴离子的吸收，中性到微碱性溶液有利于叶片对阳离子的吸收。如果要供给阳离子，溶液应调节到中性至微碱性，如叶面喷施硫酸亚铁以提供铁；如果要供给阴离子，溶液应调节到微酸性，如叶片喷施硼酸以提供硼。

4. 溶液湿润叶片的时间

许多实验证明，如果能使营养液湿润叶片的时间超过 $30\sim60min$，叶片可以吸收大部分溶液中的养分，余下的养分也可以被叶片逐渐吸收。因此，叶面施肥应选在傍晚或阴天，这样可以防止营养液迅速干燥。此外，使用湿润剂，如 $0.1\%\sim0.2\%$ 洗涤剂或中性皂，可降低溶液表面张力，增加溶液与叶片的接触面积，从而提高根外追肥的效果。

5. 植物的叶片类型及温度

双子叶作物（如棉花、油菜、豆类、甜菜等）叶面积大，叶片角质层较薄，溶液中的养分易被吸收；单子叶作物（如水稻、小麦、玉米、大麦等）则相反，养分透过速度较慢。在叶面施肥时，双子叶作物的效果较好；单子叶作物效果较差，应适当加大浓度或增加喷施次数。此外，幼叶比老叶吸收能力强，应对老叶加大浓度或增加喷施次数。

叶片正面表皮组织下是栅栏组织，比较致密；叶片背面是海绵组织，比较疏松，细胞间隙大，孔道多，且气孔密度比叶片正面大。故叶片背面吸收养分的能力较强，速度较快，喷施肥料的效果较好。

温度对营养元素进入叶片有间接影响。温度下降，叶片吸收养分减慢；但温度较高时，液体易蒸发，也会影响叶片对矿质养分的吸收。

（四）大量元素作叶面肥的施用技术

1. 尿素

尿素属中性化学肥料，氮含量为 46%，是目前氮素化肥中用作叶面肥的最常用的品种。由于它不含其他副成分，分子体积很小，在水中的溶解度大，在溶液浓度较低的情况下施于植物叶面，比较容易渗透到植物叶片的细胞中而被直接吸收利用。

尿素适用于各种作物，叶面喷施的溶液浓度因作物种类、生长状况及栽培条件而异。

在使用尿素作为叶面肥时必须注意下列几点：①尿素中的缩二脲含量超过 1% 时不能作叶面施肥，以免引起作物毒害；②作物开花时不能进行叶面喷洒，以免影响作物授粉，从而降低产量；③喷施用的溶液一定要按不同作物的需要配制，不能过浓，以免产生肥害；④下雨天喷洒肥液易流失，晴天中午高温时喷洒容易产生肥害，不宜进行，最宜于傍晚或阴天进行施肥，效果更好。

2. 普通过磷酸钙

普通过磷酸钙通常称为过磷酸钙，简称普钙，有效五氧化二磷含量为 $12\%\sim20\%$，它是一种水溶性磷肥，其水溶液在浓度较低的情况下可用作叶面施肥。

普通过磷酸钙用作叶面喷肥时，应先将经过粉碎、过筛的过磷酸钙 1 份加清水 10 份，充分搅拌后放置 $20\sim24h$，待其中不溶物质沉淀后，取其上部澄清液即母液，此液的浓度为 10%。施用时可根据不同作物的不同生育期的需要，将母液再加水稀释，配制成不同浓度的稀溶液进行喷雾。

使用过磷酸钙作为叶面肥需注意以下事项：①配制叶面喷施的过磷酸钙必须质优，游离酸含量少于 5%；②配制前必须粉碎，配制时必须充分搅拌，以利于其中水溶性磷素充分溶解于水中；③可溶性磷肥，如钙镁磷肥等不能用作叶面喷施。其他注意事项同尿素。

3. 硫酸钾、氯化钾

硫酸钾与氯化钾均属于水溶性钾肥。硫酸钾含氧化钾为 48%~52%，氯化钾含氧化钾为 50%~60%，主要为作物提供钾营养元素。钾肥在根基施肥的情况下，由于钾元素在土壤中移动性较小，因此作物在生长盛期或生长后期容易出现缺钾现象，尤其是一些喜钾作物，如块根类、瓜类和杂交晚稻等，对钾营养元素的需要量较高，如果在吸肥量较大的生长发育盛期或生长后期，从叶面上补给钾营养元素，则可取得更为理想的效果。

硫酸钾、氯化钾用作叶面施肥时一般均用于作物生长盛期，或在生长中后期植株表现缺钾症状时，作叶面喷施可取得较好的效果。它们适用于各种作物。

叶面施用钾肥须注意以下事项：①氯化钾因含有氯离子，配制溶液时浓度不宜过高，以免伤害作物幼叶，不宜在烟草上喷施；②喷洒要均匀，叶片正反面均应喷到，尤以幼茎、幼叶更应多喷。其他注意事项同尿素。

4. 磷酸二氢钾

磷酸二氢钾是一种水溶性强的能为作物直接吸收利用的磷钾复合肥料，常用的含五氧化二磷（P_2O_5）为 50%、含氧化钾（K_2O）为 30%，是目前复合肥料中主要作叶面施肥的最常用的品种。

磷酸二氢钾适用于各种作物，作叶面喷施的浓度因作物品种和生长期不同而有差异，浓度一般为 0.1%~0.6%。

由于磷酸二氢钾的亩用量较少，配制溶液时必须充分溶化并搅拌均匀。其他注意事项同尿素。

（五）微量元素作叶面肥的施用技术

1. 硼肥

常用的硼肥主要是硼砂。一般双子叶植物比单子叶植物需硼多，易引起缺硼，如油菜、棉花、花生、大豆、烟草等作物，特别是对甘蓝型油菜，施硼后增产效果更加显著；马铃薯、甘薯、亚麻、玉米、柑橘等作物，喷施硼肥效果也较好。一般喷施的浓度为 0.1%~0.2%，每亩硼砂用量 50g 左右，每次喷施肥液量 50~60kg。

施用硼肥有以下注意事项：①每亩硼肥用量一般为 50~200g，喷施时以作物叶片的正、反面喷湿为宜，如果直接喷于正在生长发育的幼果上效果更佳；②硼砂与其他化肥或农药混用时，应以不产生沉淀为原则；③硼砂不宜直接与铵态氮肥混合施用，以免引起氨气挥发，降低肥效或灼伤叶片；④叶面喷施时间宜于晴天上午露水干后或傍晚，阴天可全天喷施，喷后遇雨应重新补喷；⑤作物开花期间不宜喷施，以免影响授粉。

2. 钼肥

常用的钼肥主要是钼酸铵。豆科和十字花作物需钼较多，对钼反应良好，如紫云英、苜蓿、大豆、花生、蚕豆、绿豆、豌豆、油菜等作物，喷施钼肥后都有良好的增产效果，大小麦、玉米、马铃薯、棉花、柑橘、甜菜、番茄等作物，喷施钼肥后也有一定的增产效果。一般在作物生长期内出现缺钼症状，可用 0.05%~0.2% 的钼酸铵溶液进行喷施，这是一种经济有效的方法。通常喷施钼肥的适期是在苗期和生殖生长期（如现蕾期等），喷施 1~2 次，每次间隔 7~10d，喷施量视作物品种、作物大小不同而异，一般每次每亩喷液量为 50kg 左右。

喷施钼肥需注意以下事项：①钼酸铵每次每亩用量一般为 10~15g，先用少量热水溶解，再兑足水量（50~100 kg）；②喷洒时以喷湿作物叶面为宜，喷施的浓度不宜过高，以免引起肥害；③可与大量元素肥料配合喷施；④用于豆科作物时，与根瘤菌肥配合施用效果更好，用于麦类、玉米、瓜类、油菜等作物时，能配合喷施硼肥、锌肥等效果更佳。其他注意事项同硼肥。

3. 锌肥

常用的锌肥主要是硫酸锌。由于锌在土壤中不移动，土表施锌效果不显著，一般多采用叶面喷施。锌肥适用于水稻、玉米、棉花、西瓜、菜豆、大豆及果树等作物，喷施的浓度一般为 0.1%~0.2%，根据生长期不同进行喷施。

施用锌肥需注意以下事项：①作叶面喷施的硫酸锌溶液浓度不能过高，以免引起作物锌中毒；②硫酸锌作叶面喷施时，为提高锌肥效果，最好配施钼肥、磷酸二氢钾或尿素等肥料；③硫酸锌与其他肥料、农药混用时要随混配随使用，不能储存。其他注意事项同硼肥、钼肥。

4. 铁肥

铁肥主要品种有硫酸亚铁、硫酸铁、磷酸亚铁、硫酸亚铁铵、黄腐酸铁、尿素铁、柠檬酸铁等，常用作肥料的是硫酸亚铁。一般土壤中不缺铁，土壤中铁的含量为 1%~5%，平均为 3%。耕作土壤上，作物缺铁现象是不常见的，但多年生的林木却常发生缺铁症状。土壤环境条件影响铁的有效性，一般在碱性土、石灰性土壤上，有效铁含量低。铁肥一般可作基肥、种肥和追肥，作土壤施肥和根外（叶面）追肥，适用于各种有缺铁症状作物的林木、果树类。叶面施肥一般施用浓度为 0.2%~1.0%的硫酸亚铁溶液。

铁肥喷施的浓度不宜过高，以免对作物产生危害。此外，在一般农田作物上，中午高温时不宜进行喷雾。

5. 锰肥

目前用作肥料的主要是硫酸锰。一般的土壤中不缺锰，但在泥炭土和有机质含量高的砂土、冲积土、石灰性土壤和过量施用石灰的土壤中均易缺锰。锰肥适用于谷类、豆类、棉花、果树等多种作物。由于作物吸收叶面喷施中锰的速度很快，所以利用硫酸锰（$MnSO_4$）进行叶面喷施是矫治作物缺锰症最常用的方法，其喷施的浓度一般为 0.05%~0.1%，通常喷施 1 次即够。对生长期长的作物则需要喷施多次，如对谷类作物，第一次喷施应在 4 叶期以后，每次每亩用硫酸锰 0.6kg，喷液量为 50~60kg。

喷施锰肥需注意以下几点：①喷施的溶液浓度不宜过高，否则会引起作物叶面灼伤；②在炎热天气特别是中午高温时不宜进行叶面喷施，以免灼伤叶片；③梨树对缺锰非常敏感，但喷施时也易造成叶面损伤，所以喷施锰肥用量与一般作物相比应减半，其他果树喷施锰肥用量与梨树相同；④作物开花期间不宜喷施，以免影响授粉；⑤不可与碱性化肥或碱性农药混合施用。

6. 铜肥

铜肥可分为有机态铜和无机态铜两种，其中最常用的是硫酸铜和螯合态铜，后者价格昂贵，很少使用，一般大田栽培作物多用硫酸铜。

叶面喷施铜肥是矫正植物缺铜的常用方法，通常采用的铜肥是硫酸铜，喷施的浓度一般为 0.01%~0.05%。由于铜在植物体内移动性较差，所以不能只喷 1 次，而且在植物生长后期喷施效果较好。对施用铜肥有良好效果的作物主要有小麦、大麦、水稻、菠菜、洋葱、柑橘等。

（六）其他叶面肥施用技术

目前，随着研究逐渐深入，我国叶面肥种类逐渐增多，全国有数百乃至千种，已不局限于简单补充必需营养元素。根据叶面肥的作用和功能等，将其概括为以下四大类。

第一类为营养型叶面肥。此类叶面肥为传统意义上的叶面肥，指含有氮、磷、钾及微量元素等养分的肥料。其主要功能是为作物提供各种营养元素，改善作物的营养状况，尤其适用于作物生长后期各种营养的补充。如常用的尿素、磷酸二氢钾、微肥等。

第二类为调节型叶面肥。此类叶面肥含有调节植物生长的物质，如生长素、激素类等，其主要功能是调控作物的生长发育，适于植物生长前期、中期使用。常见的有复硝酚钠、芸苔素内酯、赤霉素 2，4-D、DA-6（乙酸二乙氨基乙醇酯）、生根剂、多效唑等。

第三类为生物型叶面肥（或称有机营养型）。此类肥料含微生物体及其代谢物，如氨基酸、核苷酸、核酸、腐殖酸、固氮菌、分解磷、生物钾等，其主要功能是刺激作物生长，促进作物新陈代谢，减轻和防止病虫害的发生等。

第四类为复合型叶面肥。此类叶面肥种类繁多，复合、混合形式多种多样，基本上是以上各种叶面肥的科学组合，其功能多样，既可提供营养，又可刺激生长和调控发育。

生产上又将调节型叶面肥和生物型叶面肥统称功能型叶面肥。下面介绍两种常见的功能型叶面肥。

1. 氨基酸类叶面肥

氨基酸的来源有动物、植物两种。植物源氨基酸主要有大豆、饼粕等发酵产物以及豆制品、粉丝的下脚料，动物源氨基酸主要有皮革、毛发、鱼粉及屠宰场下脚料等。将原料转化为氨基酸的工艺也有所不同，最简单的是酸水解工艺，常用浓度为 $4 \sim 6$ mol/L 的盐酸溶液，按比例与物料水解一定时间，然后用氨或其他碱性物质中和，调节 pH 值后即为原液。较为复杂的是生物发酵法，常用复合菌群在一定条件下对物料进行 $4 \sim 6$ 周的发酵，发酵液经提炼后加工成含氨基酸的水溶性肥料。

目前我国市场销售的氨基酸肥多为豆粕、棉粕或其他含氮农副产品经酸水解得到的复合氨基酸，主要是纯植物蛋白，此类氨基酸有很好的营养效果，但是生物活性较差。而采用生物发酵生产的氨基酸，主要是酵解和生物降解蛋白质，经发酵产生一些新的活性物质，如核苷酸、吲哚酸、赤霉酸、黄腐酸等，有较强的生物活性，可刺激作物生长发育，提高酶活力，增强抗病抗逆作用，对生根、促长、保花保果都有一定的作用。

施用方法：①喷雾。取氨基酸叶面肥 50mL 兑水 $15 \sim 20$kg，对叶面均匀喷雾。②浸拌种。取氨基酸叶面肥 50mL 可拌种或浸种 $8 \sim 10$ kg。

2. 肥药型叶面肥

在叶面肥中，除了营养元素外，还会加入一定数量不同种类的农药和除草剂等，不仅可以促进作物生长发育，还具有防治病虫害和除草的功能。这是一类农药和肥料相结合的肥料，通常可分为除草专用肥、除虫专用肥、杀菌专用肥等。

四、化废为肥技术

（一）污水

生活污水的性质和稀释的人粪尿相似，养分含量因地区不同而差异很大，一般含氮为 $20.0 \sim 63.9$mg/L，五氧化二磷为 $2.2 \sim 18.2$mg/L，氧化钾为 $4.0 \sim 29.0$mg/L。工业污水的特点是温度高，可达 40℃ 以上；悬浮物含量高，含有机物质；酸碱度变化大，一般 pH 值为 $5 \sim 11$，甚至低至 2，高至 13，对作物生长危害大。工业污水的成分由于采用原料和工艺流程的不同而变化很大。

污水中一般除含有作物需要的某些养分外，还含有某些有害物质。因此在施用污水前，必须进行化学分析确定其化学成分，然后采取相应的处理方法。一般采用清水稀释污水、修库蓄水、修沉淀池等措施，使污水浓度稀释或让其自然净化。

经过处理后的污水灌溉，其水质标准总的要求以不降低作物产量和品质、不恶化土壤和不污染环境为原则。污水灌溉的数量，应根据当地土壤、作物、地下水位和污水的养分含量等具体情况，通过实验确定。一般污水含氮较多，磷、钾和有机质较少，宜配施厩肥和磷、钾肥。灌溉前要平整土地，使污水均匀湿润，灌后要及时中耕松土，防止土壤板结和盐分上升。污水灌溉区必须配备清水水源，可根据需要实施清、污轮灌或清、污混灌。一般生食蔬菜、瓜果不宜用污水灌溉。

（二）污泥

污泥主要是指城市污水处理厂在污水处理过程中产生的沉淀物。从污水处理厂排放的污泥由于含水量大、体积庞大且易腐败发臭，不利于运输和处置，所以首先要对其进行脱水。脱水后的污泥还要进行稳定处理，目的是降解污泥中的有机物，进一步减少污泥含水量，杀灭污泥中的病菌和病原体，消除臭味，使污泥中的成分处于相对稳定状态。目前常见的污泥无害化技术主要有堆肥处理、厌氧消化、辐射处理等，处理后的污泥符合国家标准时才可进行土地利用。

污泥的土地利用是把污泥应用于林地、草地、市政绿化、育苗、大田作物、果树、蔬菜，并且可使严重扰动的土地迅速恢复植被，促进土壤熟化。它一般用作基肥，每亩地不超过 2000 kg（以干污泥计）。在蔬菜和当年放牧的草地上不宜施用。

（三）垃圾肥

可作为肥料的垃圾主要是指城乡含有有机物的生活垃圾。随着人们的生活条件、习惯以及季节和来源的不同，垃圾的成分变化很大，其有益的物质主要包括瓜果蔬菜、纸张木屑、枯枝落叶、骨屑、茶叶渣及尘土煤灰等。

城乡垃圾除含有机物外，多数与碎陶瓷、砖瓦、玻璃、塑料、工业废电池等无机垃圾和油漆、颜料、杀虫剂、化工原料等物质混合，这些物质多含有重金属或多元酚等有机污染物，有些垃圾还含有病菌、病毒、寄生虫卵等病原体，因此垃圾必须经过无害化处理后方可施用。垃圾堆肥可使垃圾中的有机物通过微生物活动而矿质化和腐殖化，使原料达到无害化、稳定化和减量化。处理后的城乡垃圾农用时应符合农用控制标准。

无害化处理后的垃圾可直接作肥料施用，或压制成颗粒、片状肥料施用，一般用作蔬菜地或大田作物的基肥。每亩用量 5~10t，肥效与牲畜粪尿堆肥相似。垃圾堆肥一定要与化肥互相配合，一般以垃圾堆肥作基肥，而后因作物长势配合施用速效化肥，则增产效果显著。

（四）粉煤灰

粉煤灰是火电工业特有的固体废弃物，年排放量极大。每燃烧 1t 煤产生粉煤灰 250~300kg。我国在粉煤灰农用方面已取得不少研究成果，部分已应用于生产，主要有以下方面。

1. 做平整土地的填充料

对一些低洼地、废坑、深沟等废弃地，用粉煤灰铺填作底，再覆土造田，以恢复土地的农用价值。

2. 做土壤改良剂

粉煤灰呈碱性或强碱性，并含钙、镁等元素，可作酸性土壤改良剂。粉煤灰颗粒组成中含蜂窝状结构，其中大于 0.01mm 的物理性砂粒占 85%，物理性状类似于沙壤土，施用于黏质土可改善耕性和通透性。粉煤灰用量较大，每亩累计施用量通常要达到 20~30t，同时要配施多量有机肥。粉煤灰中含有一定数量的重金属，过量施用可能会使土壤积累过多重金属而受到污染。另外，粉煤灰含硼较高，农用时注意硼毒害。因此，要对农用粉煤灰中污染物含量按 "农用粉煤灰有害物质控制标准" 加以限制。

3. 制成硅钙肥等

施用这些肥料能为农作物提供钙、镁、钾及多种微量元素，使营养均衡，减少缺素症。在一定条件下可增强作物抗逆性，提高对氮、磷肥的利用率，促进高产稳产。但它不能代替有机肥和化肥的正常施用。

此外，还可以作为冬小麦、油菜等越冬作物或水稻秧田的盖种肥，改善作物苗期的土壤环境，有利于壮苗。

思考题

1. 直播稻存在的问题及其高产栽培关键技术有哪些？
2. 作物机械化生产技术的重要性及关键环节是什么？
3. 简述施肥的基本原理与依据。
4. 测土配方施肥技术的步骤有哪些？
5. 叶面施肥技术的作用机理及影响叶面吸收养分的因素有哪些？

第三章　主要粮食作物生产技术

导　读

　　农业是国民经济基础产业，事关国计民生。粮食作物生产事关国家粮食安全乃至总体安全，更是受到党和国家的高度重视。随着农业生产技术的发展进步，我国现代农业建设不断演进，粮食生产也面临着新的形势。在现代农业建设不断推进的大背景下，越来越多的种植户开始考虑粮食生产的发展方向。通过扩大高效益低投入作物的种植规模、实能救荒填闲、利用作物多重用途等方式，能够有效提高农业生产的质量与效率，实现农业的可持续发展。

学习目标

1. 掌握水稻、小麦的生物学特性。
2. 了解一定的水稻、小麦等作物的栽培管理技术。
3. 掌握提升粮食产物的生产技术。

第一节　水稻生产技术

一、概述

　　水稻是我国的主要粮食作物，在全国粮食生产中占有举足轻重的地位，其种植面积和总产量都居粮食作物的第一位。种植面积约占全国粮食作物总播种面积的1/4，产量占了粮食总产的将近一半，而在商品粮中，稻米则占了一半以上。

　　水稻是一种适应性广、抗逆性强、丰产性高、产量稳定的古老作物，其主产品——稻米的营养丰富，一般含淀粉75%左右、蛋白质7%~10%、脂肪0.2%~2.0%，还有大量维生素，各营养成分易消化吸收，营养价值高，且适口性好，为广大人民所喜爱，全国约有2/3的人口都以稻米为主要粮食。水稻的副产物也有广泛用途，不仅可作饲料，还可作医药、化工、造纸等工业的原料。因此，努力发展和提高水稻生产的水平，对增强农业和粮食的"基础"地位，改善人民生活，促进国民经济建设的发展，都具有十分重要的意义。

二、水稻的类型

（一）籼稻和粳稻

籼稻和粳稻主要是适应不同地区温度条件而分化形成的两个亚种。籼稻比较适于高温、强光和多湿的热带与亚热带地区，在我国主要分布于南方各省；粳稻较适应气候暖和的温带和热带高地，在我国主要分布于北方各省和南方海拔较高的地区。

籼稻和粳稻在特征特性上存在明显的区别。籼稻与粳稻相比，株型较松散，叶片宽大，叶色较淡，叶面多茸毛；谷粒扁长，颖毛稀、短；易落粒；米粒含直链淀粉较多，黏性小、胀性大，发芽速度快，分蘖力较强；耐热耐强光，抗病性较强，但耐肥性、耐寒性、耐旱性相对较弱。

（二）早、中季稻和晚季稻

早、中季稻和晚季稻主要是适应不同日照长度而形成的类型。它们在形态特征和杂交亲和力上无明显差异，但晚稻对日照长短敏感，在经过一定营养生长后，必须经历一定的短日照条件，才能从营养生长转入生殖生长，进入幼穗分化发育，在长日照条件下，生育期延长，幼穗分化延迟，甚至不能转入生殖生长；早稻对日照长短反应不敏感，只要温度条件适宜，无论日照长短都能进入幼穗分化；中稻对日照长短的反应则介于早、晚稻之间。无论是籼稻还是粳稻，都有早、中、晚稻之分。

（三）水稻和陆稻

水稻和陆稻主要是适应不同水分条件而形成的类型。水稻和野生稻一样，体内有发达的裂生通气组织，由根部通过茎叶连接气孔，以吸收空气补充水中氧气的不足，因此耐涝性强，适于水中生长，为基本型。陆稻则根系发达，耐旱性强，可在旱地栽培，是适应不淹水条件而形成的变异型，但它不同于一般旱地作物，也具有一定通气组织，更适于多雨地带和湿润田块。

（四）黏稻和糯稻

黏稻和糯稻的主要区别在于各自稻米淀粉的种类不同。糯稻米几乎全含支链淀粉，不含或很少含直链淀粉，而黏稻米则含20%~30%的直链淀粉，因而黏米煮成饭时胀性大、黏性差，糯米煮成饭时胀性小、黏性强。当与碘溶液接触时，黏米淀粉的吸碘性大而呈蓝紫色，糯米淀粉的吸碘性小而呈棕红色。

三、水稻的生育特性

（一）水稻的生育过程

在栽培上，通常把种子萌芽到新种子的成长称为水稻的一生。在水稻的一生中，要经历若干个既相互联系又相互区别的生育时期，如表3-1所示。

表3-1　水稻的一生简介

幼苗期秧田分蘖期	分蘖期			幼穗发育期			开花结实期		
秧田期	返青期	有效分蘖期	无效分蘖期	分化期	形成期	完成期	乳熟期	蜡熟期	完熟期
营养生长期				营养生长与生殖生长并进期			生殖生长期		
	穗数决定阶段			穗数巩固阶段					
	粒数奠定阶段			粒数决定阶段					
				粒重奠定阶段			粒重决定阶段		

（二）水稻的"两性一期"特性

水稻种子萌芽出苗后，首先进行营养生长，形成足够的根系、叶片和茎鞘等营养器官，积累较多的光合产物，为生殖生长打下基础。只有当营养生长到一定时期或程度后，茎顶端生长点才开始幼穗分化，使植株的生长发生质的变化。水稻开始幼穗分化的早迟，即营养生长向生殖生长转变的时期受多方面因素的影响，除了自身的营养条件外，还受环境条件的影响，其中起支配作用的是温度的高低和日照的长短。水稻原产于高温、短日的热带和亚热带沼泽地区，在系统发育中形成了要求短日、高温的遗传特性。在一定的范围内，短日和高温可以加速水稻由营养生长向生殖生长的转变，提早幼穗分化，提前抽穗结实，缩短全生育；而低温、长日则延缓其生育转变，推迟幼穗分化，甚至不抽穗扬花，使生育期延长。这种因日照的长短而延长和缩短生育期的特性称为水稻的感光性，因温度的高低而缩短或延长生育期的特性称为水稻的感温性。

由于这种感光性和感温性主要影响水稻开始幼穗分化的时期，即从营养生长向生殖生长过渡的早迟，也就是说，主要影响营养生长期的长短，这表明全生育期的长短主要取决于营养生长期，生殖生长期变化相对较小。由于营养生长是生殖生长的基础，只有在营养生长到一定程度后才能进行生殖生长，即使在最适宜的短日、高温条件下都需经历一定的营养生长期才能抽穗扬花结实，这是水稻的遗传特性所决定的。这种在最适宜的短日、高温条件下的最小营养生长期，即不能再因短日、高温而缩短的营养生长期称为水稻的基本营养期或短日高温生育期，这种特性称为基本营养生长性。与感温性和感光性一样，基本营养生长性也是决定水稻品种生育期长短的重要因素。在整个营养生长期中，除基本营养生长期以外的部分受环境条件的影响，称为可变营养生长期。

感光性、感温性和基本营养生长期（短日高温生育期）简称水稻的"两性一期"或"三性"，这是水稻的遗传特性，品种间有差异。晚稻的感光性和感温性较强，基本营养生长期较短；早稻的感光性很弱甚至没有，基本营养生长期中等，感温性为中或较弱；中稻的基本营养生长期最长，感光性弱至中等，感温性较早稻稍弱。

水稻的"两性一期"对于指导引种，正确选用品种，确定茬口、播期和栽培技术措施等方面有重要意义。一般在纬度和海拔相近的地区之间引种容易成功，南种北引因日照变长、温度降低而使生育期延长，甚至不能安全抽穗扬花；而北种南引则使抽穗期提早，生育期缩短，株体矮小，产量不高。早稻品种感光性弱，抽穗期受日照长短的影响较小，生产上应注意早播早栽，以提高产量；而晚稻品种感光性强，即使在春季播种，也要到秋季短日条件下才能抽穗，早播不能早收，只能作单季晚稻或双季晚稻栽培。

（三）种子的萌发生长与环境

1. 种子发芽出苗过程

稻种的发芽过程，可分为吸胀、萌动（露白）和发芽（胚芽鞘和胚根伸长）三个阶段。发芽时首先是吸水膨胀；水分进入稻种后，促进了各种酶的活动，呼吸作用也迅速增强，使胚乳的储藏物质分解为简单的可溶性物质并输送到胚，胚吸收这些分解产物后，把它们进一步合成为新的、复杂的物质，构成新的细胞，促使细胞数目增多、体积增大，当胚的体积增大到一定程度，就突破谷壳，露出白色的生长点，称为露白或破胸，此为萌动阶段；稻种萌动后，胚继续生长，胚根、胚芽鞘伸长，即为发芽阶段。一般以胚根与种子等长，胚芽鞘达种子长度的一半时作为发芽标准。胚芽鞘不含叶绿素，对胚芽起保护作用，随后长出含有叶绿素的不完全叶（呈鞘状，无叶片），使秧苗呈绿色，称为"现青"。

随后长出第一片完全叶，芽鞘节上开始长出不定根，称为"鸡爪根"。以后随叶龄增大，在不完全叶及第一、二叶节上相继长出不定根。

2. 稻种发芽的条件

稻种发芽必须具备两个基本条件：一是种子本身的发芽力；二是要有适宜的外界环境条件，主要是水分、温度和氧气。

（1）水分

吸足水分是稻种发芽的首要条件。稻种发芽所需的吸水量，相当于种子重量的40%左右，即达饱和吸水量，这是种子萌发最适宜的水分状态。

（2）温度

稻种发芽的最低温度，籼稻是12℃，粳稻是10℃。在低温下发芽慢，发芽率不高，随温度的上升，发芽加快，以32℃左右为最适，最高温度为40℃。

（3）氧气

如果缺氧，稻种会进行无氧呼吸，无氧呼吸不仅产生的能量少，还会产生有毒物质。

水稻起源于沼泽地带，种子具有一定的无氧呼吸能力，破胸之前甚至在淹水条件下也能萌发。但破胸以后缺氧就会造成物质和能量的浪费，甚至引起根、芽的酒精中毒。同时，在缺氧情况下，芽鞘的伸长较快，胚根难于生长，所以有"干长根、湿长芽"和"有氧长根、无氧长芽"的说法。当幼苗长到3叶以后，体内的通气组织逐渐形成，根系生长所需的氧气可以由地上部供给，在一定的水层下也能生长良好。

（四）根系的生长

水稻的根属须根系，根据它发生的先后和部位的不同，可分为种子根（初生根）和不定根（次生根）两种。种子根只有1条，当种子萌发时，由胚根伸长而成，主要在幼苗期起作用；以后从芽鞘节和茎的基部各节上发生的根为不定根，不定根上可发生分枝，是水稻的主要功能根群。

水稻不同生育时期发根力的大小不一样。一般幼苗期的发根力弱，随着叶片数的增加，发根力逐渐增强，移栽后返青期间，因植伤发根力稍有减退，分蘖期由于具有发根能力的茎节数迅速增加，发根力急速增大，至最高分蘖期发根力达最大，拔节后发根能力减弱，但支、细根不断增加，抽穗以后分枝根的生长速度也下降，至成熟时停止。

在水稻生长过程中，新根不断地发生，老根也在不断地死亡，新老交替。新根一般短而粗，功能旺盛，泌氧能力强，呈白色；老根瘦而长，功能减退，泌氧能力弱，呈淡黄色；衰老的稻根逐渐变成黑色。俗话说"白根有劲，黄根保命，黑根丧命"，根系的颜色和白根的比例是鉴别根系活力的指标。

（五）叶的生长

水稻的叶按其形态差异，可分为芽鞘、不完全叶及完全叶，计算主茎叶龄从完全叶算起。完全叶由叶片和叶鞘两部分组成，在其交界处有叶枕、叶耳和叶舌。

水稻主茎的叶数因品种和栽培条件而异。一般早熟品种10~13片叶，中熟品种14~16片叶，晚熟品种17片叶以上。因栽培条件不同，总叶片数可有一叶之差。

水稻主茎各叶一般都是自下而上逐渐增长，至倒数第2~4叶又由长变短，最顶上一叶短而宽，称为剑叶或旗叶。叶片的长短和叶色的深浅常作为营养诊断的指标。

稻田叶面积系数，随着生育期的推进而逐渐增大，抽穗后因叶片枯黄而逐渐减小。叶面积系数过大，则群体内部通风透光不良，过小则表示群体发展不足，不能充分利用地力和光能。适宜的叶面积系数常因杂交组合的株型、叶片生长姿态和栽培管理水平而不同。一般认为孕穗期最大叶面积系数以 7.5 左右较为适合。

(六) 分蘖的发生

1. 分蘖发生的规律

分蘖一般只发生在近地表、节间未伸长的密集的茎节（称为分蘖节）上，地上部的伸长节一般不发生分蘖。分蘖从母茎自下而上的节位上依次发生，其着生的节位称为分蘖位。

在适宜条件下，一株水稻可发生很多分蘖。从主茎上发生的分蘖称为第一次（级）分蘖，从第一次（级）分蘖上发生的分蘖为第二次（级）分蘖，依次类推，可发生第三、第四次分蘖，这种分蘖发生的级数称为分蘖次。生产上以第一次分蘖最多，且大多有效，第二次分蘖相对较少，第三次分蘖极少。分蘖的位、次不同，其植株性状差异较大，分蘖位、分蘖次越低，分蘖发生越早，营养生长期越长，长出的叶片数和发根量越多，形成的穗子较大；高位、次的分蘖形成的穗子小，甚至不能抽穗结实。

分蘖的发生与叶片的生长具有一定的相关性，即叶、蘖同伸现象。在正常情况下，大致上遵循"n-3"规律，即母茎第 n 叶抽出时，第 n-3 节位的分蘖芽伸出叶鞘，例如母茎第 8 叶与第 5 节位的分蘖同时发生，第 9 叶与第 6 节位的分蘖同时发生。

最终能抽穗结实 5 粒以上的分蘖称为有效分蘖，否则称为无效分蘖。分蘖从抽出到 3 叶期前，没有自己的根系，叶面积也小，生长所需的营养主要靠母茎供应，分蘖从 3 叶期以后开始具有独立营养生活能力，逐步形成独立个体。水稻在拔节以后，光合产物主要转向供给幼穗分化发育和茎秆伸长生长之需，不再或很少供给小分蘖，没有自养能力的小分蘖会逐渐死亡。因此，在主茎拔节时，不到 3 叶期的小分蘖一般为无效分蘖，4 叶以上的分蘖一般为有效分蘖。

分蘖的发生一般开始较慢，以后逐步加快，再后又逐渐减慢，直至完全停止。大田以开始分蘖的植株达到 10% 时为分蘖始期，达 50% 时为分蘖期，分蘖数增加最快的时期为分蘖盛期，分蘖数达到最高的时期为最高分蘖期，总茎蘖数达到最后实际有效穗数的时期称为有效分蘖终止期。

2. 影响分蘖发生的环境条件

分蘖的发生除与品种特性有关外，还受环境条件的影响。

温度：分蘖发生的最适温度为 30℃~32℃，低于 20℃ 或超过 38℃ 都不利于分蘖的发生。

光照：光照充足，光合产物多，可以促进分蘖的发生；阴雨寡日不利于分蘖的发生。

水分：稻田缺水干旱，分蘖发生受抑制；淹水过深，温度低，氧气少，也不利于分蘖发生；浅水勤灌，则可以促进分蘖的发生。

养分：土壤养分充足，尤其是氮素营养多，分蘖发生早而快，持续时间长，分蘖多；反之，则分蘖迟缓，停止早，分蘖数少。生产上往往在施足底肥和面肥的基础上，早施分蘖肥，对促进分蘖早生快发、争取较多分蘖成穗有显著效果。

(七) 茎的生长

水稻的茎为圆筒形，由节和节间组成，节是出叶、发根、分蘖的中心。茎的基部节间不伸长，节密集于近地表处，其上发根、分蘖，因而称为分蘖节或根节。地上部伸长节间为中空。水稻茎秆的薄壁细胞组织之间有许多气腔，可向地下输送氧气。

茎秆节间的长度一般是由下而上逐渐变长，因而最上一个节间最长，其上着生稻穗。整个茎秆的高度，特别是基部节间的长短、粗细和机械组织情况与抗倒伏能力密切相关，茎秆矮，特别是基部节间短而粗，机械组织发达的，抗倒能力强，反之则弱。

水稻地上部伸长节间的生长由下而上依次进行，下部节间开始伸长称为拔节，生产上以基部第一伸长节间长达 1.5~2.0cm 时作为记载拔节期的标准。水稻进入拔节期后，植株形态也开始发生一些变化，茎基部由扁变圆，俗称"圆秆"；叶片由披散逐渐转向直立，根系也逐渐深扎。

壮秆的形成，一方面应选用良种、培育壮秧以及在分蘖期形成壮株为壮秆奠定基础；另一方面应在分蘖末期、拔节初期适当控制肥水，必要时配合化控技术，适施磷钾肥，抑制基部节间伸长，增加田间通风透光，提高光合能力，增加光合产物积累。

（八）穗的分化

1. 稻穗的形态

稻穗为圆锥花序，由穗轴和小穗构成。穗轴发生分枝形成第一、二次枝梗；小穗由小穗梗、护颖和小花构成，护颖退化只留下一突（隆）起；一个小穗有 3 朵小花，但只有 1 朵小花能结实；结实小花由 1 个内秤（颖）、1 个外秤（颖）、6 个雄蕊、1 个雌蕊、2 个鳞（浆）片组成，雌蕊受精后子房发育成颖果，另 2 朵小花退化只留下披针状的外秤（颖）。

2. 穗的分化发育过程

水稻幼穗的分化发育是一个连续的过程，为了便于我们认识和了解，人为地将其分为若干时期，一般采用丁颖的划分方法，共 8 个时期，即：①第一苞分化期；②第一次枝梗原基分化期；③第二次枝梗及颖花原基分化期；④雌雄蕊形成期；⑤花粉母细胞形成期；⑥花粉母细胞减数分裂期；⑦花粉内容充实期；⑧花粉完成期。前 4 个时期为幼穗形成期（生殖器官形成期），后 4 个时期为孕穗期（性细胞形成期）。由于雌性细胞在子房内不便观察，一般只观察雄性细胞的发育。稻穗进入幼穗分化后，茎的顶端生长锥基部首先形成一个环状突起，称为苞（所谓苞就是穗节和枝梗节上的退化变形叶），第一苞着生处是穗颈节；以后依次向上分化出第二苞、第三苞原基。同时，在第一苞的腋部产生新的突起，这便是第一次枝梗原基，一次枝梗原基的分化也是由下而上依次产生的，在分化到生长锥顶端时，基部苞的着生处开始产生白色的苞毛，这标志着一次枝梗原基分化的结束。最上部最后分化出的一次枝梗原基生长最快，在其基部又分化出苞并相继出现二次枝梗原基，然后由上至下从一次枝梗上形成二次枝梗原基。因此就整穗而言，二次枝梗原基的分化顺序是自上而下进行，即离顶式的；就一个一次枝梗而言则是由下而上进行，即向顶式的；在下部二次枝梗尚未分化结束时，上部一次枝梗的顶端开始出现瘤状突起，接着分化出退化花外秤和结实小花外秤的弧形突起，进入颖花分化期，颖花的分化就全穗而言是离顶式的，就一个枝梗而言则顶端小穗最先，然后再由基部依次向上，因而倒数第二小穗最后分化；随着幼穗分化的继续，最先分化的颖花出现雌、雄蕊原基，以后雄蕊分化发育形成花药，花药内形成花粉母细胞，花粉母细胞经减数分裂形成四分孢子体，四分孢子体进一步发育形成花粉粒。

稻穗分化发育过程所经历的时间因品种而异，一般早稻 25~29d，中稻 30d 左右，晚稻 33~35d，由于温度等环境条件的差异略有变化。

3. 穗发育时期的鉴定

鉴别稻穗分化发育时期在生产上具有重要意义，可以掌握幼穗分化进程，以便及时采取措施进行调控；同时还可预测抽穗和成熟的时期，以便准确地安排后作的播期，以及杂交制种调节花期等。幼穗分化的鉴定除直接镜检外，还可根据稻株各器官生长之间的相关性进行鉴定，在栽培上常用的简便办法如下。

（1）根据拔节期推算

早稻开始穗分化时间一般在拔节之前，中稻大约与拔节基本同步，晚稻常在拔节之后。

（2）叶龄指数和叶龄余数法

所谓叶龄指数，就是将当时的已出叶数除以主茎总叶数，再乘100所得的数值，即

$$叶龄指数（\%）=\frac{已出叶数}{主茎总叶数}\times100$$

根据计算所得叶龄指数的数值，查表就可判断穗发育的时期。

叶龄余数即未伸出的叶片数，据此也可估算幼穗分化进程（见表3-2）。

表3-2　稻穗发育时期的鉴定

发育时期	第一苞分化期	第一次枝梗分化期	第二次枝梗及颖花分化期	雌雄蕊形成期	花粉母细胞形成期	花粉母细胞减数分裂期	花粉内容充实期	花粉完成期
叶龄指数	78	81~83	85~88	90~92	95	97~99	100	100
叶龄余数	3.0左右	2.5左右	2.0左右	1.2左右	0.6左右	0~0.5左右	0	0
抽穗前天数	30左右	28左右	25左右	21左右	15左右	11左右	7左右	3左右
幼穗长度	肉眼不见	肉眼不见	0.5~1.5 mm	5~10 mm	1~4 cm	10 cm	16 cm	20 cm
形态特征	看不见	苞毛现	毛茸茸	粒粒现	颖壳分	谷半长	穗显绿	将抽穗

（3）叶枕距

根据剑叶与倒二叶叶枕间的距离可以判断花粉母细胞减数分裂期，以一穗中部颖花分化期为标准，早稻花粉母细胞减数分裂期的叶枕距为-7~0，晚稻为-3~0，杂交水稻为-5.5~0。

（4）幼穗的长度

见表3-2。

（5）距抽穗的日数

见表3-2。

4. 稻穗分化发育要求的环境条件

（1）温度

稻穗分化发育的最适温度为30℃左右，低于20℃或高于42℃对幼穗分化均不利，在昼温35℃左右、夜温25℃左右的温差下，最有利于形成大穗。适当降低温度可延长枝梗和颖花分化时间。花粉母细胞减数分裂期是对低温和高温最敏感的时期，温度不适，花粉粒常发育不正常，导致雄性不育而使结实率大大降低。

（2）光照

光照充足，光合产物多，有利于幼穗分化，反之则不利于幼穗分化。

（3）水分和养分

水稻幼穗分化发育时期是水稻一生中需肥、需水最多的时期，也是最敏感的时期，生产上适宜浅水灌溉，保证充足的营养供应。

（九）抽穗、开花

稻穗从剑叶叶鞘内抽出的过程称为抽穗。当稻穗顶端抽出剑叶鞘 1cm 以上时，即为记载抽穗的标准。全田有 10% 的稻穗达抽穗标准的时期为始穗期，50% 时为抽穗期，80% 时为齐穗期。一株中，一般主穗先抽出，再依各分蘖发生的早迟而先后抽出。

稻穗从剑叶鞘抽出的当天或第二天即开花，内、外秤被吸水膨胀的浆片胀开，花丝伸长，花药破裂，散出花粉落于雌蕊柱头上授粉。一株中的开花顺序同抽穗，即主茎穗先开，然后依次由低位、次向高位、次分蘖穗；一穗的开花顺序同颖花分化顺序，即上部枝梗的先开，依次向下部枝梗延续；一个枝梗最上一朵先开，然后从枝梗基部向上开放，倒数第二个颖花最后开放。凡早开的花，营养条件好，籽粒饱满，称为优势颖花；迟开的花，营养条件差，出现空秕粒多，称为弱势颖花。

抽穗开花期是水稻对环境条件十分敏感的时期，环境条件不适将影响正常抽穗扬花和授粉，空秕粒增加，结实率降低。开花受精的适宜温度是 25℃~30℃，最低温度是 15℃，最高温度是 45℃，但当温度低于 23℃ 或高于 35℃ 时，开花受精即受影响，空秕粒增多；开花受精的适宜湿度为 70%~80%，田间应保持浅水层，干旱造成抽穗困难，花粉生活力下降，不能正常授粉和受精，雨水过多也不利于开花授粉，降低结实率；开花期以晴暖微风为好，风速在 4m/s 以上即影响正常的开花授粉。

（十）灌浆结实

水稻授粉后即迅速萌发，5~6h 就完成受精过程，胚及胚乳开始发育。在开花后 7~10d，胚的各部胚芽、胚根、胚轴、盾片等已分化形成，具有一定发芽能力，花后 17~18d，胚已发育完全。胚乳在开花后 7~8d，已达米粒的全长，11~12d 达最大宽度，14d 左右达最大厚度。

米粒的灌浆过程大致可分为乳熟期、蜡熟期、完熟期和枯熟期。乳熟期谷壳为绿色，米粒内为白色浆状物；蜡熟期又称黄熟期，米粒失水转硬，谷壳转黄；完熟期谷壳呈黄色，米粒变白，质硬而不脆，是收获适期；枯熟期为过熟期，谷粒易脱落。

灌浆的最适温度是 25℃~30℃，低于 15℃ 或高于 35℃ 都不利于灌浆，低温下代谢减弱，光合产物少，运输慢；高温下呼吸消耗大，发育快，细胞老化，灌浆期短，积累物质少，即"高温逼熟"。昼夜温差大对灌浆结实十分有利。灌浆期间光照充足，光合产物多，有利于提高粒重。适宜的水分有利于养分的转运和积累，促进灌浆结实。

四、杂交中稻的栽培技术

（一）选用良种

良种是作物高产的基础，选用良种是水稻高产栽培中最经济有效的措施。目前，育种单位选育出的杂交良种很多，每一个优良品种都适宜于一定的气候生态条件和相应的栽培技术，生产上必须根据当地实际情况，因时、因地制宜，选用最适宜的良种。先进行试验示范，再逐步推广。每一地区选择一最适合的主推当家品种，搭配一定配套品种，搞好品种布局。

（二）培育壮秧

1. 培育壮秧的意义

育秧可以集中在小面积的秧田中进行，做到精细管理，培育壮秧；调节茬口，解决前后作矛盾，有利于扩大复种；集中育秧可以经济用水、节约用种等，降低生产成本。

培育壮秧是水稻生产的第一个环节，也是十分重要的生产环节。早、中稻秧田期占水稻全生育期的 1/4~1/3，占营养生长期的 1/2~2/3，稻苗在秧田期生长的好坏，不仅影响正在分化发育中的根、叶、蘖等器官的质量，而且对移栽后的发根、返青、分蘖，乃至穗数、粒数、结实率都有重要的影响。因此，壮秧是水稻高产的基础，有农谚"秧好一半谷""谷从秧上起""好秧出好谷"等说法。

2. 壮秧的标准

（1）秧苗挺健，叶色深绿

苗叶不披垂，苗身硬朗有弹性，有较多的绿叶，叶片宽大，叶色浓绿正常，长势旺盛，脚叶枯黄少。

（2）秧苗矮壮，基部粗扁

基部粗扁的秧苗，腋芽较粗壮，长出的分蘖也较粗壮，且叶鞘较厚，积累的养分多，栽后发根快，分蘖早，有利于形成大穗。

（3）根系发达，白根粗而多

这种秧苗栽后能迅速返青生长。

（4）生长均匀整齐

育出的秧苗要高矮一致，粗细均匀，以保证本田生长整齐，避免大小苗的出现。秧苗充足时应选苗移栽。

3. 播种期、秧龄和播种量的确定

（1）播种期

播种期主要应根据当地的气候条件、耕作制度和品种特性确定。

①气候条件

气候条件是影响作物生长发育的主要环境因素，播种期一旦确定，作物整个一生所处的生长季节就定了。确定播种期时应尽量保证水稻的每一生育时期都处于最佳的生长季节，特别是一些重要的生育时期。播种期的确定首先要保证稻种发芽出苗对温度条件的最低要求。一般在当地日平均气温稳定通过 12℃的日期作为播种的起始时间。

温室两段育秧、地膜育秧有一定的保温条件，播种期可以适当提早 7~8d。

早播还要考虑秧苗安全移栽温度要达 15℃以上，栽后才能正常发根成活，否则不但返青、发苑慢，甚至造成死苗或坐苑；迟播还要考虑其安全齐穗（保证日平均气温在 23℃以上）。

②耕作制度

冬水田、绿肥田一年只种一季中稻，水稻播期的确定不受前后作的限制，主要根据气候条件决定。一年两熟、三熟地区和田块，前作物收获的早迟限制了水稻的栽插期，如果播种过早，秧龄过长，素质太差，移栽本田后生长不良；如果播种过迟，生育期缩短，产量也不高，甚至不能安全齐穗，也影响后作栽培。

③品种特性

品种类型不同，对光温等条件的要求不同，适宜的播期也就不尽相同。早熟种宜早播，迟播生育期过短，产量不高；晚熟种可适当迟播，但应保证其安全齐穗。

（2）秧龄

适宜秧龄的长短与品种特性、气候条件、播种量等有关。早熟品种应比中、迟熟品种短，秧龄过长易早穗，晚熟品种因生育期较长，秧龄可比早熟种稍长；就高产栽培来说，一般要求秧苗移栽入本田后至少长出3~4片以上的新叶才开始幼穗分化；高温季节育秧，秧苗生长快，易形成纤细弱苗，秧龄宜短，低温季节育秧则可稍长；播种量大或寄栽密度大，单苗生长空间小，秧龄宜短，反之则可稍长。

（3）播种量

播种量的大小关系到秧苗的素质。播种量小的，单苗的营养面积大，养分吸收多，光合作用旺盛，个体发育好，秧苗健壮，但需秧田面积大。适宜的播种量应根据秧龄的长短、育秧期间的气温、育秧的方式和品种特性等确定。

一般秧龄长的播种量应小些，秧龄短的播种量可大些；育秧期间气温高，秧苗生长快，播种量应少些，反之可稍大些；迟熟品种播种量少些，早熟种播种量可稍大些；要求培育多蘖壮秧的，播种量应小些，反之可大些；秧母田充足的播种量可少些。

4. 种子处理及催芽

（1）种子处理

水稻在播种之前要进行种子处理，以保证种子纯净、饱满充实、无病虫和增强其生活力。种子处理包括晒种、选种、消毒等。

①晒种

晒种能增强种皮的透性，提高吸水能力；能增强酶的活性，提高胚的活力从而提高种子的发芽率和发芽势；利用阳光的紫外线能杀死部分细菌。一般晴暖天气晒2 d即可，晒时要注意薄勤翻、晒匀、晒透，防止破壳、断粒混杂。

②选种

播种前精选种子，去除杂质、虫病粒、秕粒，保证种子的纯度和净度。选种的方法有风选、筛选和液体（溶液）比重选。液体比重选常用水选，把种子倒入清水中，稍加搅拌后，先将漂浮在水面的空壳、秕粒、杂质除去，然后分离出下沉的饱满谷种。

③消毒

目的是消灭附着在谷粒上的病菌，常用的方法有以下三种。

石灰水浸种：石灰水浸种除石灰水本身具有杀菌作用外，主要是因为石灰水与空气接触形成碳酸钙结晶膜可隔离空气，将病菌闷死。方法是用1%的生石灰水澄清液浸种2 d。

药剂浸种：用广谱、高效、低毒的杀菌剂浸种，杀死种子表面的病菌。常用的杀菌剂有强氯精、三环唑、稻瘟净等，近年来一些科研院所研制的复配剂，将杀菌剂与植物生长调节剂、微肥等混配，既可消毒杀菌，又可培育壮秧，如水稻浸种剂、壮秧剂等。浸种时要注意药剂的浓度和浸种的时间。

温汤浸种：先把种子放入清水中浸泡约24h，然后移入45℃~47℃的温水中预热5 min，再在50℃~52℃热水中浸10min，以杀死病菌，最后再放入清水中继续浸种，让种子吸够水分。

（2）浸种及催芽

浸种：浸种是为了满足种子发芽对水分的需要，让其尽快而整齐地吸够水分，提高发芽速度、发芽率和整齐度。浸种往往和消毒结合进行。浸种时间的长短和水温有关，早春气温低，种子吸水慢，用冷水浸种需要 3d 时间，才能达到饱和吸水量，浸种用水要清洁，并每天换水，以免种子因无氧呼吸而产生的二氧化碳和酒精等物质在水中积累，降低发芽率。

催芽：催芽是给种子创造适宜的发芽条件，达到发芽"快、齐、匀、壮"的目的。催芽时应掌握"高温破胸（露白），适温齐根芽，摊晾炼苗"原则。从开始催芽至破胸露白阶段，可保持 35℃～38℃ 的高温，促进呼吸作用，加速萌动；种谷破胸后，呼吸作用大增，产生大量热量，使谷堆温度迅速上升，高温易"烧芽"，且由于生长过快容易形成纤细弱苗，因此应适当降低温度，保持在 25℃～30℃ 较适宜根芽粗壮，同时应注意水分的调节；当根芽长度达到预期要求，催芽结束前，应进一步降低温度，使芽谷逐渐适应外界的温度条件，提高其抗寒能力。

催芽的方法很多，生产上较为简易而常用的方法主要是箩筐催芽法。先在箩筐底部和四周铺以蚕豆青、青草或稻草（先用开水淋透杀灭稻草上的病菌），然后把吸足水的稻种用 50℃ 左右的温水淘洗预热，趁热放入箩筐内，盖上蚕豆青、青草或稻草，并压紧保温进行催芽，上面还可以再加盖塑料薄膜。催芽过程中随时检查温度和发芽情况，按上述要求控制好温度和湿度，可以通过定期浇淋热水（40℃～50℃）或温水（不可用冷水淋热芽）来调节温、湿度。破胸后，由于呼吸作用产生大量热量，种包中心部分的温度常高于四周，要进行翻拌，把中心部分的种子翻到边上，边上的种子翻到中间，使破胸整齐。

5. 育秧方法和技术

（1）地膜育秧

①做秧田

选择排灌方便、背风向阳、土质松软、肥力较高的田块作秧田。施足底肥，以人畜粪尿为主，加少量化肥，经整细整绒并澄实 1～2d 后，排水晾底，再开沟作厢，一般厢面宽 1.3～1.5m，厢沟宽 0.25～0.30m，沟深 0.2m 左右，厢面抹平，无凹凼、积水，无杂草及残茬外露，表面有一层薄泥浆，以种子刚能嵌入为度。四周理好排灌沟。秧田与本田的比例为 1：8～1：6。

②播种、盖膜

芽谷按厢定量，均匀地撒于厢面上，播后用踏谷板轻轻地把谷种压入泥内；然后用竹片搭拱，盖塑料薄膜，四周压紧盖严。有研究表明，在蓝光下培育的小苗，株高、基部宽度、全株干物重、叶绿素含量都最大，秧苗素质高，因此最好选用蓝色薄膜育秧。

③秧田管理

从播种到一叶一心期，一般要密闭保温，不揭膜，但当晴天膜内温度过高（超过 40℃）时，应揭开地膜的两端降温，以免烧芽，下午 4：00 后重新盖好膜，这段时间保持厢沟有水，厢面湿润。2 叶以后，可以视外界温度情况，逐步揭膜炼苗，先揭两头，日揭夜盖，逐渐到两边，最后全揭，揭膜前要先灌水，以免秧苗因环境改变太大、水分失去平衡或温差太大不适应而死苗。

水分管理以浅水勤灌为主，如遇强寒潮，应灌深水护苗防寒，寒潮过后，排水不能过急，应缓慢进行，以增强秧苗的适应能力；在施肥上，应早追"断奶肥"（离乳肥），可在揭膜的第二天进行，每公顷施尿素 45~60kg 或清粪水 300 担，大苗秧在见分蘖后及时追施尿素 45~60kg/hm^2，以后每隔 5~6d 追施一次，促进分蘖早生快发，6 叶以后要适当控制氮肥；注意防治病虫草害，秧田期的主要病虫害是蓟马、螟虫和叶稻瘟。

（2）温室两段育秧

温室两段育秧是先在温室内发芽培育成 1~2 叶的小苗，再按一定规格寄栽（假植）于秧田内培育多蘖壮秧，整个过程分两段进行。其具有发芽成苗率高，用种少；幼苗在秧田内排列分布均匀，能培育高素质的多蘖壮秧，秧龄弹性大；可避开低温阴雨危害，能适时早播等优点。

①建温室

有许多地区用水泥、石柱、砖瓦等建有长期固定的温室，有的地区临时建简易温室，用水蒸气增温保湿。做法是选地势平坦、背风向阳、管理方便、一面稍矮有坎的地方，先建一灶，灶上安锅烧水产生蒸气，烟道通过温室中央，用大的竹竿作支架搭棚，盖上较厚的塑料薄膜即成简易温室，里面安放两排放秧盘的秧架（一般也用竹竿、竹块制作）。做好后，用 1% 的高锰酸钾溶液或 5% 的石灰水喷雾，对整个温室、秧架和秧盘进行消毒。

②温室育小苗

将精选、浸种、消毒后的种子平铺于秧盘上，入室上架。秧盘一般用竹编成或木板（底部打孔排水）做成，按每平方米播芽谷 1.3kg 播种，做到盘内无空隙，种子不重叠。

温室管理的关键是控温、调湿，掌握"高温高湿促齐苗，适温适水育壮秧"原则。出芽到现青期需 36~40h，这段时间应保持 35℃ 左右的高温，多次喷 30℃ 左右的热水，做到"谷壳不现白，秧盘不渍水"，由于根伸长后，容易翘起，互相抬苗，使一些秧根吸水困难，幼根老化干缩，要用木板压苗；从立针到第一完全叶展开的盘根期约需 48h，需保持温度 30℃ 左右，湿度 80% 左右，喷水要少量多次，均匀一致，保持"谷芽湿淋淋，秧盘不积水，秧尖挂水珠"，仍需用木板压苗，每 3~5h 一次，连续镇压 2~3 次，防止根芽抬起，利于盘根；第一叶全展至第二叶寄栽的壮苗期，温度降到 25℃ 左右，湿度 70% 以上，此时秧苗根叶进一步发展，种子养分逐渐减少，需要增加光照，每天下午用 0.2% 的磷酸三氢钾和尿素溶液混合喷施，栽前一天将温度降至接近室外温度，并适当喷冷水炼苗，增强抗寒力。在温室育苗过程中，为了保持各秧盘温度和光照的一致，要经常交换秧盘位置，使其生长均匀整齐。如发现霉菌，应及时清除病株扒除霉层，并用 2500 倍稻瘟净或万分之六的高锰酸钾溶液喷雾防治。

③秧田寄栽，培育多蘖壮秧

按照与大田 1∶6 的比例作好寄秧田，寄秧田的做法与地膜秧田基本相同。根据秧龄的长短，用划格器在厢面上划格，一般 45d 秧龄的可采用 5×5 cm 的规格，55d 左右秧龄的可采用 6×6cm，60d 左右秧龄的可采用 7×7cm 的规格，近年生产上开始推广的"超多蘖壮秧少穴（超稀）栽培技术"采用 10×（10~12）cm 规格寄栽培育单株茎蘖数 15 个左右的壮秧。寄栽要浅，以根黏泥，泥盖谷为度，并要求栽正、栽稳，以利扎根成活。

小苗寄栽后的第二天，进行扶苗、补苗，并喷施 300 mg/kg 多效唑。喷药后的第二天，厢面泥浆已收汗，可灌浅水上厢，以利稳根护苗。如遇大雨，则要适当加深水层保护秧苗，雨后缓慢排成浅水，3 叶期后的水分管理与地膜育秧基本相同。

（3）旱育秧

水稻旱育秧技术是引进日本著名水稻专家原正市先生的成果并经多年试验示范和技术

改进而形成的一整套实用技术，具有"三早"（早播、早发、早熟）、"三省"（省力、省水、省秧田）、"两高"（高产、高效）和秧龄弹性大等特点，深受广大农民欢迎。

①苗床准备

苗床地应选择地势平坦、背风向阳、土质肥沃、疏松透气、地下水位低、酸性的沙壤土及管理方便的地方，最好是常年菜园地。面积大小因秧龄的长短而定，长龄、大、中、小苗秧与本田面积的比例分别为1：7，1：10，1：20和1：40。新苗床地要求在头年秋季做准备，先深挖细整，拣净杂草、石头、瓦块等杂物，每公顷施入3.3cm左右长的碎稻草约3000 kg、人畜粪水15000~25000 kg、磷肥1500 kg，翻埋入土中让其腐熟，可以种一季蔬菜，在水稻播种前一个月收获。也可将稻草、畜粪等有机肥堆沤腐熟后，于整地前一个月施入，并通过多次翻耕使肥、土混匀。

旱育秧苗床的土壤，要求pH值为4.5~5.0最好，如pH值大于6时，要用硫黄粉（在播种前25~30d进行）或过磷酸钙（于播种前10d进行）调酸。

育秧前一周左右整地，开沟作厢，厢面宽1.3~1.5m，厢沟（走道）宽0.3~0.4m。苗床的底肥在播种前3~4d施用，用酸性肥料，切忌用碳铵、草木灰等碱性肥料，用量按每平方米施硫酸铵120g或尿素60g、过磷酸钙150g、硫酸钾或氯化钾30~40g，均匀地施于厢面并与10~15cm土层混合。然后整细整平，浇足浇透水，使土壤水分处于饱和状态。播种前每平方米用2.5g敌克松粉剂兑水2.5kg喷施于床面，进行土壤消毒。

②播种、盖膜

旱育秧的播种期可比水育秧早7~10d，在当地气温稳定通过10℃以上时进行。播种量的多少与育成秧苗的叶龄关系密切，一般每平方米苗床按干谷计算，小苗秧约60g，中苗秧30g，大苗秧15g。播种时，分厢定量均匀撒播，播后用木板将种子镇压入土壤，使种子与床面保持齐平，再盖约0.5cm厚的过筛细土，以不见种子为度。然后用喷雾器喷水，发现有种子露出的地方，再补盖上。

播种工作结束后，用竹片搭拱、盖膜。苗床地四周理好排水沟，投放毒饵灭鼠。

③苗床管理

播种至出苗期，主要是保温保湿。如果晴天膜内温度超过35℃，要揭开膜的两头通风降温，如床土干燥应喷水；出苗至一叶一心期要控温降湿，膜内温度应控制在25℃左右，超过25℃要打开膜的两头通风换气。当秧苗长到一叶一心时，每平方米苗床用20%甲基立枯灵1g兑水0.5kg，或用25%甲霜酮粉剂1g兑水1kg，或用2.5g敌克松兑成1000倍液喷施，以防立枯病、青枯病，对于大苗秧和长龄秧，还应在1.5~2叶期按每平方米苗床用15%多效唑粉剂0.2g兑水100g喷施，以控制株高，促进分蘖发生；2~3叶以后，为了适应外界环境条件，逐步实行日揭夜盖，通风炼苗，最后全揭。如遇强寒潮也要盖膜护苗。3叶期要施足蘖肥，每平方米喷施1%的尿素溶液3.5kg，以后每长一片叶适量追施一次肥。平时只要不卷叶、土面不发白可不浇水，否则应补充水分。此外，要加强病虫害的防治和杂草防除工作。

（三）水稻的栽插技术

1. 整田技术和要求

水稻对土壤的适应性比较广，但以土层深厚、结构良好、肥力水平高、保水保肥性好的土壤最适于水稻生长。

在栽秧前要进行精细整田，使表土松、软、细、绒，为水稻根系生长创造良好的土壤环境，同时使表面平整，高低差不到3cm，做到"有水棵棵到，排水时无积水"；翻埋残茬，消灭田中杂草和病虫害，混合土肥，减少养分的挥发和流失，也便于水稻根系吸收利用；促进土壤熟化，改善土壤通透性，消除对水稻有害的还原有毒物质，使其充分氧化，变为能被作物利用的养分。

由于土壤类型和作物茬口特性不同，整田的方法和技术也不同。冬水田应在上一季水稻收后及时翻耕、翻埋残茬，利用秋季高温促进残茬等有机物的分解，栽秧前再进行犁、耙，耙细耙平插秧；烂泥田宜少耕少耙，进行半旱式栽培；小春田即秋冬季种植小春作物的水旱轮作田，季节衔接较为紧张，应抓紧时间进行，边收、边灌水、边耕耙，最好犁耙两次以上，使土壤细碎、松软、绒和，绿肥、油菜等早茬作物田，插秧时间较为充裕，可以先干耕晒垡几天。在整田过程中，要铲除田边杂草，夯实田坎，糊好田边，防止漏水，提高保水保肥能力。

2. 水稻的需肥特性与底肥施用

俗话说"有收无收在于水，收多收少在于肥""肥是农家宝，高产少不了"，可见肥料对作物生长发育和产量形成的重要性。但肥料也不是越多越好或随便怎么施都能高产，必须科学施用，根据土壤肥力和水稻的需肥特性合理施用，既要满足水稻各个生育时期对各种营养元素的需要，为高产打下基础，又要经济、高效，提高肥料的利用率，同时还要有利于减少环境污染和培肥地力。

（1）杂交水稻的需肥特性

①需肥的数量

据测定，每生产100kg稻谷（谷草比为1∶1），需要吸收氮素1.5～1.9kg、磷（P_2O_5）0.8～1.0kg、钾（K_2O）1.8～3.8kg，三者的比例约为2∶1∶3。产量水平不同，吸收养分的总量也不同，绝对量一般随产量水平的提高而增加。

水稻对一些微量元素如锰、锌、硼、铜等的吸收量很少，但对其生理代谢十分重要，一旦缺少将严重影响其生长发育，如一些深脚、冷浸田出现坐苑就是由于缺锌所致。

②吸肥的时期

水稻不同生育时期吸收养分的数量和比例不尽相同。据测定，杂交水稻对氮的吸收，以返青后至分蘖盛期最高，占全生育期吸收总量的50%～60%，幼穗发育期次之，占30%～40%，结实成熟期仍占10%～20%，高于常规稻，表明杂交水稻后期仍要吸收相当数量的氮；对磷的吸收，以幼穗发育期最多，占总吸收量的50%左右，结实成熟期吸收15%～20%；对钾的吸收仍以分蘖期和幼穗分化期最多，占全生育期的90%以上，抽穗后吸收量很少。

（2）底肥的施用

插秧前施用的肥料称为底肥，它可以源源不断地供应水稻各生育时期，尤其是生育前期对养分的需要。底肥的施用要强调"以有机为主，有机无机结合，氮磷钾配合"。底肥的施用量和比例应根据总施肥量、土壤特性和栽培方法等确定。

①总施肥量的估算

水稻所需的养分除由施肥供给外，还可由土壤供给，且施用的肥料养分也不是全为水稻所吸收。因此，决定施肥量时，应根据计划产量对养分的需要量、土壤养分的供应量、所施肥料的养分含量及其利用率等因素进行全面考虑。

计划产量所需吸收的养分量，可以根据前述的需肥量确定。土壤养分供应量与前作的种类、耗肥量和施肥量以及土壤种类、耕作管理技术等多方面因素有关。据试验，稻谷产量有1/2~2/3的养分是靠土壤供给的，故要重视培肥土壤，增大土壤供肥量；肥料利用率的大小，受肥料种类、施肥方法、土壤环境等因素影响。一般当季化肥利用率的大致范围是氮肥30%~60%，磷肥10%~25%，钾肥40%~70%。

②底肥施用方法

底肥应以肥效稳长、营养元素较齐全、有改良土壤作用的腐熟有机肥料为主，如绿肥、厩肥、堆肥、沤肥、泥肥等，应在翻耕前施下，耕入土层。在这些"粗肥"打底的同时，还应在最后一次耙田时，再施用腐熟人粪尿、尿素（或碳酸氢铵）、过磷酸钙、草木灰等"精肥"铺面，做到"底面结合，缓速兼备"，使肥效稳长的"粗肥"源源不断地释放养分，供应稻苗生长，不致中途脱肥；肥效快速的"精肥"能在稻苗移栽后即提供养分，促进返青分蘖和生长发育。

底肥的用量和比例应根据土壤肥力、土壤种类、品种特性和施肥水平而定。土壤肥力低的底肥用量和比例可适当增加，土壤肥力高的则适当减少；土壤深厚的黏性土，保肥力强，用量和比例适当增加，而土壤浅薄的沙性土，保肥力差，用量和比例适当减少；施肥水平高的用量和比例适当增加，反之则适当减少。一般杂交中稻的底肥占总施肥量的70%左右，迟栽田可采取"底追一道清"施肥法。缺磷、缺锌的田块，还应在底肥中增施磷肥和锌肥，以防止因缺磷、缺锌而发生坐苑。

3. 合理密植

合理密植可以建立起适宜的群体结构，从而协调好个体和群体的关系，争取穗多、粒多、粒重，同时也有利于改善田间的通风透光条件，减轻病虫害，因而是水稻高产栽培的重要环节。

（1）水稻产量的构成因素

水稻产量是由有效穗数、每穗实粒数和千粒重三个因素所构成的，即

$$产量(kg/hm^2) = \frac{每平方米有效穗数 \times 每穗实粒数 \times 千粒重(g)}{100}$$

水稻的穗数由主穗和分蘖穗构成，杂交水稻的分蘖力强，多以分蘖穗为主，主要决定于分蘖期。生产上应在培育多蘖壮秧的基础上，栽足基本苗，并促进分蘖早生快发，特别是多争取低位分蘖，提高成穗率，从而增加有效穗数。每穗实粒数取决于每穗的颖花数（着粒数）和结实率，每穗颖花数决定于幼穗分化时期，单株营养条件好，可以分化出较多的颖花数，形成穗大粒多；结实率主要受颖花的分化发育情况和抽穗扬花期的气候生态条件的影响，这是决定空粒的时期，同时与后期的灌浆结实情况有关，也是决定秕粒的时期。千粒重的大小与谷壳体积的大小和胚乳发育好坏有关，决定于灌浆结实期。

水稻产量的三个构成因素既相互联系，又相互制约和相互补偿。一般三者呈负相关关系，有效穗数增加，穗粒数会减少，千粒重降低，反之亦然。在产量构成三因素中，一般千粒重的变化相对较小，有效穗数的变化较大，生产上应在保证足够穗数的基础上争取大穗。

（2）合理密植的方式和幅度

适宜的种植密度和行窝距应根据各地的具体情况而定，做到因种、因地、因时制宜，以发挥合理密植的增产作用。一般迟熟种稍稀，早熟种稍密；分蘖力强的组合稍稀，分蘖力弱的组合稍密；土壤肥力高的稍稀，土壤肥力低的稍密；施肥水平高的稍稀，施肥水平

低的稍密；栽秧季节早的稍稀，栽秧季节迟的稍密；劳动力不足的稍稀，劳动力充足的稍密。总之，凡是在有利于分蘖发生和促进植株生长发育的因素下可稍稀，反之则应稍密。

近年来，随着品种的更替和育秧技术的改进，在一些地区和田块开始示范推广"超多蘖壮秧少穴高产栽培"和"旱育稀寄大窝栽培"技术。两者都是在秧田期实行"超稀培植"，前者采用普通温室两段育秧或按寄栽规格摆播芽谷，后者先旱育 3 叶左右的小苗再寄栽秧田，寄栽规格都为（8~10）×（8~10）cm，培育带 10 个以上分蘖的超多蘖壮秧，本田采用少穴大窝栽培，每平方米栽 10.5~15 窝。两种栽培技术都是走"小群体壮个体"途径，在争取一定穗数基础上主攻大穗，由于本田稀植，可以节约用种和劳动力，也有利于抗旱迟栽和缓和农事季节矛盾，但应选用生育期较长、分蘖力强的大（重）穗型杂交组合，适宜于土层深厚肥沃、生产条件好、肥水管理水平高的地区和田块。

4. 栽插技术

（1）适时早栽

适时早栽可以充分利用生长季节，延长本田生长期，增加有效分蘖和营养物质积累，也有利于早熟早收，为后作高产创造有利条件。

移栽期应根据当地的气候条件和耕作制度等确定，一般应在日平均气温上升到15℃以上时移栽。移栽过早，气温太低，不但返青慢，甚至会出现死苗现象，对于深脚、冷浸、烂泥田来说，由于泥温低，适时早栽的时间还应推迟。但如果栽插过晚，由于温度高，植株生长快，本田营养生长期缩短，则不利于高产。

（2）保证栽秧质量

提高栽秧质量可以加速返青成活，有利于分蘖早生多发。保证栽插质量要求做到拔好秧、栽好秧。

拔秧时要轻，靠泥拔，少株拔，并随时把弱苗、病苗、杂草等剔除。拔后理齐根部，大苗秧还要在秧田洗净秧根泥土，然后捆扎牢固，便于运输。

栽秧时要求做到浅、匀、直、稳。"浅"即浅栽，能使发根分蘖节处于温度较高的表土层，且氧气充足，昼夜温差大，有利于发根和分蘖，为形成穗多和穗大打基础；"匀"即行窝距要整齐、均匀，沟、行端直，每窝苗数一致，各单株营养面积均衡，全田生长整齐；"直"就是苗要正，不栽"偏偏秧"，利于返青生长；"稳"要求栽后不漂、浮秧。

在拔秧、捆秧、运输和栽插过程中都应小心，减少植伤。不栽超龄秧、隔夜秧，栽时避免"五爪秧""断头秧""翻根秧""勾头秧""深栽秧"。

（四）田间管理

1. 返青分蘖期的田间管理

（1）返青分蘖期的生育特点

返青分蘖期包括返青期和分蘖期，主要进行根系、叶片的生长和发生分蘖，是决定穗数的关键时期，也是为形成大穗奠定物质基础和搭好丰产架子的时期。在生理上以氮代谢为主，为营养生长期。杂交中稻一般为30d 左右。

（2）田间管理措施

根据水稻返青分蘖期的生长发育特点和规律，田间管理的主要目标是促根、攻蘖、争穗多，要求返青早、出叶快、分蘖多、叶色绿、透光好。在管理上，前期（有效分蘖期）以促为主，促进其生长发育；后期（无效分蘖期）以控为主，控制无效分蘖的发生。

2. 拔节长穗期的田间管理

（1）拔节长穗期的生育特点

从幼穗开始分化到抽穗为拔节长穗期，杂交中稻的拔节长穗期历时 30d 左右。拔节长穗期一方面进行以茎秆伸长生长为中心的营养生长，另一方面又进行以稻穗分化为中心的生殖生长，是营养生长和生殖生长并进时期，是水稻一生中生长最快的时期，也是水稻对外界环境条件最敏感的时期。其营养特点是由氮代谢占优势逐步过渡到碳代谢占优势。这一时期一些迟生分蘖逐渐死亡，成为无效分蘖，总的茎蘖数逐渐减少，因而最终的成穗数低于最高苗数。

（2）田间管理措施

拔节长穗期是决定茎秆是否健壮、穗数多少、穗子大小的重要时期，田间管理的主攻目标是保蘖、壮秆、攻大穗。既要防止长势过旺、群体发展过大、分蘖成穗率降低和茎秆纤细脆弱引起后期倒伏，又要防止长势不足，使穗粒数减少。

①合理灌溉

采取浅水勤灌，保证"养胎水"，减数分裂期不能干旱缺水，以防止颖花退化，保证粒数。

②巧施穗肥

从幼穗开始分化到抽穗前施的追肥都称为穗肥，因施用时期不同，作用也不同。在幼穗分化开始时施的穗肥，可促进枝梗和颖花的分化，增加颖花数，称为促花肥；在开始孕穗时施的穗肥，可减少颖花的退化，称为保花肥。

巧施穗肥就是根据苗情长势长相、土壤肥力和气候条件等确定施用的时间、数量。凡是前期追肥适当，群体苗数适宜，个体长势平稳的，宜只施保花肥，可于孕穗时施尿素 $45kg/hm^2$ 左右；凡是前期追肥不足，群体苗数偏少，个体长势差的，可促花、保花肥均施，于晒田复水后施尿素 $45kg/hm^2$ 左右，减数分裂期前后再施尿素 $30kg/hm^2$；凡前期施肥较多，群体苗数偏多，个体长势偏旺的，则可不施穗肥。

③防治病虫

拔节长穗期的虫害主要是螟虫，防治方法同分蘖期。病害主要是纹枯病、稻瘟病。稻瘟病的药剂防治方法可参见分蘖期，纹枯病可用 50% 的井冈霉素或 15% 的粉锈灵可湿性粉剂兑水喷施。

3. 抽穗结实期的田间管理

（1）抽穗结实期的生育特点

水稻从抽穗到成熟收获为抽穗结实期，这一时期的营养生长已基本停止，为生殖生长期，根系吸收的水分和养分、叶片的光合产物以及茎秆叶鞘内储藏的营养物质，均向籽粒运输，供灌浆结实。在代谢上以碳代谢为主。

（2）田间管理措施

抽穗结实期是决定实粒数和粒重的重要时期，管理上的主攻目标是养根、保叶、增粒、增重，应抓好"以气促根，以根保叶，以叶壮籽"，既要防止贪青晚熟，又要防止早衰和倒伏，影响灌浆结实。

①合理灌排水

保证"足水抽穗，湿润灌溉，干湿壮籽，适时断水"。在抽穗期，田间保持 3～4cm 水层，防止高温干旱危害；灌浆期湿润灌溉，一次灌水 2～3 cm，让其自然落干，湿润 1～2d

后再灌水，实行干湿交替，既保证灌浆结实对水分的需要，又改善土壤通气性，以达到增气保根、以根养叶、以叶壮籽的目的。到收获前7d左右可以断水，不能断水过早，以免加速衰老，影响灌浆结实。

②补施粒肥

临近抽穗和抽穗后施的肥都称为粒肥，或称为壮籽肥、壮尾肥，其作用主要是促进灌浆结实，增粒、增重。对于前期施肥不足、表现脱肥发黄的田块，可于抽穗前后用1%的尿素溶液作根外追肥（叶面喷施），起到延长叶片寿命、防止根系早衰的作用，同时还可以提高籽粒蛋白质含量，改善品质。对于有贪青徒长趋势的田块，可叶面喷施1%~2%的过磷酸钙或0.3%~0.5%的磷酸二氢钾溶液。

③防治病虫

注意防治颈稻瘟、纹枯病，方法同前。

4. 适时收获

收获过早，青米多，籽粒不饱满，产量低，且碾米时碎米多，出米率也低；收获过迟，容易脱落损失或穗上发芽。一般以九成黄时收获较好。收割时要精收细打，减少损失。

第二节　小麦生产技术

一、概述

（一）小麦在粮食生产中的地位

小麦是世界性的重要粮食作物，种植面积居各种作物之首，全世界约有40%的人口以小麦为主食。小麦籽粒营养丰富，蛋白质含量高，一般为11%~14%，高的可达18%~20%；氨基酸种类多，适合人体生理需要；脂肪、维生素及各种微量元素等对人体健康有益。小麦粉由于含有独特的醇溶蛋白和谷蛋白，水解后可洗出面筋，并能制出烘烤食品（面包、糕点、饼干）、蒸煮食品（馒头、面条、饺子）和各种各样的方便食品、保健食品，是食品工业的重要原料。另外，小麦加工后的副产品中含有蛋白质、糖类、维生素等物质，是良好的饲料。同时麦秆既可用来制作手工艺品，也可作为造纸原料。

小麦在世界上分布极广，南至45°S（阿根廷），北至67°N（挪威、芬兰），但主要集中在20°~60°N和20°~40°S之间。亚欧大陆和北美洲的栽培面积占世界小麦栽培总面积的90%，在年降水量小于230mm的地区和过于湿润的赤道附近较少栽培。由于小麦适应性广，生育期间受自然灾害影响相对较少，产量比较稳定。同时，冬小麦是越年生夏收作物，它不仅可以充分利用秋、冬和早春低温时期的光热资源，以营养体覆盖田面，减少裸露，而且在生育期间或收获后还可与本年春播和夏播作物配合，采用间套复种，提高复种指数，既提高了土地利用率，又增加了单位面积的全年产量，是能迅速提高粮食总产量的主要夏收作物。小麦在耕作、播种、收获等环节中都便于实行机械化操作，有利于提高劳动生产率，形成规模化生产。

（二）小麦的一生

从种子萌发开始到新种子产生称为小麦的一生，或称全生育期。在此过程中，小麦在形态特征、生理特性等方面发生显著变化，如根、茎、叶、蘖的形成，幼穗的分化和开花结实等。因此，小麦的一生既反映出不同时期生物学的特点，也反映出产量构成因素的形成过程。

对小麦一生的划分体系，种类较多。在栽培研究和生产实践中，主要是根据小麦器官形成的顺序和明显特征，习惯上分为出苗期、三叶期、分蘖期、拔节期、孕穗期、抽穗期、开花期、灌浆期和成熟期等生育时期。南方麦区的北部地区冬季寒冷，小麦生长延缓或停止，所以还可划分出越冬期和返青期。各生育时期的标准如下。

出苗期：麦田有 50% 以上的麦苗第 1 片真叶伸出地面 2cm。

三叶期：麦田有 50% 以上的麦苗长出 3 片叶。

分蘖期：麦田有 50% 以上的麦苗分蘖露出叶鞘 2cm。

拔节期：麦田有 50% 以上的麦苗主茎第 1 节露出地面 2cm。

孕穗期：麦田有 50% 以上的小麦主茎旗叶全部伸出叶鞘，也称挑旗期。

抽穗期：麦田有 50% 以上的麦穗穗尖（不包括麦芒）从旗叶叶鞘伸出 1/3。

开花期：麦田有 50% 以上的麦穗开始开花，也称扬花期。

灌浆期：籽粒开始沉积乳浆状淀粉粒，用手捏胚乳呈稀糊糊状。

成熟期：籽粒全部变黄，但尚未完全硬仁，含水量为 20% 左右，是机械收获的最佳时期。

小麦的生育时期早晚和全生育期长短因品种、播期、年型、生态类型和栽培条件的不同有很大差异。同一品种，播种期不同或在不同纬度和不同海拔种植，也会使生育期发生相应变化。

从器官的功能和形成特点来看，小麦一生还可分为营养生长和生殖生长两个阶段。种子萌发到幼穗分化为营养生长期，幼穗分化到抽穗为营养生长与生殖生长并进期，抽穗开花至成熟为生殖生长期。

二、小麦生产的土、肥、水条件

（一）高产小麦的土壤条件

小麦适应性广，各种土壤均可种植，但要达到高产、稳产，必须创造良好的土壤条件。高产麦田有以下特点：耕层深厚，结构良好，土壤肥沃，养分协调。具体来说，实现高产的土壤指标为：耕作层深度一般为 20cm 以上，土壤容重 1.2g/cm³ 左右，孔隙度为 50%～55%（其中非毛管孔隙 15%～20%），水气比例为 1.0∶（0.9～1.0）；有机质含量，在沙壤土中为 1.2% 以上，在黏土中为 2.5% 左右，其中易分解的有机质要占 50% 以上；土壤含 N 量 0.1% 以上，生长期间水解 N70mg/kg 左右，速效 P 含量大于 15mg/kg，速效 K 含量大于 120mg/kg，土地平整，地面坡降小于 0.1%～0.3%，有利灌排，土壤 pH 为 6.8～7.0 左右。

（二）小麦需肥特性与合理施肥

1. 小麦的需肥特性

小麦对 N、P、K 三要素的吸收量因品种、气候、生产条件、产量水平、土壤和栽培措施不同而有差异。综合各地资料分析，小麦每生产 100kg 籽粒和相应的茎叶，需吸收 N 3kg 左右，P_2O_5 1.0～1.5kg，K_2O 3～4kg，其比例约为 3∶1∶3。

冬小麦一生中对 N、P、K 吸收有两个高峰。对 N 的第一个吸收高峰在分蘖至越冬始期，吸收量占总量的 15% 左右，越冬期间吸收量仅占总量的 5% 左右，返青后 N 的吸收量有所增加；拔节至开花期出现第二个吸收高峰，吸收量占总量的 30%~40%，其余为开花后吸收。小麦对 P、K 的吸收在分蘖至越冬始期出现第一个峰值，占总吸收量的 10% 左右，至拔节期 P 吸收量占一生的 30% 左右，K 达 50% 左右；拔节至开花期出现第二个吸收高峰，吸 P 量占总吸收量的 40%，吸 K 量占总吸收量的 50%，开花后 P 吸收量仍达 20%，K 则停止。近年研究表明，增加拔节至开花期 N、P、K 的吸收比例有利于进一步提高产量。

2. 施肥量的确定

目前生产上多采用以产量定施肥量方法，小麦产量指标确定后，根据小麦吸肥量、土壤基础肥力，以及肥料种类、数量和当季利用率及气候等条件综合确定。

3. 肥料的运筹原则

根据小麦需肥特性，肥料的运筹应掌握在冬前分蘖期有适量的速效 N、P、K 供应，以满足第一个吸肥高峰对养分的需要，促进分蘖、发根、培育壮苗；拔节至开花是小麦一生中吸肥的最高峰，是施肥最大效率期，必须适当增加肥料供应量，巩固分蘖成穗，培育壮秆，促花、保花，争取穗大粒多；抽穗开花以后，要维持适量的 N、P 营养，延长产量物质生长期的叶面积持续期，提高后期光合生产量，保证籽粒灌浆，提高粒重。

在确定肥料运筹比例时，应综合考虑小麦专用类型、肥料对器官的促进效应，以及地力、苗情、天气状况等因素。根据各地高产经验，中筋、强筋小麦生产中 N 肥可采用基肥与追肥之比为 5∶5 的运筹方式，追肥主要用作拔节孕穗肥，少量在苗期施用或作平衡肥；弱筋小麦宜采用基肥与追肥之比为 7∶3 的运筹方式，以实现优质高产；晚茬麦采用独秆栽培法的群体，N 肥基肥与追肥之比可采用 (3~4)∶(6~7)，以保穗数、攻大穗；秸秆还田量大的麦田基肥中 N 肥用量需适当增加。P、K 肥提倡以 50%~70% 作为基施，30%~50% 在倒 4 叶至倒 5 叶作为追施。

（三）小麦需水特性与灌排技术

1. 小麦需水特性

（1）小麦的耗水量

小麦一生中总耗水量为 400~600mm，即 266.7~400m³/亩，其中植株蒸腾占 60%~70%。小麦每生产 1kg 籽粒需要耗水 800~1000 kg。小麦一生耗水量受气候、土壤、栽培条件等因素的影响。气温高、湿度小、风速大时，株间蒸发和叶面蒸腾都大，耗水量因此增多；而气温低、湿度大、风速小时，株间蒸发和叶面蒸腾却降低，耗水量随即减少。另外，如深耕、加施有机肥等农业措施，因增强了土壤保水抗旱能力，相应地提高了土壤水分利用率；合理密植、加强中耕管理等，可减少株间蒸发，相应降低耗水量。

（2）小麦不同生育时期的需水规律和适宜土壤水分

在小麦生育过程中，各个生育时期需水量是不同的。出苗至拔节期，因植株幼小，生长缓慢，需水量较少；拔节以后至抽穗、成熟，随着气温升高，生长发育加快，需水量增加。总的表现呈由低到高的趋势。

小麦各生育时期要求的土壤水分（0~20 cm）：播种至出苗，土壤含水量以占田间持水量的 70%~75% 为宜，低于 60% 出苗不整齐，低于 40% 不能出苗，高于 80% 易造成烂根烂种；分蘖到拔节为 70% 左右，低于 60% 分蘖受影响，分蘖成穗下降，低于 40% 则分蘖不发生；拔节至抽穗，70%~80% 为宜，有利于巩固分蘖成穗，形成大穗，低于 60% 虽无效分蘖加速死亡，但退化小穗、小花数增多（尤其是孕穗期）；抽穗至乳熟末期，70%~75%

为宜，既要防止干旱，造成可孕小花结实率下降，影响每穗粒数，又要防止田间湿度过大，造成渍水烂根，影响粒重；腊熟末期，植株开始衰老，土壤水分以不低于田间持水量的60%为宜。

2. 灌溉与排水技术

（1）灌水抗旱技术

小麦灌溉时要掌握看天、看地、看苗的原则。看天，就是看当时当地的天气变化和降水量的多少，决定是否灌水，如天气干旱，土壤水分不足，气温高，蒸发量大，又是小麦耗水量多的生长时期，就要及时灌水；如遇寒流、霜冻，为了防止低温冻害，要提早灌水；小麦抽穗后干旱，虽然需要灌水，但遇到有风的天气，高产麦田灌水易引起倒伏，就应适当提早或推迟灌水。看地，就是看土壤墒情、土质和地形、地势，一般在土壤含水量低于田间持水量的60%时要进行灌溉，保水力强的黏土、地下水位高的低洼地要少灌；保水力差的砂土、地下水位低的高岗地灌水次数要多些，丘陵山地要先浇阳坡地后浇阴坡地。看苗，就是要看麦苗所处的生育时期、植株的外部形态和长势、群体的大小及单茎绿叶数的多少等，如群体小、麦苗正处在有效分蘖期遇到干旱，要及时灌水，以水调肥，以肥促长；如麦苗处在无效分蘖期，群体大、长势旺，虽遇到干旱，为控制群体过大，减少无效分蘖，就要少灌水或不灌水；拔节、孕穗、抽穗及开花期遇干旱，要及时灌水；乳熟期如单茎平均绿叶数少于3片，则不宜灌水。

（2）排水降湿技术

小麦湿害是指降雨后小麦根系密集层土壤含水量饱和，空气不足，使小麦根系长期处于缺氧状态，呼吸受抑制，活力衰退，阻碍小麦对水分和矿质元素的吸收，同时土壤中有机物质在嫌气分解条件下，产生大量还原性有毒物质，使根系受害。

麦田防渍除开好一套沟外，还必须降低麦田的地下水位深度，其控制深度为：苗期50cm，分蘖越冬期50~70cm，拔节期80~100cm，抽穗后100cm以下。

生产应用中一般采用一厢一沟式，根据水源保证情况、土壤质地、降雨量等条件，可分为水厢式（全生育期沟内有水，前期深水，后期浅水）和旱厢式（全生育期沟内无水）。根据厢面宽窄，可分为窄埂、窄厢、宽厢半旱式等。厢沟与围沟、主沟连接，三沟配套，利于排水，效果较好。

三、小麦栽培技术措施

（一）播种出苗阶段

1. 选用良种，对种子进行加工处理

优良品种表现为广适、高产、稳产、多抗、优质，据国内外分析，在小麦增产的若干因素中，良种的作用一般要占20%~30%，因此选用良种是最经济有效的增产措施。

2. 适期早播

"晚播弱，早播旺，适时播种麦苗壮"，适期播种，可使生育进程与最佳季节同步，能充分利用当地温、光、水资源，使麦苗在冬前生长出一定数量的叶片、分蘖、根系，积累较多营养物质，早发壮苗。适宜播期要根据当地气候、生产条件、品种发育特性、栽培制度等来决定，其掌握的原则：①保证麦苗在冬前形成适龄壮苗，春性品种，要求冬前主茎长出5~6叶，单株分蘖2~3个，次生根3~5条；半冬性品种，要求冬前主茎长出6~7叶，单株分蘖3~4个，次生根5~7条。②满足小麦在冬前形成适龄壮苗所需积温，播种

全出苗要 0℃以上积温 110℃ ~ 120℃，出苗至冬前每长出 1 张叶片要 0℃以上积温 70℃ ~ 80℃，达到冬前壮苗标准，则春性品种要 0℃以上积温 500℃ ~ 550℃，半冬性品种要 600℃ ~ 650℃，然后从当地常年进入越冬始日的气象资料向前累加计算，总和达到所需求的积温指标的日期即为该地最佳播期，前后三天为适宜播期。③播种期的适宜日均温，冬性品种为 16℃ ~ 18℃，半冬性品种为 15℃ ~ 16℃，春性品种为 14℃ ~ 15℃。④早茬田（前作为中稻、早玉米、高粱、芝麻等）可选用半冬性品种适当早播，晚茬地（前作为棉花、红苕、晚秋作物等）可选用耐迟播又早熟高产的强春性小麦品种。

3. 施足基肥、增施种肥

施足基肥是小麦增产的关键，基肥应以有机肥料为主，配合使用 N、P、K 化肥，以满足苗期生长及其一生对养分的需要。在小麦播种时，施用少量速效化肥与种子同时播下作种肥，是一种经济的施肥方法。

4. 合理密植

（1）合理密植的内容

合理密植的主要内容包括三个方面：一是确定合理的基本苗；二是因地制宜地采用适宜的播种方式；三是在生育的各个时期，都要有合理的群体动态结构，即要有适宜的基本苗数、茎蘖总数、叶面积指数及协调的产量构成因素等。只有使个体与群体、营养器官与生殖器官的生长相互协调，才能充分有效地利用光能和地力，提高光合生产率，达到穗足穗大、粒多粒饱、夺取高产的要求。

（2）高产群体结构类型

小麦是具有分蘖特性的作物，单位面积的有效穗由主茎穗和分蘖穗构成，高产群体的结构类型可分为 3 类：①以主茎穗为主夺高产。麦田的大部分穗数由主茎构成，主茎穗与分蘖穗的比例为 1∶（0.1 ~ 0.3）。如果基本苗少了，穗数不足，影响产量；而基本苗过多，尽管穗数增加，但由于营养不良，个体受到严重削弱，产量也不高。②主茎穗和分蘖穗并重夺高产。主茎穗和分蘖穗比例大致为 1∶1，当前生产上的高产麦田多属于此种类型。例如，每亩基本苗 10 万 ~ 15 万，有效穗 23 万 ~ 27 万，产量 400 ~ 450kg/亩。这类麦田的特点是土壤肥力或施肥水平中等或上等，小麦个体发育好、分蘖多、成穗率高，如果基本苗过多，将会造成中期群体过大、光照条件恶化、茎秆软弱、个体受到很大影响、倒伏风险大，不易达到高产。③分蘖穗为主夺高产。这类麦田的特点是要求土壤肥力和施肥水平高，必须大水大肥猛烈促进前期分蘖，才能达到以分蘖穗为主的目的。

（3）播种量的确定

基本苗是建立合理群体的起点和基础，基本苗是通过相应的播种量来实现的。小麦播种量的确定，一般采用"四定"，即以田定产、以产定穗、以穗定苗、以苗定籽。根据预期产量、品种特性、播期、地力、施肥水平及穗数指标等因素综合确定，并按以下公式计算：

$$基本苗数（10^4/亩）= \frac{适宜穗数（10^4/亩）}{单株成穗数}$$

$$每千克种子粒数 = \frac{1000 \times 1000（g）}{千粒重（g）}$$

根据各地实践，400 ~ 500 kg/亩的高产田，适期播种时基本苗一般为（10 ~ 15）×10⁴/亩，晚播时需适当增加基本苗。基本苗确定后，可根据每千克种子粒数、发芽率和田间出苗率计

算播种量，即

$$播种量(kg/ 亩) = \frac{基本苗数(10^4/ 亩)}{每千克种子粒数(10^4) \times 种子净度(\%) \times 种子发芽率(\%) \times 田间出苗率(\%)}$$

出苗率应根据整地、播种质量来确定，一般可按 80% 左右计算，整地质量好的可达 90% 以上，差的仅 50% 左右。

5. 采用适宜播种方式

（1）条播

条播落籽均匀，覆土深浅一致，出苗整齐，中后期群体内通风、透光较好，便于机械化管理，是适于高产和有利于提高工效的播种方法，高产栽培条件下宜适当加宽行距，以利于通风透光，减轻个体与群体矛盾。条播要求整地细碎，土地平整，墒情好，才能保证质量。若土质黏重，不仅费工，而且不能保证整地和播种质量，常因沟底不平，覆土深浅不一，影响出苗。条播方法有人工条播和机械条播两种。条播形式因播幅（即播种沟）和空行（播沟之间的空白地带）的规格不同，分为宽幅、窄幅条播，窄行、宽行和宽窄行条播等。

（2）穴播

穴播也称点播或窝播，在稻茬麦田和缺肥或混套作地区采用，施肥集中，播种深浅一致，出苗整齐，田间管理方便，但花工较多，穴距较大，苗穗数偏少，影响产量提高。"小窝疏株密植"是在原有的基础上，缩小行、穴距，增加每亩窝数，减少每窝苗数。穴播主要有开窝点播（用撬、锄或机械）和开沟点播两种形式，即采用 20×10 cm 或 17×13 cm 的行、穴距，每亩 3 万窝以上，每窝 4~6 苗，使群体布局合理。小窝密植增产的原因：①保证播种质量，出苗均匀、整齐，小窝密植的行穴距、窝的深浅和每窝下种量都基本得到控制，肥水条件好，且不用泥土而用整细的粪肥盖种，露籽、深籽、丛籽都显著减少。小窝密植的田间出苗率比条播高 10%~20%，并且群体生长均匀。②群体分布发展较为合理，田间光照条件较好，利于穗数和穗重的协调发展，提高成穗率，增加有效穗，改变了稀大窝株间拥挤、苗子弱、成穗率低、有效穗少的状况。③用肥集中，肥效提高。特别是能保证苗期养分供应，改变田湿黏地区前期供肥不足、影响苗期生长的状况。④次生根发达，抗倒伏力强。小窝疏株密植，由于基部光照条件好，下部叶片光合能力较强，因而单茎次生根较多，增强了抗倒伏力。

（3）撒播

撒播多用于稻麦轮作地区，土质黏重、整地难度大时宜撒播，有利于抢时、抢墒、省工，苗体个体分布与单株营养面积较好，但种子入土深浅不一，整地差时深、露、丛籽较多，成苗率低，麦苗整齐度差，中后期通风透光差，田间管理不方便。

6. 提高播种质量

播种质量要求落籽均匀、播深适宜、深浅一致，消灭深、露、丛籽，播后能原墒出苗。播种过深，出苗前要形成较长的地中茎，出苗晚，消耗养分多，幼苗细弱，甚至未能出地前就死亡；播种过浅，表土易干燥，缺乏水分，种子不易萌发，影响及时出苗。播种深度因地区、土质、土壤墒情等稍有差异，一般以 3~5cm 为宜。南方稻茬土黏，应适当浅播，生产上常因播种过深造成"三籽"苗多，成苗率低。

7. 加强播后管理

播后镇压可降低播深、消灭露籽、使种子与土壤密接，有利于吸水萌发，提高成苗率和早苗率，在大型机械化播种时尤其重要。杂草危害严重的麦田要及时喷施除草剂，以消灭苗期杂草。播时严重干旱，土壤水分低于田间持水量的60%时，应及时浇水抗旱或沟灌窨水，抗旱催苗，切忌大水漫灌。无水源条件的地区，可用水粪作种肥，出苗后采取少肥多水的方法及时追施出针肥，做到早施勤施。如播种时遇连绵阴雨，可采取窄厢深沟，排除渍水，人站在沟内打窝，丢种后只盖干粪，出苗后及时追肥、中耕，坚持清沟等工作，仍能培育壮苗，获得高产。麦苗出土后，及时查苗补缺，移密补稀，如发现缺苗断垄，或基本苗不足，应立即催芽补种，以保证苗全。

（二）分蘖拔节阶段

1. 早施苗肥、促早发

地力差、播种晚、基种肥不足或少免耕田块应及早施用速效氮肥作为苗肥，促进发根、叶片和分蘖生长，宜在第 2 叶露尖时施用。晚茬麦齐苗后立即施用苗肥，如土壤干旱，最好兑水泼浇，达到既供肥又供水、以水调肥的作用。苗肥施用量一般占总施氮量的10%~15%。基种肥施足的麦田，一般不施用苗肥。

2. 排湿或灌水

川东南及雅安地区多为稻茬麦的低湿麦田，苗期常因土壤湿度过大，严重影响根系发育而使麦苗生长不良，播种后应清理加深排水沟，排出积水，降低地下水位，同时中耕松土，加快水分蒸发。而盆中丘陵和川西平原常年冬春季降雨很少，土壤水分不足，影响幼苗生长，在耕作层土壤含水量低于田间持水量 60%时就要灌水，注意瘦地弱苗早灌，肥地旺苗推迟灌。据生产实践经验，趁气温高时灌一次跑马水，速灌速排，田间不积水，对保证苗全苗壮有良好效果。

3. 中耕除草

中耕是有效的防治农田杂草的农业措施，同时兼有疏松土壤，减少地面蒸发，促进养分释放，提高地温，有利根系、分蘖生长等多重效果。小苗弱苗要浅锄，以免伤苗和埋苗；旺苗可适当深锄，损伤部分根系，蹲苗，控制无效分蘖。播后未进行化学除草的麦田，此阶段需进行化学除草，对于少免耕麦田，杂草危害尤其严重，务必防除。

（三）拔节孕穗阶段

1. 看苗追施拔节肥，巧施孕穗肥

小麦拔节孕穗期是生长发育和产量形成的关键时期，拔节肥可以增强中后期功能叶的光合强度，积累较多的光合产物供幼穗发育，促花、保花增加结实粒数并可巩固分蘖成穗；孕穗肥可提高最后 3 张主要功能叶的光合强度和功能持续时间，使更多的光合产物向穗部输送，减少小穗和小花退化、败育，增加粒数和粒重。此期需肥水较多，但肥水过多又易招致不良后果。因此，必须根据苗情合理运用。

拔节肥的施用应在群体叶色褪淡，分蘖数已经下降，第一节间已接近定长时施用。拔节期叶色不出现正常褪淡，叶片披垂，拔节肥就应不施或推迟施用。在拔节前叶色过早落黄，不利于小花分化数的增加和壮秆形成，分蘖成穗数也会显著下降，应适当提早施用拔节肥。

拔节肥用量一般以占总施肥量的 10%~15%为宜，川西平原一般于拔节期灌水，可将氮素肥料兑在粪水中泼施，也可将氮素化肥与细干粪混合后撒施，施后即灌水。川中丘陵坡地一般无灌溉条件，应结合施拔节肥进行淡肥浇灌，对减轻后期干旱危害有重要意义。

在旗叶刚开始露尖时，发现有早衰现象的麦田，可巧施孕穗肥，用尿素量约 2kg/亩。

2. 灌好拔节水

春后随气温升高，植株生长加剧，需水量增多，拔节孕穗期间，是小麦一生中耗水量多的时期，如遇干旱应及时灌水。春旱地区灌好拔节水是小麦高产稳产的重要措施。一般情况下，除少数生长特别繁茂、群体过大的麦田外，都应灌拔节水，经验是干冬早灌，干春迟灌，弱苗早灌，中等苗酌情灌，壮苗迟灌或不灌。而对于春季雨水多时，要做好清沟理墒工作，控制麦田地下水位在 1m 以下。

3. 预防倒伏

倒伏是小麦高产的重要威胁，倒伏减产的主要原因是粒重降低。倒伏愈早，程度愈重，减产愈多。据调查，抽穗前后倒伏，一般减产 50% 左右；开花至灌浆期倒伏，减产 20%~40%；蜡熟期倒伏，减产 5%~10%。

倒伏有根倒与茎倒两种。根倒主要由于土壤耕层浅薄，结构不良，播种太浅及露根麦，或土壤水分过多，根系发育差等原因造成；茎倒是由于 N 肥过多，N、P、K 比例失调，追肥时期不当，或基本苗过多，群体过大，通风透光条件差，以致基部节间过长，机械组织发育不良等因素所致。

预防倒伏的主要措施：选用耐肥、矮秆、抗倒的高产品种；合理安排基本苗数，提高整地、播种质量；根据苗情，合理运用肥水等促控措施，使个体健壮、群体结构合理；如发现旺长要及早采用镇压、培土、深中耕等措施，达到控叶控蘖蹲节；对高产田可使用矮壮素、烯效唑等预防倒伏。

4. 防治病虫害

小麦拔节孕穗期，易发生麦蚜、麦水蝇、白粉病、赤霉病等病虫害，应随时检查，及时采取防治措施。

（四）抽穗结实阶段

1. 防渍或灌溉

湿害和干旱是造成后期根系早衰的主要原因。多雨地区和低洼麦田应注意清理排水沟，及时排除田间积水，降低地下水位。坪坝地区要合理安排秧田，防止"水包旱"；靠秧田的麦田，要深开隔水沟。小麦开花灌浆期，尚需大量水分，浇好开花、灌浆水对提高产量有显著作用。应选择无风晴天灌跑马水，速灌速排，使土壤沉实，防止倒伏，因为此时植株下部叶片已干枯，重心上移，若灌水不当，灌后遇风易倒。

2. 根外追肥

小麦抽穗以后，根系吸收力较弱，但抽穗开花至成熟期间仍需吸收一定的 N、P 营养，灌浆初期应用磷酸二氢钾、尿素单喷或混合喷施可以延长后期叶片的功能，提高光合速率，促进籽粒灌浆增重，并提高籽粒蛋白质含量，磷酸二氢钾浓度为 0.2%~0.3%，尿素浓度为 1%~2%，溶液用量为 50kg/亩左右。如需喷 2 次的，可在孕穗期加喷 1 次。近年来，生产上结合后期病虫防治喷施生长调节剂类产品也起到一定增加粒重的作用。

3. 防治病虫

小麦抽穗后温度高、湿度大，是蚜虫、白粉病、锈病、赤霉病大量发生的时期，对千粒重和产量影响很大，除做好选用抗病虫品种、田间开沟排水、降湿等农业综合措施防治外，必须加强病虫预测预报，及时采取药剂防治措施。

（五）适时收获，安全储藏

1. 适时收获

小麦收获早晚影响籽粒的产量和品质。收获过早，种子成熟度不够，粒重低，发芽率不高；收获过迟，由于呼吸消耗，雨露淋溶，粒重下降，断穗、落粒，影响产量，如遇雨易造成穗上发芽。小麦的收获适期与品种特性（落粒性、休眠期）、籽粒成熟度和天气条件等有密切的关系。适宜收获的时期为蜡熟末期，此时小麦粒重最高。蜡熟期一般历时7~10d，这段时间要密切注意天气变化情况，如果气候稳定，天气晴朗，应在蜡熟末期抢收，不易落粒的品种也可以在完熟期抢收；如因劳力、机具紧张，天气不稳定等，应提前到蜡熟中期收获，比推迟收获可明显减少损失。

2. 安全储藏

收获脱粒后的种子，应晒干扬净，待种子含水量降到12.5%以下时才能进仓储藏一般在日光下暴晒趁热进仓，能促进麦粒的生理后熟。小麦种子安全储藏首先取决于种子晒干程度，如含水量不超过12.5%，进行散堆密闭防止吸湿，一般可安全过夏；但种子含水量为13%，温度达30℃，发芽率即有降低的现象；含水量达14%~15%，温度升高至22℃，管理不善，就会发霉。在储藏期间，要注意防热、防湿、防虫，要经常检查，可在伏天进行翻晒，以保证安全储藏。

思考题

1. 水稻的类型、生育特性有哪些？
2. 简述水稻的栽插技术及田间管理要点。
3. 简述小麦生长的一生。
4. 小麦生产的土、肥、水条件有哪些？
5. 如何确定小麦的播种量。

第四章　主要油料作物生产技术

导读

油料是我国重要的大宗农产品，是食用植物油、蛋白饲料的重要原料。近些年，随着我国经济快速发展、人民生活水平提高和养殖业发展，食用植物油和蛋白饲料需求量不断增加。然而受多种因素影响，油料生产能力增长缓慢，产需缺口扩大，对外依存度不断攀升。机械化水平低、人工成本高、比较效益差是制约油料作物生产生产能力提升的重要因素。党和国家高度重视油料作物生产发展，明确要求推进油料作物全程机械化，挖掘生产潜力，提高油料生产能力，保持一定的自给水平。

学习目标

1. 掌握芝麻的栽培、管理及生产相关技术。
2. 掌握花生的栽培、管理及生产相关技术。
3. 掌握大豆的栽培、管理及生产相关技术。
4. 掌握油菜的栽培、管理及生产相关技术。

第一节　芝麻生产技术

一、芝麻的栽培和管理

(一) 芝麻与甘薯间作技术

1. 选用适宜品种

芝麻宜选用株型紧凑、丰产性好、中矮秆、中早熟和抗病耐渍性强的黑芝麻品种，以充分发挥芝麻的丰产性能，减少对甘薯生育后期的影响；甘薯宜选用短蔓型、结薯早的品种，如辽薯 40 号、丰收白、桂薯 131 号等。

2. 整地施肥

施肥应以农家肥为主，化肥为辅；以基肥为主，追肥为辅。因此，甘薯在整地前亩施优质农家肥 3000~4000 kg、磷酸二铵 25 kg、硫酸钾 10 kg，以满足甘薯和芝麻生长发育需求；起垄前，每亩用辛硫磷 200 mL，拌细土 15 kg 均匀施入田内，防治地老虎、金针虫、蛴螬等害虫。甘薯起垄垄面宽 80 cm，垄高 30 cm，沟宽 20 cm。

3. 适时播种

芝麻在播种前要利用风选等方法精选种子，用饱满、发芽率高的健粒作种。春薯地套种芝麻通常为 5 月上中旬，麦茬、油菜茬甘薯套种芝麻通常为 6 月上、中旬，要抢墒抢种，在种植甘薯的同时或之前种上芝麻。天旱时浇水移栽，亩移栽密度 3500~4000 株。注意播深要一致（一般在 1.5~2 cm），播后镇压以及加强苗期管理等，以创造芝麻壮苗早发的条件，防止因甘薯影响使芝麻形成弱苗、高脚苗等。

4. 其他管理

芝麻在甘薯封垄前要中耕保墒，及时间苗、定苗，早施苗肥。芝麻初花期要注意追施速效氮肥，芝麻成熟后要及时收割。薯苗封垄前要及时中耕除草 2~3 次。移栽后 30 天左右，在垄面两苗间穴施尿素追肥。中后期要注意防治病虫害。甘薯封垄后要注意清沟培土，防止渍害。

（二）芝麻与葱头间作

1. 葱头应选用不易抽薹的黄皮品种或紫皮品种

比较寒冷的华北北部地区，应在前秋育好葱头苗，一般 8 月下旬至 9 月上旬露地直播育苗，葱头出苗后用枯草或落叶等覆盖保温越冬，或在上冻前起苗囤于沟中假植，翌年春季栽植。

2. 葱头定植后要注意大风危害，谨防大风揭膜

定植覆膜前除应浇足底墒水外，在栽秧后还要浇适宜的缓苗水，随后在沟中勤中耕、松土，提高地温，进行蹲苗。葱头进入鳞茎膨大期后，每隔 10 天左右视墒情浇 1 次水，结合浇水追肥。一般共追肥浇水 2~3 次。中后期如发生抽薹应及时抽除，并提早收获。为收后增长贮藏时间，可在收获前 15 天，喷洒 25% 的青鲜素 0.5 kg 左右，兑水 60 kg 喷雾。

3. 田间管理

田间管理主要是抓好早疏苗、早中耕、适时打顶、及时防治病虫害等。一般长出 2~3 对真叶按预留穴株数间苗，长出 3~4 对真叶时定苗。结合间苗进行中耕除草。在 8 月上旬前后适时打顶，同时及时防治蚜虫、小地老虎等害虫。

（三）小麦、花生、芝麻套种技术

1. 品种选择

为避免三种作物相互影响，尽量缩短它们的共生期，小麦选用晚播早熟的豫麦 18 号，芝麻选用适宜稀植的品种，花生选用山东海花 2 号、山花 200 号等。

2. 播种期

小麦于 10 月 15~25 日为适播期，尽量机播（1 耧 6 行）。于小麦收获前半个月左右麦垄点播花生，若墒情不好，应浇水后再点播，这样既有利于花生出苗，又有利于小麦后期生长。小麦收获后，用土耧播芝麻（1 耧 3 行，播时堵两边的耧眼）。

3. 播种量

小麦每亩 6.5~7.5 kg，花生每亩 10~12.5 kg，芝麻每亩 0.25 kg。

4. 田间管理

（1）小麦管理

播种时每亩施土杂肥 2000~3000 kg 以上，磷酸二铵 15~20 kg，尿素 15 kg，纯钾含量不少于 10 kg，麦播时进行土壤消毒，做到提前防治小麦各种病虫害，达到田间无杂草和杂麦，以便于小麦成熟一致。

（2）花生管理

小麦收获后，立即中耕追肥，每亩用磷酸二铵 10kg，氯化钾 15 kg，如果干旱应及时浇水。至花生封垄时，抓紧时间中耕 3~4 次，以便于花生下针。为控制花生徒长，应严格按使用要求，叶面喷洒多效唑，但不可控制得过多，注意防治花生的地下害虫。

（3）芝麻管理

由于芝麻是每隔 6 行麦种 1 行，行距较大，所以株距 15 cm 左右即可，由于中耕除草往往和花生同时进行，一般不单独做这项工作，在芝麻株高 30 cm 左右即可每亩叶面喷洒叶面宝+多菌灵 500 倍+黄腐酸盐 50 克，整个生长周期用药 3~4 次。如果发现芝麻有徒长趋势，也应实行化控。为了节省用工和投资，可以和化控花生同时进行。

5. 适时收获

适时收获是获得全年丰收的一项重要措施。因此，小麦在 5 月 26~28 日收获，为避免车轧造成土壤板结，尽量采取人工收割小麦；芝麻在植株最下面 2~3 蒴有裂蒴时收获；花生在 50%以上果仁长饱满时采挖。

（四）芝麻与绿豆间、混作

芝麻与绿豆混作时以芝麻为主，先播种芝麻，芝麻出苗后，在芝麻行上点播绿豆，相间或隔 2 株芝麻点 1 穴绿豆，每穴留苗 2 株。也可在芝麻缺苗处点播绿豆补苗。芝麻与绿豆间作时，一般每种 2 行芝麻，间隔种植 2~4 行绿豆，芝麻、绿豆的行距均可为 24~40cm。根据地力，芝麻、绿豆的长势，确定各自的株距，一般芝麻每亩留苗 5000~8000 株，绿豆每亩留苗 8000~10000 株。

二、芝麻的综合利用

（一）小磨香油加工技术

1. 工艺流程

筛选→漂洗→炒子→扬烟吹净→磨酱→兑水搅油→振荡分油、撇油。

2. 操作要点

（1）筛选

清除芝麻中的杂质，如泥土、砂石、铁屑等，以及杂草子和不成熟芝麻粒等。筛选越干净越好。

（2）漂洗

用水清除芝麻中的泥、微小的杂质和灰尘。将芝麻漂洗浸泡 1~2 小时，然后将芝麻沥干水分（芝麻经漂洗浸泡，水分渗透到细胞内部，使凝胶体膨胀起来，再经加热炒制，就可使细脆破裂，原油流出）。

（3）炒子

采用直接火炒。开始用大火，此时芝麻含水量大，不会焦湖；炒至 20 分钟左右，芝麻外表鼓起来，改用文火炒，用人力或机械搅拌，使芝麻熟得均匀。炒熟后，往锅内泼炒芝麻量 3%左右的冷水，再炒 1 分钟，芝麻出烟后出锅（泼水的作用是使温度突然下降，让芝麻组织酥散，有利于研磨）。炒好的芝麻用手捻且扣出油，呈咖啡色，牙咬芝麻有酥脆均匀、生熟一致的感觉。

值得一提的是，小磨香油的芝麻火要大一些，炒得焦一点。炒子的作用主要是使蛋白质变性，以利于油脂浸出。芝麻炒到接近 200℃时，蛋白质基本完全变性，中性油脂含量最高；超过 200℃，烧焦后部分中性油脂溢出，油脂含量降低。此外，在兑水搅油时，焦皮可能吸收部分中性油，所以芝麻炒得过老则出油率低。高温炒后制出的油，能保留住浓郁的香味，这是水代法取油工艺的主要特点之一。

（4）扬烟吹净

出锅的芝麻要立即散热，降低温度，扬去烟尘、焦末和碎皮。焦末和碎皮在后续工艺中会影响油和渣的分离，降低出油率。出锅芝麻如不及时扬烟降温，可能产生焦味，影响香油的气味和色泽。

（5）磨酱

将炒酥吹净的芝麻用石磨或金刚砂轮磨浆机磨成芝麻酱。把芝麻酱点在拇指指甲上，用嘴把它轻轻吹开，以指甲上不留明显的小颗粒为合格。磨酱时添料要匀，严禁空磨，随炒随磨，熟芝麻的温度应保持在 65~75℃，温度过低易回潮，磨不细。石磨转速以每分钟30 转为宜。磨酱要求越细越好，一是使芝麻充分破裂，以便尽量取出油脂；二是在兑水搅油时使水分均匀地渗入芝麻酱内部，油脂被完全取代。

（6）兑水搅油

由于芝麻含油量较高，出油较多，此浆状物是固体粒子和油组成的悬浮液，很难通过静置而自行分离。因此，必须借助于水，使固体粒子吸收水分，增加密度而自行分离。搅油时用人力将麻酱放入搅油锅中，分 4 次加入相当于麻酱重 80%~100% 的沸水。

第一次加总用水量的 60%，搅拌 40~50 分钟，转速为每分钟 30 转，搅拌开始时麻酱很快变稠，难以翻动，除机械搅拌外，需用人力帮助搅拌，否则容易结块，吃水不匀。搅拌时温度不低于 70℃，随着搅拌，稠度逐渐变小，油、水、渣三者混合均匀，40 分钟后有微小颗粒出现，外面包有极微量的油。

第二次加总用水量的 20%，搅拌 40~50 分钟，仍需人力助拌，温度约为 60℃，此时颗粒逐渐变大，外部的油增多，部分油开始浮出。

第三次约加总用水量的 15%，仍需人力助拌约 15 分钟，这时油大部分浮到表面，底部浆成蜂窝状，流动困难，温度在 50℃左右。

最后一次加水需凭经验调节到适宜的程度，降低搅拌速度到每分钟 10 转，不需人力助拌，搅拌 1 小时左右，有油脂浮到表面时开始"撇油"。撇去大部分油脂后，最后还应保持 7~9 mm 厚的油层。

兑水搅油是整个工艺中的关键工序，是完成以水代油的过程。加水量与出油率有很大关系，适宜的加水量才能得到较高的出油率。这是因为芝麻中的非油物质在吸水量不多不少的情况下，一方面能将油尽可能代替出来，另一方面生成的渣浆的黏度和表面张力可达最优条件，振荡分油时容易将包裹在其中的分散油脂分离出来，撇油也易进行。如加水量过少，麻酱吸收的水量不足，不能将油脂较多地代替出来，且生成的渣浆黏度大，振荡分油时内部的分散油滴不易上浮到表面，出油率低。如加水量过多，除麻酱吸收水外，多余的水就与部分油脂、渣浆混合在一起，产生乳化作用而不易分离；同时，生成的渣浆稀薄，黏度低，表面张力小，撇油时油与渣浆容易混合，难以将分离的油脂撇尽，因此也影响出油率。加水量的经验公式如下：

加水量 = 2×（1−麻酱含油率）×麻酱量

（7）振荡分油、撇油

经过上述处理的麻渣仍含部分油脂。振荡分油（俗称"墩油"）就是利用振荡法将油尽量分离提取出来。工具是 2 个空心金属球体（葫芦），一个挂在锅中间，浸入油浆，约及葫芦的 1/2。锅体转速每分钟 10 转，葫芦不转，仅作上下击动，迫使包在麻渣内的油珠挤出升至油层表面，此时称为深墩。约 50 分钟后进行第二次撇油，再深墩 50 分钟后进行第三次撇油。深墩后将葫芦适当向上提起，浅墩约 1 小时，撇完第四次油，即将麻渣放出。撇油多少根据气温不同而有差别。夏季宜多撇少留，冬季宜少撇多留，借以保温。当油撇完之后，麻渣温度在 40℃ 左右。

（二）芝麻酱加工技术

1. 加工设施

小型炉灶 1 个，特制平底铁锅 1 口。锅台做得前低后高，用水泥抹面，铁锅的安置呈 45° 倾斜。电动石磨 1 盘，直径以 70 cm 左右为宜；铁锅 1 口，直径一般为 1m。木铲 1 把，还需配备水缸、竹筛、簸箕、舀子等。

2. 制作方法

（1）选料

选成熟度好的芝麻，去掉霉烂粒，晒干扬净。放入盛清水的缸中，用木棍搅动淘洗，捞出漂在水面上的秕粒、空皮和杂质，浸泡 10 分钟左右，待芝麻吸足水分后，捞入密眼竹筛中沥干，摊在席子上晾干。

（2）脱皮

将干净的芝麻倒入锅内炒成半干，放在席子上用木锤打搓去皮（注意不要把芝麻打烂），再用簸箕将皮簸出，有条件的可用脱皮机去皮。

（3）烘炒

将脱皮芝麻倒入锅内，用文火烘炒。炒时用木铲不断翻搅，防止芝麻炒糊变味。炒到芝麻本身水分蒸发完，颜色呈棕色，用手指一捏呈粉末状即可。炒前，将 4 kg 盐溶化成水，加入适量大料、茴香、花椒粉等，搅拌均匀后倒入 50 kg 脱皮芝麻中腌渍 3~4 小时，让调料慢慢渗入芝麻中，制出的芝麻酱味道更佳。

（4）装瓶

把磨好的装入玻璃瓶或缸内即可。

（三）芝麻食品加工技术

1. 芝麻粉

原料组成：芝麻适量。

制作方法：将原料芝麻精选、除杂、水洗、干燥。将干燥后的芝麻放入榨油机，榨出 70%~80% 的油脂，使芝麻渣的残油量保持在 20%~30%。冷冻粉碎后得到 0.104 mm 以下的芝麻细粉即可。

2. 芝麻山药何首乌粉

原料组成：芝麻 250 g，山药（干）250 g，何首乌 250 g。

制作方法：将芝麻洗净，晒干，炒熟，研为细粉。将山药洗净，切片，烘干，研为细粉。将何首乌片烘干，研为细粉，与芝麻粉、山药粉混合拌匀，装瓶备用。食时在锅内用温开水调成稀糊状，置于火上炖熟即成。

3. 黑芝麻糊

原料组成：黑芝麻、薏仁、糯米、花生的比例为 2：1：1：1。

制作方法：将黑芝麻洗净沥干水分，放入烤箱150℃，烘烤10分钟左右（没有烤箱放入锅中用小火炒熟也是一样的），烤熟的黑芝麻放入食品搅拌机中打成粉末状，放入瓶中密封保存；糯米粉放入锅中用小火炒熟至颜色变黄，备用（一次炒多一点放入密封容器保存就好）。将炒制好的黑芝麻粉、糯米粉和糖按比例混匀，食用时用沸水冲调即可，芝麻糊的浓稠度可以根据个人喜好酌量添加沸水调整。

4. 花生黑芝麻糊

原料组成：黑芝麻 80 g，花生仁 20 g，糯米粉 30 g，黏米粉 25 g，糖 50 g。

制作方法：将黑芝麻洗干净后晾干水分，放入干净的锅中炒香待用（注意不要炒湖了）；将糯米粉和黏米粉混合以后放入干净锅内炒熟，炒到微微发黄即可；花生仁用烤箱或者微波炉烤香，去皮待用；将所有材料放入搅拌机搅拌干粉的容器内，搅拌成细末，放入密封容器内保存；吃的时候将取 40 g 黑芝麻花生粉加适量沸水即可冲调成一碗香浓的黑芝麻糊。

5. 豆浆芝麻糊

原料组成：豆浆 300 g，黑芝麻 30 g，蜂蜜 100 g。

制作方法：将黑芝麻炒香，研碎备用；将豆浆、蜂蜜、芝麻末一同放入锅内，边加热边搅拌，煮沸一会儿即可。

（四）芝麻饼加工技术

1. 沤制方法

由于香油饼中的氮、磷、钾等元素均以有机形态存在，所以必须经过发酵腐熟分解为无机态才能被花木吸收利用。若不经过发酵腐熟就直接使用，往往会因其在土中发酵分解时产生大量有机酸并发热而烧伤花木的根系。常见的沤制方法有以下两种：（1）将香油饼装入塑料袋，埋入深 60 cm 左右的土中，经过半年时间即可取出直接使用或晒干后备用。（2）在夏季或在大棚中，用小坛或罐头等口较大的容器盛放，香油饼（湿、干皆可）放入量约占容器的 2/3。香油饼在沤制时会散发出一股难闻的臭味，可加入一些橘子皮，因橘子皮含有香油精，不仅可去除臭味，而且发酵后还是一种很好的肥料。然后向容器中加水并洒少许杀虫剂至容器的顶部，并用木棍搅拌几下，最后密封（盖下可加一层塑料袋或薄膜）盖好或用玻璃盖严，放于有阳光处。容器放在大棚内约 1 个月，室外约 3 个月，无臭味时即可使用。

2. 施用方法

掌握"薄肥勤施"的原则，不可一次施用过多。每年盆栽花木春秋可施两次固体香油饼肥，视花木长势，夏季酌情浇施其液肥。

（1）作基肥

将腐熟的香油饼晒后磨成粉或敲碎，直接放入花盆底部或盆下部周围，与土壤混合，切忌使花木根部直接接触肥料；或者将其粉直接与全部盆土混合，但用量不可过多。

（2）作追肥

直接施在盆土表面；或者取其发酵好的上层清液，兑水 10~15 倍稀释后浇施。

（五）芝麻叶的加工

人们种芝麻、收芝麻，却往往会忽视芝麻叶的利用价值。中医认为，芝麻叶性平味苦，具有滋肝养肾、润燥滑肠功能，能治疗头晕、病后脱发、津枯血燥、大便秘结等。除鲜食之外，还可制成干芝麻叶。

在芝麻采收前 20~30 天采摘新鲜、无病虫的芝麻叶进行干制加工。先将芝麻叶洗净，用 0.1% 的小苏打和 1.5% 左右的食盐混合液泡 3~5 分钟进行护色；捞出来沥干水，沸水漂烫 3~4 分钟后再捞出用凉水冷却；沥干水后，在干燥通风的地方晾晒干，或者在烘房里 50~65℃烘 5 小时左右，然后用麻袋盛装，在屋里堆放 1~2 天，使其回软；最后用塑料袋密封包装，放进防潮纸箱中保存或出售。干芝麻叶色泽墨绿，有芝麻叶特有的清香味，食用时用凉水或温水泡开即可下锅，或炒菜或做馅等。

第二节　花生生产技术

一、花生的栽培和管理

（一）春播露地花生高产栽培技术

1. 选用优良品种

一般选择产量潜力高的中大果普通型、中间型或者珍珠豆型品种，全生育期在 125~140 天。适宜品种主要有花育 19 号、花育 21 号、花育 22 号、花育 24 号、中花 8 号、中花 16 号等。

2. 创造高产土体，科学施肥

春播露地高产栽培田应选择土层深厚、土质肥沃、多年未种花生（经 3~5 年轮作）的粮田或菜地。前作收获后尽早秋耕或冬耕，耕深以 25 cm 为宜。施肥以有机肥料为主、化肥为辅，底肥为主、追肥为辅。

3. 建立合理的群体结构

春播露地栽培一般每亩 10000 穴（20000 万株）。播种时要选用生活力强的一级大粒种子作种，双粒穴播，提高播种质量，使苗株达到齐、全、匀、壮。

4. 加强田间管理

（1）前期管理

通过早清棵、深锄地，蹲苗促早发。露地栽培应于花生基本齐苗后及时清棵。出苗至始花期间，应采用大锄深锄垄沟、浅锄垄背的中耕方法，共进行 2~3 遍，以利于散墒提温和保墒防旱，促进主根深扎，侧根和主要结果枝的早发，为节密、枝壮、花多、花齐打下基础。

（2）中期管理

主要通过肥水管理、防病治虫、化学调控等措施，控棵保稳长。花生在开花下针期对土壤干旱敏感，中午叶片轻微萎蔫（翻白）时，应及时灌溉。叶斑病防治应从发病初期开始，每隔 10~15 天喷一次叶面保护剂，如波尔多液等，也可根据发病种类喷施多菌灵、百菌清、代森锰锌等杀菌剂。植株如有徒长趋势，应及时叶面喷施 1000 mg/kg B9 水溶液或 50~100 mg/kg 多效唑水溶液，每亩喷施 50~75 kg 药液。

（3）后期管理

主要通过肥水管理，保叶防早衰。饱果成熟期应进行根外追肥，一般每隔 7~10 天叶面喷施一次 1%~2% 的尿素和 2%~3% 的过磷酸钙水溶液，共喷施 2~3 次。例如，0~30 cm 土层土壤含水量低于最大持水量的 50% 时，应小水轻浇饱果水。土壤水分较多时，应注意排涝，防止烂果。

（二）春播地膜花生高产栽培技术

1. 选用优良品种

高产栽培对花生种子的质量要求比较严格，品种要具有增产潜力，种子要成实饱满、纯度高。适宜的品种主要有大花生花育 19 号、花育 21 号、花育 22 号、花育 24 号等，小花生花育 20 号、花育 23 号等。

2. 选择高产地块

花生高产田要求地块土层深厚（1 m 以上）、耕作层肥沃、结果层疏松的生茬地，地势平坦，排灌方便。

3. 增施肥料

根据花生需肥规律，高产田要求亩施优质有机肥 5000~6000 kg，尿素 20 kg，过磷酸钙 80~100 kg，硫酸钾（K_2O 50%）20~30kg。将全部有机肥、钾肥及 2/3 的氮磷肥结合冬耕或早春耕地施于耕作层内，1/3 氮磷肥在花生起垄时包施在垄沟内。

4. 种植规格及密度

高产田应采用起垄双行覆膜种植方式，垄距 80~85 cm，垄高 10 cm，垄面宽 50~60 cm，垄上行距 35~40 cm，穴距 16.5 cm，亩播 9000~10000 穴，每穴 2 粒。

5. 播种时间与深度

在 5 cm 地温稳定在 15℃ 以上时播种，深度以 3~5 cm 为宜。

6. 田间管理开孔放苗

覆膜花生一般在播后 10 天左右顶土出苗，出苗后要及时开孔放苗，放苗时间在上午 9 点以前，下午 4 点以后。

及时防治病虫害：花生苗期注意防治蚜虫和蓟马，方法是叶面喷施 40% 氧化乐果乳油 800 倍液。自 7 月上旬开始，每隔 10~15 天叶面喷施杀菌剂，防治花生叶斑病，连续喷 3~4 次。在 7~8 月的高温多湿季节，用棉铃宝等杀虫剂防治花生虫害。在结荚期用辛硫磷等农药灌墩，防治蛴螬、金针虫等害虫。

遇旱浇水：在花生盛花期和结荚期遇旱，应及时浇水，不能大水漫灌。当花生主茎高超过 40 cm 时，叶面喷施 25% 多效唑 30 g 控制徒长。

后期主要是防止植株早衰，促进果大果饱，及时收获，减少或避免伏果、芽果。

（三）夏直播花生高产栽培技术

1. 一体化施肥

将前茬作物需氮量和花生需氮量综合考虑，前茬作物重施，花生轻施。

2. 精选种子

选用早熟品种，精选种子，确保纯度和质量。剔除过大、过小的种子，确保种子均匀一致。

3. 抢茬整地

前茬收获后，要抢时灭茬整地，播种要在前茬作物收后 3~5 日完成。

4. 机播覆膜

采用机播覆膜方式，提高播种质量和生产效率，播种行上方膜面覆土高度要达到 5cm。

5. 合理密植

大花生每亩 9000~10000 穴，小花生每亩 10000~11000 穴。

（四）秋植花生高产栽培技术

1. 选用优良品种

适宜的品种主要有粤油 7 号、汕油 851 号、仲恺花 1 号、桂花 17 号、泉花 10 号等南方珍珠豆型花生。

2. 适时早播

秋花生播种太早，播后因气温过高，营养生长期过分缩短，花期处在高温日照长阶段，影响花器发育和开花授粉，结荚较少；播种太迟，则因后期气温低，造成荚果不饱满，产量低。立秋是秋花生的播种适期。如果利用旱坡地种植的，要适当提早播种，以减少秋旱影响。

3. 合理密植，保证全苗

秋花生可比春花生适当密植，每亩株数控制在 2 万株左右，最好采取宽窄行种植，规格是宽行 30 cm，窄行 18cm，每亩约 1 万穴，每穴 2 粒，以便充分利用地力和阳光，提高单位面积产量。同时，出苗后要及时查苗补苗，确保全苗。每穴双粒播种的，如缺单苗可以不补，如全穴缺苗应及时移苗补植，或用种子催芽直接播种补苗。

4. 施足底肥，及时追肥

秋植花生一般齐苗 20 天左右即开花，营养生长期比春植花生短，前期又处在气温高的多雨季节，肥料分解快，易消耗，因此必须施足底肥，及时追肥；否则常因前期营养不足，植株营养生长不良，致使迟分枝，分枝少，产量不高。每亩 750 kg 有机肥（其中猪粪与田泥比例为 6：4），混硫酸钾 7.5 kg，过磷酸钙 50 kg，沤肥 30 天。起畦后均匀撒施畦面，用牛耙匀后开行播种。堆肥要沤熟，撒施要均匀，这是基肥的关键。如果没有沤肥，可用复合肥 15~20 千克/亩。出苗后 20 天，根据苗期生长情况，结合中耕进行追肥，可追施复合肥，每亩为 10 kg。花期结束，施优质石灰粉，每亩撒施 15 kg，提高荚果充实度。

5. 加强田间管理，合理灌溉

秋花生生长前期处于雨水较多的月份，而花生需水特点是"两头少，中间多"，苗期怕渍水，所以应开好环田沟和田间沟，及时排除田间渍水，一般以沟灌、喷灌为好，要小水细浇，切忌大水漫灌，防止植株受旱枯萎。没有灌溉条件，难以实现丰产。在荚果形成至饱果期，每 7 天灌一次水，保持干湿交替；同时，在果针下土后，要结合清沟培土，以降低田间湿度，预防发生锈病。

6. 病虫害防治

播种时，用多菌灵或百菌清拌种，有利于防止因土壤带菌可能引起的花生根腐病、冠腐病。初见有斜纹叶蛾幼虫时，可在花生叶面喷敌百虫除虫。

二、花生的综合利用

（一）花生油加工技术

1. 花生前处理工序

（1）清理干燥

进入油厂的花生果难免夹带着一些杂质。如果不清除花生果中夹带的泥土、茎叶等杂物，它们不但会影响油脂和饼粕的质量，而且会吸附一部分油脂，降低出油率。如果花生果中夹有沙石、金属、麻绳等杂物，则会引起机件磨损等，诱发生产事故，影响工艺效果。因此，为了保证生产的顺利进行，必须尽量除去杂质。个别含水量高的花生果，为了剥壳方便，进行干燥处理也是十分必要的，使高水分的花生脱水至适宜的水分。清理的方法很多，具体可根据杂质的情况采用不同的方法。如果所含杂质轻，如杂草、茎叶等，可以采用风选的方法，用气流吹掉杂质；如果杂质颗粒较小，可以通过筛选，除去杂质；对于一些尺寸大小、相对密度与花生相似的杂质，如果属于泥土块，可以在磨泥机中摩擦粉碎后再用筛选法除去；如果属铁质杂质，可以采用电磁铁或永久磁铁进行分离。经过清理后的花生果（带壳），其含杂量不应大于 1.0%。

（2）剥壳

花生在制油前需要进行剥壳，其目的：一是减少果壳对油脂的吸附，提高出油率；二是提高加工设备的处理量，减少对加工设备的磨损；三是有利于轧坯，提高毛油质量；四是可提高花生饼粕的质量，有利于综合利用。利用花生剥壳机进行剥壳的工艺比较简单，仁壳的分离也比较容易。但在剥壳过程中应尽量防止将花生仁破碎，保持仁粒完整。为了达到这一目的，剥壳前对大小不同的花生果进行分级筛选是十分必要的。根据有关剥壳技术要求，一般剥净率在 95% 以上，清洁度在 95.5% 以上，壳中含仁率不大于 0.5%，仁中含壳率不大于 1.0%。如果采用榨油机压榨花生时，当花生仁中有适量的壳存在，则压榨时的油路更为畅通，形成挤压力比较大，出油速度也比较快。

（3）破碎与轧坯

花生仁破碎的目的是用机械的方法将花生粒度由大变小，为制油创造良好的出油条件。生产中需要将花生仁破碎为 4~6 瓣，使通过 20 孔/英寸（1 英寸 = 2.54 cm）筛的粉末不超过 8%，这样有利于轧坯。而轧坯则是将花生由粒状压成片状的过程，所以又叫压片。轧坯的目的在于破坏花生的细胞组织，为蒸炒创造有利的条件，以便在压榨或浸出时使油脂能顺利地分离出来。生产中，常将轧坯后得到的油料薄片称为生坯，生坯经蒸炒处理后称为熟坯。将颗粒状花生仁经轧坯成薄片后，大大缩短了油脂从花生中被提取出来的路径，从而为压榨或浸出取油提供了有利条件。轧坯应薄而均匀，粉末少，粉末度控制在筛孔 1mm 的筛下物不超过 10%~15%，一般坯片的厚度不要超过 0.5mm。

（4）蒸炒

蒸炒是提取花生油过程中最重要的工序之一，其目的：一是通过水分和温度的作用，使花生细胞得到彻底的破坏；二是在温度的作用下，使蛋白质变性，把包含在蛋白质内部的油脂提取出来；三是蒸炒可以降低油脂黏度，调整料坯的性能，使之能更好地承受压力，将油脂从花生坯片中挤压出来。蒸炒包括生坯的湿润和加热，在生产上称为蒸坯或炒坯，生坯凡经蒸炒后进行压榨的称为热榨，不经热蒸炒者称为冷榨。花生榨油主要是以热榨为主，蒸炒的效果对整个制油过程的顺利进行和出油率的高低，以及油品、饼粕的质量有直接的影响。在花生油厂中，由于所采用的榨油机种类和其他辅助设备的不同，蒸炒的方法也就不一样。具体地说，一般具备蒸汽锅炉和立式蒸炒锅等设备的单位，往往选择润湿蒸炒方法；否则，选择加热—蒸坯的方法。

润湿蒸炒法是目前国内花生油厂采用的一种较好的蒸炒方法。它基本上可分为 3 个过程：一是润湿。根据高水分蒸坯的要求，当料坯刚进入蒸锅时，首先要对料坯进行湿润，使其吃足水分。如果吃水少，会出现料坯结团、蒸炒不透甚至外表焦糊而内部夹生的现象，从而影响出油率。一般花生仁应润湿为 15%~17% 的水分。二是蒸坯。蒸坯是在生坯润湿后，在密闭的条件下继续进行加热。一般应在 95~100℃ 下蒸坯不少于 40 分钟。三是炒坯。炒坯是将经过润湿、蒸坯后的料坯进行干燥去水的过程，目的是使料坯中的水分充分挥发。一般炒坯时间不少于 20 分钟，炒至含水量为 1.5%～2.0%，温度为 128℃左右，即可出料入榨。

加热—蒸坯也是采用较多的一种蒸炒方法，尤其对使用小型榨油机和水压机等压榨设备的单位更为适用，其过程分为两个环节：一是加热。加热是使生坯在一定的温度下进行升温和去水分的过程。为了使料坯加热均匀、炒匀炒透而又不致炒焦，应预先加水润湿，使花生吃水一致，并放置一定的时间。一般放置 8～12 小时，使喷洒的水分渗入花生之中。料坯应预先加水润湿后再进行加热，加热时应经常翻动或搅拌，使料坯受热均匀。加热的温度应控制在 90～100℃。二是蒸坯。蒸坯是指将生坯加热之后的半熟坯在很短的时间里喷以直接蒸汽而使其成为入榨熟坯的过程。其目的是使熟坯具有最适宜的可塑性和抵抗力，以尽量提高出油率。因此，应根据花生的含油情况，调整好入榨熟坯的水分和温度。花生第一次压榨的入榨水分为 5.5%～7.0%，入榨温度为 100～105℃；第二次压榨的入榨水分为 9%～10%，入榨温度为 105℃左右。

2. 提油工序

（1）压榨和预榨

压榨工艺是我国广大花生产区传统的油料加工方法，它的原理就是用压力将油料细胞壁压破，从而挤出油脂。根据操作方法不同，又可分为冷压法和热压法两种。前者出油率低，成品含水分和蛋白质多，较难保存，因此采用这种方法的很少；后者成品易产生异味，油色深，但出油率高，含水分和杂质少，较易保存。而预榨则是为预榨—浸出工艺而配置的生产工序，预榨的原理和压榨没有什么区别，只是考虑对花生的预先出油问题。由于花生含油量较高，则需要先将花生中的一部分油脂提取出来，其余残油由浸出工序来解决。如果采用压榨工艺，则采用液压榨油机榨油和螺旋榨油机榨油两种；如果采用预榨工艺，则采用预榨机进行榨油。预榨机是在螺旋榨油机的基础上改进设计的，其结构和工作原理与螺旋榨油机大体相同，其不同之处是物料压榨停留的时间较短。

（2）浸出

花生浸出法制油，就是用溶剂溶解出预榨花生饼中的残留油脂，则浸出过程实际上是物质传递的过程。花生利用溶剂浸出取油的过程，一般可分为 5 个主要操作程序，包括花生的预处理、溶剂浸出、混合油中的溶剂回收、花生粕中的蒸烘脱溶和从不凝气体中回收溶剂。实际上，花生浸出法和预榨法相结合的工艺是比较经济合理的，也是比较先进和理想的。从这个意义上讲，浸出法是将经低温预榨的花生饼粕置于密闭容器（浸出器）中，用溶剂浸提，使油脂溶于溶剂中，此时油脂和溶剂的混合物称为混合油。由混合油制取花生原油（毛油）有 3 个过程：一是混合油过滤，即通过过滤介质和离心分离的方法，把混合油中的固形物分离出去。二是混合油的蒸发，即通过加热使混合油中的溶剂汽化，从而把大部分溶剂脱除。三是混合油的汽提，即通过水蒸气对蒸发后的残留溶剂进行蒸馏，将混合油内残余的溶剂基本除去。通过对混合油的过滤、蒸发和汽提，获得可用于精炼的花生原油（毛油）。然后把蒸发的溶剂和汽提蒸馏出的溶剂进行冷凝回收和循环利用。而浸出过程卸出的湿粕还含有一定量的溶剂，需通过蒸烘设备或蒸脱设备将溶剂除去，从而得到洁净的花生粕。

影响溶剂提油的主要因素有温度、压力、浓度、溶剂的黏度、接触时间、油料结构、原料的大小与厚度、溶剂的表面张力及密度等。这里主要强调两个因素。一是溶剂的性质。供提油用的溶剂应具备下列必要的条件：对油脂的溶解度大，而且具有可选择性；无色无臭，且无毒性；与溶质不起化学作用，与水不能相互混合；沸点范围较小，不易着火，对金属无腐蚀作用；相对密度较小，容易回收，价格便宜，容易取得。二是提油温度与溶剂用量。在溶剂使用量固定时，提油效率随温度的升高而增大。在接近溶剂沸点的温度下提油，可提高提油效果。但温度过高，则会造成溶剂冒泡或沸腾，以致油料被溶剂蒸汽所包围而无法与溶剂接触，反而造成提油效果急剧下降。在不影响提油作用的情况下，溶剂用量以较少为好，这样既可节省溶剂，又可减少溶剂回收系统的热能消耗量。

3. 花生油精炼工序

（1）澄清过滤

用以分离花生毛油中不溶性的悬浮物及部分胶溶性物质。在澄清过程中，由于杂质形成的胶体的陈化或其他原因从油中析出而被除去，澄清和过滤常用的设备是压滤机及离心机。用压滤机热滤时油液的温度应在55℃以上，若待油液冷却后再进行过滤，则部分蛋白质、磷脂、黏液素等胶体物质因溶解度降低，也可滤去一部分。

（2）碱炼

一般采用碱溶液来精炼花生油脂，使其和游离脂肪酸结合成盐类，即所谓的皂脚。皂脚不溶于中性油内，故静止后皂脚即能从花生油中分离出来。由于碱液首先与游离脂肪酸及具有酸性反应的杂质发生作用，因而降低了油的酸度，所以工厂生产中常将碱炼称为油的中和反应。然而碱液具有的作用并非如此单一，由于生成的皂脚具有高度的吸附能力和吸收作用，所以它能把相当数量的其他杂质，如蛋白质、黏液素、色素等带入沉淀，部分不溶性的杂质也被吸附而沉淀。碱炼时，最常用的碱是氢氧化钠，它具有较好的脱色效果，但缺点是会皂化中性油。因此浓度不易过大，一般碱炼酸价为5以下的毛油时，可用35~45 g/L的稀溶液；当碱炼酸价为5~7的毛油时，则用85~105g/L的中等浓度的溶液；如酸价更高，则用更浓的碱液。碱炼时的油温，对于稀碱液取90~95℃，对于中等浓度的碱液取50~55℃，对于浓碱液取20~40℃。碱炼时间一般需要1~1.5小时，中和后静置4~6小时，除去沉淀的皂脚。若沉淀困难，则对于稀碱液处理后的液油再升温至95~100℃，加入2%~2.5%、浓度为8%~10%的氯化钠溶液，以加速皂脚的沉淀。皂脚沉淀后被排去，再将油液用热水洗涤，除去残余的碱液。

（3）水化

水化法也称水洗或脱胶，即用一定量的热水或很弱的碱液、盐或其他物质的水溶液在搅拌下加入热油液中，使磷脂、蛋白质与磷脂的结合物、黏液素等胶体凝聚而沉淀。水化后，花生油的酸价下降0.1~0.4，这是由于两性蛋白质的沉淀及部分有机酸溶于水的缘故。水化的温度一般为40~50℃，水化后静置1~1.5小时，使胶体凝聚沉淀后排除。

（4）脱色

脱去油脂中的某些色素、改善油品色泽、提高油品质量的精炼工序称为脱色。脱色对于提高油脂的质量十分重要。脱除油脂色泽的方法有日光脱色法、化学药品脱色法、加热法和吸附法等，目前我国应用较多的是吸附脱色法。吸附脱色的原理是利用某些具有较强的选择性吸附作用的物质（如酸性活性白土、漂白土和活性炭等）加入油脂中，在加热情况下吸附油脂内的色素及其他不纯物质。吸附作用主要由吸附剂固体的表面张力所引起，在油与吸附剂两相经过充分的时间接触后，最后将达到吸附平衡关系，使油脂中的色素吸附在吸附剂上，除去吸附剂后得到很浅色的花生油。

（5）脱臭

花生油中纯净的甘油三酸酯是无味的，油料本身所含特殊成分和油脂在贮藏、制取过程中发生水解和氧化所生成的产物（如酮醛、游离酸、含硫化合物），或在油脂精炼过程中带来一些异味，如压榨过程中料坯过分受热生成的焦味、浸出过程中的微量溶剂味、碱炼油没有水洗干净带有肥皂味、脱色油带有白土味等。这些特殊气味统称臭味，脱除油中臭味物质的精炼工序称之为脱臭。其脱臭的机理是用蒸汽通过含有臭味组分的油脂，使汽—液表面相接触，蒸汽被挥发出的臭味组分所饱和，并按其分压的比率逸出，从而去掉油脂中含有的臭味。因为在相同条件下臭味组分蒸汽压远远大于甘油三酸酯的蒸汽压，所以通过蒸汽蒸馏可以使易挥发的臭味物质从不易挥发的油中除去。脱臭操作温度较高，因此需要采用较高的真空度，其目的是增加臭味物质的挥发性，保护高温热油不被空气氧化，防止油脂的水解，并可以降低蒸汽的耗用量。花生油经脱臭后的产品质量，应符合国家标准《花生油》的规定。

（二）花生果、花生仁加工技术

1. 花生果制品

如烤花生果、日晒花生果、盐炒花生果、清煮或咸煮花生果等，加工极为简便，香酥可口。

2. 花生糖果及糕点

以花生仁为主要原料，加上其他佐料及调味品，经过一定的物理加工精制而成，具有香、甜、酥、脆等特点，是人们喜爱的副食品和开胃品。可以制作的糖果主要有花生糖、花生粘、花生蓉、鱼皮花生、琥珀花生、奶油花生米、南味花生糖、花生牛轧等。可以制作的糕点主要有花生珍珠糕、奶油花生酥、花生蛋白脆、奶油花生干点心、花生奶糕、花生蛋白酥饼、花生酱松饼等。我国许多地方以花生制成的特产食品而闻名遐迩，如四川天府花生、福建龙岩盐酥花生等。

3. 花生酱及花生佳肴

花生酱是一种新型的方便食品，以花生为主料，经过一系列物理化学方法制成。它营养丰富，口感滑润，味美可口，风味独特。在国外，尤其在美国，花生酱作为一种配料，被广泛用于薄脆饼干、三明治、花生味小甜饼、烘烤食品、早餐类食品以及冰激凌中。花生酱还可以调味再加工，生产出香、甜、咸、辣的怪味酱，根据不同地区不同消费者的嗜好，产品味道可适当调整。花生仁可制作许多美味佳肴，如花生肉丁、红袍花生、椒盐花生、酱花生仁等。

（三）花生蛋白质加工技术

1. 用来制作花生蛋白饮料

将花生蛋白粉配以糖料、矿物质、维生素和香料等物质，灭菌后配成饮料饮用。例如，山东滕州市乳品厂将花生蛋白与山羊乳混合，配成乳香花生蛋白粉；印度将花生蛋白粉与牛奶按1∶1的比例混合制成米尔顿替代母乳供婴儿食用。

2. 用来制作花生组织蛋白

将脱脂花生粉加25%的水、0.7%纯碱和1%食盐混合均匀，在挤压机上挤压即成有组织感的花生蛋白肉。山东平度市粮油加工厂，利用低温预榨—浸出工艺制取的脱脂花生粉生产出组织蛋白，产品质量可与国外同类产品相媲美。

3. 用于添加到多种食品中制成复合食品

把花生蛋白粉添加到多种食品，如面包、烘烤食品、快餐食品、肉饼、冰激凌中，不仅蛋白质含量有所提高，花生蛋白和小麦蛋白的氨基酸还可以平衡互补，而且还具有良好的保水性和膨胀性。将花生蛋白粉以 8%～10% 的比例添加到小麦面粉中制作挂面，蛋白质含量提高 50%，耐煮性也明显提高。

4. 用于加工疗效食品

例如，加工血宁花生蛋白粉可以治疗流鼻血和血小板减少等病症。加工精制花生蛋白粉作为病员食品，对糖尿病、高血压、动脉硬化和肠胃病患者恢复健康都有一定的帮助。

（四）花生种衣加工技术

现代医学研究表明，花生种衣含有止血的特种成分——维生素 K。维生素 K 是人体维持血液正常凝固功能所必需的一种成分，缺乏时可导致血液凝固迟缓和容易出血。花生种衣有抗纤维蛋白的溶解、促进骨髓制造血小板、缩短出血时间、加强毛细血管的收缩、调整凝血因子缺陷的功能。用花生种衣作原料制成的宁血片、止血宁注射液、宁血糖浆等，可治疗多种内外出血症。这些止血药物的研制成功，为花生种衣的合理开发利用开辟了广阔的前景。

（五）花生壳加工技术

1. 用花产壳制取胶黏剂

花生壳中含有一定量的多元酚类化合物，对甲醛具有高度的反应活性，可用来代替或部分代替苯酚制取酚醛树脂胶黏剂。花生壳用氢氧化钠溶液浸提，提取液中含有多元酚、木质素、粗蛋白等物质。将花生壳碱提取液与苯酚、甲醛按一定比例混合加热可得到类酚醛树脂胶黏剂。用花生壳碱提取液取代 40% 的苯酚制备出来的酚醛胶，用来黏合胶合板，表现出良好的黏合性能，同传统的酚醛树脂胶相比，其热压时间缩短。

2. 用花生壳制药剂

用花生壳作原料提取的药物对治疗高血压及高脂血症有显著疗效。云南省药物研究所的科研人员经过初步化学分离，从花生壳中得到 4 种化合物，即 β—谷甾醇、β—谷甾醇—D—葡萄糖苷、木樨草素及皂苷。β—谷甾醇有降血脂作用。木樨草素是一种黄酮类化合物，据文献记载有镇咳作用。对实验性的动脉粥样硬化家兔，给用木樨草素可使血胆固醇、β—脂蛋白及 β—脂蛋白结合的胆固醇明显降低，动脉的脂质也明显减少、动物实验表明，木樨草素为花生壳中降血压及治疗冠心病的有效成分。

3. 用花生壳制造碎料板

花生壳经粉碎后，同热固型黏合剂按一定比例混合，在 180～200℃和 15～30g/m³ 压力下可热压成板材。与用碎木片制作的碎料板相比，这种用花生壳制作的碎料板不容易吸潮，不易燃，抗白蚁破坏，而且所用的树脂黏合剂可减少 10%～15%。

另外，花生壳经适当处理，可以不添加胶黏剂，直接加工成多种建筑板材和成型材料。首先，在高温条件下用蒸汽处理花生壳，使其纤维物质水解为单体糖、糖聚合物、脱水碳水化合物和其他分解产物。在一定的温度和压力条件下，将这种用蒸汽处理所得的花生壳分解产物热压成型。这种以花生壳为原料制备复合材料的工艺，具有成本低的特点，所得到的产品具有良好的强度和稳定性。

4. 用花生壳栽培食用菌

用花生壳栽培食用菌的方法比较简单。将花生壳直接浸入 20% 的石灰水中，消毒 24

小时，捞出后在清水中洗净，调至 pH 至 7~8。把粉碎软化的花生壳放进蒸笼，在常压下蒸 8~10 小时，使其熟化。按花生壳 78%、麸皮 20%、熟石膏 2% 的比例配料，然后在菇床上铺平，播入菌种即可。同时，也可将花生壳用沸水煮 20 分钟，捞出后稍加冷却，待温度降至 30℃，即可铺平于菇床，播上菌种进行培养。

5. 用花生壳加工饲料

花生壳经简单的粉碎加工，可成为家畜、家禽的好饲料。花生壳经硝酸处理木质后，加入一种连锁状的芽孢菌类的菌种，也可加入制作普通面包的酵母，使之产生分解作用。花生壳经微生物作用后消化率可达 50% 以上，蛋白质含量为 15%，这就可把花生壳转变为易消化、有营养且便宜的牛饲料。

花生壳经粉碎后，同水混合，然后用含量为 0.75%~6.8% 的臭氧在室温和 1~1.7 个大气压下对花生壳处理若干小时，能够得到纤维素，这种纤维素适宜用来生产反刍动物的饲料。

第三节　大豆生产技术

一、大豆的栽培和管理

（一）大豆"深窄密"栽培技术

1. 土地准备

选用地势平坦、土壤疏松、地面干净、较肥沃的地块，要求地表秸秆且长度在 3~5cm。前茬的处理以深松或浅翻深松为主。土壤耕层要达到深、暄、平、碎。秋整地要达到播种状态。

2. 品种选择和种子处理

选择秆强、抗倒伏的矮秆或半矮秆品种。由于机械精播对种子要求严格，所以种子在播种前要进行机械精选。种子质量标准，要求纯度大于 99%，净度大于 98%，芽率大于 95%，水分小于 13.5%，粒型均匀一致。精选后的种子要进行包衣。

3. 播种期

以当地日平均气温稳定通过 5℃ 的日期作为当地始播期。在播种适期内，要根据品种类型、土壤墒情等条件确定具体播期。例如，中晚熟品种应适当早播，以便保证在霜前成熟；早熟品种应适当晚播，以便使其发棵壮苗，提高产量。土壤墒情较差的地块，应当抢墒早播，播后及时镇压；土壤墒情好的地块，应选定最佳播种期。播种时间是根据大豆种植的地理位置、气候条件、栽培制度及大豆生态类型确定的。就全国来说，春大豆播期为 4 月 25 日至 5 月 15 日。

4. 播种方法

"深窄密"采取平播的方法，双条精量点播，行距平均为 15~17.5 cm，株距为 11 cm，播深 3~5 cm。以大机械一次完成作业为好。

5. 播种标准

在播种前要进行播种机的调整，把播种机与拖拉机悬挂连接好后，要求机具的前后、左右调整水平，要与拖拉机对中。气吸式播种机风机的转速应调整到以播种盘能吸住种子为准，风机皮带的松紧度要适中，过紧对风机轴及轴承影响较大，易于损坏；过松转速下降，产生空穴。精量播种机通过更换中间传动轴或地轮上的链轮实现播种量的调整。同时，通过改变外槽轮的工作长度来实现施肥量的调整，调整时松开排肥轴端头传动套的顶丝，转动排肥轴，增加或减少外槽轮的工作长度来实现排肥量的调整。要求种子量和施肥量流量一致，播量准确。对施肥铲的调整，松开施肥铲的顶丝，上下窜动，调整施肥的深度，深施肥在 10~12 cm，浅施肥在 5~7 cm。行距的调整，松开长孔调整板上的螺栓，使行距调整到要实施的行距，锁紧即可。播种时要求播量准确，正负误差不超过 1%，100 m 偏差不超过 5 cm，耕后地表平整。

6. 播种密度

目前，黑龙江品种的亩播种密度可在 3 万~3.33 万株。各方面条件优越、肥力水平高的，密度要降低 10%；整地质量差的、肥力水平低的，密度要增加 10%。内蒙古东四盟和吉林东部地区可参照这个密度，吉林其他地区和辽宁亩播种密度可在 2.67 万~3 万株。

7. 施肥

进行土壤养分的测定，按照测定的结果，动态调剂施肥比例。在没有进行平衡施肥的地块，经验施肥的一般氮、磷、钾可按 1∶（1.15~1.5）∶（0.5~0.8）的比例。分层深施于种下 5 cm 和 12 cm。肥料商品量每亩尿素 3.33 kg、磷酸二铵 10 kg、钾肥 6.67 kg。氮、磷肥充足条件下应注意增加钾肥的用量。叶面肥一般喷施两次，第一次在大豆初花期，第二次在盛花期和结荚初期，可用尿素加磷酸二氢钾喷施，用量一般每亩用尿素 0.33~0.67 kg 加磷酸二氢钾 0.17~0.3 kg。喷施时最好采用飞机航化作业，效果最理想。

8. 化学灭草

化学灭草应采取秋季土壤处理、播前土壤处理和播后苗前土壤处理。化学除草剂的选用原则如下：（1）把安全性放在首位，选择安全性好的除草剂及混配配方。（2）根据杂草种类选择除草剂和合适的混用配方。（3）根据土壤质地、有机质含量、pH 值和自然条件选择除草剂。（4）选择除草剂还必须选择好的喷洒机械，配合好的施药技术。（5）要采用两种以上的混合除草剂，同一地块不同年份间除草剂的配方要有所改变。

9. 化学调控

大豆植株生长过旺，要在分枝期选用多效唑、三碘苯甲酸等化控剂进行调控，控制大豆徒长，防止后期倒伏。

10. 收获

大豆叶片全部脱落、茎干草枯、籽粒归圆呈本品种色泽、含水量低于 18% 时，用带有挠性割台的联合收获机进行机械直收。收获的标准要求割茬不留底荚，不丢枝，田间损失小于 3%，收割综合损失小于 1.5%，破碎率小于 3%，泥花脸小于 5%。

（二）大豆"大垄密"栽培技术

1. 土地准备

选用地势平坦、土壤疏松、地面干净、较肥沃的地块，要求地表秸秆且长度在 3~5 cm，整地要做到耕层土壤细碎、地平。提倡深松起垄，垄向要直，垄宽一致。要努力做到伏秋精细整地，有条件的也可以秋施化肥，在上冻前 7~10 天深施化肥。要大力推行以深松为主体的松、耙、旋、翻相结合的整地方法。无深翻、深松基础的地块，可采用伏秋翻同时深松、旋耕同时深松或耙茬深松，耕翻深度 18~20 cm，翻耙结合，耙茬深度 12~15 cm，深松深度 25 cm 以上；有深翻、深松基础的地块，可进行秋耙茬，拣净茬子，耙深 12~15 cm。春整地的玉米茬要顶浆扣垄并镇压；有深翻深松基础的玉米茬，早春拿净荏子并粉平荏坑，或用灭荏机灭荏，达到待播状态。进行"大垄密"播种地块的整地要在伏秋整地后，秋起平头大垄，并及时镇压。

2. 品种选择与种子处理

选择秆强、抗倒伏的矮秆或半矮秆品种。由于机械精播对种子要求严格，所以种子在播种前要进行机械精选。种子质量标准，要求纯度大于 99%，净度大于 98%，芽率大于 95%，水分小于 13.5%，粒型均匀一致。精选后的种子要进行包衣，包衣要包全、包匀。包衣好的种子要及时晾晒、装袋。

3. 播种期

以当地日平均气温稳定通过 5℃ 的日期作为始播期。在播种适期内，要因品种类型、土壤墒情等条件确定具体播期。例如，中晚熟品种应适当早播，以保证在霜前成熟；早熟品种应适当晚播，以便其发棵壮苗，提高产量。土壤墒情较差的地块，应当抢墒早播，播后及时镇压；土壤墒情好的地块，应选定最佳播种期。播种时间是根据大豆栽培的地理位置、气候条件、栽培制度及大豆生态类型确定的。就全国来说，春大豆播期为 4 月 25 日至 5 月 15 日

4. 播种方法

"大垄密"播法即把 70 cm 或 65 cm 的大垄，二垄合一垄，成为 140 cm 或 130 cm 的大垄。一般在垄上种植 3 行的双条播，即 6 行，理想的是把中间的双条播，即垄上 5 行，或者 1.1 m 的垄种 4 行。

5. 播种标准

在播种前要进行播种机的调整，播种机与拖拉机悬挂连接好后，机具的前后左右要调整水平与拖拉机对中。气吸式播种机风机的转速应调整到以播种盘能吸住种子为准，风机皮带的松紧度要适度，过紧对风机轴及轴承损坏较大；过松转速下降，产生空穴。精量播种机通过更换中间传动轴或地轮上的链轮实现播种量的调整，并通过改变外槽轮的工作长度来实现施肥量的调整，调整时松开排肥轴端头传动套的顶丝，转动排肥轴，增加或减少外槽轮的工作长度来实现排肥量的调整。要求种子量和施肥量流量一致，播量准确。施肥深度可通过施肥铲的调整实现，松开施肥铲的顶丝，上下窜动，深施肥在 10~12 cm，浅施肥在 5~7 cm。行距调整可松开长孔调整板上的螺栓，使行距调整到要实施的行距，锁紧即可。播种时要求播量准确，正负误差不超过 1%，100 m 偏差不超过 5 cm，播到头、到边。

6. 播种密度

目前黑龙江品种的亩播种密度一般在 3 万~3.3 万株。肥力水平高的，密度要降低 10%；整地质量差的，肥力水平低的，密度要增加 10%。内蒙古东四盟和吉林东部地区可参照这个密度，吉林其他地区和辽宁亩播种密度可在 2.67 万~3 万株。

7. 施肥

经验施肥的一般氮、磷、钾可按 1:(1.15~1.5):(0.5~0.8) 的比例。分层深施于种下 5 cm 和 12 cm。肥料商品量每亩尿素 3.3 kg，磷酸二铵 10 kg，钾肥 6.67 kg。氮、磷肥充足条件下应注意增加钾肥的用量。叶面肥一般喷施两次，第一次在大豆初花期，第二次在盛期和结英初期，可用尿素加磷酸二氢钾喷施，一般每亩用尿素 0.33~0.67 kg 加磷酸二氢钾 0.17~0.3 kg。

8. 化学灭草、秋季土壤处理

采用混土施药法使用除草剂，秋施药可结合大豆秋施肥进行。秋施广灭灵、普施特、

阔草清、施田补等，喷后混入土壤中。播前土壤处理，使土壤形成 5~7 cm 药层，可速收、乙草胺或金都尔混用；播后苗前土壤处理，主要控制一年生杂草，同时消灭已出土的杂草，可乙草胺、金都尔与广灭灵、速收等混用。喷液量每亩 10~13.3 L，要达到雾化良好，喷洒均匀，喷量误差小于 5%。

9. 化学调控

大豆植株生长过旺，要在初花期选用多效唑、三碘苯甲酸等化控剂进行调控，控制大豆徒长，防止后期倒伏。

10. 收获

大豆叶片全部脱落，茎干草枯，籽粒归圆呈本品种色泽，含水量低于 18% 时，用带有挠性割台的联合收获机进行机械直收。收获的标准要求割茬不留底荚，不丢枝，田间损失小于 3%，收割综合损失小于 1.5%，破碎率小于 3%，泥花脸小于 5%。

二、大豆的综合利用

（一）大豆油加工技术

1. 大豆前处理工序

（1）清理

大豆中常混入一些沙石、泥土、茎叶及铁器、不成熟豆粒、异种油料等杂质，如果生产前不予清除，对生产过程非常不利。常用的清理方法有：一是风选法。利用大豆与杂质的空气动力学特性的不同，借助风力除杂，其目的是清除大豆中的轻杂质和灰尘。二是筛选法。利用大豆与杂质颗粒度大小的不同，借助含杂大豆与筛面的相对运动除杂，其目的是清除大于或小于大豆的杂质。三是磁选法。利用磁力清除大豆中磁性金属杂质。对清理工序的工艺要求，不但要限制大豆中的杂质含量，同时还要规定清理后所得下脚料中大豆的含量。清理后大豆含杂质限量一般小于 0.5%；清理下脚料含大豆限量不大于 0.5%，检查筛的筛网 4.72 目/平方厘米，金属丝直径 0.55 mm，圆孔筛直径 1.70 mm。

（2）破碎

破碎是指采用机械的方法将大豆粒度变小的方法，其目的是利于轧坯，为油脂提取创造良好的出油条件。大豆破碎时的原料入机水分为 10%~15%，破碎程度为 4~8 瓣，粉末为 7.87 目/平方厘米通过筛不超过 10%。

（3）软化

软化是调节大豆的水分和温度，使其变软和增加塑性的工序。为使轧坯效果达到要求，对于含油量较低的大豆，软化是不可缺少的。由于大豆含油量相对其他油料较低，质地较硬，如果再加上含水分少和温度不高，未经软化就进行轧坯，势必会产生很多粉末。对大豆软化的要求：如果是冷榨工艺，则软化水分为 10%~12%，软化温度不超过 60℃，用软化锅需要 20 分钟左右；如果是热榨工艺，则软化水分为 15% 左右，软化温度为 80℃，用软化锅需要 20 分钟左右。以上参数均为针对螺旋压榨机而言，如用其他设备需相应调整这些参数。

（4）轧坯

轧坯也称压片或轧片。它是利用机械的作用，将大豆破碎软化后由粒状压成薄片的过程。轧坯的目的在于破坏大豆的细胞组织，为蒸炒创造有利的条件，以便在压榨或浸出时使油脂能顺利地游离出来。对轧坯的基本要求是料坯要薄，表面均匀，粉末少，不漏油，手捏发软，松手散开，粉末度控制在筛孔 1 mm 的筛下物不超过 10%～15%，料坯的厚度为 0.3 mm 以下。轧完坯后再对料坯进行加热，使其入浸水分控制在 7%左右，粉末度控制在 10%以下，有利于油脂的提取。

（5）蒸炒

大豆蒸炒是指生坯经过湿润、加热、蒸坯和炒坯等处理，使其发生一定的物理化学变化，并使其内部的结构改变，由生坯转变成熟坯的过程。蒸炒是制油工艺过程中重要的工序之一，因为蒸炒可以借助水分和温度的作用，使大豆内部的结构发生很大变化，例如，细胞受到进一步的破坏，蛋白质发生凝固变性等。而这些变化不仅有利于油脂从大豆坯料中分离出来，而且有利于毛油质量的提高。因此，蒸炒效果的好坏，对整个制油生产过程的顺利进行、出油率的高低以及油品、饼粕的质量都有着直接的影响。如果采用层式蒸炒锅时，大豆出料水分为 5%～7%，出料温度为 108℃左右；如果采用榨油机上的蒸炒锅，其炒坯后大豆的水分和温度通常就称为入榨水分和入榨温度，且入榨水分为 1.5%～2.8%，入榨温度为 128℃左右。

（6）挤压膨化

该方法是用于对大豆浸出前的油料预处理，通过挤压膨化可进一步破坏大豆细胞壁，使油脂更容易地游离出来，这是目前浸出工艺广泛采用的方法。挤压膨化设备是由两个半圆筒形机壳组成的圆筒形机膛，机膛内有一根具有固定螺距和直径的螺旋轴。螺旋轴上的螺旋线不连续，间隔中断。机膛内壁上有凸出的圆柱形破碎刮刀。油料出口处是一块有槽孔的模板，在接近进料器的机壳外壁上有加水管阀，在接近出料端的机壳外壁有数个直接蒸汽注入管阀。通过这些机件对大豆的相互作用和联动，实现对大豆的挤压膨化过程。

2. 大豆压榨取油工序

（1）压榨法取油的特点

压榨法取油是指借助机械外力的作用，将油脂从大豆中挤压出来的取油方法。按榨油设备的原理和性能的不同，大豆榨油主要有液压榨油设备和螺旋榨油设备两类，其中螺旋榨油设备使用比较普遍。压榨法取油与其他取油方法相比，其优点是工艺简单、配套设备少、生产灵活、油品质量好、色泽浅、风味纯正等；缺点是压榨后的油饼残油量高、出油效率较低、动力消耗大、零件易损耗等。

（2）压榨法取油的过程

在压榨取油过程中，主要发生的是物理变化，如大豆变形、油脂分离、摩擦生热、水分蒸发等。然而，在压榨过程中，由于温度、水分、微生物等的影响，同时也会产生某些生物化学方面的变化，如蛋白质变性、酶的破坏和抑制等。压榨时，受榨大豆坯的粒子受到强大的压力作用，致使其中的液体部分和凝胶部分分别发生两个不同的变化，即油脂从榨料空隙中被挤压出来和榨料粒子经弹性变形形成坚硬的油饼。油脂从榨料中被分离出来的过程中，在压榨的开始阶段，粒子发生变形并在个别接触处结合，粒子间空隙缩小，油脂开始被压出；在压榨的中间阶段，粒子进一步变形结合，其内空隙缩得更小，油脂大量压出。压榨的结束阶段，粒子结合完成，其内空隙的横截面突然缩小，油路显著封闭，油脂已很少被榨出。解除压力后的油饼，由于弹性变形而膨胀，其内形成细孔，有时有粗的裂缝，未排走的油反而被吸入。在强力压榨下，榨料粒子表面挤紧到最后阶段，必然会产生这样的极限情况，即在挤紧的表面上最终留下单分子油层或近似单分子的多分子油层。这一油层由于受到表面巨大分子力场的作用而结合在粒子表面。油饼的形成过程是在压力作用下，大豆坯粒子间随着油脂的排出而不断挤紧，由粒子间的直接接触，相互间产生压力而造成某些粒子的塑性变形，尤其在油膜破裂处将会相互结成一体。这样在压榨终了时，榨料已不再是松散体，而开始形成一种完整的油饼可塑体。

（3）压榨法取油的必要条件

压榨法取油的必要条件：一是施在榨料上压力的大小需确保油脂的尽量挤出和克服榨料粒子变形时的阻力；二是榨料的多孔性且在压榨过程中随着榨料变形仍能保持到终了；三是流油毛细管的长度尽量短（榨料层薄）而暴露面积大，使排油路程缩短；四是保证必要的压榨时间；五是受压油脂的黏度要低，以减小油脂在榨料内运动的阻力。为满足压榨取油的必要条件，选用榨油机的适宜结构、原理和工作性能是非常重要的。目前，螺旋榨油机是比较好的大豆榨油设备，它具有结构紧凑、处理量大、操作简便、性能稳定、运转平稳、无异常振动和噪音、主要零部件坚固耐用等优点。尤其是有些榨油机上还附装有蒸炒锅，可调节入榨料坯的温度及水分，以取得较好的压榨效果。榨油机与辅助蒸炒锅配合，基本上实现了连续化生产。

3. 大豆浸出取油工序

（1）浸出法取油的特点

浸出法取油的优点是豆粕残油量低，出油效率高，豆粕的质量好。浸出法取油的控制生产过程是在较低的温度下进行的，可以得到蛋白质变性程度很小的豆粕，以用于大豆蛋白的提取和利用。另外，浸出法取油的劳动生产率较高，容易实现大规模生产和生产自动化。但缺点是油脂浸出所用溶剂大多易燃易爆，具有一定的毒性，生产的安全性较差，如生产操作不当，有发生燃烧、爆炸和毒害的危险。此外，浸出毛油中含非油物质量较多，色泽较深，质量较差。然而，这些缺点可以依靠改进工艺、发展适宜的溶剂、完善生产管理来克服。目前，浸出法取油是一种先进的制油方法，在国内外得到广泛的应用。

（2）浸出法取油的基本原理

浸出法取油是应用萃取的原理，选用某种能够溶解油脂的有机溶剂，经过对大豆的喷淋和浸泡作用，使大豆中的油脂被萃取出来。该方法是利用溶剂对不同物质具有不同溶解度的性质，将固体物料中有关成分加以分离的过程。在浸出时，油料用溶剂浸泡，其中易溶解的成分（主要是油脂）就溶解于溶剂。当大豆浸出在静止的情况下进行时，油脂以分子的形式进行转移，属分子扩散。但浸出过程中大多是在溶剂与料粒之间有相对运动的情况下进行的。因此，它除了有分子扩散外，还有取决于溶剂流动情况的对流扩散过程。

（3）浸出法取油的基本过程

浸出法取油的基本过程是把大豆料坯、预榨饼或膨化颗粒浸于选定的溶剂中，使油脂溶解在溶剂中形成混合液（即混合油），再将混合油与浸出后的固体豆粕分离，然后利用溶剂与油脂的沸点不同对混合油进行蒸发、汽提，可使溶剂汽化与油脂分离，从而获得浸出毛油。浸出后的固体豆粕含有一定量的溶剂，经脱溶烘干处理后得到成品豆粕。从湿粕蒸脱、混合油蒸发及其他设备排出的溶剂蒸汽和混合蒸汽，经过冷凝、冷却以及溶剂与水的分离，分离出的溶剂可循环使用，分出的废水经蒸煮处理进一步回收溶剂后排放。为了排除系统中积存的空气以保持正常的工作压力，还需不断地将不凝气体集中并经回收溶剂后排空。

（4）浸出法取油的方式

一是按操作方式分类，可分成间歇式浸出和连续式浸出。其中，间歇式浸出是将大豆坯进入浸出器后，豆粕自浸出器中卸出，新鲜溶剂的注入和浓混合油的抽出等工艺，操作都是分批、间断、周期性进行的。而连续式浸出是大豆坯进入浸出器后，豆粕自浸出器中卸出，新鲜溶剂的注入和浓混合油的抽出等工艺操作，都是连续不断进行的。二是按接触方式分类，可分成浸泡式浸出、喷淋式浸出和混合式浸出。其中，浸泡式浸出是将大豆坯浸泡在溶剂中，在一定条件下完成浸出过程。喷淋式浸出是将溶剂呈喷淋状态与料坯接触，在给定环境下完成浸出过程。而混合式浸出则是一种喷淋与浸泡相结合的浸出方式。

（5）湿粕脱溶和混合油的处理

一是湿粕脱溶。从浸出器中卸出的豆粕中含有25%～35%的溶剂，为了使这些溶剂得以回收和获得质量较好的豆粕，可采用蒸脱设备加热以蒸脱溶剂。二是混合油固液分离。让混合油通过过滤介质（100目筛网），其中所含的固体豆粕末即被截留，得到较为洁净的混合油；或者采用离心沉降的方法分离混合油中的粗末，它是利用混合油各组分的密度不同，采用离心旋转产生离心力大小的差别，使豆粕末下沉而液体上升，达到清洁混合油的目的。三是混合油的蒸发。利用油脂几乎不挥发，而溶剂沸点低、易于挥发的特性，用加热的方法使溶剂大部分气化逸出，从而使混合油中油脂的浓度大大提高。在蒸发设备的选用上，油厂多选用长管蒸发设备。四是混合油的汽提。通过蒸发，混合油的浓度大大提高，然而溶剂的沸点也随之升高。无论继续进行常压蒸发或改成减压蒸发，欲使混合油中剩余的溶剂基本除去都是相当困难的。只有采用汽提，才能将混合油内残余的溶剂基本除去，以得到比较纯净的大豆原油（毛油）。汽提即水蒸气蒸馏，其原理是混合油与水不相溶，向沸点很高的浓混合油内通入一定压力的直接蒸汽，从而降低了高沸点溶剂的沸点。未凝结的直接蒸汽夹带蒸馏出的溶剂一起进入冷凝器进行冷凝回收。完成汽提后，溶剂蒸汽经冷凝和冷却进行回收，可循环利用。

4. 大豆油精炼工序

（1）过滤

大豆毛油的过滤一般采用机械的方法除去杂质。一是利用毛油和杂质的不同密度，借助重力的作用达到自然沉淀。该方法将毛油置于沉淀设备内，一般在20～30℃下静止，使之自然沉淀。沉淀法的特点是设备简单，操作方便，但其杂质的自然沉淀速度很慢，所需的时间很长，不能满足大规模生产的要求。二是将毛油在一定压力（或负压）和温度下，通过带有毛细孔的介质（滤布）使杂质截留在介质上，让净油通过而达到分离油脂和杂质的目的。该方法在许多大豆油厂被广泛采用，根据不同生产规模采用不同生产效率的过滤设备。三是利用离心力分离大豆毛油悬浮杂质的一种方法。近年来，在部分油厂用离心机分离毛油中的悬浮杂质，取得了较好的工艺效果。

（2）水化（脱胶）

水化是指用一定数量的热水或稀碱、盐及其他电解质溶液加入毛油中，使水溶性杂质凝聚沉淀而与油脂分离的一种去杂方法。水化时，凝聚沉淀的水溶性杂质以磷脂为主，磷脂的分子结构中既含有疏水基团，又含有亲水基团。当大豆毛油中不含水分或含水分极少时，它能溶解并分散于油中；当磷脂吸水湿润时，水与磷脂的亲水基结合后，就带有更强的亲水性，吸水能力增强。随着吸水量的增加，磷脂质点体积逐渐膨胀，并且相互凝结成胶粒。然后胶粒又相互吸引，形成胶体，其相对密度比油脂大得多，因而从油中沉淀析出。水化（脱胶）的工艺参数：一是对毛油的质量要求为水分及挥发物≤0.3%，杂质≤0.4%；水的总硬度（以氧化钙计）<250 mL/L，其他指标应符合生活饮用水卫生标准；

水化温度通常采用70~85℃，水化的搅拌速度应能变动。二是对水化成品的质量要求为磷脂含油<50%，含磷量50~150 mg/kg，杂质≤0.15%，水分<0.2%。

（3）碱炼（脱酸）

碱炼是利用碱溶液与大豆毛油中的游离脂肪酸发生中和反应，使之生成钠皂（通称为皂脚），并同时除去部分其他杂质的一种精炼方法。碱炼所用的碱有多种，如石灰、有机碱、纯碱和烧碱等，国内应用最广泛的是烧碱。碱炼除了中和反应外，还有某些物理化学作用。碱炼的方法有间歇式和连续式两种，小型油厂一般采用间歇低温法。碱炼的工艺参数：一是对脱胶油的质量要求为水分<0.2%，杂质<0.15%，磷脂含量<0.05%；水的质量要求为总硬度（以氧化钙计）<50 mg/L，其他指标应符合生活饮用水卫生标准；烧碱的质量要求为杂质<5%的固体碱，或相同质量的液体碱。二是对碱炼成品质量的要求为间歇式酸价≤0.4 mg/g，连续式酸价≤0.15 mg/g；间歇式油中含皂150~300 mg/kg，连续式油中含皂<80 mg/kg，如不再脱色可取<150 mg/kg；油中含水为0.1%~0.2%，油中含杂质为0.1%~0.2%。

（4）脱色

大豆毛油中含有一定的色素，在前面所述的精炼方法中，虽可同时除去油脂中的部分色素，但不能达到令人满意的地步，必须经过脱色处理方能如愿。脱色的方法有日光脱色法（亦称氧化法）、化学药剂脱色法、加热法和吸附法等。目前，大豆油厂应用最广的是吸附法，即将某些具有强吸附能力的物质（酸性活性白土、漂白土和活性炭等）加入油脂中，在加热情况下吸附除去油中的色素及其他杂质（蛋白质、黏液、树脂类及皂等）。吸附脱色一般为间歇脱色，即油脂与吸附剂在间歇状态下通过一次吸附平衡而完成脱色过程。吸附脱色对脱酸油的质量要求：生产二级油时，要求水及挥发物≤0.2%，杂质≤0.2%，含皂量≤100 mg/kg，酸价（以氢氧化钾计）≤0.4 mg/kg，色泽（罗维朋25.4 mm）Y50R3（黄50红3）；生产一级油时，要求水及挥发物≤0.2%，杂质≤0.2%，含皂量≤100 mg/kg，酸价（以氢氧化钾计）≤0.2 mg/g，色泽（罗维朋25.4 mm）Y50R3（黄50红3）。关于脱色成品的质量要求按国家标准规定执行。

（5）脱臭

大豆毛油具有自己特殊的气味（也称臭味），将这种特有气味除去的工艺过程称为脱臭。在脱臭之前，必须先进行水化、碱炼和脱色，以创造良好的脱臭条件，有利于油脂中残留溶剂及其他气味的除去。脱臭的方法很多，有真空蒸汽脱臭法、气体吹入法、加氢法和聚合法等。目前，国内外应用最广、效果最好的是真空蒸汽脱臭法。真空蒸汽脱臭法是在脱臭锅内用过热蒸汽（真空条件下）将油内呈臭味物质除去的工艺过程。真空蒸汽脱臭的原理是水蒸气通过含有呈臭味组分的油脂进行汽、液接触，使水蒸气与被挥发出来的臭味组分饱和，并按其分压比率选出而除去。脱臭的工艺参数：一是间歇脱臭油温为160~180℃，残压为800 Pa，时间为4~6小时，直接蒸汽喷入量为油重的10%~15%；二是连续脱臭油温为240~26℃，时间为60~120分钟，残压在800 Pa以下，直接蒸汽喷入量为油重的2%~4%；三是柠檬酸加入量应小于油重的0.02%；四是导热油温度应控制在270~290℃。大豆油经脱臭后的产品质量，应符合国家标准《大豆油》的规定。

（二）传统豆制品加工技术

1. 内酯豆腐

内酯豆腐生产利用了蛋白质的凝胶性质和δ-葡萄糖酸内酯的水解性质，其工艺流程如下：

原料大豆→清理→浸泡→磨浆→滤浆→煮浆→脱气→冷却→混合→罐装→凝固成型→冷却→成品。

（1）制浆

采用各种磨浆设备制浆，使豆浆浓度控制在 $10 \sim 11°Be$。

（2）脱气

采用消泡剂消除一部分泡沫，采用脱气罐排出豆浆中多余的气体，避免出现气孔和砂眼，同时脱除一些挥发性的成分，使内酯豆腐质地细腻，风味优良。

（3）冷却、混合与罐装

根据 $\delta-$葡萄糖酸内酯的水解特性，内酯与豆浆的混合必须在 $30℃$ 以下进行，如果浆温过高，内酯的水解速度过快，造成混合不均匀，最终导致粗糙松散，甚至不成型。按照 $0.25\% \sim 0.30\%$ 的比例加入内酯，添加前用温水溶解，混合后的浆料在 $15 \sim 20$ 分钟罐装完毕，采用的包装盒或包装袋需要耐 $100℃$ 的高温。

（4）凝固成型

包装后进行装箱，连同箱体一起放入 $85 \sim 90℃$ 恒温床，保温 $15 \sim 20$ 分钟。热凝固后的内酯豆腐需要冷却，这样可以增强凝胶的强度，提高其保形性。冷却可以采用自然冷却，也可以采用强制冷却。通过热凝固和强制冷却的内酯豆腐，一般杀菌、抑菌效果好，储存期相对较长。

2. 腐竹

腐竹是由煮沸后的豆浆，经过一定时间的保温，豆浆表面蛋白质成膜形成软皮，揭出烘干而成的。煮熟的豆浆在较高温度条件下，一方面豆浆表面水分不断蒸发，表面蛋白质浓度相对提高；另一方面蛋白质胶粒热运动加剧，碰撞机会增加，聚合度加大，以致形成薄膜，随着时间的延长，薄膜厚度增加，当薄膜达到一定厚度时，揭起即为腐竹。

生产工艺流程如下：

大豆→清理→脱皮→浸泡→磨浆→滤浆→煮浆→揭竹→烘干→包装→成品。

（1）制浆

腐竹生产的制浆方法与豆腐生产制浆一样，这里要求豆浆浓度控制在 $6.5 \sim 7.5°Be$，豆浆浓度过低难以形成薄膜；豆浆浓度过高，虽然膜的形成速度快，但是形成的膜色泽深。

（2）揭竹

将制成的豆浆煮沸，使豆浆中的大豆蛋白质发生充分的变性，然后将豆浆放入腐竹成型锅内成型揭竹。在揭竹工序中应该注意 3 个因素：①揭竹温度。一般控制在 $82℃±2℃$。温度过高，产生微沸会出现"鱼眼"现象，容易起锅巴，腐竹的产率低；温度过低，成膜速度慢，影响生产效率，甚至不能形成膜。②时间。揭竹时每支腐竹的成膜时间为 10 分钟左右。时间过短，形成的皮膜过薄，缺乏韧性，揭竹时容易破竹；时间过长，形成的皮膜过厚，色泽深。③通风。揭竹锅周围如果通风不良，成型锅上方水蒸气浓度过高，豆浆表面的水分蒸发速度慢，形成膜的时间长，影响生产效率和腐竹质量。

（3）烘干

湿腐竹揭起后，搭在竹竿上沥浆，沥尽豆浆后要及时烘干。烘干可以采用低温烘房或者机械化连续烘干法。烘干最高温度控制在 $60℃$ 以内。烘干至水分含量达到 10% 以下即可得到成品腐竹。

第四节　油菜生产技术

一、油菜籽的栽培和管理

（一）育秧技术

1. 选好秧田，培肥床土

秧田好坏，与培育壮秧有密切关系，因此一定要选择好的苗床田。一般应选择土质肥沃疏松、地势高爽平整、靠近水源、排灌方便的田块。并且按秧、大田比例为 1：（6~7）留足秧田，保证每株秧苗具有一定的营养生长空间，促进个体生长发育，防止因留苗过密引起的高脚苗、弱小苗。为满足油菜子叶平展后即进入自养阶段对养分的需求，播种前苗床应施足基肥。基肥以每亩人粪尿 20 担，复合肥 40~50 kg 或碳铵 25 kg 加过磷酸钙 20~25 kg 为宜。苗床应做到泥细而平整，上松下实，干湿适度。

2. 适期播种，控制播量

本区适播期一般在 9 月 20 日至 30 日，播时应以畦定量，均匀播种，要求一次播种一次齐苗，力争早出苗、早全苗。播种时严格控制播种量，均匀播种，一般亩播种量 0.6 kg 左右。

3. 加强管理，前促后控

油菜出苗后应及时间苗，要求做到"五去五留"，即去弱苗留壮苗，去小苗留大苗，去杂苗留纯苗，去病苗留健苗，去密苗留匀苗。同时还要拔除杂草。一般每平方尺留苗不宜超过 20 株。

在肥料运筹上，三叶期前以促为主，应于一叶一心时及时施用断奶肥，一般每亩以尿素 25~3 kg 或复合肥 5~7.5 kg 施用。三叶至五叶期一般以促平衡生长为主；五叶期以后一般不宜施肥，以控为主。移栽前一周左右，每亩施用 3~3.5 kg 尿素作起身肥，以促进移栽后早活棵早返青。

4. 化学调控，防病治虫

多效唑具有控上促下、提高苗期抗逆能力的作用，可以有效防止油菜高脚苗的发生。因此，在油菜三叶一心时，亩用 15% 多效唑 40~50g，加水 40~50 kg，用小机均匀喷施。

针对近年来由于暖冬天气，田间蚜虫、菜青虫发生呈上升趋势的情况，应加强农药防治。

（二）大田栽培技术

1. 移栽前一周，施好起身肥
移栽前 2~3 天打好起身药，防止将病虫害带入大田。

2. 移栽前的化学除草
（1）移栽油菜田

在移栽前 1~2 天至移栽后 5~7 天内，趁土壤湿润时，亩用 20% 敌草胺 EC 200~250mL 兑水 50 kg 均匀喷雾；或在移栽后 2 天，亩用 50% 异丙隆 WP150g 兑水喷雾。

（2）套种直播油菜田

在油菜秧苗 4~5 叶期，亩用 10.8% 高效盖草能 EC 20 mL 兑水均匀喷雾。

（3）补除措施

对冬前未用药的重草地或用药后杂草仍较多的田块，在 12 月下旬或早春前（2 月中下旬），亩用 10.8%高效盖草能 EC30~40mL 补除。

3. 适时移栽，合理密植

适期移栽可以延长油菜冬前的有效营养生长期，得以积累较多的营养物质，达到壮苗越冬的目的。常规油菜的移栽期以 11 月上旬为佳，双低油菜春性较强，移栽期以 11 月 10 日前后为好。为充分利用地力和光能，使油菜个体和群体协调发展，取得高产，本区油菜的合理密度应掌握在 8500~9000 株/亩。

4. 施足底肥，三肥配施

施足底肥能在整个生育过程中稳定而持久地供给油菜所需的养分，并且做到氮、磷、钾三肥配合施用。一般亩施复合肥 50 kg，或碳铵 40 kg 加过磷酸钙 30 kg 和氯化钾 5~7.5 kg。

5. 合理运筹肥料

科学运筹肥料是夺取高产稳产的一项关键技术。肥料施用必须符合油菜生长发育及需肥规律，肥料种类应合理配置，各阶段用肥数量及用肥时间也应合理掌握。在总用肥量每亩 16~18kg 纯氮，氮磷钾 1：0.34：0.39 配套的前提下，针对双低油菜的生长特性，应把握"施足底肥，早施活棵肥，补施冬腊肥，普施、重施蕾薹肥"的施肥原则；苔肥施用时间应提前至现蕾期，防止双低油菜春发势过猛，导致营养生长失衡。用肥总量的年前、年后分配原则为常规油菜 6：4，双低油菜由于年前生长量偏小，比例为 7：3。

6. 加强抗灾思想

油菜是旱地作物，既要水又怕水。上海地区地下水位较高，雨水较多，历年来对油菜生长发育影响较大的是水害，因此必须立足抗灾，开好沟系。但近年来虽然沟系配套率较高，但质量不高，为了加快排水速度，提高防涝、防渍效果，必须建立起一套高标准、高质量的沟系。在油菜越冬期和早春还应及时清理沟系，保证根系正常生长，同时有助于改善田间小气候，减少菌核病的发生，是一项一举多得的技术措施。

（三）油菜机械化生产技术

1. 选择适合机械化生产的品种

宜选用产量高、抗病、抗裂角、株高 165 cm 左右、分枝少、分枝部位高、分枝角度小、偏早熟、花期集中便于机械收获的品种，如中双 11 号、油研 10 号、秦优 7 号、浙油 50 号、蓉油 16 号等。三熟制地区宜选用早熟品种。

2. 适期播种

根据长江流域常年油菜直播的实际情况，播种期宜在 9 月中下旬至 10 月上旬，提倡适期早播提高油菜产量。三熟制地区播期宜在 10 月底之前播种。

3. 机械直播

（1）播种前准备

正式作业前，在地头试播 10~20 m，调试播种及施肥的均匀性。

（2）抢墒播种

播种前土壤表面喷雾化学除草剂封闭除草，土壤含水量为 30%~40%时有利于播种和出苗。种子与油菜专用肥 25 千克/亩机械条播，行距为 40 cm，播种深度 1.5~2.0 cm。播种机械推荐选用 2BFQ-6 型油菜精量直播机，同时完成灭茬、旋耕、开沟、施肥、播种、覆土工序。

4. 合理密植

每亩用种 0.2～0.25 kg，免耕条播或机械耕耙后条播，确保基本苗达到 2.0 万～2.5 万株/亩，减少后期补苗、间苗的用工量。

5. 合理施肥

最好用油菜专用配方肥或缓释肥（N：P：K＝16：16：16）。机械播种时重施基肥，每亩施复合肥 50kg、尿素 5 kg 和硼砂 1～1.5 kg。5 叶期亩施苗肥 4～5 kg，12 月下旬至次年 1 月上旬施用腊肥，亩施复合肥 18 kg 或尿素 6 kg＋过磷酸钙 15 kg＋氯化钾 8 kg。为防止花而不实，在花蕾期每亩用 50 g 硼肥兑水 50 kg 混合喷施。

6. 田间管理

（1）化学除草

如油菜播前未喷封闭除草剂，播种后 2 天用 50%乙草胺 60 mL 兑水 40 kg 喷施。油菜苗后，在一年生禾本科杂草发生初期（3～5 叶期），用烯草酮乳油（有效成分 120g/L）30～40 毫升/亩茎叶喷雾。

（2）早间苗、定苗

在 3 叶期前及早间苗，对断垄缺行田块，尽早移栽补空，4～5 叶期前后定苗，11 月中下旬每亩用 30～50 g 多效唑促壮苗。

（3）清沟排渍

春后及时清沟排渍，使流水通畅，田间无渍水。

（4）病虫害防治

冬前主要防治虫害，花期防治菌核病。用 10%吡虫啉可湿性粉剂 10～15 g 防治蚜虫，防治菜青虫可用大功臣、虫杀净等药剂。密植油菜要注意防菌核病，初花期 40%的菌核净防治菌核病一次，7～10 天后再防治一次，从下向上喷雾油菜中下部叶片。

7. 调节成熟期

采用植物生长调节剂调控油菜成熟期，一般在油菜种子蜡熟期喷施乙烯利等催熟剂，可达到一次收获的目的。

8. 适时收获

应在油菜完熟期进行机械收获，全田油菜冠层微微抬起、主茎角果全部变黄、籽粒呈固有颜色、分枝上角果约有 90%以上呈枇杷黄、倒数第 2～3 个以上分枝籽粒全部变黑时机收。最佳收获时间是早、晚或阴天，应尽量避开中午气温高时进行收割，减少收获损失。

二、油菜籽的综合利用

（一）菜籽油加工技术

1. 油菜籽前处理工序

（1）清理

油菜籽在收获、运输和贮藏过程中，会混有一些沙石、泥土、灰尘、茎叶及铁器等杂质，在菜籽油加工之前必须将其去除，如果不清除对生产过程非常不利。常用的清理方法有多种，如依油菜籽与杂质的空气动力学特性不同采用风选法、依油菜籽与杂质颗粒度大小的不同采用筛选法、依油菜籽与磁性金属杂质的磁力不同采用磁选法等。对清理的工艺要求，不但要限制油料中的杂质含量，同时还要规定清理后所得下脚料中油料的含量。清理后的油菜籽含杂质限量应小于 0.5%，下脚料中油菜籽含量不大于 1.0%，检查筛筛网为 11.81 目/厘米，金属丝直径 0.28 mm，圆孔筛直径 0.70 mm。

（2）软化

软化是调节油菜籽的水分和温度，使其变软和增加塑性的工序。为使轧坯效果达到加工要求，对于含水分较少的油菜籽，软化是不可缺少的。对含水分低的油菜籽（尤其是陈油菜籽），未经软化就进行轧坯势必会产生很多粉末，难以达到加工要求。而对于新收获的油菜籽，当水分含量高于 8% 时，一般不予软化，否则轧坯时易黏辊而造成操作困难。对油菜籽的软化水分，如果压榨设备为螺旋榨油机则为 9% 左右，压榨设备为水压机为 10%~12%；对油菜籽的软化温度，如果压榨设备为螺旋榨油机为 50~60℃，压榨设备为水压机为 65~70℃；用软化锅对油菜籽的软化时间，如果压榨设备为螺旋榨油机需要 12 分钟左右，压榨设备为水压机需要 10 分钟左右，其他设备为 10 分钟左右。

（3）轧坯

轧坯是利用机械的作用，将油菜籽由粒状压成薄片的过程。轧坯的目的在于破坏油菜籽的细胞组织，为蒸炒创造有利的条件，以便在压榨或浸出时使油脂能顺利地游离出来。对轧坯的基本要求是料坯要薄，表面均匀，粉末少，不漏油，手捏发软，松手散开，粉末度控制在筛孔 1mm 的筛下物不超过 10%~15%，油菜籽料坯的厚度为 Q35 mm 以下。轧完坯后再对料坯进行加热，使其入浸水分控制在 7% 左右，有利于机械压榨和溶剂的浸出。

（4）蒸炒

油菜籽蒸炒是指生坯经过湿润、加热、蒸坯和炒坯等处理，使其发生一定的物理化学变化，并使其内部的结构改变，由生坯转变成熟坯。蒸炒可以借助水分和温度的作用，使油菜籽内部的结构发生很大变化，如细胞受到进一步的破坏、蛋白质发生凝固变性等。而这些变化不仅有利于油脂从油菜籽坯料中比较容易地分离出来，而且有利于毛油质量的提高。因此，蒸炒效果的好坏，对整个制油生产过程的顺利进行、出油率的高低以及油品、饼粕的质量都有着直接的影响。如果采用层式蒸炒锅，油菜籽出料水分为 4%~6%，出料温度为 110℃ 左右；如果采用榨油机上的蒸炒锅，油菜籽的入榨水分为 1.0%~1.5%，入榨温度为 130℃ 左右。

2. 提油工序

（1）压榨和预榨

压榨工艺是我国广大油菜籽产区常用的油料加工方法，尤其是中小加工厂一般都采用这种方法。其工作过程是利用一定的压力将油菜籽的细胞壁尽量破坏，从而使油脂挤压出来。此时从油菜籽中提取的油脂，我们称为油菜籽原油（毛油）。这种油脂中的杂质还比较多，需经过一定的处理后才能食用。而预榨则是先将油菜籽中提取出一部分油脂，然后再进行浸出制油。在预榨取油过程中，主要发生的是物理变化，如油菜籽变形、油脂分离、摩擦生热、水分蒸发等。然而，在压榨过程中，由于温度、水分、微生物等的影响，同时也会产生某些生物化学方面的变化，如蛋白质变性、酶的破坏和抑制等。预榨时，受榨油菜籽坯的粒子受到强大的压力作用，致使其中的液体部分和凝胶部分分别发生两个不同的变化，即油脂从榨料空隙中被挤压出来和榨料粒子经弹性变形形成油饼，我们称为"预榨饼"。预榨采用的设备是一种新型的螺旋榨油机，是在原来螺旋榨油机的基础上重新改进设计的机型。其特点是产量大，单位处理量下的动力消耗较其他压榨机小，榨料在榨腔停留的时间短，压榨比小，预榨饼粉末度小，预榨毛油色清，杂质少，有利于精炼。

（2）浸出

浸出取油是应用萃取的原理，选用某种能够溶解油脂的有机溶剂，经过对预榨饼的接触（喷淋和浸泡），使预榨饼中的油脂被萃取出来。浸出方法是利用溶剂对不同物质具有不同溶解度的性质，将固体物料中有关成分加以分离。在对预榨饼浸出时，易溶解的成分（主要是油脂）就溶解于溶剂之中。溶解的速度取决于溶剂与料粒之间的相对运动。浸出法制油具有菜粕中残油率低、出油率高、劳动强度低、工作环境好、菜籽粕的质量好等优点。浸出是在较低温度下进行的，可以得到蛋白质变性程度很小的菜籽粕，以便于综合利用。其缺点是油脂浸出所用溶剂大多易燃易爆，具有一定的毒性，生产的安全性较差。因此，必须注意安全生产问题。浸出法取油的方式较多，按操作方式分类有间歇式浸出和连续式浸出，按接触方式分类有浸泡式浸出、喷淋式浸出和混合式浸出。关于从浸出器中卸出的菜籽粕中含有25%～35%的溶剂，为了使这些溶剂得以回收和获得质量较好的菜籽粕，可采用蒸脱设备加热以蒸脱溶剂，这个加工环节也叫湿粕脱溶。

（3）混合油的处理

浸出器送出的混合油主要是油脂与溶剂组成的溶液，需经处理使油脂与溶剂分离。分离方法是利用油脂与溶剂的沸点不同，首先将混合油加热蒸发，使绝大部分溶剂气化而与油脂分离。然后，再利用油脂与溶剂挥发性的不同，将浓混合油进行水蒸气蒸馏（即汽提），把毛油中残留溶剂蒸馏出去，从而获得含溶剂量很低的浸出毛油。但是在进行蒸发、汽提之前，需将混合油进行过滤，以除去其中的固体菜籽粕末及胶状物质，为混合油的分离创造条件。目前，混合油有以下3个处理环节。

一是混合油固液分离。让混合油通过过滤介质（100目筛网），其中所含的固体菜籽粕末即被截留，得到较为洁净的混合油；或者采用离心沉降的方法分离混合油中的粗末，它是利用混合油各组分的密度不同，采用离心旋转产生离心力大小的差别，使菜籽粕末下沉而液体上升，达到清洁混合油的目的。二是混合油的蒸发。利用油脂几乎不挥发，而溶剂沸点低、易于挥发的特性，通过加热使混合油中的溶剂被大部分气化，从而使混合油中油脂的浓度大大提高。三是混合油的汽提。通过蒸发，使混合油的浓度大大提高，然而溶剂的沸点也随之升高。汽提是用水蒸气进行蒸馏，即利用混合油与水不相溶的特点，向沸点很高的浓混合油内通入一定压力的直接蒸汽，从而降低了高沸点溶剂的沸点，使未凝结的直接蒸汽夹带蒸馏出的溶剂一起进入冷凝器进行冷凝回收。完成汽提后，溶剂蒸气经冷凝和冷却进行回收利用，而经过上述处理后的混合油则成为菜籽毛油。

3. 菜籽油精炼工序

（1）过滤

菜籽毛油的过滤一般采用机械的方法除去杂质。一是利用毛油和杂质密度的不同，借助重力的作用达到自然沉淀的一种方法。该方法将毛油置于沉淀设备内，使之自然沉淀。但其杂质的自然沉淀速度很慢，所需的时间很长，不能满足大规模生产的要求。二是将毛油在一定压力（或负压）和温度下，通过带有毛细孔的介质（滤布），使杂质截留在介质上，让净油通过而达到分离油和杂质的目的。三是利用离心分离的方法将菜籽毛油中的悬浮杂质除去，主要以分离毛油中的悬浮杂质为主。

（2）水化

水化是指用一定数量的蒸汽或热水及其他电解质溶液加入菜籽毛油中，使水溶性杂质凝聚沉淀而与油脂分离。水化时，凝聚沉淀的水溶性杂质以磷脂为主，磷脂的分子结构中既含有疏水基团，又含有亲水基团。当菜籽毛油中不含水分或含水分极少时，它能溶解分散于油中；当磷脂吸水湿润时，水与磷脂的亲水基结合后，就带有更强的亲水性，吸水能力更加增强。随着吸水量的增加，磷脂质点体积逐渐膨胀，并且相互凝结成胶粒。胶粒又相互吸引，形成胶体，其密度比油脂大得多，因而从油中沉淀析出。关于水化对菜籽毛油的质量要求为水分及挥发物≤0.3%，杂质≤0.4%；对水的质量要求为总硬度（以氧化钙计）<250 mg/L，其他指标应符合生活饮用水卫生标准，其水化温度要求70~85℃。关于水化后对成品的质量要求为磷脂含油<50%，含磷量50~150 mg/kg，杂质≤0.15%，水分<0.2%。

（3）碱炼

碱炼是利用碱溶液与菜籽毛油中的游离脂肪酸发生中和反应，使之生成皂脚，并同时除去部分其他杂质。碱炼时所用的碱有石灰、有机碱、纯碱和烧碱等，国内应用最广泛的是烧碱。碱炼除了中和反应外，还有某些物理化学作用。碱炼的方法有间歇式和连续式两种，小型油厂一般采用间歇低温法碱炼。关于碱炼对脱胶油的质量要求：水分<0.2%，杂质<0.15%，磷脂含量<0.05%；要求水的质量总硬度（以氧化钙计）<50 mg/L，其他指标应符合生活饮用水卫生标准；烧碱的质量要求杂质<5%的固体碱或相同质量的液体碱。关于碱炼成品的质量要求：间歇式碱炼的酸价≤0.4 mg/g，连续式酸价≤0.15 mg/g；间歇式油中含皂150~300 mg/kg，连续式油中含皂<80 mg/kg，如不再脱色可取含皂<150 mg/kg。此外，要求油中含水率为0.1%~0.2%，油中含杂量为0.1%~0.2%。碱炼中碱液的浓度和用量必须正确选择，应根据油的酸价、色泽、杂质等进行确定，碱液浓度一般为10~30°Be。

（4）脱色

菜籽毛油中含有较多的色素，如叶绿素使油脂呈墨绿色，胡萝卜素使油脂呈黄色等，必须经过脱色处理才能达到要求。脱色的方法有氧化法、化学药剂脱色法、加热法和吸附法等。目前菜籽油厂主要采用吸附法，即将具有强吸附能力的物质（酸性活性白土、漂白土和活性炭等）加入油脂中，在加热情况下吸附除去油中的色素及其他杂质。由于吸附脱色难以连续作业，所以一般采用间歇脱色，即油脂与吸附剂在间歇状态下通过一次吸附平衡而完成脱色过程。关于吸附脱色对脱酸油的质量要求：生产二级油时，要求水及挥发物≤0.2%，杂质≤0.2%，含皂量≤100 mg/kg，酸价（以氢氧化钾计）≤0.4mg/g，色泽（罗维朋25.4 mm）Y50R3（黄50红3）；生产一级油时，要求水及挥发物≤0.2%，杂质≤0.2%，含皂量≤100 mg/kg，酸价（以氢氧化钾计）≤0.2 mg/g，色泽（罗维朋25.4 mm）Y50R3（黄50红3）。关于脱色成品的质量要求应符合有关标准规定。

（5）脱臭

菜籽毛油具有自身特有的气味，在制油过程中经过进一步氧化会产生臭味，将这种呈臭味物质除去的过程就称为脱臭。在脱臭之前，必须先进行水化、碱炼和脱色，为脱臭过程创造良好的条件，有利于油脂中残留溶剂及其他气味的除去。脱臭的方法有真空蒸汽脱臭法、气体吹入法、加氢法和聚合法等。目前，国内外应用最广、效果最好的是真空蒸汽脱臭法。真空蒸汽脱臭法是在脱臭锅内，在真空条件下用过热蒸汽将油内呈臭味物质除去。真空蒸汽脱臭的原理是水蒸气通过含有呈臭味组分的油脂进行汽、液接触，水蒸气被挥发出来的臭味组分所饱和，并按其分压比率选出而除去。脱臭工艺可分为间歇式、连续式和半连续式，一般小型油厂宜采用间歇脱臭工艺，大型油厂可采用连续脱臭工艺。连续式脱臭的加热方法采用导热油加热法，间歇脱臭可采用蒸汽加热法或电加热法。关于脱臭的工艺参数：一是间歇脱臭油温为160~180℃，残压为800 Pa，时间为4~6小时，直接蒸汽喷入量为油重的10%~15%；二是连续脱臭油温为240~260℃，时间为60~120分钟，残压在800 Pa以下，直接蒸汽喷入量为油重的2%~4%；三是柠檬酸加入量应小于油重的0.02%；四是导热油温度应控制在270~290℃。菜籽油经脱臭后的产品质量，应符合国家标准规定。

（二）菜籽饼粕的综合利用

　　菜籽饼粕中菜籽蛋白应用的困难在于油菜籽中含有有毒物质与抗营养成分。有毒物硫苷是应用菜籽蛋白的最大限制因素，双低油菜品种的育成与推广较好地去除了这一限制因素，但植酸、多酚等抗营养成分目前还无法通过育种加以解决，只有通过加工的方法将它们除去。目前，国内外有很多脱除菜籽饼粕中植酸与多酚的研究，但这些研究只是把植酸与多酚当作菜籽饼粕中的废弃物去掉。现有研究结果表明，植酸与多酚的应用领域很广。多酚具有抗炎、抗癌、抗突变、预防心脑血管疾病等多方面的作用，是一种很有前途的功能食品原料。基于此，国内外对植物多酚的兴趣很浓厚。除了茶叶、葡萄等多酚含量高、原料丰富的材料外，连豆角、花椰菜等原料量相对少，多酚含量低的植物也进入了研究者的视线。从多酚的资源量来看，很难有其他植物可与油菜籽媲美。此外，菜籽饼粕中还含有菜籽多糖，它是重要的生理活性物质，必须加以综合利用。

　　目前在油菜加工方面，产品非常单一。油菜加工产业只是生产油和饼粕，是一个低值、低利，甚至亏损的产业。菜籽饼粕的深加工基本上是空白，只集中在脱毒和饲用浓缩蛋白的制取工艺上。浓缩蛋白的制取工艺主要是从大豆蛋白的制取工艺演变而来。多酚、植酸、多糖的综合提取制备鲜见报道。因此，研发出一条脱除油菜饼粕中的有害和抗营养物质，将饼粕加工成饲用浓缩蛋白，同时回收菜粕中的菜籽多酚、植酸以及活性多糖等高附加值的具有保健作用的食品或化工产品的高效增值深加工综合技术路线迫在眉睫。这条工艺路线的实施，将成为油菜产业新的增长点，产生巨大的经济效益和社会效益，可彻底解决目前我国油菜加工业只生产菜籽油和菜籽饼粕的低值、低利的难题，缓解我国蛋白资源的匮乏。它获得的高额利润，还能够通过企业与广大基地农户之间完善的利益关联机制，提高油菜籽收购价格，实现农民增收、企业获利、财政增长的目的。

思考题

1. 简述小麦、花生、芝麻的套种技术。
2. 小磨香油加工步骤有哪些？
3. 春播露地花生高产栽培技术的要点有哪些？
4. 简述大豆"深窄密"的栽培技术。
6. 如何对菜籽饼粕进行综合利用。

第五章　主要水果作物提质增效技术

导　读

近年来，随着我国高科技发展，给人们的生活带来极大的便利。它在农业技术上也在不断的推广及应用，水果作为我国的主要农业作物之一，用水量和节水潜力巨大。同时，水果生产中肥料易随水渗漏流失或排放污染水体。而且，水肥用量过大还会增加水果病虫害的发生概率。合理充分利用雨水资源，提高水肥利用效率对于水果提质增效生产具有现实意义。近年来，随着市场经济及物流行业的发展，水果的价格偏低，而劳动力成本逐年上升，能否增加水果单位产量和减少劳务用工已经成为决定种水果生产盈亏的重要因素。

学习目标

1. 掌握一定的苹果提质增效技术。
2. 掌握一定的梨提质增效技术。
3. 掌握一定的桃提质增效技术。
4. 掌握一定的葡萄提质增效技术。

第一节　苹果提质增效关键技术

一、土壤管理

（一）疏松活化土壤

土壤经长期的耕作，在耕作层以下有较坚硬的犁底层，对苹果树伸展扩张非常不利，打破犁底层，是果园管理的首要任务之一。山地果园在建园时多进行机修梯田，大部分表层土壤被掀掉，生土养分含量低，因而幼园期进行果园深翻很有必要。在苹果树栽后围绕定植穴、每年向外深翻1m宽、深60~100cm，用3~4年时间对全园土壤进行一次深翻。深翻时注意，在回填时尽量在沟内填入腐烂的作物秸秆、杂草等，将行间表土填坑，坑中挖出的生土摊于行间熟化，以达到疏松土壤结构、活化土壤的目的，为果树健壮生长和结果打好基础。

（二）建园后土壤管理应围绕果树展开

苹果为高效作物，一旦进入结果期，年收入相当可观。土壤管理的好坏直接决定苹果进入结果期的早晚及前期产量的高低，因而在建园后土壤管理要围绕苹果树进行，以保证树体健壮生长为前提，最关键的是应保证根系能最大限度地从土壤中吸收水分和矿物质，满足生长需要。因而生产中应注意：一要留足果带，种植当年以树干为中心，应留至少1m宽的果带，第 2 年留 1.5m 宽的果带，第 3 年留 2m 宽的果带，这是很有必要的；二要减少带内杂草，促进水分和矿物质集中供给果树生长，因而生产中对行间应采取多次中耕的方法，减少杂草生长，特别是在山旱地，这项工作很重要。

（三）合理间作

幼龄果园树冠较小，根系分布范围有限，果园内有较大空间，可在行间种植一定量的间作物，以提高土地的利用率，增加收益。苹果园间作时应遵循以下原则：一是对苹果树生长影响较小；二是间作物大量需肥需水期与苹果树相错开；三是间作物与果树没有共同病虫害；四是间作物本身具有较高的经济价值；五是间作物的种植对果树生长具有一定的促进作用。

（四）培肥土壤

土壤贫瘠，有机质含量低，一直是我国苹果生产中的最大制约因素，导致产量、质量始终受到限制，因而培肥地力、提高土壤有机质含量应是苹果园管理中的重点内容。果业为劳动密集型产业，一旦苹果产业发展起来，肥料短缺是果区普遍存在的问题，因而培肥土壤应重点通过优化土壤种植结构着手，可大面积地推广果园种草、覆草等措施，以有效提高土壤有机质含量。在土地面积比较宽广、人口少的地区，建园后可在行间多次种植红豆草等绿肥作物，通过生长季翻压，效果很理想。土地面积少、人口多的地区，应推行精细化管理，在幼园期，可推行秸秆、杂草覆盖，覆盖物腐烂后埋压，增加土壤有机质含量，效果也较好。在 4 年生以后，果园内已不具备种植间作物的条件，但行间内可种植三叶草、黑麦草等耐阴作物，通过生长期多次刈割，进行覆盖栽培，可有效地提升土壤有机质含量，这在有一定浇水条件的地方很有推广的必要。

（五）保护根系

苹果树体的地上部分与地下部分是相对应的，地上部分有主干、枝轴、结果枝之分，地下部有主根、侧根、毛根的区别，根的种类不同，其分布和所起的作用也是不一样的，主根、侧根具有固定、贮藏和运输水分、养分的功能，毛根具吸收矿质营养、水分，合成各种氨基酸、核蛋白、激素等营养调节物质的功能。具有初生结构的若生于各类根上的白色新根，它是根系最具有活性部位，也是肥水吸收的关键器官。

根系水平分布表现如下规律：树冠边缘部分新根的发生量较大，内膛生长根发生量小，根系密度大，易衰老。真正的肥水吸收部位是在树冠边缘垂直向下的部位，为局部的新根提供肥水，可以提高肥水利用率。

根系的垂直分布规律如下。受土壤结构和层性的影响，80% 的根系集中在 40cm 土层内，新生吸收根的 60%~80% 集中发生在表层，毛根对环境敏感，干旱及雨涝均易导致毛根死亡，田间作业不当，会破坏根系构成，减少毛根数量，影响树体的吸收功能，因而保护根系是苹果栽培管理的重要内容，特别是土壤表层（0~20cm）根系保护是非常关键的技术措施。土壤中层比较稳定，是生产重点管理对象，可扩大根系的有效分布层；下层根系除对树体起固定作用外，还与地上部的长势有密切关系。因此，果园土壤管理保护根系时，应以保护上层（0~20cm）根系、稳定中层（20~40cm）根系、拓展下层（40~60cm）根系为目标。

保护根系最重要的是创造一个相对稳定的环境条件，同时应尽量减少田间耕作次数，果园生草栽培后，由于草的覆盖及生长调节作用，可减少地表温度的变幅，对于根系生长是非常有益的。果园实行覆盖栽培时，通过在地表覆盖一层砂石杂草或地膜，可有效地保护根系，特别是覆盖黑膜效果很好，不但根系发育健壮，根群强大，还可以抑制杂草生长，减少果园中除草用工，节本省工效果明显。

果园生草和免耕覆盖栽培是现代苹果栽培与传统务作方法在土壤管理方面最明显的特征区别，不但对树体的生长非常有益，而且可大幅度降低劳动强度，减少劳动次数。

（六）化学除草

果园内杂草生长会消耗大量土壤养分、水分，特别是树盘及株间生长的杂草，对果树影响较大，通常每年需人工除草 4~6 次，多雨年份次数会更多，果园除草是较费工的作业之一，随着科学技术的发展，化学除草剂的发明应用，使得除草工作劳动强度大大减轻，劳动效率大幅提升。除草剂的种类较多，应用各有优缺点，在苹果生产中应用的主要有百草枯、除草通、草甘膦、茅草枯、敌草隆、扑草净、除草醚等。

（七）机械除草

机械除草具有清除速度快、省工的特点，但除草不彻底，成本较高。机械除草主要有两种类型：一是用割草机刈割；二是用微型旋耕机翻压。果园中常用的割草机有进口的日本本田割灌机 GX35 割草机和河南巩义市雷力园林机械厂生产的杂草清除机刈草机。

本田割灌机 GX35 割草机具有发动机易发动、高效率、轻便不易疲劳、环保、省油、低噪声、省事的特点。

雷力园林机械厂生产的割草机用于果园的杂草清除，使用时可以将割草机稍微倾斜，割下的草落在果树根部，增加了土壤肥力，并且循环利用了草，具有环保的功能，因割草机只割草的上部，不会伤及底部及其根部，所以有利于保持水土。

微型旋耕机是我国广大机械工作者结合我国国情研制的小型机械，具有机动灵活、适应性强等特点，近年来，在果园生产中大为普及，极大地减轻了果园的劳动用工，提高了劳动效率。

二、肥料管理

（一）"一炮轰"施基肥法

1. 施基肥的理论支撑点

各营养元素在苹果树生长过程中的作用：苹果在正常生长发育和结果过程中，需要多种营养元素，其中需要量较多的有碳、氢、氧、氮、磷、钾、钙、镁等，称大量元素；还有铁、锰、锌、铜、钼、硼、氯等，在树体内含量较少，称微量元素。这两类元素都是果树生长发育所需要的，必须保持一定的量和相对平衡，才能保证果树正常生长发育。碳、氢、氧是由空气和雨水供应，其他元素大部分由土壤供给。各种营养元素在树体内并不是独立存在的，各种元素之间有相互促进作用，也有拮抗作用，只有各元素在保持动态平衡时，才能发挥各自的作用。

2. 施肥方法

"一炮轰"施肥时最好采用撒施，将各种肥料均匀地撒在地表，进行浅旋耕。这种方法的优点是施肥均匀，肥料与根系接触点多，肥料当季利用率高。如果肥料少，最好采取集中施用，可环状开沟或开放射状沟，将肥料均匀地施入沟内，与表土混匀，埋沟即可。

3. 施肥肥料的种类

包括有机肥以及磷、钾肥年施量的全部，氮肥年施量的 70%。施量按产量的高低而定，一般按每生产 100kg 果实施用优质农家肥 150~200kg，施用五氧化二磷 0.3kg、氧化钾 0.6kg，施氮 0.42kg 的标准施用。

4. 施肥时期

在 9~10 月施入最好，由于肥料的吸收是靠叶片的蒸腾作用作动力的，施用越早，树体吸收得越多，越有利增加树体的贮藏营养，同时施肥过程中所伤的根系愈合越好。生产中应合理安排果园工作，尽量适期施肥，以提高施肥效果。

5. 施肥的部位

施肥部位的确定，要综合考虑根系的分布状况、肥料种类。立地条件等因素，一般根系中的主要吸收根——毛根水平分布范围与树冠相当，即树梢扩张到的地方，均有毛根生长，因而水平施肥部位应以树梢外缘以内为准；苹果主要吸收根垂直分布范围在地表下 20~30cm。肥料中有机肥提倡深施，由于苹果根系有向肥性，有机肥深施，可引导根系下扎，有利树体利用土壤深层的水分和养分，提高树体抗性，因而有机肥施用深度应在地表 30cm 以下。化学肥料中磷钾的移动性差，特别是磷肥施入土壤后，易被土壤颗粒固定，根系长不到的地方，便无法吸收，因而化学肥料应适当浅施，施肥深度一般以地表下 20~25cm 为宜。

（二）随水施肥法

指将可溶性肥料加入配肥池中，加水溶解后，通过输液管道隧达树体根部的追肥法，也称肥水一体化施肥法。这是一种较先进的施肥方法，具有施肥速度快、省工、作物吸收利用率高的特点。

配肥池、输肥管、进肥口是随水施肥的三个组成部分，规模化应用这一措施一定要有高位配肥池，以便通过一定的压力，将肥液运输到根部。输肥管可借助果园的微喷灌系统，进水口通过自然下渗进行，农户小型的应用，可通过农用车装载塑料桶，配套喷药用输药管、追肥枪，实施这一措施，如果再能配套坑贮肥水措施，效果会更佳。

由于我国目前苹果生产以户为经营单位，后者应用更具有现实意义，特别是在山旱地应用，增产效果明显。可结合施用基肥，据树大小，在树冠外围埋入 3~7 个高 40cm、粗 30cm 的草把，平时用塑料薄膜包严，在施肥时将可溶性肥料按一定比例配合后，拉运到田间，通过输肥管运送，将追肥枪直接插到草把上，让肥液下渗，一个贮肥坑渗满后再移动追肥枪至另一个贮肥坑，至全园追到为止。

果树生长的时期不同，对肥料的需求是不一样的。追肥液的配制是有区别的，花期追肥应以氮肥为主，追施可溶性配方肥 10~15kg/亩，氮、五氧化二磷、氧化钾的比例以 3：1：1 为宜，用水量据土壤墒情而定，土壤墒情好，每亩用水 15m³ 即可，干旱缺墒时每亩用水量可达 20m³。

果实膨大期追肥应以磷钾肥为主，氮、五氧化二磷、氧化钾按 1：1.5：2 的比例配制，每亩追施可溶性肥料 15~20kg，用水量据土壤墒情而定，一般每亩控制在 15~20m³。

（三）肥水耦合技术

肥水耦合技术，是干旱地区应用高垄地膜覆盖栽培技术进行集雨，在膜侧开挖施肥沟，将肥料集中施用，通过雨季相对集中利用水分，从而提高肥水利用率的方法。

该技术的主要措施是以树干为中心，起中高 20cm 的垄，用宽 1.4m 的地膜进行覆盖，垄面成为自然的集雨场，膜侧开挖宽 20~30cm、深 15cm 左右的沟，生长季节，按果树生长时间不同，在沟内施肥，将肥土充分混匀埋入沟内，沟上覆草。

雨季时，大量雨水顺膜而下，流入沟内，可有效地提高天然水的利用率，缓解干旱地区水分欠缺的不足。

（四）根外施肥

包括枝干涂抹或喷施、枝干注射、果实浸泡和叶面喷施。生产以叶面喷施的方法最为常用。枝干涂抹或喷施，适于给苹果补充铁、锌等微量元素，可与冬季树干涂白一起做，方法是白浆中加入硫酸亚铁或硫酸锌，浓度可以比叶面喷施高些。树皮可以吸收营养元素，但效率不高，经雨淋，树干上的肥料渐向树皮内渗入一些，或冲淋到树冠下土壤中，再经根系吸收一些。枝干注射可用高压喷药机加上改装的注射器，先向树干上打钻孔，再由注射器向树干中强力注射。用于注射硫酸亚铁（1%~4%）和整合铁（0.05%~0.10%）防治缺铁症，同时加入硼酸、硫酸锌，也有效果。凡是缺素均与土壤条件有关，在依靠土壤施肥效果不好的情况下，用树干注射效果佳。

（五）机械施肥

我国机械工作者针对果园特点，研制出了开沟埋肥机，在果园施肥时应用开沟埋肥机，可大幅度提高劳动效率，在先进产区已开始应用。

三、水分管理

（一）苹果树需水规律

据对苹果蒸腾量的测定计算，生长期中，每亩苹果园大约需要 120t 水，折合降雨量 180mm，但实际上只有 1/3 的自然降水能被苹果吸收利用，因此，苹果生长期约需要 540mm 的降水量。适宜根系生长的最适土壤含水量相当于田间最大持水量的 60%~80%。

发芽前至花期，叶幕小，温度低，总耗水量不多，需水量较少，在 5 月中下旬，新梢生长最快时期，营养生长需要消耗大量水分，叶片蒸腾量也需要大量水分，习惯上称为需水临界期。当果树生长进入缓慢生长期，花芽开始分化，适度的干旱，有利花芽分化果实开始膨大生长时，温度高，土壤蒸发量大，易造成干旱，影响果实的膨大和产量的提高；果实近成熟期，气温降低，蒸发量减少，适度的干旱有利于果实品质的提高。

苹果树的需水时期，应根据一年中各物候期的要求、气候特点和土壤水分的变化规律灵活掌握，一般在整个生长期中，前期（春梢停长前）应保持较高的土壤湿度，田间持水量应在 70%~80%；果实生长期田间持水量维持在 50%~60% 较为理想。

（二）合理利用水分

1. 合理浇灌

在水源充足、有浇水条件的地方，要根据土壤墒情及降雨情况，适时进行灌溉，以促进树体健壮生长和产量的提高，应把握"春灌好、夏灌巧、秋灌少、冬灌饱"的原则进行浇水。

2. 抗旱保墒

在干旱缺水的地方，水分管理应以保墒为主，充分挖掘水源，采用多种形式的补充浇灌，提高苹果抵御干旱的能力，促进生产效益的提高。

四、花果管理

(一) 保花保果

近年来，我国北方苹果产区气候异常，花期霜冻、沙尘、雨淋等灾害频繁发生，严重影响坐果。特别是花期常受晚霜的危害，给果树生产造成严重危害，导致减产甚至绝产，因而保花保果工作尤为重要。根据生产实际，在花期采用以下措施可减轻冻害的发生。

1. 熏烟

花期注意收听天气预报，在有霜冻发生的凌晨，可在果园内点燃由湿草、锯末等组成的熏烟剂，在果园上空形成一层烟雾，减轻霜冻的发生，这对减轻危害是非常有益的。熏烟时，可在果园的不同位置放置 5~7 堆湿草与锯末的混合物，在夜间 11 点后到早晨 7~8 点太阳升起前，这段时间连续放烟才有效果。放烟时注意：草堆上不要有明火，以放出浓烟最好。

2. 延迟花期

推迟开花时期，可避开或减轻霜冻的危害，生产中常用的措施有在萌芽前地面灌水或树体喷水，降低地温或树体温度实行覆草栽培，延缓地温的上升。早春树体喷 5%~10% 的石灰液，均可起到推迟花期的效果。

3. 花期喷肥，提高抗霜冻的能力

在花前 7 天左右喷 PBO250 倍液；蕾期、盛花期喷 0.4% 的 2116 均可提高抗冻能力，减轻危害。

(二) 人工辅助授粉

1. 人工辅助授粉的优点及方法

栽培品种单一，缺少授粉树是我国苹果生产中存在最普遍的现象，授粉树的短缺，是苹果低产劣质的主要原因之一。

在栽培品种比较单一、花期气候恶劣的情况下进行人工辅助授粉是一项有效的增产措施，特别是应用人工点授花粉，不但有利保证适位坐果，更重要的是点授花粉后，所点花朵由于赤霉素含量增加，会迅速生长，吸收营养具有明显的优势；没有点授的花朵因吸收营养处于劣势，便会很快脱落，不需再进行疏花疏果，可大幅度地减少果园疏花疏果用工。一般点授 1 亩苹果需用一个工，而 1 亩地疏花疏果至少需要 4~5 个工，因而人工点授花粉是苹果生产中省工的有效措施之一。

点授时所用花粉可自制或邮购花粉公司制成的花粉，邮购的花粉运到后应放入冰箱中恒温保存，以防花粉失去生命力，影响授粉效果。自己制作花粉时，应在授粉品种呈铃铛状时采集，将采下的花朵清除花梗、花瓣等杂物，只留花药，然后置于 25~30℃ 的条件下，摊开在干净的白纸上，待花药开裂后再用 60 目的细筛过筛，收集纯花粉，放到 0~5℃ 的干燥条件下保存备用。

盛果期苹果树每亩点授时需用花粉 10g 左右，一般需采集鲜花 300~400g 才能满足生产需要。商品花粉投资每亩需用 60~70 元。

授粉时按 1 份花粉、5~10 份淀粉的量配置，将二者充分混匀，然后用毛笔或香烟过滤嘴海绵蘸取花粉，进行点授，一般蘸一下，可点授 10 朵左右的花，可按留果间距合理点授，防止点授过多，加大疏果用工。一般大型果，可按 25~30cm 的间距点 1 朵花，中心花所结果实形状典型，应作为主要点授对象。

在整体花量开放 50% 左右时点授效果最好，此时所开花质量好，所结果实品质优良。

2. 人工辅助授粉效果不理想的原因及对策

（1）授粉品种选择不当

苹果为异花授粉作物，对花粉选择较严格。我国西北黄土高原苹果产区 95% 以上的果园为纯红富士园，人工辅助授粉所用花粉大多自制，有相当比例的花粉取自红富士，由于花粉与栽培品种同宗同源，自然影响授粉效果。

（2）对花粉保管不当，生命力降低

花粉生命力活跃，寿命较短，对贮存环境要求严格，在花粉采集后，如管理不当，花粉会很快失去生命力，用失去生命力的花粉进行人工辅助授粉则效果甚微。

（3）授粉时间掌握不准，错过最佳时间

苹果花粉对授粉时间要求较严格，一般当天开放的花、柱头上有黏液时授粉坐果率高；随着开放时间的延长，黏液减少，授粉后坐果率降低。

（4）授粉方法有误

苹果人工辅助授粉并不是将所有开放的花朵全部进行授粉，而应按树体的承载产量进行点授，如果授粉过多，会导致营养分散，也不利于坐果。

3. 提高人工辅助授粉的效果的有效措施

（1）选择适宜的花粉进行授粉

红富士苹果自花授粉结实率仅 15% 左右，因而在红富士苹果生产中要避免应用富士花粉，最好采用金冠、秦冠等花粉量大、与富士亲和力强的花粉授粉，以提高授粉效果。

自制的花粉或外调的花粉在使用期间，必须放置在清洁、干燥、低温（1～5℃）、低湿（最好40%以内）的环境中贮存，不宜与有腐蚀性、有污染的物品混贮，并且贮存的环境要避光。

严格授粉时间。就整园或整树而言，应在有总花量 25% 的花朵开放时开始辅助授粉；对单花而言，应在中心花开放的当天授粉；一天中应在早晨露水干后开始进行，中午高温期应停止，下午 3 点后开始，可一直授到太阳落山。授粉最理想的气温在 8～25℃。

（2）按果园面积大小确定适宜的授粉方法

果园面积小时，可采用人工点授，每亩用花粉 10～15g，红富士品种每 25cm 左右点一朵花，一般仅授中心花面积大时可采用喷授法喷授时花粉要经过"包衣"处理，亩用花粉 10g 左右。在总花量 50% 开放时喷一次 3000 倍液，为提高授粉效果，可在花粉液中加 3%～5% 的白糖、0.6% 的硼砂，喷授时，花粉液应现配现用，不可长时间放置。喷授后由于没有选择性，会出现结果过量现象，要注意疏花疏果。

花期遇灾害性天气后，要注意补授，补授时应注意授柱头有黏液的当时开的花，以提高授粉效果。

（三）疏花疏果

1. 疏花疏果的依据

树势、枝势。强树、强枝可适当多留果，弱树、弱枝上的花果应适当多疏。结果枝的长短。结果枝长，留果可适当多一点结果枝短，叶面积小，要少留果。品种特性。大果型品种留果间距应大，一般间距应在 25～30 cm。小果型品种留果间距可适当缩小，一般应控制在 20cm 左右。坐果率高的品种，应多疏；而坐果率低的品种，要适当多留。枝的类型。主枝上的花果应适当多疏，而辅养枝上的应多留。主枝两端花果应多疏，主枝中部应多留。树冠外围和上部的花果一般应少疏，树冠内膛和下部的应多疏。

2. 疏花疏果的时期

疏花要据气候而定，无晚霜危害的地区或年份，从花序分离期开始，早疏为好。有晚霜冻害的地区及年份，要适当晚疏，花期只疏部分过多的花序或不疏花，通过谢花后疏果，控制结果量。在气温较稳定的地区，谢花后2周左右开始疏果，要求在1个月以内完成。有晚霜冻害的地方，疏果要分两次完成，花后半月进行第一次，套袋前进行定果。

3. 疏花疏果的方法

疏花疏果可人工进行，也可采用化学方法疏花疏果。人工疏花时一般应先疏除弱花序病虫危害的花，叶片少的劣质果台花以及背上枝和腋芽上的大部分花序。同时疏除过密的花序及晚开的花。疏果时应疏除小果、畸形果、表面粗糙的幼果以及病虫危害果及腋花芽所结果。选留果形正、果柄粗、果肩平、萼洼向下的幼果。多留下垂、斜生及粗壮的枝上果。一朵花序中要求重点留中心果。

4. 化学疏花疏果

具有及时、省工、有选择性疏除弱果的特点，但经常表现出效果不稳定。主要来自于果树本身和外界因子的许多干扰，在生产上应掌握低疏除量，并辅助人工疏果，才安全可靠。

五、苹果生产中的无袋化栽培

苹果套袋栽培已成为提高品质的主要措施之一，套袋果果面光洁，色泽艳丽，污染少，商品性大大提高。但由于套袋后，果实长期生长在封闭环境中，果实内容物含量，特别是含糖量有所降低，风味变淡，成为不可克服的难题。在苹果产区，生产者多对光果偏好，充分说明了这一点，在部分苹果销区，光果也受到消费者欢迎。各种现象表明，回归自然、生产绿色纯天然果品已是苹果发展的重要趋势之一，完善技术体系，苹果栽培的去袋化应成为今后苹果生产的重要形式。苹果栽培实行无袋化管理，可有效地减少果园用工，减少果袋投入，降低生产成本。据测算，如果实施无袋化栽培，每亩可比套袋节约生产成本1000元左右。

无袋化栽培与套袋栽培最大不同点在于控制食心虫的危害和提高果实的光洁度，只要在这两方面有所突破，苹果生产的去袋化是完全可行的。

第二节 梨提质增效关键技术

一、营造良好的生态环境

为果树营造良好的生态环境是果树栽培过程中一项重要内容之一。充分利用土地、水分、阳光等自然资源，在梨树生长期间配以合理修剪技术，控制梨树的长势，改善树体光照条件，以提高果实品质。

水分对果实发育及品质的调节具有双重性：一方面，土壤水分不足常降低果实的产量，但在果树生长的特定时期，适当控水常常可以提高果实的品质；另一方面，水分胁迫影响梨果实糖分的积累，果实发育后期水分胁迫影响可溶性固形物含量，而早期水分胁迫导致果实中葡萄糖、蔗糖和山梨醇含量下降。

不同浓度的 CO_2 影响温室内丰水梨果实的品质，长时间供应充足的 CO_2 可增加果实的大小和重量，但对果实的品质无显著的影响；短时间的供应充足的 CO_2 虽不能明显改变果实的大小，但果实中糖含量增加。充足的 CO_2 供应对果实生长的影响主要依赖于果实的生长阶段，在果实膨大期充足的 CO_2 增加果实的大小，在果实成熟期果实膨大减缓，此时增加果实糖分的含量。不同的气候环境影响梨果实中糖分的含量和成分组成。

光照是果树正常生长发育和结果的主要生态因子，充足的光照可有效改善梨树树体营养状况，增强树体生理活力，提高果实产量和质量。砀山酥梨成熟时果实可溶性糖含量与光强呈显著正相关。不同的树形对果实糖分积累与酶活性也有影响，含糖量、SS 和 SPS 活性均以水平棚架形果实最高，"V"字形次之，疏散分层形最低。棚架形果实可溶性固形物、可溶性糖、糖酸比显著高于疏散分层形。棚架形树冠不同部位果实品质一致性优于疏散分层形。冠层开度大，冠层总光量子通量密度高，结果枝条粗壮是棚架果实品质优的主要原因。

二、密集栽培技术

（一）密集栽培的途径

密集栽培早结果、早丰产、早收益；单位面积产量高；果实品质好、耐贮藏；便于田间管理，适于机械化作业，有利于果树集约化栽培；生产周期短，便于更新换代；经济利用土地。

目前生产上梨树的矮化途径主要有以下几种：①利用矮化砧木。②选用矮生品种。③采取栽培措施控制树体。④使用生长调节剂。

（二）授粉树的配置

大多数的梨品种不能自花结果，或者自花坐果率很低，生产中配置适宜的授粉树是省工高效的重要手段。授粉品种必须具备如下条件：①与主栽品种花期一致；②花量大，花粉多，与主栽品种授粉亲和力强；③最好能与主栽品种互相授粉；④本身具有较高的经济价值。一个果园内最好配置两个授粉品种，以防止授粉品种出现小年时花量不足。主栽品种与授粉树比例一般为（4~5）：1。

（三）栽植密度

适宜的栽植密度是省工高效的重要手段。随着果园机械的大量使用，宽行密植成为发展方向。当然，栽植密度要根据品种类型、立地条件、整形方式和管理水平来确定。一般长势强旺、分枝多、树冠大的品种，如白梨系统的品种，密度要稍小一些，株距 4~5m，行距 5~6m，每公顷栽植 333~500 株；长势偏弱、树冠较小的品种要适当密植，株距 3~4m，行距 4~5m，每公顷栽植 500~833 株；晚三吉、幸水、丰水等日本梨品种，树冠很小，可以更密一些，株距 2~3m，行距 3~4m，每公顷栽植 833~1666 株。在土层深厚、有机质丰富、水浇条件好的土壤上，栽植密度要稍小一些；而在山坡地、砂壤地等瘠薄土壤上应适当密植。

（四）栽植时期

梨树定植时期要根据当地的气候条件来决定。冬季没有严寒的地区，适宜秋栽，一般在 11 月份。在冬季寒冷、干旱或风沙较大的地区，秋栽容易发生抽条和干旱，因而最好在春季栽植，一般在土壤解冻后至发芽前进行，一般适宜在 4 月上中旬栽植。

定植前首先按照计划密度确定好定植穴的位置，挖好定植穴。定植穴的长、宽和深度均要达到 1m 左右，山地土层较浅，也要达到 60cm 以上。栽植密度较大时，可以挖深、宽各 1m 的定植沟。回填时每穴施用 50~100kg 土杂肥，与土混合均匀，填入定植穴内，浇水沉实。挖距地面 30cm 左右穴，将梨苗放入定植穴中央位置，使根系自然舒展，然后填土，同时轻提苗木，使根系与土壤密切接触，最后填满，踏实，立即浇水。栽植深度以灌水沉实后苗木根颈部位与地面持平为宜。

三、合理肥水技术

（一）梨树需肥特点

梨树所需的矿质元素主要有氮、磷、钾、钙、镁、硫、铁、锌、硼、铜、钼等。梨树是多年生的木本植物，树冠高大，枝叶繁茂，产量高，需肥量大。据测定，鸭梨每产 100kg 果实，需 N 300g、P_2O_5 150g、K_2O 300g。另外，根、枝、叶的生长、花芽分化以及土壤固定、淋失、挥发等，每亩产梨 2500kg，应施 N 20kg、P_2O_5 15kg、K_2O 20kg 左右。

梨树对钾、钙、镁需求量大。梨树对钾的需要量与氮相当，对钙的需要量接近氮，对镁的需要量小于磷而大于其他元素。

梨树树体内前一年贮藏营养的多少直接影响梨树树体当年的营养状况，包括萌芽开花的一致性，坐果率的高低及果实的生长发育。当年贮藏营养物质的多少又直接影响梨树下一年的生长和开花结果，管理不当极易形成"大小年"。

不同树龄的梨树对养分需求的特性需肥规律不同。梨树幼树需要的主要养分是氮和磷，特别是磷素，其对植物根系的生长发育具有良好的作用。建立良好的根系结构是梨树树冠结构良好、健壮生长的前提。成年树对营养的需求主要是氮和钾，特别是由于果实的采收带走了大量的氮、钾和磷等营养元素，若不能及时补充则将严重影响梨树来年的生长及产量。

（二）施肥技术

1. 基肥

有机肥应在采收后及时施用，秋施有机肥，经过冬春腐熟分解，肥效能在来春养分最紧张的时期（4~5 月营养临界期）得到最好的发挥。而若冬施或春施，肥料来不及分解，等到雨季后才能分解利用，反而造成秋梢旺长争夺去大量养分，中短枝养分不足，成花少，贮藏水平低，不充实，易受冻害。施肥量，一般 3~4 年生树每亩施有机肥 1500kg 以上，5~6 年生树每亩施 2000kg。施有机肥同时，可掺入适量的磷肥或优质果树专用肥。盛果期按果肥 1:（2~3）比例施。

2. 追肥

是在施有机肥基础上进行的分期供肥措施。梨树各种器官的生长高峰期集中，需肥多，供肥不及时，常会引起器官之间的养分争夺，影响展叶、开花、坐果等，应按梨树需肥规律及时追补，缓解矛盾。

3. 根外追肥

是把营养物质配成适宜浓度的溶液，喷到叶、枝、果面上，通过皮孔、气孔、皮层，直接被果树吸收利用。这种方法具有省工省肥、肥料利用率高、见效快、针对性强的特点。适于中、微量元素肥料，及树体有缺素症的情况下使用。根外追肥仅是一种辅助补肥的办法，不能代替土壤施肥。

（三）配方施肥技术

1. 方法与步骤

测土配方施肥包括"测土、配方、配肥、供肥、施肥"五个核心环节。

正确的田间取样是测土施肥体系中一个重要环节，取样的代表性严重影响测土的精确性。目前，国内对于方形或近方形的耕地采用十字交叉多点取样，对于长形或近长形的地块采用折线取样，对于不规则耕地依地形地貌分割成若干近方形及近长形的地块，再按方形或长形地块的形式取样。

取样深度也很重要，取样深度应与作物根系密集区相适应。一般取样深度为 15～30cm，对根深的作物可取至 50cm 的深度。用作分析的混合土壤样品，要以 10 个以上样点的土壤混合均匀，然后采用十字交叉法缩分，保留 1kg 左右土样供分析化验。取样时应注意避开追肥时期和追肥位置。由于农田土壤养分含量水平有一定的稳定性，所以并不需要每年采取土样分析，一般氮磷钾和有机质等可 3 年分析 1 次，微量元素可 5 年分析 1 次。

取土过程调查农户及取样田间基本情况，在每个取样点代表区域内选择 5～10 个农户及其田块，调查记载种植作物、产量水平、施肥品种与数量、灌溉水源、土壤类型及取样地点等基本情况。

2. 土壤有效养分测定

在我国的测土施肥技术中，土壤全氮采用凯氏法。土壤碱解氮采用碱解扩散法，碱解氮所含的土壤含氮物质主要是交换性 NH+-N、酰胺态氮和氨基糖态氮等较易分解的含氮物质，约占全氮的 10%。北方土壤由于有 NO_3-N 的存在，碱解扩散时要加还原剂，所以称为还原碱解氮。

（四）节水灌溉技术

1. 小沟灌溉

沟灌是在作物行间挖灌水沟，水从输水沟进入灌水沟后，在流动的过程中主要借毛细管作用湿润土壤。沟灌不会破坏作物根部附近的土壤结构，不导致田面板结，能减少土壤蒸发损失。梨园小沟节灌技术能增大水平侧渗及加快水流速度，比漫灌节水 65%，是省工高效的地面灌溉技术。

小沟节灌技术方法：起垄，在树干基部培土，并沿果树种植方向形成高 15～30cm、上部宽 40～50cm、下部宽 100～120cm 的"弓背形"土垄。开挖灌水沟，一般每行树挖两条灌水沟（树行两边一边一条）。在垂直于树冠外缘的下方，向内 30cm 处，沿果树种植方向开挖灌水沟，并与配水道相垂直。灌水沟上口宽 30～40cm，下口宽 20～30cm，沟深 30cm。

2. 喷灌

喷灌是利用专门的设备把水加压，并通过管道将有压水送到灌溉地段，通过喷洒器（喷头）喷射到空中散成细小的水滴，均匀地散布在田间进行灌溉的技术。喷灌所用的设备包括动力机械、管道喷头、喷灌泵、喷灌机等。

喷灌要根据当地的自然、设备条件，能源供应，技术力量，用户经济负担能力等因素，因地制宜地加以选用。水源的水量、流量、水位等应在灌溉设计保证率内，以满足灌区用水需要。观测土壤水分和作物生长变化情况，适时适量灌水。

3. 滴灌

滴灌是滴水灌溉的简称，是将水加压，有压水通过输水管输送，并利用安装在末级管道（称为毛管）上的滴头将输水管内的有压水流消能，以水滴的形式一滴一滴地滴入土壤中。滴灌系统主要由首部枢纽、管路和滴头三部分组成。

4. 微喷灌

微喷灌是通过管道系统将有压水送到作物根部附件，用微喷头将灌溉水喷洒在土壤表面进行灌溉的一种新型灌水方法。微喷灌与滴灌一样也属于局部灌。其优缺点与滴灌基本相同，节水增产效果明显，但抗堵塞性能优于滴灌，而耗能又比喷灌低；同时，其还具有降温、除尘、防霜冻、调节田间小气候等作用。微喷头是微喷灌的关键部件，单个微喷头的流量一般不超过 250mL/h，射程小于 7m。整个系统由水源工程、动力装置、输送管道、微喷头四个部分组成。

四、果实套袋技术

（一）果实袋的构造

梨果实袋由袋口、袋切口、捆扎丝、丝口、袋体、袋底、通气放水口等 7 部分构成。袋切口位于袋口单面中间部位，宽 4cm，深 1cm，便于撑开纸袋，由此处套入果柄，利于套袋操作，便于使果实位于袋体中央部位。捆扎丝为长 2.5~3.0cm 的 20 号细铁丝，用来捆扎袋口，能大大提高套袋效率。捆扎丝有横丝和竖丝两种，大部分梨袋为竖丝。通气放水口的大小一般为 0.5~1.0cm，它的作用是使袋内空气与外界连通，以避免袋内空气温度过高和湿度过大，对果实尤其是幼果的生长发育造成不利影响；另外，若袋口捆扎不严而雨水或药水进入袋内，可以由通气放水口流出。

（二）果实袋种类

合格的商品袋是经过果实袋专用原纸选择、专用制袋机、涂布分切机、专用黏合剂的研制等一系列工序制成。果袋的种类很多，按照果袋的层数可分为单层、双层、三层等。单层袋只有一层原纸，质量轻，透光性相对较强，一般用于果皮颜色较浅，果点稀少且浅，不需着色的品种。双层纸袋有两层原纸，分内袋和外袋，遮光性能相对较强，用于果皮颜色较深以及红皮梨品种，防病的效果好于单层袋。按照果袋的大小有大袋和小袋之分。大袋规格为，宽 140~170mm，长 170~200mm，套袋后一直到果实采收。小袋亦称"防锈袋"，规格一般为 60mm×90mm 或 90mm×120mm，套袋时期比大袋早，坐果后即可进行套袋，可有效防止果点和锈斑的发生；当幼果体积增大，而小袋所容不下时即行解除（带捆扎丝小袋），带浆糊小袋不必除袋，随果实膨大自行撑破纸袋而脱落。小袋在绝大多数情况下用防水胶黏合，套袋效率高，但也有用捆扎丝的。生产中也有小袋与大袋结合用的，先套一次小袋，然后再套大袋至果实采收。

按照果袋捆扎丝的位置可分为横丝和竖丝两种；若按涂布的杀虫、杀菌剂不同可分为防虫袋、杀菌袋及防虫杀菌袋三类。按袋口形状又可分为平口、凹形口及 V 形口几种，以套袋时便于捆扎、固定为原则。若按套用果实分类可分青皮梨果袋和赤梨果袋等，其他还有针对不同品种的果实袋以及着色袋、保洁袋、防鸟袋等。

（三）套袋前的梨园管理

1. 加强栽培管理

合理土肥水管理，养成丰产、稳产、中庸健壮树势，增强树体抗病性，合理整形修剪使梨园通风透光良好；进行疏花疏果、合理负载。

2. 喷药

为防止把危害果实的病、虫害如轮纹病、黑星病、黄粉虫、康氏粉蚧套入袋内增加防治的难度，套袋前必须严格喷一遍杀虫、杀菌剂。

用药种类主要针对危害果实的病、虫害，同时注意选用不易产生药害的高效杀虫、杀菌剂。忌用油剂、乳剂和标有"F"的复合剂农药，慎用或不用波尔多液、无机硫剂、三唑福美类、硫酸锌、尿素及黄腐酸盐类等对果皮刺激性较强的农药及化肥。高效杀菌剂可选用单体70%甲基托布津800倍液、10%的宝丽安1500倍液、1.5%的多抗霉素400倍液、喷克800倍液、甲基托布津+大生M-45、甲基托布津+多抗霉素等药剂。杀虫剂可选用菊酯类农药、对硫磷等，黄粉虫和康氏粉蚧较为严重的梨园宜选用两种以上杀虫剂。套袋前喷药重点喷洒果面，但喷头不要离果面太近，否则压力过大易造成锈斑或发生药害，药液喷成细雾状均匀散布在果实上，应喷至水洗状。待药液干后即可进行套袋，喷一次药可套袋2~3天。

（四）套袋时期

梨果皮的颜色和粗细与果点和锈斑的发育密切相关。果点主要是由幼果期的气孔发育而来的，幼果茸毛脱落部位也形成果点。气孔皮孔化的时间一般从花后10~15天开始，最长可达80~100天，以花后10~15天后的幼果期最为集中。因此，套袋时期应早一些，一般从落花后10~20天开始套袋，在10天左右时间内套完，如果落花后25~30天才套袋保护果实，此时气孔大部分已木栓化变褐，形成果点，达不到套袋的预期效果。但套袋也不宜过早。

梨的不同品种套袋时期也有差异。果点大而密、颜色深的锦丰梨、茌梨落花后1周即可进行套袋，落花后15天套完；为有效防止果实轮纹病的发生，西洋梨的套袋也应尽早进行，一般从落花后10~15天即可进行套袋；京白梨、南果梨、库尔勒香梨、早酥梨等果点小。颜色淡的品种套袋时期可晚一些，一般花后1个月左右，褐皮梨一般30~40天套袋。

适宜的套袋时期对外观品质的改善至关重要，套袋时期越早，套袋期越长，套袋果果面越洁净美观。

套袋时应注意确保幼果处于袋内中上部，不与袋壁接触，防止蝽象刺果、磨伤、日烧以及药水、病菌、虫体分泌物通过袋壁污染果面。套袋时应先树上后树下，先内膛后外围，防止套上纸袋后又碰落果实。最好全株或全园套袋，便于统一管理。

第三节　桃提质增效关键技术

一、土肥水管理技术

（一）桃园土壤培肥管理

土壤培肥是指通过增施有机物料、生草等措施提高土壤肥力，保证桃园丰产优质与可持续生产能力。根据中国多数桃园立地条件差，土壤管理不力，肥力下降的现状，加强桃园土壤管理提高土壤肥力的任务十分迫切，可采用以下方法。

幼龄果园采用宽行密植，成龄果园通过修剪、间伐等措施打开行间距，行间进行自然生草或人工种草。自然生草春季可选留夏至草、斑种草等，夏季可选留牛筋草，虎尾草等。人工种草可选用毛叶苕子，苜蓿、鼠尾草等。注意生草前 2 年每亩增施氮肥 12kg，每年夏季割草 2~3 次，覆盖于树盘内。

行间有机物料覆盖。收集稻壳、秸秆、锯末、树皮、菇渣等有机废弃物，采用微生物菌种腐解处理 15~20 天，于夏季或秋季覆盖到树盘下，厚度 6cm 以上。

施用微生物发酵有机肥。收集禽畜粪便与秸秆，按 7:3 的比例（干重）混匀，接种复合微生物发酵菌种，达到完全腐熟，秋季每亩施用 3~5m³，条沟法施入。经济条件较好的桃园也可直接施用商品生物有机肥。

（二）桃园养分管理

1. 科学确定桃园施肥量

桃园有机肥施用量以 3~5m³ 为宜，既补充养分又改良土壤，同时应根据目标产量、土壤、果树品种、树龄、树势以及有机肥使用量等差异科学确定化肥使用量。幼龄桃园可根据树龄确定化肥施用量，定植 1~3 年的树每亩氮施用量分别为 8kg、12kg、15kg，磷、钾用量可以与氮相同。盛果期树根据土壤有效养分测定值与产量确定施肥量，如果土壤碱解氮高（90μg/g 土以上），按每 100kg 果实施纯氮 0.6kg；土壤碱解氮中等（70~90μg/g 土之间），施纯氮 0.7kg；土壤碱解氮较低（50~70μg/g 土之间），施纯氮 0.8kg；磷肥与钾肥的施用量一般按 $N:P_2O_5:K_2O=2:1:2$ 的比例，当土壤速效磷超过 60μg/g 土、有效钾超过 300μg/g 土时，应适当降低磷肥与钾肥的比例。

桃产量每年带走大量的养分，果农在施肥时比较重视氮磷钾的补充供应。而在桃正常生长结果所需 14 种矿质元素与硅等有益元素中，中微量元素（钙、镁、铁、硼、锌和钼等）虽然带走的量较少，但若忽视补充，往往会引起缺乏，加上多数桃园土壤有机质含量低，部分果园 pH 值偏高或偏低，影响了养分的有效性，许多桃园表现出中微量元素缺乏症状。因此，应注意中微量元素肥的施用。补充钙镁元素可选用钙镁磷肥、硝酸铵钙、硫酸镁等肥料，每亩桃园施用量一般为钙（CaO）12kg、镁（MgO）3.5kg；补充硼、铁、锌等微量元素可以选用硼砂、硫酸亚铁（黄腐酸铁更好）、硫酸锌等，一般每亩各施用 2~3kg。中微量元素肥料可以结合有机肥秋季施用，每 2~3 年施用 1 次。缺中微量元素重的果园可以每年施用，并适当增加用量。

中微量元素缺乏的果园也可以采用叶面喷施的方法补充，缺钙可于桃树生长初期叶面喷洒商品螯合钙溶液，连喷 2 次，盛花后 3~5 周、采果前 8~10 周喷 0.3%~0.5% 氨基酸钙可防治果实缺钙；缺镁于 6~7 月喷 0.2%~0.3% 的硫酸镁；缺铁于 5~6 月叶面喷洒黄腐酸二铵铁 200 倍液或 0.2%~0.3% 硫酸亚铁溶液，每隔 10~15 天喷 1 次，连喷 2 次；缺锰于 5~6 月叶面喷洒 0.2%~0.3% 硫酸锰溶液，每隔 2 周喷 1 次，连喷 2 次；缺锌在发芽前喷 0.3%~0.5% 硫酸锌溶液或发芽后喷 0.1% 硫酸锌溶液，谢花后 3 周喷 0.2% 硫酸锌加 0.3% 尿素，可明显减轻缺锌症状；缺硼于开花前喷 0.3%~0.5% 硼砂 2~3 次，落叶前 20 天左右喷 0.5% 的硼砂加 0.5% 尿素 3 次，缺乏严重时应与土壤施用相结合，并注意改良土壤。

2. 桃园施肥时期与方法

秋施基肥桃树秋施基肥比春施基肥有很多优点。秋施基肥后，土温还较高，肥料分解快，秋季又是桃树根系第 3 次生长高峰期，吸收根数量多，且伤根容易愈合，肥料施用后很快就被根系吸收利用，从而提高秋季叶片的光合效能，制造更多的有机物贮藏于树体内，对来年桃树生长及开花结果十分有利。秋施基肥的时间以 9 月下旬至 10 月中旬为宜。

肥料种类以有机肥为主，包括农家肥、生物有机肥、豆饼、鱼腥肥等，配合部分化肥（全年化肥用量的1/3）。有机肥条沟法施入，在行间或株间开沟，沟深度与宽度各40~50cm，长度根据肥料数量确定。需要注意的是，有机肥一定要腐熟好，并且在施用时和表土混匀后再回填。

3. 桃园水分管理

（1）根据果树需水规律灌溉

桃树在以下几个生育期对水分供应比较敏感，若墒情不够，应及时灌溉。

萌芽至开花前。此期缺水易引起花芽分化不正常，开花不整齐，坐果率降低，直接影响当年产量。此期可灌1次足水，水量以能渗透地面深度80cm左右为宜，尤其是北方，由于经常出现春旱，所以必须灌足水，以促进萌芽开花及提高坐果率。

硬核期。此期是新梢快速生长期及果实的第1次迅速生长期，需水量多且对缺水极为敏感，必须保证水供给，灌水量以湿润土层50cm为宜，而南方地区正值雨季，可根据实际情况确定。

果实膨大期。此期正值果实生长的第2次高峰期，果实体积的2/3是在此期生长的，如果不能满足桃树对水分的需求，则会严重影响果实的生长，果个变小，品质下降。水分供应充足，有利于果实的生长，增大果个，提高品质。果实发育中后期应注意均匀灌水，特别是油桃园，应保持土壤良好、稳定的墒情，如在久旱后突灌大水易引起裂果现象的发生。

果实采收后。此期根据土壤墒情适当灌1次水，延缓叶片脱落，有利于花芽分化和树势恢复。

秋灌。结合秋施基肥后灌1次水，以促进根系生长。

冬灌。北方地区一般在封冻前灌1次封冻水，灌水量以灌后水分渗入土壤60cm为度，若封冻前雨雪多时可以不冬灌。

灌溉方法有沟灌、树盘浇水、喷灌、滴灌等，具体方法可根据当地的经济条件、水源情况、水利设施条件以及地形等综合考虑。总的要求是节约用水，保证水分能及时渗透到根系集中分布的土层，使土壤保持一定的含水量。如果条件许可，尽量使用滴灌或涌泉灌等管道灌溉法，可节约用水，对地形地貌要求不严，特别适合山区丘陵果园，还可以很方便地控制灌溉区域，减少行间杂草滋生，降低局部空气湿度，减轻病虫害发生。

（2）桃园抗旱栽培措施

桃园土壤适宜的相对含水量一般为60%~80%，若相对含水量低于适宜值的低限，对无水可灌的地区，应以减少土壤蒸发与植株蒸腾为主。

（3）桃园涝害防控措施

桃耐涝性差，在雨季应及时采取排水防涝措施，否则必将影响桃树的生长发育、产量和品质的提高，严重的甚至造成死树。

二、合理整形，优化树体结构

（一）三种主要树形的特点

1. Y字形树形的特点及整形技术

宜南北行，两主枝东西错落着生；主枝上直接着生结果枝组，在山地果园（梯田），两主枝分别向西北和东南向。主干高度60~70cm，两主枝夹角40°~50°，这种树形整形容易，成形快，生长势比较均衡，通风透光好，是早果丰产的首选树形之一。

2. 自然开心形的特点

自然开心形通常采用三主枝，在主干上错落着生干高 40~50cm，直线延伸，两侧培养侧枝。主枝基角为 45° 左右，腰角 60°~70°。每个主枝上配备 1~2 个侧枝。第一侧枝距主干 60~80cm，3 个主枝上的第一侧枝依次伸向各主枝相同的一侧。第二侧枝距第一侧枝 80~100cm 左右，着生在第一侧枝的对面。主枝和侧枝上着生结果枝组和结果枝，大型枝组着生在主枝中后部或侧枝基部，间距 60~80cm；中型枝组着生在主侧枝的中部，间距 30~50cm；小型枝组着生在主侧枝的前部或穿插在大、中型枝组之间。

3. 主干形的特点

主干形的特点是有中心干，无主侧枝，中心干上着生大中小型结果枝组，树冠呈圆柱形。株高 2.0~2.5m，树冠 2m，留 15~20 个结果枝组，枝组间距为 0.2m 左右错落着生。主干形树形适宜高密度种植，每亩种 110 株以上，成形快，当年成形当年成花；第 2 年结果丰产，光照好，叶片光合效率高。整形修剪主要通过抹芽、摘心、疏枝，冬季修剪主要是疏枝、短截更新，采用单枝更新。随着树龄的增长必须加强肥水管理及更新修剪，以保证通风透光，不断提高品质。

（二）生长季修剪方法

桃树春季萌芽后至秋冬落叶前所进行的修剪统称生长季修剪。主要目的是通过疏除过密枝梢和徒长梢改善通风透光条件，促进果实着色和提高果实的品质。

生长季修剪从落花至落叶之间，每月进行 1 次，一般要进行 5 次。少量多次要比大量少次更省工，且更有利于桃树生长结果。生长季修剪对树生长抑制作用较大，因此修剪量要轻，每次修剪量不能超过树体枝叶总量的 5%。

生长季修剪主要修剪的方法可用"去伞、开窗、疏密"6 个字进行概括：去伞，即疏除树体上部或骨干枝上对光照影响严重的结果枝组和直立的徒长梢；开窗，疏除骨干枝上过密的结果枝组；疏密，疏除过密的新梢。

（三）冬季修剪技术

1. 长枝修剪及其技术要点

长枝修剪是基本不短截、多疏剪、缩剪长放、保留的一年生果枝较长的冬季修剪技术。

相对于传统修剪，长枝修剪技术有如下优点：①缓和营养生长势，易维持树体营养和生殖生长平衡；②操作简便，易掌握；③节省用工，较传统修剪节省用工 1~3 倍，每年减少夏剪 1~2 次；④改善树冠内光热微气候生态条件，树冠内透光量提高 2~2.5 倍；⑤显著提高果实品质，果实着色提前且着色好；⑥采用长枝修剪后树势缓和，优质果枝率增加，花芽形成质量获得提高，花芽饱满，由于保留了枝条中部高质量花芽，提高花芽及花对早春晚霜冻害的抵抗能力，树体的丰产和稳产性能好；⑦一年生枝的更新能力强，内膛枝更新复壮能力好，能有效地防止结果枝的外移和树体内膛光秃。

2. 盛果期桃树修剪修剪技术

盛果期树的指标是树冠骨架完全形成，结果枝陆续增多，产量上升，并趋于稳产，骨干枝上的小型枝组开始衰弱，主要结果部位转向大中型结果枝组。所以说盛果期树的修剪任务是维持树势中强，调整主侧枝生长势要均衡，加强结果枝组更新修剪，以防止早衰和内膛光秃，结果位置外移。

延长头的修剪，生长势旺树延长头甩放，疏除部分副梢；中庸树短截至健壮副梢处；弱树带小橛延长，即对延长头短截，留健壮副梢。

果枝修剪以长放、疏剪、回缩为主，基本不短截，骨干枝上每 15~20cm 保留 1 个大于 30cm 长结果枝，同侧枝条间距离一般 30cm 以上。长果枝结果品种，保留 30~60cm 结果枝，疏除大部分<30cm 中果枝，>30cm 果枝亩留枝量 4000~6000 个，总枝量 1 万以内；中短果枝结果品种，保留<30cm 果枝和部分>40cm 枝条，>30cm 果枝亩枝量 2000 以内，亩总果枝量 1.万个以内。果枝以斜上、斜下为主，少量背下枝，尽量不留背上枝。

结果枝组的更新，用一年生枝基部的生长势中庸的背上枝进行更新；采用回缩，将已结果的母枝回缩至基部健壮枝处、或母枝中部合适的新枝更新；利用骨干枝上新枝更新。

三、加强花果管理

（一）人工授粉技术

1. 花粉准备

采集含苞待放的大蕾期花朵，人工或用剥花机剥出花药，捡去花瓣和花丝，平摊在表面光滑的干净纸上，在 22~25℃ 的条件下进行干燥，或用 25~40W 的灯泡放在离纸 25~30cm 处烘烤花药。待花药开裂后，将散出的花粉收集在干净小瓶内，置于冰箱低温下备用。

2. 人工授粉

用带橡皮头的铅笔或自制的授粉棒，蘸花粉后直接点授在桃花的柱头上或装在纱布内在树上抖动。点授时，从树冠内向树冠外按枝组顺序进行，一般长果枝点授 6~8 朵花，中果枝点授 3~4 朵花，短果枝点授 2~3 朵花，被点授的花朵在树冠内分布均匀。初花和盛花期反复进行 3~4 次可明显提高着果率。如果需要授粉的树很多，为节约花粉，可按 1:5 的比例掺入滑石粉或淀粉混合。

3. 机械授粉

大面积桃园的授粉，考虑到用工和时间的因素，可以采用机械授粉。目前市场上已有采粉机和授粉器销售，但效果不尽相同，尤其是花粉的配比、授粉时的压力等均影响到授粉效果，选择时需要慎重。

4. 挂花枝

将授粉品种预留的花枝修剪下，插入水罐中，于盛花期挂在被授粉的树的树冠上部，借助风力和昆虫传播花粉进行授粉。

（二）疏花疏果关键技术

进入盛果期后，大多数桃品种花芽形成数量大，坐果率高，往往超过树体的负载量，为了达到丰产稳产、品质优良的目标，必须进行合理的疏花疏果。

1. 疏花的时间和方法

疏花一般在大花蕾至盛花初期进行。主要针对坐果率高的品种，人工疏去畸形花、迟开花、朝天花、并生花和无叶枝上的花。疏花量一般为总花量的1/3。

2. 疏果的时间和方法

疏果时间越早越好，一般分两次进行：第一次疏果在花后 20 天左右，主要疏除畸形的幼果，如双柱头果、无叶果以及并生果等；第二次疏果在果实硬核期进行，首先疏除萎黄果、病虫果、畸形果，其次疏除朝天果和内膛弱枝上的小果，最后按留果量合理安排疏果的数量。

（三）果实套袋关键技术

1. 桃果实套袋的意义

套袋可以改善果面色泽，使果皮底色整齐一致，干净鲜艳，提高果实外观品质；有效地防止食心虫、椿象及桃炭疽病、褐腐病等的危害，提高好果率；避免农药与果实的直接接触，降低农药残留，提高果实的安全性；防止果实的日烧、裂果及鸟害；减少果肉红色素，促使果实成熟均匀一致，增进品质。

2. 套袋的时间和方法

套袋在疏果后进行，并在当地主要蛀果害虫进果以前完成。先套早、中熟品种和坐果率高、不易落果的品种，后套坐果率低的品种。套袋前对全园喷一次杀虫杀菌剂，杀死果实上的虫卵和病菌。套袋时应按枝由上而下、由内向外的顺序进行。将袋口连着枝条用麻皮和铅丝扎紧，专用纸袋在制作时已将 3cm 左右的铅丝嵌入袋上。无论绳扎或铅丝扎袋口均需扎在结果枝上，扎在果柄处易造成压伤，引起落果。着色品种可以选用白色、浅黄色的单层袋，采前不需撕袋，果实采收时将果袋一并摘下；对着色很深的品种以及晚熟品种，可以套用深色的双层袋，果实成熟前 1 周左右撕袋着色，增加亮度。

第四节　葡萄提质增效关键技术

一、品种选择的原则

选择适当的品种是实现葡萄优质生产的第一步，从原则上说应该选择品质优良、栽培性状可靠的品种，市场上每年都会推出一系列的新品种，给葡萄种植者提供了很多选择也带来了很多困惑，如何正确地选择品种就成为葡萄种植者面临的首要问题。事实上，没有任何一个品种是完美的，应该在充分了解所在产区自然条件和品种特性的基础上，根据自己的栽培目的去选择。

首先，必须选择具有明确来源的品种。从来源上说，葡萄品种一共有三类：第一类是传统品种，是从古代流传下来的品种，如无核白、龙眼等；第二类是从国外引进的品种，即有明确的引种来源，由国外的育种者经杂交或芽变选种而来，在原产国经法定程序被认定为新品种并命名；第三类是我国自行培育的品种，由国内的高等学校、科研院所、企业甚至个人经过杂交或芽变选种而来，必须要有具体的育种主体和来源，并经省级以上品种审定委员会审定，处于审定前的试栽阶段的，杂交而来的要清楚说明其亲本和谱系，芽变选种的要明确其原品种，否则均属不规范品种，应该一概摒弃，以免给生产上造成严重的损失。

其次，对待新品种，一概排斥和盲目追求这两种态度都是不可取的。随着消费者要求的不断提高，原有品种已经不能完全满足市场需求，如果一味排斥新品种，葡萄种植者就难以获得良好的经济效益。但我们也应该知道，目前主栽的品种都是经过长时间的栽培实践被确定在栽培地区有良好的适应性才保留下来的，新品种尽管在某些方面可能的确具有优势，但必须通过在所在产区的试栽，明确在某一方面或几方面没有明显的缺陷或者可以通过栽培措施克服，否则不宜大面积种植。

最后，品种选择还应结合自己的目标市场，如果目标市场是在周边，就应着重考虑食用品质和外观品质，而不用过多考虑品种的贮运性能；但如果是在较远的市场终端，就应以贮运性能为基础，综合考虑食用品质和外观品质。

二、设施栽培的应用

（一）促成栽培

促成栽培包括日光温室和塑料大棚，日光温室（特别是冬季带辅助加温设施的日光温室）可利用其冬季保温效果好的优点，在秋末集中满足需冷再提早打破休眠，使葡萄在12月中下旬发芽，4月中下旬成熟，可以获得较好的市场价格；塑料大棚因无法保证冬季温度，只能在1月份扣棚，以使其在2月发芽，6月成熟，价格也较露地栽培的葡萄有明显优势。

葡萄促成栽培在山东省已经有较大的应用面积，但栽培者因认识和技术等方面的原因，在实际生产中存在许多问题，应该引起重视：一是葡萄种植密度过大，造成棚内郁闭，虽然能获得较高的产量，但果实品质明显下降，也相应加大了枝梢处理的工作量；二是对品种栽培习性尤其是品种的花芽分化特点不了解，所使用的棚内梢花芽分化较差，连续结果能力不好，极大地影响了经济效益；三是温度控制不好，造成棚内形成高温或低温伤害；四是对设施栽培条件下的病害发生规律不了解，导致一些病害流行。

促成栽培曾经给葡萄栽培者带来可观的经济效益，但随着促成栽培技术的大面积推广，其经济效益也有下降的趋势，今后应该在掌握促成栽培基本技术的前提下，通过栽培措施提高果实品质，以获取更好的经济效益。

（二）避雨栽培

避雨栽培包括单行避雨和连栋避雨两种模式，所用的材料有竹弓棚、镀锌钢丝棚、钢管棚等，其中竹弓避雨棚成本低廉，在南方应用面积最大，但抗风抗压能力弱，易变形，寿命短，成本为1000~2000元/亩；镀锌钢丝棚成本要高些，为5000元/亩左右，但需要采用合理的架设方法，其抗风抗压能力较强，不易变形，寿命也较长；钢管避雨棚抗风抗压能力好，不易变形，寿命长，但成本也最高，一般在10000元/亩以上甚至更高。

避雨栽培在湿热同季产区有着明显的优势：一是通过避雨减轻了病害的发生，降低了葡萄栽培风险；二是人为造成土壤干旱，有利于葡萄风味物质的形成，从而提高了果实品质；三是降低了生长季枝梢的生长势，不仅减轻了枝梢处理的工作强度，而且使枝条组织更为致密，更有利于植株的不埋土越冬。但同时，避雨栽培改变了葡萄园的气候条件，提高了温度，降低了光照，人为造成了干旱，因此在实际应用中应注意树冠不能过度郁闭，注重白粉病和生理病用季节性避雨，在雨季过后及时去除避雨棚，提高果实风味物质含量等。

（三）延迟栽培

葡萄延迟栽培是通过生长后期覆盖防寒，推迟和延迟葡萄果实生长期，使葡萄鲜果延后到冬季淡季供应市场，以达到提高经济效益的目的。一般情况下，挂果期长的晚熟品种可以在充分成熟后在树上再挂果2个月左右，但如果要将鲜果延迟到元旦以后甚至春节期间，则需要采取其他措施，使果实在搭建好设施后的11月下旬甚至12月成熟，具体实践中可采用延迟葡萄发芽、利用夏芽或冬芽二次果的方式实现。但同时也要注意，应尽可能调节好成熟期，避免影响翌年的产量，实现葡萄的可持续生产。

三、负荷的确定及花果管理技术

（一）品质的构成要素及影响

葡萄的品质包括三个层面的概念，即食用品质、外观品质和贮运品质。具有良好食用品质的葡萄一般应具有品种的典型性，除必要的含糖量外，还要求具有品种典型的香气；良好的果实着色也需要较高的含糖量；对于硬肉型品种来说，只有以充分含糖量为基础，才能使果实达到一定的硬度，以提高果实贮运性能，而以上这些都需要充足的同化产物作为支撑。由于单位面积的可利用光能是有限的，过高的负荷必然会降低果实的含糖量，进而削弱果实香气，造成果粒变软、果实着色不良或颜色发乌，导致果实品质低下。

（二）适宜产量的确定

适宜的产量应根据单位重量果实成熟所需的叶片面积、产区适宜的叶面积系数来确定，国内学者通过研究提出，每千克红地球葡萄充分成熟，需要的 $0.66 \sim 0.83m^2$ 的叶片。以山东产区适宜的叶面积系数 1.5 计算，鲜食葡萄产量应控制在 $1.0 \sim 1.5t/$ 亩为宜，生产实践中还应根据产区自然条件、品种特点和植株长势进行适当调整。

（三）定穗和疏果

1. 分层间疏法

就是疏去副穗后，保留 $3 \sim 4$ 个小穗后，疏去 $1 \sim 2$ 个小穗，再保留 $4 \sim 5$ 个小穗，然后去掉穗尖。如果上部的小穗偏紧，则应对小穗上的小枝进行适当疏除，用这一方法疏果可以生产穗形一致的果穗。但这一方法的一个限制因素就是疏完一穗果一般需要 $6 \sim 7$ 剪，坐果率很高的品种最多需要 15 剪以上，即便是熟练的工人，每天也只能完成 1 亩左右葡萄园的疏果，在集约化生产模式下工人的人均管理定额可达到 $15 \sim 30$ 亩甚至更多，因此这种方法在集约化生产中应用并不现实。

2. 疏大留小法

该法是疏去上部的多个较大小穗，只保留下部的几个较小的小穗。这种疏果方式在日本和国内受日本技术影响较大的产区应用较多，由于下部小穗一般较紧。这种疏果方法生产的果穗一般都偏紧，可用于单穗包装，不利于集约化条件下的整箱包装。

3. 两剪拉臂法

首先通过生长调节物质拉长果穗，使上部几个小穗之间的距离变大，在坐果后去除上部副穗，保留 5 个左右小穗，去掉穗轴的大部分，只保留 $6 \sim 10cm$ 的主穗轴。这种方法的优点不仅工作效率高，而且所生产的果穗较为疏松，穗形一致，便于采后的整箱包装，是集约化生产模式下适宜的疏果方法。

（四）果实套袋

葡萄套袋技术起源于日本，我国最早应用葡萄套袋的是东部产区，这些地区有着共同的气候条件特点，就是夏季多雨潮湿、光照较弱，因此套袋首先要解决的是隔绝病害的问题，要更多地考虑果袋的防水性能。果袋多采用质量较好的纸袋，并于外面增加防水涂层，以增强防水。

西部产区的自然条件与东部产区有着巨大的差异，西部地区偏少的降水和干燥的气候使病害防治的压力大大减轻，但光照强度大，但如果沿用东部产区常用的纸袋，则强光的照射容易使果袋内温度因温室效应而进一步增加，轻则抑制果实的生长，使果粒变小、成熟延迟，严重时则导致袋内果实的日烧加重，给生产上造成严重损失。但不套袋的情况下，果面又会遭受严重的粉尘污染和药斑污染，影响果实品质。我们研究发现，在西部产区采用无纺布套袋代替纸袋，在提高了果面光洁度的同时，对果粒大小、成熟期、可溶性固形物含量、果粒硬度、日烧率等指标没有明显的影响；而白色纸袋则降低了果粒大小，延迟了成熟，果实可溶性固形物含量、果粒硬度等都有所下降，并且果实的日烧率也有所上升。

（五）生长调节剂的使用

葡萄上经常使用的植物生长调节剂包括赤霉素和细胞分裂素等促进果粒膨大的激素，乙烯利等促进果实成熟的激素等。许多消费者对植物生长调节剂有误解，认为其会对人体产生危害。事实上，人和动物激素是大分子蛋白质，分子量一般为几万到几十万；植物激素则为小分子有机物，分子量从几十到一百多不等，植物激素对人体没有作用，更何况植物生长调节剂残效期短且多在生产早期使用。因此，消费者需要关注的是植物生长调节剂造成的品质下降问题，而不必过于担心因此而带来的食品安全问题。但果农仍需要注意，如果生长调节剂使用不当反而容易造成丰产不丰收，如赤霉素和细胞分裂素可使葡萄的穗轴拉长、果粒膨大，而无核葡萄因自身没有种子分泌赤霉素和汇集养分，不使用赤霉素是没有商品价值的，有核品种则不建议使用，因为过量使用会加重果实涩味、降低果香和影响着色，严重时会裂果、烂果；乙烯利可以促进葡萄的着色和成熟，但会显著降低果实品质尤其是贮运品质，导致落粒，同时也容易促进叶片衰老。

四、葡萄园土肥水管理

（一）土壤管理

1. 清耕法

传统的避免杂草为害的土壤管理方法是清耕法，即用人工或机械方法去除果园行内和行间的杂草，这需要在生长季内多次进行除草，降水多的地区可能需要除草4~5次甚至更多。这一方法的优点主要是果园通透性好；但也有很多缺陷，主要是：①易导致山坡地的水土流失；②导致土壤有机质不易积累，从而过于依赖人工施肥；③耕作不到的土层易板结，影响根系生长；④果园行间没有草的情况下，害虫的天敌也不易生存；⑤多次除草需要耗费大量劳力，加重成本；⑥清耕法管理的果园中，雨后进行机械操作比较困难。

2. 生草法

鉴于清耕法太多的缺陷，我们提倡在果园中更多地采用生草法来管理土壤，可以选择人工植草，也可以选择自然生草。

生草法的优点有：①水土保持效果好；②土壤有机质可明显增加；③通过缓和土壤温湿度变化，更有利于根系的发育；④雨后进行机械操作比较容易；⑤可通过生草法来构建丰富的果园生态环境，增加害虫天敌的种群数量，减少人工控制病虫害的人力物力投入，并提高产品安全性能；⑥生草一旦建立，果园土壤管理所需的人力物力投入会大大降低；⑦生草法可通过草的竞争，促使葡萄根系下扎；⑧生草法改善了果园微域环境，使其更有利于葡萄品质的提高。

生草法的缺点有：①生草建立之初，需要大量劳动力来清除杂草；②自然生草模式下需要及时修剪，否则易导致郁闭和加重病害；③对于需要埋土的地区来说，生草法会增加冬季埋土的困难；④草种需要慎重选择，否则会增加果园红蜘蛛之类害虫的繁衍。

3. 地面覆盖法

地面覆盖法是在行内覆盖黑色无纺布（水肥一体化即滴灌和滴肥可同时进行）或黑色地膜（应工厂定制较厚的地膜以免过早破碎），行间自然生草，碎草机进行切割；埋土防寒区则在春季和秋季果实采收后进行机械翻耕，生长季进行机械碎草，这种方法免去了人工除草的成本，但是长期覆盖的土地易出现土壤有机质下降的问题，应通过定期施有机肥来弥补。

（二）施肥管理

葡萄园养分供应方案的制定，应从具体的土壤条件和土壤养分供应能力出发，以建立良好的土壤结构、提高土壤养分有效性为核心，结合栽培品种的具体特点，以有利于品质形成为目标。

根据鲜食葡萄的品质构成，在制定养分供应技术方面应考虑以下因素。在早春萌芽期，为促进芽眼萌发整齐，应在萌芽前适当土施速效氮肥。为改善坐果，在花期可适当喷施硼肥。在幼果膨大期，为促进果肉细胞分裂，可适当施氮肥。转色期后，为促进成熟和提高果实品质，可适当施速效磷钾肥。采果后的有机肥是鲜食葡萄丰产稳产的基础，应加强重视。

（三）水分管理

鲜食葡萄的大量需水期主要是萌芽期、幼果膨大期和越冬前，应特别注意在大量需水期提供葡萄足够的水分，其他时期适度保持水分供应即可。

萌芽前的灌水对促进芽眼的整齐萌发和新梢正常生长具有重要的作用，此时应保证充足的水分供应，但水温过低时可能会延迟根系的发育，也应特别注意。

花期如果遇雨或者灌水会降低坐果率，因此在坐果率中等或偏低的品种上应竭力避免；但对坐果率过高的品种来说，花期灌水则是自然疏花的一项重要的技术措施。

幼果膨大期是鲜食葡萄的需水关键时期，在落花后的 1 个月内是果肉细胞快速分裂的时期。在这一时期，应保证鲜食葡萄充分的水分供应，以利于果实的自然膨大。

转色期后果实开始软化和成熟，这一时期虽说对水分的需求不是很大，但也应适当供应以确保果实的正常发育。事实上，在我国东部地区此时正处于雨季，葡萄种植者着重考虑的应该是排水而不是灌溉；在干旱而无霜期较短的西部产区，只要葡萄不出现过度干旱也应少灌水或不灌水。

采果后的水分管理因产区自然条件而有所不同，在无霜期较长的产区，应适当灌溉以保持叶片功能，使其能制造更多的同化产物用于树体营养积累；在无霜期较短的产区，则应严格控水，促使根系产生 ABA 信号，诱导植株快速进入休眠状态，以避免冬季冻害的出现。

由于我国大部分的葡萄产区冬季都较为干旱，而土壤如果得到充足的灌水，则会因热容量高而减少冬季冻害发生的概率和减轻冻害程度，因此这些地区应特别注意入冬前的冬灌。

思考题

1. 提高水果人工辅助授粉的效果的有效措施有哪些？
2. 简述水果疏花疏果的依据、时期及方法。
3. 简述苹果生产中的无袋化栽培技术。
4. 目前生产上梨树的矮化途径有哪几种？
5. 简述果树的配方施肥技术、方法与步骤。

第六章 富硒作物生产技术

导读

　　硒元素是人体必需的微量营养元素，其在提高人体免疫力和预防癌症方面有着重要作用。目前，硒元素的匮乏已经涉及 21 个国家和地区，波及 5~10 亿人口，人均硒摄入量不足 40 μg/d。土壤缺硒是导致人体硒含量不足的主要因素，中国、南非、波兰尤为突出。富硒作物可以有效提高人体硒水平，同时产生巨大的社会效益和经济效益。我国是一个缺硒大国，发展富硒作物对促进全民健康有着积极的作用。在土壤肥料方面，对缺硒地区施用硒肥是一条有效途径；富硒地区除了生产富硒作物外，生产富硒肥料，改良相对缺硒地区的土壤状况也是较好的途径。

学习目标

1. 了解富硒作物栽培的任务。
2. 掌握富硒作物产量和生产潜力的提升方法。
3. 掌握富硒棉花生产的关键技术
4. 掌握富硒甜菜生产的关键技术

第一节　富硒作物栽培基础

一、作物栽培的任务

（一）为保障国家粮食安全提供科技支撑

　　一个国家唯有立足粮食基本自给，才能掌握粮食安全的主动权，才能保障国运民生。这是由粮食的极端重要性决定的。粮食是一种特殊的产品，不仅具有食物属性，同时具有政治、经济、能源、人权等多重属性。只有坚持立足国内，实现粮食基本自给，才能做到"手中有粮，心中不慌"。同时，这是由我国作为人口大国的特殊国情决定的。我国是世界上最大的粮食消费国，每年消费量要占到世界粮食消费总量的 1/5，是世界粮食贸易量的两倍多。如果我国出现较大的粮食供求缺口，不仅国际市场难以承受，还会给低收入国家的粮食安全带来不利影响。这也是由我国农业发展水平决定的。目前，我国小麦和水稻单产水平与世界前 10 位国家相比，仅为它们平均水平的 60% 左右。从国内看，粮食增产潜力巨大，如果过度进口粮食，必然会冲击国内粮食生产，不利于农业发展和农民增收。这也是由国际粮食市场的不确定性决定的。当前，除了受一般供求规律的左右，其他各种因素对粮食生产的影响也越来越明显，包括气候因素以及自然灾害导致的粮食供给不足，生物燃料和消费结构变化导致的粮食需求旺盛，以及部分国家出口禁令、国际投机资本在期货市场上的炒作等。据测算，近 10 年来全球谷物消费需求年均增长 1.1%，而产量年均仅增长 0.5%，难以满足消费需求的持续增加。

稳定粮食播种面积，作物栽培具有不可替代的作用。尤其提高单产水平更是增强我国粮食综合生产能力的主要路径。这就需要充分发挥科技对粮食增产的支撑作用，借助良种、良肥、良法综合配套，利用自然条件和各种技术手段，探索现代农业发展新机制。

(二) 为实现全民食品安全提供技术保障

粮食作物、油料作物和经济作物是最原始的食品和食品加工原料。当前，环境污染、土壤污染、化肥污染、农药污染、农膜污染、除草剂污染等严重影响和制约着食品安全。食品安全是指能够有效地提供给全体居民数量充足、结构合理、质量达标的包括粮食在内的各种食物。食品安全还包含"要有充足的粮食储备"。粮食的最低安全系数是储备量至少应占需要量的 17%~18%。食品安全不仅是管出来的，也是种出来的。这就需要借助现代的作物栽培技术，从源头上治理和预防食品的各种不安全因素，生产出优质高效的符合人们需求的多元化食品。

富硒农产品种植使用的是有机硒肥。有机硒肥具有作物吸收快、果实硒含量稳定、重金属及非有机杂质含量低的突出特点，同时人食用有机富硒农产品后，微量元素硒不会在身体内沉淀积累，而是正常转化、排泄，这也是有机硒肥与无机硒肥的根本区别。当然，现阶段真正的有机类硒肥非常少，所以在选择硒肥时一定要谨慎。还有一点要引起正视，无机硒肥除了毒性大、重金属杂质多、作物富硒量不稳定、无法正常吸收等缺陷外，大量、长期使用后还会造成土肥害，形成二次污染。

富硒农产品中硒含量应严格控制在世界卫生组织及国家相关规定尺度，如茶叶硒含量在 2mg 最为适宜，粮食硒含量在 0.5~0.8mg 较为适宜。国家农产品质量安全监视检查中心及其他相关机构对富硒农产品质量有严格的监控检测，确保富硒食品的安全性。长期坚持食用富硒食品有益健康、延年益寿。

(三) 是增加供给的多样性，改善作物品质的必然选择

随着我国建成小康社会目标的实现，人民生活水平的日益提高，国人不但要吃得饱，还要吃得好。这就要求作物栽培技术拓宽研究领域，由"粮食作物—经济作物"二元结构，向"粮食作物—经济作物—饲料作物"三元结构甚至多元化发展，为改善我国人民的食物构成提供物质基础。按照不同的生产目标和需求标准，人均粮食 300kg 只能算温饱的低限水平，400kg 可算温饱有余的水平，只有 500kg 以上才能算充足富裕的水平。目前，单纯地追求产量，已不能适应社会发展的需要，必须达到优质，才能满足市场的需求。随着质量标准不断出现，对各种作物品质的要求更加严格和迫切，而且由于家庭农场、承包大户、农业合作社的兴起，一些专业化生产正在形成，有机食品、绿色食品、无公害生产日趋得到全社会的普遍认可。因此，必须借助作物栽培技术改善作物品质，这也将是未来农业的发展方向。

(四) 是实现农业可持续发展，提高作物生产效益的基础性措施

土地是不可再生资源，在坚持 12×10^6 亩耕地红线的前提下，必须依靠科技的支撑作用，提升农业的总体发展水平。可持续农业包含两层含义：一是发展生产满足当代人的需

要；二是发展生产不以损坏环境为代价，使各种资源得到延续利用。因此，可持续发展的目标是改变农村贫困的落后面貌，逐渐达到农业生产率的稳定增长，提高食物生产数量和质量，保护食物安全，发展农村经济，增加农民收入。只有走可持续发展道路，才能够保护和改善农业生态环境，合理、持续地利用自然资源，最终实现人口、环境与发展的和谐。

增产不增收，已严重影响着农业发展和农民生产的积极性。调整生产内部结构，实现作物生产效益和农民增收是作物栽培的重要内容之一。

二、富硒作物产量和生产潜力

（一）作物产量

所谓作物产量，包括两个概念：一个是生物产量，即作物在生育期间积累的干物质总量（一般不包括根系）；另一个是经济产量（即通常所说的产量），是指生物产量中被利用作为主要产品的部分。

作物的经济产量是生物产量的一部分。经济产量占生物产量的比值叫经济系数。作物的经济系数越高，说明该作物对有机质的利用率越高，主产品的比例

越大，而副产品的比例越小。不同作物的经济系数有很大差别，如薯类作物为70%~80%，小麦为45%，玉米为30%~40%，大豆为30%左右。同一种作物因品种、环境条件及栽培技术的不同，其经济系数也有明显的变化。

（二）作物产量构成因素

作物不同，产量（经济产量）构成因素也不同。禾谷类作物的产量由穗数、粒数和粒重三个基本因素构成，三者的乘积越大产量越高。在相同产量情况下，不同品种、不同条件，构成产量因素的作用可以不一样。有的三个因素同时得到发展，也有的仅是其中一个或两个因素较好。以小麦为例，北部麦区高产田的产量构成因素以穗多为特点；南部高产田的穗数较少，但每穗粒数较多。因此，不同地区、不同品种，在不同栽培条件下，有着各自不同的最优产量因素组合。

在一定的栽培条件下，产量构成因素之间存在着一定程度的矛盾。单位面积上穗数增加到一定程度后，每穗粒数就会相应减少，粒重也有降低趋势，这是普遍规律。当穗数的增多能弥补并超过粒数、粒重，降低的损失时，则表现为增产；当某一因素作用的增大不能弥补另外两个因素减少的损失时，就表现为减产。

（三）作物增产潜力及提高作物产量的途径

1. 培育高光效的农作物品种

要求作物具有高光合能力、低呼吸消耗，叶面积适当，光合机能持续时间较长，株型、叶型、长相都利于群体最大限度地利用光能。

2. 充分利用生长季节，合理安排茬口

采用间作套种、育苗移栽、保护栽培等措施，提高复种指数，使耕地在一年中有作物生长，特别是在阳光最强烈的季节，耕地上要有较高的绿叶面积，以充分利用光能。

3. 采用合理的栽培措施

合理密植，保证田间有最适宜受光的群体。同时，正确运用水、肥等，充分满足作物各生育阶段对环境条件的要求，使适宜的叶面积维持较长时间，促使光合产物的生产、积

累和运转。

4. 提高光合效率

例如，补施二氧化碳肥料、人工补充光照、抑制光呼吸等。

第二节　富硒棉花生产技术

一、富硒棉花播种技术

（一）播前准备

1. 深耕整地

棉花对土壤要求不严格，但以富含有机质，质地疏松，保肥保水能力强，通透性良好，土层深厚的沙壤土为宜。黏土地"发老不发小"，应注意前期保苗和防止中后期旺长；沙土地"发小不发老"，要注意防止后期早衰。

棉花是深根作物，深耕的增产效果十分显著。据试验，深耕 20～33 cm 比浅耕 10～17cm 增产皮棉 6.5%～18.3%。深耕结合增施有机肥料，能熟化土壤和提高土壤肥力，使耕层疏松透气，促进根系发展，扩大对肥、水的吸收范围；改善土壤结构，增强保水、保肥能力和通透性；加速土壤盐分淋洗，改良盐碱地；减轻棉田杂草和病虫害。

土壤耕翻在收获后进行效果最佳。冬前未深耕的棉田可在土壤解冻后春耕，耕后要及时耙粉保墒。深耕应结合增施有机肥，使土壤和肥料充分混合，以加速土壤熟化。高产棉田的耕地深度以 30cm 左右为宜。

棉花子叶肥大，顶土出苗困难。棉田整地质量好坏，直接影响着棉花的发芽和出苗。在深耕基础上平整土地，耙粉保墒，达到地平土细、上虚下实、底墒足、表墒好，是一播全苗、培育壮苗的基础。

2. 肥料准备

（1）棉花的需肥规律

营养元素对棉花生育的影响：棉花正常生长发育需要各种大量元素和微量元素，属全营养类型。其中，碳、氢、氧占棉株重的 95%，氮约占 1.6%、磷占 0.6%、钾占 1.4%；另外，还有钙、硅、铝、镁、钠、氯、铁等含量较多的元素及锰、镉、铜、锌、钼等微量元素。

棉花不同生育时期的需肥特点：棉花从出苗到成熟，历经苗期、蕾期、花铃期和吐絮期 4 个时期，每个生育时期都有其生长中心。由于各生育期的生长中心不同，其养分的吸收、积累特点也不相同。

棉花的产量水平与需肥量：棉花产量不同，需要的氮、磷、钾数量也不相同。随产量提高需肥量也增加，但产量增长与需肥量增加之间不成正比。在一定范围内，产量水平越高，每千克养分生产的皮棉越多，效益越高。

（2）基肥施用技术

棉花生育期长，根系分布深而广，需肥量大，为满足棉花全生育期在不同土层吸收养分的要求，除棉田浅层要有一定的肥力外，耕层深层也应保持较高的肥力，因此必须施足基肥。基肥以有机肥为主，配合适量的磷、钾等肥，结合深耕，多种肥料混合施用，使之相互促进，提高肥效。肥效发挥平稳，前后期都有作用。肥料较少时，要集中条施。

高产棉田一般要求每公顷施优质圈肥 30000～60000kg，纯 N 105～127.5kg，P_2O_5 120

kg，缺钾土壤施 K_2O 75～112.5kg（盐碱地不能施用氯化钾）。缺硼、缺锌的地区或棉田，可施硼砂 7.5～15kg，硫酸锌 15～30kg。

基肥最好结合秋冬耕施入土壤，以利于肥料腐熟分解，提高肥效，春季施肥则越早越好。做基肥用的磷、钾肥，应和有机肥同时施用。基肥中的氮肥，可在播种前旋耕施下。

3. 底墒水准备

（1）棉花的需水规律

棉花主根入土深，根群发达，是比较耐旱的作物。但由于棉花生育期长，叶面积较大，生育旺盛期正值高温季节，所以棉花也是需水较多需补充灌溉的作物。

棉花的需水量一般随着产量的增加而相应增加，但不成比例。据河北省灌溉研究所研究，单产皮棉为 750 kg/hm² 的棉田总耗水量为 4500～6000m³，单产皮棉为 1500kg/hm² 的棉田总耗水量大约为 6750m³。

棉花不同生育时期对水分的需求不同，总趋势与棉花的生长发育速度相一致。

播种到出苗期间，需水量不大。一般土壤水分为田间最大持水量的 70% 左右时，发芽率高，出苗快。盐碱地棉田，在含盐量不超过 0.25%～0.3% 时，土壤含盐量越高，棉籽发芽出苗所需的土壤水分越多。

苗期需水较少，占总需水量的 10%～15%，此期根系生长快，茎、叶生长较慢，抗旱能力强，适宜的土壤相对含水量为 60%～70%。幼苗期适当干旱，有利于根系深扎和蹲苗，促进壮苗早发。

棉株现蕾后，生长转快，耗水量逐渐增多，对水分反应敏感，10～60 cm 土层的含水量以 60%～70% 为宜。低于 55% 或高于 80% 均会妨碍棉株的正常生育，影响增蕾保蕾。

花铃期是棉花需水最多（约占总耗水量的一半）的时期，对水分需求很敏感。此期 10～80 cm 土层的含水量以保持田间最大持水量的 70%～80% 为宜。此期土壤缺水，会造成棉株生理代谢受阻，引起蕾铃大量脱落；土壤水分过多，也会阻碍根系的吸收和呼吸作用，甚至会引起烂根烂株，增加蕾铃脱落和烂铃，降低产量和品质。

吐絮期的需水量显著减少，耗水量占总耗水量的 15%～20%。土壤干旱会引起棉株早衰，影响秋桃产量；水分过多会造成贪青晚熟，增加烂桃。土壤水分以田间最大持水量的 55%～70% 为宜。

（2）底墒水准备

浇足底墒水是保证棉花适时播种、一播全苗的重要措施。同时，蓄足底墒可以推迟棉花生育期第一次灌水，实现壮苗早发，生长稳健。

播前储备灌溉以秋（冬）灌为最好。秋（冬）灌不仅可以提供充足的土壤底墒，还可改良土壤结构，减轻越冬病虫害，避免春灌降低地温。秋（冬）灌以土壤封冻前 10～15d 开始至封冻结束为宜，灌水定额为 1200m³/hm²。

未进行秋（冬）灌或播前土壤墒情不足，可于耕地前 5～7 d 进行春灌，灌水量为 750～900m³/hm²。根据土壤情况及灌溉时间，水量可适当增减。耕后注意耙粉保墒。

4. 种子准备

（1）选用良种

根据当地的气候、土壤及生产条件，因地制宜地选用产量高、纤维品质优良的品种。在黄河流域中熟棉区，要选择前期生长势较强、中期发育较稳健、中上部成铃潜力大、株型较紧凑、铃重稳定、衣分高、中熟的优质高产品种；夏套棉可选择高产、优质、抗病、株型紧凑的短季棉品种。北部特早熟棉区，要选用生育期短的中早熟或早熟品种。

目前，棉花枯、黄萎病蔓延迅速，危害日趋严重，成为影响棉花产量的一大障碍因素。所以，生产上一定要选择抗病（或耐病）性强的品种，以减轻枯、黄萎病的危害。

（2）种子精选、测定种子发芽率和晒种

种子精选：充实饱满的种子是全苗、壮苗的先决条件。自己选留种子，要选留棉株中部且靠近主茎的、吐絮好、无病虫害的霜前花做种。轧花后进行粒选，去除破籽、虫籽、秕籽、异形籽、绿籽、光籽、稀毛籽、多毛大白籽等劣籽和退化籽，留下成熟饱满、符合本品种特性的正常棉籽做种。经过粒选的种子，品种纯度可达到95%以上，发芽率在90%以上。播种前结合浸种，再进行一次粒选，除去黄皮嫩籽。

测定种子发芽率：棉籽发芽势和发芽率决定着出苗的多少、好坏、快慢和播种量的多少。测定棉籽发芽率的方法如下：取浸泡吸足水分（55~60℃的温水浸泡0.5h或冷水浸泡24h）的棉籽100~200粒，轻轻插入装有湿沙的培养皿或碗碟内，盖一层细沙或湿布，置于热炕或温箱内，保持25~30℃，第3天发芽的百分数为发芽势，第9天发芽的百分数为发芽率。发芽标准为棉花胚根的长度等于种子长度。也可将吸胀后完整的棉仁浸泡在5%~10%红墨水（含苯胺）中1~2min捞出洗净，观察染色程度。未染色的表示生命力强，有斑点的生活力差，全染色的说明已丧失生活力。

晒种：晒种可促进种子后熟，加速水分和氧气的吸收，提高种子的发芽率，并有杀菌和减轻病害的作用。播前15d左右，选择晴天连晒4~5d，晒到手摇种子发响时为止。晒种时，要薄摊、勤翻，使种子受热均匀，禁止在水泥地或石板上晒种，以免种子失水过多而形成硬籽。

（3）种子处理

硫酸脱绒：硫酸脱绒可以杀灭种皮外的病菌，控制枯、黄萎病的传播，并有利于种子精选，提高发芽率；便于机械精量播种，节约用种和减少间、定苗用工；利于种子吸水，出苗早。以100 kg棉籽加110~120℃的粗硫酸（比重1.8左右）15 kg左右的比例，边倒边搅拌，至短绒全部溶解，种壳变黑、发亮为止，捞出后以清水反复冲洗，至水色不黄、无酸味，摊开晾干备用。

浸种：毛籽应浸种和药剂拌种。

药剂拌种：棉籽浸种后用0.5%的多菌灵、甲（乙）基托布津、呋喃丹等药剂拌种，可防治苗期病害、虫害。

种子包衣处理：种衣剂是将杀虫剂、杀菌剂、复合肥料、微量元素、植物生长调节剂和缓释剂等，经过特殊加工工艺制成的药肥复合剂。

随着种子的萌发生长，包衣内的药、肥可被根系吸收，在一定生长期（45~60d）内，能为棉株提供充足的养分和药物保护，起到防病、治虫、保苗的作用。据试验，种衣剂包衣比用呋喃丹拌种增产8.9%。

包衣种子在使用时应注意几个问题：①播种前不能浸种，不能与其他农药和化肥混合，以免发生毒性和化学变化，造成药害。②包衣种子不耐储藏，应当年包衣，当年播种。③包衣种子有毒，不可榨油或做饲料。

（二）播种

1. 播种时期

棉花适时播种是实现一播全苗，壮苗早发，提高产量与品质的重要措施。播种过早，温度低，出苗慢，种子容易感染病害，造成烂种、烂芽、病苗、死苗，出苗后遭遇晚霜冻害，影响全苗和壮苗。播种过晚，虽然出苗快，易全苗，但棉脚高迟发，结铃晚，缩短有效结铃期，晚熟减产、品质差。

"终霜前播种，终霜后出苗"是棉花播种原则，地膜覆盖棉田出苗快，应尤为注意。

棉花的适宜播种期，应根据当地的温度、终霜期、短期天气预报、墒情、土质等条件来确定。在土壤水分等条件适宜的情况下，一般以5 cm地温稳定通过14℃或20cm地温达到15.5℃时播种为宜。

在同一地区，播种的先后顺序要根据具体情况而定，沙性土、向阳地先播；黏性地、低洼潮湿地后播；盐碱地适当晚播，一般在5 cm地温稳定在16~17℃时播种。黄河流域棉区以4月15~25日播种为宜；新疆北疆棉区一般在4月10~20日，南疆棉区以4月5~15日播种为宜。

2. 合理密植及播种量

（1）合理密植

种植密度：确定棉花的种植密度要综合考虑气候条件、土壤肥力、品种特性及栽培制度等因素。

行株距的合理配置：合理配置行株距，能使棉株在田间分布合理，保持较好的通风透光条件，减小群体与个体的矛盾，便于田间管理。确定行株距一般以带大桃搭叶封行为标准。目前，普遍采用的配置方式主要有等行距和宽窄行两种。等行距有利于棉株平衡发育，结桃均匀，防倒能力强。行距大小因土壤肥力而异，高产田行距一般为60~80cm；中等肥力50~60 cm；旱薄地40 cm左右。宽窄行，能推迟封垄时间，从而改善通风透光条件，有利于中下部结铃，减少脱落。一般高产田的宽行80~90cm，窄行50cm左右；中等肥力棉田宽行为60~80cm，窄行40cm左右。株距大小可按计划密度折算。

（2）播种量

播种量要根据播种方法、种子质量、留苗密度、土壤质地和气候等情况而定。

播量过少难以保证密度，影响产量；过多不但浪费棉种，还会造成棉苗拥挤，易形成高脚苗，增加间苗用工等。一般条播要求每米播种行内有棉籽30~40粒，用种60~70kg/hm^2；点播每穴3~4粒，用种30~40kg/hm^2。在种子发芽率低、土壤墒情差、土质黏或盐碱地、地下害虫严重时应酌情增加播种量。环境适宜的条件下，采用精量播种或人工点播，仅用种15~22kg/hm^2。

3. 播种

（1）播种方式

播种方式分条播和点播两种。条播易控制深度，出苗较整齐，易保证计划密度，田间管理方便，但株距不易一致，且用种量较多，现生产中已很少应用。点播用种节约，株距一致，幼苗顶土力强，间苗方便，但对整地质量要求高，播种深度不易掌握，易因病、虫、旱、涝害而缺苗，难以保证密度。采用机械条播或精量点播机播种，能将开沟、下种、覆土、镇压等作业一次完成，保墒好、工效高、质量好，有利于一播全苗。

土壤墒情不好，可采用抗旱播种方法。

无论采用何播种方法，都要在行间或地边播种部分预备苗，以备移苗补缺。

（2）施用种肥

在土壤贫瘠，施肥水平较低，基肥不足或腐熟程度较差的情况下，施用种肥有较显著的增产效果；盐碱地施用腐熟有机肥做种肥还有防盐、保苗作用。

种肥宜选用高度腐熟的有机肥和速效性化肥以及细菌肥料。氮肥以硫酸铵较为适宜，磷肥宜选用过磷酸钙。种肥用量不宜过大，一般施硫酸铵 $37.5 \sim 75 kg/hm^2$，过磷酸钙 $75 \sim 120 kg/hm^2$。集中条施或穴施于播种沟（穴）下或一侧，深度以 $6 \sim 8cm$ 为宜。

（3）播种深度及播后镇压

棉花有"头大脖子软，顶土费劲出土难"的特点，因此播深的掌握是确保全苗、壮苗的关键。

播种过深，温度低，氧气少，发芽、出苗慢，顶土困难，消耗养分多，幼苗瘦弱，甚至引起烂籽、烂芽；播种过浅，种子易落干，造成缺苗断垄，或戴壳出土，影响壮苗。一般播深以 $3 \sim 4cm$ 为宜。

播深要根据情况灵活掌握，墒情好，土质黏，盐碱地，可适当浅些；反之可适当深些。

播后要及时镇压，使种子与土壤密接，利于种子吸水和发芽、出苗。

4. 播后管理

播种后，常会遇到低温、阴雨、干旱和病虫等不良环境条件的影响而造成出苗不全。因此，要做好棉花播种后至出苗阶段的管理，确保一播全苗。

播种后，要及时检查有无漏播、漏盖和烂种等情况。如果有漏播、漏盖，应催芽补种和盖土；有落干危险时，底墒较好的可镇压提墒，底墒较差的可立即采用在播种沟旁开沟浇水，促使棉籽发芽出苗。有轻度烂种或烂芽的，应催芽补种，严重的要立即重种。

播种后遇雨，应顺播种行中耕松土，破除土壤板结，促进空气流通，增温保墒，使种子迅速发芽出苗，否则会烂种、烂芽，轻则缺苗断垄，重则造成毁种。

二、富硒棉花田间管理技术

（一）查田补苗

棉花显行后及时逐行检查。缺苗较多，应立即催芽补种；缺苗较少，进行芽苗移栽。选择气温在 $18 \sim 26℃$ 的晴天，就地取苗后置于水盆（防风干）中，将棉苗放入深 $6 cm$、宽 $3cm$ 左右的土窝，用少量土把苗基部围住，浇少量水，待水下渗 $1/3$ 左右时，轻轻覆土，覆土时勿按压，以防形成泥块影响成活。如果补苗时间较晚，或盐碱地棉苗移栽，应采用带土移栽的方法，尽量多带土，适量多浇水。

（二）间苗、定苗

棉苗出齐后要及早间苗，以互不搭叶为标准，留壮苗，去除弱、病、杂苗。定苗一般在两叶一心、茎秆开始木质化时进行。定苗要根据留苗密度，死尺活定。

（三）中耕松土

1. 苗期中耕

根据气候、土质、墒情等情况，棉花苗期一般中耕 $2 \sim 3$ 次。中耕深度由浅至深，行间逐渐加深到 $10cm$ 左右，株间逐渐加深至 $4 \sim 5cm$。天旱墒差时要适当浅锄。苗期地温低、苗病发生严重时，应及时在株间扒窝晾墒，防止病害蔓延，促使病苗恢复生长。盐碱地棉田苗期应深锄 $10cm$ 以上，促使根系深扎，下小雨后不易使土壤表层积聚的盐分淋溶到根部，可显著减轻小雨后死苗。

2. 蕾期中耕

蕾期是棉花根系发育的重要时期，勤中耕、深中耕可以促进根系下扎，增强棉株的吸收能力和抗旱、抗倒伏能力，保证棉花发棵稳长。对有徒长趋势的棉田，深中耕可切断部分侧根，起到控制徒长的作用。中耕要逐渐加深，在盛蕾阶段，行间中耕深度可达 10cm 以上，株旁和株间达到 5~6cm。对于旱薄地棉田，主要是勤、细中耕保墒，不要中耕太深。中耕次数，以保持土不板结、无杂草为标准。盛蕾期至花期结束，应结合中耕分次进行培土，培土高度 13~14cm。

3. 花铃期中耕

花铃期正值高温多雨季节，土壤水分过多，空气减少，影响根系的呼吸作用，降低根系吸收肥水能力，甚至会造成棉株生理干旱，引起蕾铃大量脱落。因此，花铃期一定要做好中耕松土工作。由于花铃期棉株在近地面处滋生大量毛根，并且再生能力减少，所以中耕宜浅，以不超过 6cm 为宜，避免伤根过多，造成早衰。

（四）生育期施肥

1. 苗肥

在基肥用量不足时，尤其是低、中产棉田，应重视苗肥的施用，以促根系发育、壮苗早发；一般施标准氮肥 45~75kg/hm^2，基肥未施磷、钾肥的，适量施用磷、钾肥。基肥用量足的高产棉田，一般不施苗肥。

2. 蕾肥

棉花蕾期施肥讲究稳施、巧施，既可满足棉花发棵、搭丰产架子的需要，又可防止因施肥不当而造成棉株徒长。地力好、基肥足、长势偏旺的棉田，在初花期施肥；水肥充足，生长稳健的高产棉田，在盛蕾至初花期施用 75~120 kg/hm^2 标准氮肥；地力差，基肥不足，棉苗长势弱的棉田，要在现蕾初期重施，一般施标准氮肥 180~225kg/hm^2。施肥深度掌握在 10cm 以下，距苗 12~15cm。

3. 花铃肥

花铃期是棉株生育旺盛时期，也是决定产量、品质的关键时期。该期大量开花形成优质有效棉铃，是棉株一生中需要养分最多的时期，因而要重施花铃肥。

施肥数量和时间，要根据天气、土壤肥力和棉株长势长相而定。长势强的棉田，应在盛花期棉株基部坐住 1~2 个成铃时施用；土壤肥力一般、天旱墒情差和长势弱的棉田，花铃肥要在初花期施用，做到"花施铃用"；移栽棉花、早熟品种、易早衰品种及密度大的棉田，也要适当早施，以防早衰减产。

一般情况下，花铃肥用量占总追肥量的 50%~60%，施标准氮肥 225~300 kg/hm^2；高产田可增至 450 kg/hm^2。施肥深度 6~9cm 以下，距棉株 15 cm。

4. 盖顶肥

盖顶肥能防止棉株后期脱肥早衰，多结早秋桃，提高铃重和衣分。

地力充足、生长有后劲及盐碱地棉田，要少施或不施，以防贪青晚熟；地力差、有脱肥早衰趋势棉田，要早施、多施盖顶肥。盖顶肥的施用时间一般在立秋前后，标准氮肥用量为 75~120kg/hm^2。

5. 叶面肥

8月中旬至9月上旬，对有早衰趋势的棉田可喷施 1%~2% 的尿素水溶液；长势一般、偏旺棉田，可根据长势喷 2%~3% 的过磷酸钙浸出液或 300~500 倍的磷酸二氢钾、磷酸二铵溶液 1~3 次，每次 900~1000kg/hm²，对提高结铃率，增加铃重有一定效果。

6. 科学施硒

将硒试剂用水稀释，均匀喷施在叶片的正反面。如果达到最佳效果，请在生育期喷施 2~3 次，每隔 15~20d 喷施一次。

在苗期至旺长期，蕾期或始花期，或幼果膨大期喷施。或拌土杂肥有机肥基施在棉花植株四周。

（五）生育期灌溉

棉花生育期间灌水要根据不同生育时期的长势长相，结合天气、土壤等情况综合考虑。

正常棉花苗期的红茎比约为 1/2，蕾期为 2/3，初花期为 70% 左右，盛花期后接近 90%，超出此标准，说明棉田缺水。苗期主茎平均日增长量以 0.3~0.5 cm 为宜，初蕾期为 0.5~1.0cm，盛蕾期为 1.5~2.0cm，初花期为 2.0~2.5 cm，盛花期以后降至 0.5~1.0 cm，低于上述指标即可进行灌溉。叶色深绿发暗，顶心随太阳转动能力减弱；顶部第二展叶在中午萎蔫，下午 3~4 时仍不能恢复以及棉花顶尖低于最上部棉蕾也是棉花缺水的标志。

一般棉田在苗期不需灌水，高产棉田尽可能推迟头水，以控制营养生长，促进根系发育和生殖生长，减少蕾铃脱落。

棉田的第一水和最后一水尤为重要。第一水一般在 6 月底；最后一水不宜超过 9 月上旬。除盐碱地棉田外，灌水量一般为 450~675 m³/hm²，多采用隔沟轻浇方法，以免水量过大，造成棉花徒长。浇水后要及时中耕松土，促根下扎，增强棉花后期的抗旱能力。棉田积水或湿度过大，会阻碍根系的吸收和呼吸作用，甚至造成烂根、烂株，增加蕾铃脱落和烂铃，降低产量和品质。因此，雨季应做好排水防涝工作。

（六）棉田整枝

1. 去叶枝（抹油条）

现蕾初期，将第一果枝以下的叶枝及主茎基部老叶去掉，保留肥健叶，可促进主茎及果枝发育。弱苗、缺苗处或田边地头棉株，可选留 1~2 个叶枝，充分利用空间，增结蕾铃。一般株型松散的中熟品种需要去叶枝，株型紧凑的早熟品种可不去叶枝。

2. 打顶尖

棉花打顶可控制棉株纵向生长，消除顶端优势，调节光合产物的分配方向，增加下部结实器官中养分分配比例，加强同化产物向根系运输，增强根系活力和吸收养分的能力，进而提高成铃率，减轻蕾铃脱落，增加铃重，促进早熟。

打顶时间，要根据棉花的长势、地力、密度和当地初霜期等灵活掌握。群众的经验是"以密定枝，枝够打顶""时到不等枝，枝够不等时"。例如，每公顷 6 万株左右的棉花，一般单株留 12~14 个果枝。适宜的打顶时间宜在当地初霜前 90 d 左右。黄河流域棉区多在 7 月中旬打顶；土质肥沃、棉株长势强、密度小霜期晚，可推迟到 7 月下旬打顶；土壤瘠薄、棉株长势弱、密度大、霜期早，可提早到 7 月上旬打顶。新疆棉区由于棉花生长后期气温下降快，需靠增加密度、减少单株果枝数争取早熟高产，一般在 7 月 15 日前打顶。在高密度栽培条件下，打顶时间应适当提前，南疆在 7 月 10~15 日，北疆在 7 月 5~10 日。打顶要打小顶，即摘去顶尖连带一片小叶。棉株生长整齐应一次打顶。反之，分次打。

3. 打边尖（打群尖、打旁心）

打边尖就是打去果枝的顶尖，可控制果枝横向生长，改善田间通风透光条件，调节棉株营养分配，控制无效花蕾，提高成铃率，增加铃重，促进早熟。

打边尖应根据棉株长势、密度和初霜期等情况，本着"节够不等时，时到不等节"的原则，自下而上分期进行。一般棉株的下部果枝可留 2~3 个果节，中部果枝可留 3~4 个果节，上部果枝视长势留果节。打边尖最晚应在当地初霜期前 70d 左右打完。黄河流域棉区打边尖时间一般在 8 月 10~15 日前，南疆在 8 月 15 日前，北疆在 8 月 5 日前。

4. 抹赘芽（抹耳子）

主茎果枝旁和果枝叶腋里滋生出来的芽为赘芽，由先出叶的腋芽发育而来，徒耗养分且影响通风透光，应及时打掉。在多氮肥、墒足及打顶过早时，赘芽发生较多。抹赘芽要做到"芽不过指，枝不过寸，抹小抹了"。

5. 剪空枝、打老叶

"立秋"后的蕾及"白露"前后的花，所形成的铃均为无效铃。因此，"白露"后要及时摘除无效花蕾。对后期长势旺，荫蔽严重的棉田，进行打老叶、剪空枝、空梢及趁墒"推株并垄"等作业，可改善棉田通风透光条件，减少养分消耗，有利于增秋桃，增铃重，促早熟，防烂铃。

（七）棉花的蕾铃脱落及防止措施

1. 蕾铃脱落的规律

蕾铃脱落包括开花前的落蕾和开花后的落铃。在蕾铃脱落中，落蕾与落铃的比例一般为 3：2。但不同年份、不同地区和栽培条件下，蕾铃脱落的比例有所变化。一般地力肥沃、密度偏低、生长健壮的棉株落铃率高于落蕾率；地力薄、密度较大、前期虫害或干旱严重时，落蕾率高于落铃率。

棉花从现蕾至吐絮均有脱落，其中以 11~20 d 幼蕾脱落最多，20 d 以上的大蕾较少；开花后 3~8d 的幼铃易脱落，10d 以上的大铃很少脱落。

下部果枝及靠近主茎的蕾铃脱落少，上部果枝、远离主茎的蕾铃脱落多；在密度过大，肥水过多，棉株徒长时，蕾铃脱落部位与上述相反。

初花期以前很少脱落，以后渐多，开花结铃盛期达到高峰。据研究，开花前脱落数仅占总脱落数的 2%左右，开花结铃盛期脱落数约占总脱落数的 56%左右。

2. 蕾铃脱落的原因

（1）生理脱落

生理脱落是指在外界条件影响下，棉株内部果胶酶和纤维素酶的活动加剧，在蕾柄或铃柄处形成离层而导致的脱落。生理脱落是蕾铃脱落的基本原因，占总脱落率的 70%左右。

（2）病虫为害

病虫为害可直接或间接地引起蕾铃脱落。直接为害蕾铃的虫害有盲椿象、棉铃虫、金刚钻等，为害时间长而严重；间接为害的主要为蚜虫，造成卷叶，减少叶面积和光合产物而引起蕾铃脱落。造成蕾铃大量脱落病害主要有枯黄萎病和红叶茎枯病。

（3）机械损伤

田间作业不慎，或者遭到冰雹、暴风雨等的袭击，会损伤枝叶或蕾铃，直接或间接引起蕾铃脱落。

3. 保蕾保铃的途径

棉花蕾铃脱落的原因是多方面的，必须采取综合栽培措施，处理好棉花生育过程中的营养生长与生殖生长、个体与群体、棉花正常生长与自然灾害之间的矛盾，解决好有机营养的合成、运输与分配，以满足蕾铃发育的需要，减少蕾铃脱落。

（1）改善肥水条件

肥水供应不足的瘠薄棉田，植株生长受抑制，容易早衰。增肥、增水可显著减少蕾铃脱落

（2）调节好营养生长与生殖生长的关系

对棉株容易徒长的肥沃棉田，通过肥水、中耕、整枝和使用生长调剂等综合栽培措施，协调好营养生长与生殖生长的关系，使有机养分分配合理，减少蕾铃脱落。

（3）合理密植，改善棉田光照条件

通过建立合理的群体结构，减少荫蔽，改善田间光照条件，提高光能利用率，从而减少蕾铃脱落。

（八）病、虫、草害及其防治

1. 病害及其防治

（1）苗期主要病害

棉花苗期的病害主要有红腐病、立枯病、炭疽病、褐斑病和纹斑病等。

早播或低温多雨适于发病，温度越低病情越重。连作棉田、种子质量差、氮肥多发病严重，有机肥多病轻。死苗多发生在出苗后半个月，真叶出现后死苗少。

通过精细选种、与禾本科作物轮作、适时播种、温汤浸种及药剂（灵福合剂、多菌灵等）拌种可达到一定防治效果。

苗病发生后可用1∶1∶200的波尔多液或25%的多菌灵胶悬剂200~300倍液喷治。每7d喷一次，喷2~3次。

（2）棉花枯萎病和黄萎病

枯、黄萎病是棉花生产上最严重的两种病害，至今尚缺乏有效防治药剂。

引种抗病品种是对枯、黄萎病较好的防治措施。与禾谷类作物轮作，加强管理，合理施用足量的氮、磷、钾肥。播种前撒施多菌灵、甲基托布津，生育期间滴施"枯黄一滴净"，也能取得一定的防治效果。

（3）棉铃病害

棉铃病害主要有疫病、炭疽病、角斑病、红腐病、红粉病、软腐病和黑果病。

烂铃的发生与结铃期气候条件、棉花生育状况、虫害程度和栽培管理密切相关。一般7月下旬开始发生，8月中下旬为发病盛期。棉铃增大期抗病性强，一般不发病；棉铃停止增大后，降雨量大，烂铃大量发生，开裂前10~15 d发病率最高。烂铃主要发生在棉株下部果枝内围节位上。

对于棉铃病害可通过下列农业措施防治：合理密植；喷施生长调节剂，防止徒长；适时整枝，改善棉田通风透光条件；加强中耕松土及雨后排水等。

在铃病发生初期，用甲基托布津、多菌灵、回生灵、乙膦铝、代森锰锌等对棉铃喷雾，防效可达85%以上。

对于零星病铃要及时摘收，在田外晒干或晾干，剥壳收花。

2. 虫害及其防治

棉田害虫主要有棉蚜、棉铃虫（钻心虫）和棉花叶螨（棉红蜘蛛）等。

选用抗蚜品种，采取棉麦间作，均对棉蚜有一定防控作用。冬春深耕、灌水、中耕除草既可改善田间小气候，又可消灭棉铃虫部分卵、蛹与幼虫。棉田种植玉米带，清晨拍打玉米心叶可消灭棉铃虫幼虫。产卵期喷施2%的过磷酸钙浸出液驱蛾，用树枝把或黑光灯诱捕成虫等都有不错的防虫效果。

利用害虫天敌进行防治。棉田内蚜虫天敌有七星瓢虫、食蚜蝇、蚜茧蜂、小花椿等；棉铃虫天敌有草蛉、赤眼蜂、瓢虫及苏云金杆菌、核多角体病毒；棉叶螨天敌有小花蝽、草蛉等。

防治棉田害虫化学药剂较多。例如，呋喃丹、3911乳油拌种或浸种，久效磷、辛硫磷、吡虫啉、灭多威等喷雾，40%氧化乐果、久效磷等涂茎（红绿交界处），敌敌畏熏杀等都对棉蚜有很好的防除作用。有机磷类、菊酯类、氯基甲酸酯类等药剂对棉铃虫效果很好。三氯杀螨砜、双甲脒乳剂既能杀螨又能杀卵。

3. 草害及其防治

棉田杂草以荠菜、苦荬菜、小旋花、马唐、马齿苋、刺儿菜、苍耳、狗尾草等为主，一般3~4月间多种杂草发芽，夏后二年生春性杂草衰老，多数一年生杂草进入最盛时期，7月最重。

通过深耕翻、中耕及轮作倒茬可减轻杂草危害。

地膜棉覆膜前以氟乐灵喷洒土壤表面，对杂草有很好的封杀作用。

对非地膜棉，在播后、移栽前，以果尔乳油处理土壤；4叶后用阔乐乳油加高效盖草能乳油或精禾草克乳油定向喷雾；蕾后株高30 cm以上，用甘草膦水剂农达水剂或克芜踪水剂在行间低位定向喷雾，都能取得很好的除草效果。

棉田除草剂类型较多，可根据当地杂草类型及实际生产情况而定。

三、富硒棉花收获技术

棉株自下而上，由内向外陆续裂铃吐絮，故富硒棉花采摘应分期进行。据研究，棉纤维一般在吐絮3 d后才能完全成熟，纤维强度以裂铃7d为最高，因此。富硒棉花采收在棉铃开裂吐絮5~7d为最佳。收花过早，摘收裂口桃，不但收花费工，而且纤维和种子未充分成熟，纤维强度低，降低纤维品质和种子发芽率；收花过晚，籽棉日晒过久，会导致纤维氧化变脆，降低纤维强度。收花时，要做到晴天快收，雨前抢收，阴雨天和露水不干不收；做到精收细拾，达到棵净、壳净、地净，确保丰产丰收。

控制有害杂质，做好棉花"四分"。在棉花收获过程中，要将好花和坏花分开收，霜前花和霜后花分开存，严格实行分摘、分晒、分存、分售，严禁混收混售。收摘时戴白棉布帽，用白棉布袋采摘、装运棉花，在采摘、晾晒、存储、销售全过程随时挑拣化纤丝、毛发丝和色织物丝等有害杂质，确保原棉质量、信誉和市场竞争力，提高种植棉花的经济效益。

新型棉花联合收获机可将采棉和打包一次完成，实现连续不间断的田间采棉作业，速度快，效率高，缺点是苞叶、铃壳等杂质较多。

第三节　富硒甜菜生产技术

一、富硒甜菜播种技术

（一）播种时期

富硒甜菜喜冷凉气候，较耐寒。一般富硒甜菜出苗时可以忍耐-2~4℃低温；1对真叶展开时，耐寒能力加强，可以耐短期-8℃的低温；收获时块根可以耐-5℃的低温。富硒甜菜最适宜的生长温度为20~23℃。适期早播，延长生育期，是获得富硒甜菜高产高糖的有效措施。东北春播区适宜播种期为4月下旬，华北春播区及西北春播区为4月上旬。播种过早，幼苗生长缓慢，或种苗出土困难养分消耗得多，形成的幼苗瘦小细弱，抗病能力差；有些品种因苗期处于低温时间较长而产生抽薹现象。播种过晚，易产生"高青顶"，含糖率及产量均较低。因此，应在播种适期内尽量早播，一般春季麦播后5cm土温连续5d稳定通过5~6℃即可播种。由于我国各富硒甜菜产区的自然条件和耕作制度不同，播种期也有一定的差异，要根据当地的气候条件、土壤状况及病虫害发生规律，因地制宜确定适宜的播种期。

（二）种植密度及播种量

1. 种植密度

确定密度主要考虑品种、肥水条件、种植方式及气候条件等因素。

一般叶数较多，叶片大，植株生长繁茂，块根产量高的丰产型品种，种植密度应小些，反之，高糖型品种密度应大些。无霜期短，年平均温度低、降水少的地区，单株生长量相对小些，应增加种植密度，以便充分发挥群体的生产力。土壤肥力高、施肥多，或有灌溉条件的地块，由于肥力充足，植株生长繁茂，需占据较大空间，故种植密度应小（稀）些；相反，土壤贫瘠、肥力少，或较干旱而又无灌溉条件的地块，富硒甜菜植株生长受限制，个体占据空间小，故种植密度应大（密）些。

东北垄作地区定苗密度一般为6~9万株/公顷，华北、西北和夏播产区，大部分采用畦作，行距较窄，密度一般为7.5~10.5万株/公顷。

2. 播种量

播种量的多少，因各地的情况不同而不同。应根据土地情况、播种方法、土壤墒情、种子质量等情况来决定。穴播比条播用种子少；土壤墒情差、有盐碱的土地，用种子量要大于整地细致、墒情好或土壤疏松的土地；种子发芽率低时要加大播量。机械条播时播种量不少于18 kg/hm^2，可适量减少播量。例如，穴播行距70cm、株距20cm，种子千粒重20g，则播量为12kg/hm^2。

按公顷保苗数要求，根据种子净度、发芽率、千粒重及田间损失率计算播种量。

播种量（kg/hm^2）=公顷保苗数×千粒重/［发芽率×净度×10^6×（1-田间损失率）］

田间损失率一般按10%计算。要求各排种口流量均匀，误差不超过±4%；播种量误差不超过±3%。

（三）播种方法

1. 播种方法

在秋季整地的基础上，以播种机等行距条播效果为好，行距40 cm或50 cm，株距20

cm。采用宽窄行种植法，宽行 50cm，窄行 40cm。东部区行距 45cm，株距 25cm。此外，还可以采用人工点播或播种机点播。因为富硒甜菜种子小，吸水困难，幼苗顶土能力弱，播种时最好将种子播在湿土上，然后镇压，确保种子萌发对水分的需求。播后覆土深浅要适宜。覆土不可过厚，否则由于种子小，难以出苗。播种深度主要取决于土壤墒情的好坏，墒情好可播浅些，不好可播深些。一般 3~4cm 为宜，最深不能超过 5cm。

2. 播种质量检查

（1）检查行距

拨开相邻两行的覆土，直至发现种子，用直尺测量其种子幅宽中心距离是否符合规定的行距，要求行距误差不应超过 5cm。

（2）检查株距

每个测点顺播种行走向拨开 1m 行长覆土，直至露出种子，数出 1m 行长内的种子数，用 1m 除以种子粒数，看其结果是否符合规定的行距，要求误差不超过 2.5 cm。

（3）检查播种深度

每个测定点拨开覆土直至发现种子，顺播种方向贴地表水平放置直尺，再用另一根带刻度的直尺测量出种子至地表的垂直距离。平均播深与规定播深的偏差不应大于 0.5 ~1.0cm。

（4）检查播种量

在选定的测定点，顺播种行的走向拨开 1 m 行长覆土，直至露出种子，查种子粒数，即得 1m 行长的播种行内实播种子数，与根据播种量计算出来的每米长度内应播种粒数比较。穴播还要检查各测点每穴播种粒数并测量穴距。每行应选 3~5 个测点，每个测点长度不应小于规定穴距的 6 倍，每穴种子粒数与规定粒数误差 ±2 粒为合格；穴距与规定穴距 ±（4~6）cm 为合格。精密播种机播种，粒距 ±0.2cm 为合格。

二、富硒甜菜田间管理技术

（一）查田补苗

1. 补种

富硒甜菜播后缺苗现象经常发生。因此，当富硒甜菜出苗后，如发现有缺苗断垄的现象，要立即进行补种。补种应及早进行，补种过晚，由于早晚苗大小不一，田间管理工作难以进行，补种后出的苗常常长不起来，效果不好。通常，当幼苗刚出土，缺苗率在 40% 以下时，可以早期补种。如果缺苗率在 40% 以上，应及时进行毁种。为争取时间早出苗，可在补种前把种子用 20℃ 水浸泡一昼夜，然后在室内晾干至种子表面无水即可。有条件的地方可进行催芽播种，即将浸好的种子放在湿麻袋片上，放在暖处或热炕上催芽，当种子刚刚露白时进行播种。催芽的种子一定要播在湿土上或雨后播种，如果土壤过干或者播后无雨容易造成芽干。

2. 移栽

在补种来不及的地块，可采用移栽的办法，可在幼苗长到 4~6 片真叶时进行。带土移栽，幼根不受损伤。应于每日上午 10 时前和下午 3 时后进行补栽，做到随挖坑、随取苗。

（二）间苗、定苗

1. 间苗

富硒甜菜出苗后应及早间苗。如果不及时间苗，会产生争光、争水、争肥的现象，将大大影响幼苗生长。出现一对真叶时为间苗适期，最晚不应晚于二对真叶展开后。

2. 定苗

一般在富硒甜菜2~4片真叶时定苗，利于壮苗早发。定苗实行留大去小、留壮去弱、留匀苗去大小苗、留健苗去病苗，禁止留双苗，尽量留子叶与行向垂直的苗。

（三）中耕松土

富硒甜菜是中耕作物，又是深根作物。中耕具有抗旱保墒、疏松土壤、提高地温、除草、促进幼苗生长的作用。因此，富硒甜菜应该早中耕、深中耕。直播富硒甜菜出苗显行时即可中耕。移栽富硒甜菜，定根水浇后及早中耕松土，促进富硒甜菜缓苗。一般中耕3~4次。

（四）科学灌水

1. 灌水原则

据苗情定灌水：当中午大部分叶片呈现萎蔫下垂时就应浇水。

灌溉质量要求：灌水均匀，不干不涝，土壤含水量保持在田间最大含水量的60%~70%。

据墒情定灌水：当土壤含水量低于最适含水量时，要及时灌水；地表有明水时，要及时排水。

据雨情定灌、排水：久晴无雨，或气温高，蒸发量大，土壤水分不足时，要及早灌水；降雨偏多的年份，加强排涝。

据地形和土质定灌水：沙壤土勤灌轻灌，土质黏重加大灌水量、减少灌水次数。

2. 灌水时期与定额

苗期植株需水量小，只要土壤水分能满足幼苗生长需求，一般不必灌水。

叶丛快速生长期是富硒甜菜需水量最大的时期。定苗后，结合追肥，蹲苗1周。如果无降雨，则应立即灌第1次水，水量为300~450m³/hm²。

块根糖分增长期富硒甜菜已封垄，需水量剧增，要求土壤含水量达到最大持水量的70%~80%。此时，我国东北及华北东部已进入雨季，降水一般可满足富硒甜菜生长的需要，但干旱年份及西北栽培区仍需灌溉。一般灌水两次，每次灌水600~900m³/hm²。

糖分积累期即收获前的30~40 d，富硒甜菜需水减少，要求土壤含水量为土壤最大持水量的60%~70%。如果水分含量低于这个水平，也要灌水。一般可灌1次，干旱时期长时，也可灌2次，每次灌水450~600m³/hm²。在富硒甜菜收获前10~15 d应停止灌溉，以避免促进新叶生长消耗体内已积累的蔗糖并降低富硒甜菜块根品质。富硒甜菜灌溉时期、灌溉次数是和灌水量相配合的。要根据各地的具体情况，做到看天、看地、看富硒甜菜进行适时、适量灌溉。一般灌溉4~5次，总灌水量为2250~7500m³/hm²

3. 灌水方法

灌溉方法因各地气候条件、栽培方式、水利设施等情况而定。目前，除少数有条件的种植面积大的地区采用喷灌等机械灌溉外，大部分地区的灌溉仍主要采用畦灌和沟灌两种形式。

（五）富硒技术

用含硒 44.7% 的亚硒酸钠 20g 或硒含量相等的补硒产品，加卜内特 5 mL 或好湿 1.25 mL，先用少量水调匀，再加水 15kg 充分搅拌均匀，然后均匀地喷施在富硒甜菜叶片的正反面，以不滴水为度。在现蕾期、开花期、结子期分别施硒 1 次，每公顷每次分别喷硒溶液 600~900 kg，间隔期 20d。采收前 20d 要求停止施硒。

（六）病虫草害防治

1. 富硒甜菜主要病害的防治

（1）富硒甜菜苗腐病

苗腐病又称苗枯病，主要为害苗的茎基部和叶片。茎基染病初现水浸状近圆形或不定形斑块，后迅速变为灰褐色至黑色腐烂，致植株从病部倒折。土壤或株间湿度大时，病部及周围土面长出白色至灰白色丝状菌丝。叶片染病初现暗绿色近圆形或不定形水浸状斑，干燥条件下呈灰白色或灰褐色，病部似薄纸，易穿孔破碎。湿度大时，病部长出白色棉絮状物，即病菌菌丝体。病菌以菌丝体和卵孢子在土壤中越冬，条件适宜时萌发。发病后病菌主要通过病健株的接触和菌丝攀缘扩大为害，借雨水和灌溉水传播。该病在温暖多湿的年份和季节易发病，尤其是大雨过后发病较重；生产田地势低洼、积水、湿气滞留、栽植过密、偏施过施氮肥发病重。移苗栽植较直播的易发病。防治措施如下：①选用耐高温多雨品种；②施用充分腐熟的有机肥，避免肥料带菌传播病害；③选留种子要充分成熟，以利苗壮；④实行分次间苗和晚定苗，以保证定留壮苗；⑤及时发现并拔除病株，集中田外深埋或烧毁，病穴应马上撒生石灰灭菌；⑥适时适量浇水，浇水安排在上午进行，严防大水漫灌，雨后及时排水，以降低土壤和株间湿度；⑦发病初期及时喷洒 70% 乙膦铝锰锌可湿性粉剂 500 倍液或 60% 琥·乙膦铝可湿性粉剂 500 倍液、64% 杀毒矾可湿性粉剂 500 倍液、18% 甲霜胺锰锌可湿性粉剂 600 倍液、58% 甲霜灵·锰锌可湿性粉剂 500 倍液、72% 霜脲·锰锌及 72% 杜邦克露可湿性粉剂 800 倍液，隔 7~10d 一次，连续防治 2~3 次。

（2）富硒甜菜蛇眼病

蛇眼病又称黑脚病，主要为害幼苗茎基部、叶、茎及根。茎基染病发芽后不久即显症，严重的未出土即病死。一般出土后 3~4d 显症，病株幼苗胚茎变褐，尤其接近地面处很明显，后茎基部缢缩，引致猝倒。叶片染病初生褐色小斑，后扩大成黄褐色圆形小斑和大斑，块根染病从根头向下腐烂，致根部变黑，表面呈干燥云纹状，后出现灰黑色小粒点，排列不规则。病原菌随病残体留在土壤中或附着在种子上越冬，翌年先侵入幼苗形成黑脚。潮湿条件下借风雨或灌溉水传播，进行再侵染。苗期田间幼苗黑脚病发生适温 19℃，土壤干燥易发病。此外，施肥不当、生长衰弱、土壤偏碱等发病重。成株期湿度大易发生蛇眼病。防治措施如下：①选用无病种子，必要时进行种子消毒，适当增加播种量；②选用无病母根；③加强栽培管理；④发病初期喷洒 30% 氧氯化铜悬浮剂 800 倍液或 30% 碱式硫酸铜悬浮剂 400 倍液、47% 加瑞农可湿性粉剂 800 倍液、12% 绿乳铜乳油 600 倍液、40% 多硫悬浮剂 500 倍液、70% 甲基硫菌灵可湿性粉剂 1000 倍液、75% 百菌清可湿性粉剂 1000 倍液，喷对好的药液 750L/hm²，连续防治 2~3 次。

（3）富硒甜菜褐斑病

主要为害成叶和叶柄，也为害茎和花，新叶很少发病。叶上初生圆形小斑，褐色，后病斑扩大呈圆形，中央呈黑褐色或灰色，边缘呈紫褐色或红褐色；病斑变薄变脆，容易破裂或穿孔，雨后或有露水时，病斑上可产生灰白色霉状物。在富硒甜菜生长后期，受害老叶陆续枯死脱活,新叶不断成长被害,使整个植株的根冠部变得粗壮肥大,青头很长。病菌以菌丝团在种球或病残体上越冬,成为翌年初侵染源。防治措施如下:①选用抗病品种,如甜研201、甜研301、甜研302、甜研303等;②收获后及时清除病残体,集中烧毁或沤肥,减少越冬菌源;③实行4年以上轮作;④发病初期喷洒50%多霉灵可湿性粉剂800倍液或70%甲基硫菌灵可湿性粉剂1000倍液、50%多菌灵可湿性粉剂800倍液、40%灭病威胶悬剂700倍液、40%百霜净胶悬剂600~700倍液,隔10~15d一次,连续防治2~3次。

2. 富硒甜菜主要虫害的防治

(1)富硒甜菜象甲

富硒甜菜象甲广泛分布于我国东北、华北、西北富硒甜菜产区。富硒甜菜象甲寄主很多,主要为害富硒甜菜和其他藜科植物,也为害向日葵、玉米、烟草及野苋菜等野生植物。富硒甜菜象甲以成虫、幼虫为害,富硒甜菜苗期受害最重,主要以成虫咬食刚出土的幼苗,食掉子叶,咬断生长点,重则缺苗断垄。幼虫于地下为害幼根和根部,阻碍养分和水分运输,致使叶片萎蔫、枯死。富硒甜菜象甲不善飞翔,主要靠爬行觅食,性喜温暖,但畏强光,多在土块下或枯枝落叶下潜伏,耐饥力极强。防治措施如下:①实行轮作,平整土地;②适时早播,增大播种量,晚定苗;③用40%的甲基异柳磷或35%的甲基硫环磷按种子量0.3%~0.4%拌种,闷种12h,播种;④成虫大量迁入时,可用50%的对硫磷、50%的久效磷或20%的灭扫利、5%的来福灵、2.5%的功夫常量喷雾,有较好防效;⑤富硒甜菜播种后,立即在地四周挖除虫沟,沟宽23~33 cm,深33~45 cm,沟壁要光,沟中放药毒杀,防止外来象甲掉入后爬出。

(2)富硒甜菜藜夜蛾

分布于东北、华北、西北等地,寄主有甜菜、菠菜、甘蓝、白菜、大豆、胡麻等作物。以幼虫取食寄主叶片,1代幼虫发生时,严重危害富硒甜菜幼苗心叶、嫩叶,大龄时把叶肉吃光,仅留较粗叶脉及叶柄,咬断生长点,富硒甜菜生长受阻,含糖量降低,甚至全株死亡。成虫白天潜伏,晚间10时左右活动最盛,有趋光性和趋化性;卵多散产于富硒甜菜、灰菜叶正面或背面,也产于白菜、甘蓝叶片上,卵期5~16d;幼虫有吐丝假死性,白天潜伏,夜晚为害,幼虫4龄,幼虫期17~32d,老熟后入土化蛹。防治措施如下:①适时秋翻春耕破坏越冬场所。春季3~4月除草,消灭杂草上的初龄幼虫。②结合田间操作摘除卵块,捕杀低龄幼虫。③3龄前喷洒90%晶体敌百虫1000倍液或20%杀灭菊酯乳油2000倍液、5%抑太保乳油3500倍液、20%灭幼脲1号胶悬剂1000倍液、44%速凯乳油1500倍液、2.5%保得乳油2000倍液、50%辛硫磷乳油1500倍液。④提倡采用生物防治法,喷用含孢子100亿/克以上的杀螟杆菌或青虫菌粉500~700倍液。⑤施用甜菜夜蛾性外激素。⑥选用抗虫品种。

3. 富硒甜菜化学除草

(1)播前土壤处理

富硒甜菜田播种前土壤处理多采用混土处理方法,其优点是可防止挥发性和易光解除草剂的损失,在干旱年份也可达到较理想的防效,并能防治深层土中的一年生大粒种子的阔叶杂草。操作时混土要均匀,混土深度要一致,土壤干旱时应适当增加施药量。

(2)苗后处理

防除禾本科杂草:常用的除草剂有:12.5%拿捕净1.5L/hm^2;15%精稳杀得乳油0.75

~1.2L/hm²；5%精禾草克乳油 0.75~1.5L/hm²；6.9%威霸浓乳剂 0.75~1.05 L/hm²；12%收乐通乳油 0.45~0.525 L/hm² 以及 10.8%高效益草能乳油 0.45~0.525 L/hm²。上述药剂均于杂草 3~5 叶期喷施。

防除阔叶杂草：常用的除草剂有：16%甜菜宁水剂 6~9L/hm²；25%田安宁水剂 6~9L/hm²。上述药剂均需在杂草 2~4 叶期用药。

三、富硒甜菜收获储藏技术

（一）收获时期

富硒甜菜块根应掌握在工艺成熟期收获。收获过早会使块根减产，含糖率降低；收获过迟，富硒甜菜易遭受冻害，含糖率下降。气温降至 5℃，含糖率稳定在 16%以上时为富硒甜菜适宜收获期。原料富硒甜菜工艺成熟的标志是块根重和含糖率均达到制糖标准要求，块根中非糖成分含量低，纯度达到 80%以上。其外部形态是大部分叶由深绿色变成浅绿色，老叶变黄、少部分枯萎；叶姿态大多斜立，部分匍匐，叶片上出现明亮的光泽。

东北种植区富硒甜菜适宜收获期为 9 月下旬至 10 月上中旬；华北地区为 10 月中旬；西北地区为 10 月中下旬。当然，各地具体的收获时间还应根据当年富硒甜菜生长的实际情况来确定。

（二）收获方法

目前，除种植面积大的地区采用机械挖掘外，一般都采用畜力收获或人工挖掘收获，即用畜力牵引的铲镗犁或翻地犁将富硒甜菜垄行镗 15~18cm。

机械收获富硒甜菜，主要采用拖拉机牵引摘掉犁壁的四铧犁或五铧犁进行挖掘。犁铲入土深度 20~22 cm。每次挖松富硒甜菜两垄，尾根被切断，块根原位松动，不失水，可防止富硒甜菜块根受冻。

（三）切削及储藏

根头切削采取一刀平削和多刀切削相结合，除净块根上的泥土、较大的须根、顶芽、侧芽，并将直径 1cm 以下的根尾去掉。

富硒甜菜切削后，如果不能及时拉运到糖厂加工，应在田间妥善储藏。一般每堆 1 吨左右，覆盖富硒甜菜叶或 7~10 cm 湿土。如果田间储藏时间长，堆中间应竖 1~2 个通风草把，上细下粗，直径为 15~20cm，然后在堆上覆一定厚度的湿土。封堆前再加土一次，封堆后的富硒甜菜要及时检查，堆内温度不要超过 6~8℃，防止堆中富硒甜菜发热霉烂。

思考题

1. 富硒作物栽培的基本任务是什么？
2. 作物增产潜力及提高作物产量的途径有哪些？
3. 富硒棉花生产的关键技术及田间管理措施有哪些？
4. 富硒甜菜生产的关键技术及田间管理措施有哪些？

第七章 茶类、菌类及药材的生产技术

导 读

茶类、菌类及药材都是我国重要的经济作物，具有较高的药用和经济价值。每年的出口量都居于世界领先行业。伴随着人们生活水平的明显提升，对茶类、菌类及药材的质量也提出了更高的要求。本章分析了茶类、菌类及药材的生产和管理技术。从整体、种植、施肥和病虫害的防治等方面出发，进行了深层次的剖析，希望能够为茶类、菌类及药材种植提供建设性的意见和建议，从根本上提升产量和质量，更好的推动相应行业的健康发展。

学习目标

1. 了解并掌握茶树的基础特性、培育技术及加工技术。
2. 了解并掌握菌类作物的基础特性、培育技术及加工技术。
3. 了解并掌握药材的基础特性、培育技术及加工技术。

第一节 茶类生产技术

一、茶树栽培管理技术

（一）茶树的生物学特性

茶叶树为亚热带树种，喜温暖湿润的气候，适宜栽培地区年平均温度为15℃～25℃，年降水量为1000～2000毫米。以酸性红壤、红黄壤、黄壤的丘陵及高山地区为宜；易旱易涝、石灰质、近中性或碱性土壤不宜栽植。

茶叶生长的最低日平均温度为10℃，以后随气温的升高而生长增快；日平均温度15℃～20℃时生长较旺盛，茶叶产量和品质较好；日平均温度超过20℃时生长虽然旺盛，但茶叶粗老质量差；日平均温度低于10℃时，茶芽生长停滞进入休眠。一般茶叶新梢生长4～5月份为最旺盛期，其次为7～9月份。茶叶树新梢不采摘任其自然生长，一般每年只发2～4轮茶叶，管理好、采摘技术措施得当可达到5～8轮新梢。

（二）选好茶叶品种和茶园地

茶叶品种的优劣关系到将来投产的茶叶产量和质量，适应市场的需求才能取得较高的经济效益。茶树是一种长寿的常绿树种，定植后可收获几十年。新建茶园是百年大计，选择好茶园地是获取高产稳产的基础。因此，要因地制宜，合理布局，坚持高标准、高质量地进行施工设计，为实现规模化、良种化、机械化生产创造条件。一般应选择交通便利，地势平缓，阳光充足，土层深厚、肥沃、湿润，能排能灌集中连片的红壤、黄壤土为主。茶园地确定后，开垦种植时应以有利水土保持为原则，15°以上的坡地应筑水平梯田，梯田宽不能小于 165 厘米；坡度大于 30°以上的陡坡不宜作茶园，以免水土流失严重，茶树生长不良减产。茶园地不论是平地或梯田均应深耕达 70 厘米以上。

（三）种植技术要点

1. 开定植沟

施基肥种植前应进行土壤深翻并施足基肥。肥料以有机质肥、饼肥和一定数量的磷肥为好，用量依土质而异，一般每 667 米² 施堆厩肥 30~50 担或饼肥 50~100 千克、骨粉或过磷酸钾 15~25 千克。按茶行设计布局，开定植沟施肥，沟深、宽均为 20~50 厘米，施入肥料后与土壤充分拌匀，盖土耙平再按株丛距种植。

2. 种植方式和造林密度

一般采用单行条栽（高寒山区茶园），为了提高茶叶树群体对不良环境的抵御能力，以密植密播和培养低矮型茶树比较合适。行丛距 90 厘米×20 厘米×25 厘米，每 667 米² 栽茶苗 4000~5000 株。如果是扦插繁殖的茶苗，每穴种植 2~4 株为宜，待成活后根据茶苗生长情况进行间苗、补植，每穴保留 2 株即可。栽植完毕即压紧土壤浇定根水。为防止苗木失水，保证成活，种植时茶苗应剪去部分枝叶，在高温旱季必要时还要适当遮阴、浇水抗旱保苗。

（四）土壤管理

1. 中耕

茶叶树行间松土可防止表土水分蒸发、使水渗到土中，增加土壤孔隙，减少水土流失。一般每年春、夏、秋季各进行 1 次中耕，深度以 7~10 厘米为宜，茶园封行前宜浅耕，封行后结合施肥进行。

2. 施肥

茶叶树在生长期和多次修剪、采枝叶过程中需要从土壤中吸收大量的养料，因此必须对茶园进行肥料补充，才能稳产高产。施肥量依据树龄树势、采叶量和土壤条件决定，幼龄茶树春夏季结合抗旱以施水肥为主，秋季施基肥，施肥方法以穴施和沟施为好。采叶茶树所需肥料，应以氮肥为主，磷、钾肥次之，一般每采 50 千克鲜茶叶需施氮肥 2~2.5 千克、磷肥 0.5~0.7 千克、钾肥 0.5~0.8 千克。基肥在秋季结合中耕进行，茶树生长发育期、2~9 月份施肥以叶面喷施为佳。追肥多用速效氮肥，如尿素、硫酸铵等。

3. 水土保持

茶园多建在山坡地上，冲刷严重，要建设好排灌系统。同时，应间种绿肥、盖草、培土，以减少水分蒸发，增加土壤养分，抑制杂草生长，提高茶叶产量。

（五）树冠管理

1. 修剪时期

一般在地上部生长相对停止，根系生育处于旺盛时期进行修剪为佳（秋季 9~11 月份）。

2. 修剪程度

二龄茶苗，高度在 30 厘米以上、开始分枝时，可进行第一次定型修剪，把离地面 15

厘米以上的植株体剪去。三龄苗进行第二次定型修剪，把离地面 30 厘米以上的植株体剪去。四龄苗进行第三次定型修剪，把离地面 40~45 厘米的植株体剪去。

3. 修剪方法

第一次修剪用整枝剪，第二、第三次修剪可用篱剪。每次修剪，切口均要平整，以利于伤口愈合。剪时尽量留下分枝的外侧芽，以使植株向外侧伸展。有病害或过于细弱的枝条应当剪去。经 3 次修剪茶叶树基本骨架已养成，即可轻采养蓬。4 年成园后，每 667 米² 可产茶叶 150~200 千克，管理措施得当可逐年提高产量。对树势衰老、萌芽力不强的老茶树，可视树势分别进行重修剪或台刈。重修剪可从茶树高度的 1/3~1/2 处剪去，台刈可从离地面 4~5 厘米处全部刈去，均在春茶前后进行。

（六）鲜叶采摘

1. 及时采、标准采

各种茶类对鲜叶原料要求不同，多数红茶、绿茶的采摘标准是 1 芽 2 叶至 1 芽 3 叶；高级茶原料要求 1 芽 1~2 叶，粗老茶可以 1 芽 4~5 叶。生产中，应根据要求标准及时进行采摘，否则芽叶粗老影响质量，同时也影响下轮茶芽的萌发。

2. 留叶采芽

叶是茶树主要的营养器官，采茶与茶树生育相矛盾，因此采摘茶叶时应留 1 片真叶，秋季应留鱼叶。生长较差或更新后不久的茶树春、夏季各留 1 片真叶，秋季留鱼叶。茶叶采摘后加工方法，可分为全发酵、不发酵、半发酵 3 种，即为红茶、绿茶、乌龙茶。

（七）茶树病虫害防治

1. 病害

茶叶病害主要是茶云纹叶枯病，主要危害老叶、枝和果。防治方法：①清园；②增施肥料，恢复树势；③喷施波尔多液。

2. 虫害

常见茶叶害虫有根结线虫、茶尺蠖、茶毛虫、长白蚧、小绿叶蝉、茶叶螨等。防治方法：根据不同的虫害，采用不同的防治方法，人工、生物、化学防治相结合。

二、茶叶传统手工加工技术

（一）杀青

在平锅内手工操作，锅温 200℃~220℃，每锅投叶 200~250 克，投叶后叶温要迅速达到 80℃。杀青以抖炒为主，操作要求轻、快、净、散，即手势轻、动作快、捞得净、抖得散。锅温先高后低，以炒到叶色由绿转为暗绿，叶质柔软，略卷成条，折梗不断，青气散失，减重 25%~30%，即可起锅。杀青叶要求不焦边、无爆点，出锅的叶立即簸扬和摊晾散热。

（二）揉捻

杀青叶经摊晾后进行揉捻。揉捻在竹匾中进行，采用双手单把或双手双把推揉法。用力要掌握"轻、重、轻"的原则，轻揉 0.5 分钟后抖散团块，再重揉 0.5 分钟抖散，最后轻揉 0.5 分钟，全程需时 1~2 分钟，以基本成条、稍有茶汁溢出为适度。一般每 2 锅杀青叶并作 1 次揉捻。

（三）初烘

揉捻后立即上烘，2~3锅杀青叶并作1笼，初烘时笼顶温度应为90℃~110℃，摊叶厚度在1厘米左右。以优质木炭为燃料，大火烘焙，做到快烘、薄摊、勤翻、轻翻，烘至茶叶稍有触手感即出笼摊晾，需烘20分钟左右。

（四）整形提毫

整形提毫是决定茶叶色、香、味、形的关键工序，技术难度较大，须由熟练技师操作。该工序在平锅中进行，投叶时锅温稍高些，控制在100℃；理条造形时锅温稍低些，70℃左右即可。投叶量视操作人员手掌大小而定，手大则多，手小则少，以方便炒制整形为标准。手势分"滚边抖炒"、"抓捏滚拉"、"滚边团搓"，这3种手势要灵活运用，交替进行。茶叶下锅后，先"滚边抖炒"数次，待茶叶受热回软后，再用"抓捏滚拉"为主要手法进行理条整形，茶叶从锅心抓拉向锅沿，边抓边捏，并在手中徐徐滚动，使部分茶叶从手虎口吐出，再从锅心抓回，如此反复进行。炒至有黏结感时，用"边抖炒"手法迅速将茶叶抖散，再以"抓捏滚拉"手法将茶叶理顺理直，多次反复交替进行。当炒至稍有触手感时，则以"滚边团搓"手法为主，结合"滚边抖炒"手法将茶叶炒到基本定形，银毫显露（锅边开始出现小茸球），有明显触手感，约八成干时即可起锅摊晾上烘。

（五）低温焙干

烘笼温度（一般测量烘笼顶端）为60℃~80℃，两锅整形提毫叶并作1笼，均匀薄摊于烘笼上，文火慢焙，焙干温度掌握"高—低—高"的原则。适时翻动，尽量少翻轻翻，以免茶叶断碎影响品质。烘至捻茶呈末，茶香扑鼻，含水量为5%~6%时出笼。

（六）拣别割末

拣去黄片、杂质，割去茶末后，即可包装待售或贮藏。

三、有机茶加工技术

（一）概述

有机茶加工农药残留降解技术是在控制污染源的基础上，结合茶叶烘焙工艺，应用一定波长的磁波（远红外和微波处理）照射茶叶或热能直接烘干茶叶，使已进入茶叶中的农药残留吸收热量后至熔点而气态化或分解，成为低毒或无毒物质；铅（Pb）污染控制技术是利用离子之间拮抗或反应后沉淀以及胶体物质对铅的吸附原理，研制能降低铅活性的改良剂和抑制剂。同时，在加工过程中应用无铅污染的机具和燃料，防止铅污染。

（二）技术方案

①茶园建设。选择无污染的生产基地，选用优质、抗病虫茶树品种，改善茶园生态环境。在茶开发技术上，除了采用传统的农艺技术外，更要注重现代高新技术的应用，如生物有机肥、茶叶有害生物的生态调控及生物杀虫剂的应用。②采用采摘期调控技术，并根据土壤特征采用不同配方施肥。茶园的土壤管理：通过行间铺草覆盖、间作绿肥、测土施肥、平衡施肥以及有机肥料的无害化处理技术培肥土壤。茶园覆盖：通过遮阴、覆盖改变光质，减少光照强度，以降低夏暑茶的碳代谢，提高氮代谢水平，减少苦涩味，提高品

质。③在茶栽培管理中应用节本增效技术，引进新型植保机械，实行机械化采茶。芽期调节，应用栽培技术及施叶面肥，通过使部分品种茶树芽期提早或推迟来控制采摘期的洪峰。调查适宜机采的茶园状况，按照机采茶园标准管理茶园，培训机手的操作技术。④采用有效的铅污染调控技术，在铅污染严重的茶园施用铅污染改良剂（钙镁磷肥、白云石粉和腐殖酸等），在保证茶园土壤一定酸性（pH 值≤6）的情况下确定改良剂用量。施用改良剂可结合茶园耕作进行。将智能控制技术用于茶叶加工过程，降低茶叶加工对自然气候和经验操作的依赖性，提高茶叶质量和效益。

（三）厂房要求

1. 茶厂建设

厂区绿化，生产前厂区清洗消毒，配齐除尘设备和采光灯具，茶叶仓储安全，水源清洁。

2. 加工设备

选择无污染的加工设备，避免茶叶与铅、铅青铜、铸铝、铝合金直接接触；使用天然材料制成的加工器具和不锈钢等食品级盛具；炉灶、热风炉与车间隔离；易燃易爆设备与车间隔离；配备必要的温湿度检测装置，量化工艺指标；机械设备的清洁及保养。

3. 加工要求

制定具体的茶标准化加工技术规程，各项指标符合规定标准。鲜叶标准验收；保鲜贮青；茶叶不触地；茶叶包装技术；无污染加工。

4. 人员培训

进行岗前培训和操作技能培训，提高职工素质。

（四）工艺技术

1. 初制工艺流程

鲜叶→晒青→做青→杀青→揉捻→烘干→毛茶

茶优异品质的形成，源于传统、独特、精湛的初制工艺，其过程从鲜叶经过晒青、做青、杀青、揉捻、初烘、复烘、烘干成毛茶7道工序。在茶初制的塑形阶段，容易受铅污染的工序是揉、捻、包揉和烘干，对揉和包揉机械可采用无（低）铅材料制作，烘干工序则需改进炉灶，以防煤灰等进入茶叶。

2. 精制工艺流程

精制车间→圆筛、风选→烘焙→摊晾、匀堆→品评质量→包装

不同需求茶的精制过程的制作工艺略有侧重，一般分为8道工序，即拣剔、官堆、烘焙、圆筛、风选、摊晾、匀堆、装箱。"茶为君，火为臣"，恰到好处的"火功"（即烘焙过程）是茶精制优劣的关键，要做好农残降解，必须对烘焙工序的每个环节均要有极其严格的操作技术要求。

3. 技术要点

①利用温控降解茶叶农残。温控加热降解是直接使茶叶加热至110℃~130℃，时间0.5~1小时，热量逐步由外部到达茶叶内部，农药残留物也同时受热，当温度达到其熔点时，农残则气化而降解。该技术可在茶叶烘干中进行，对农残降解率达45%~55%，要求摊叶均匀、处理周到。②微波和远红外技术是应用发射板（碳化硅板）在加热后发射复合波，穿透到茶叶内部，由内到外同步生热，使农药残留物受热至熔点而气态化或分解，成为低毒或无毒物质。该技术具有处理时间短、速度快的特点，而且可安装在茶叶生产线

上，具有降农残、烘干和杀菌等多重效果。技术参数：微波辐射以三级火力处理茶叶9分钟为佳，农残降解率达50%以上；远红外辐射处理温度120℃～150℃，时间0.5小时，茶叶与辐射板距离20～24厘米，农残降解率达58%以上。

随着物质生活水平的提高，人们对有机茶、无公害茶、品牌茶的需求日益增加。当前农药残留问题一直影响我国茶叶出口，随着我国加入世界贸易组织，茶叶出口面临日益森严的国际贸易"绿色壁垒"。因此，按照标准化生产模式大力发展有机茶，提高茶叶种植和加工水平，具有无限商机。

第二节 菌类生产技术

一、香菇栽培管理技术

（一）香菇栽培的生物学基础

香菇又名"香蕈"，属担子菌伞菌目，侧耳科香菇属。

1. 香菇的特征

（1）菌丝体

菌丝由孢子萌发而成，白色、茸毛状，有横隔和分枝，其细胞壁薄，纤细的菌丝相互结合，不断生长繁殖，集合成菌丝体。菌丝体生长发育到一定阶段，在基质座表面形成子实体-香菇。香菇的整体均由菌丝组成。组织分离时，切取香菇的任何一部分都可以长出新的菌丝。

（2）子实体

香菇的子实体由菌盖、菌褶、菌柄等组成。菌盖圆形，直径通常3～6厘米，大的个体直径可达10厘米以上。盖缘初内卷，后平发。盖表褐色或黑褐色，往往有浅色鳞片。菌肉肥厚，中部厚达1厘米左右，柔软而有弹性、白色；菌柄中生或偏生，圆形柱或稍扁、白色、肉实，菌柄长3～10厘米、直径0.5～1厘米；菌褶白色、稠密而柔软，由菌柄处放射而出，呈刀片状，是产生孢子的地方。孢子白色、光滑、卵圆形，1个香菇可散发几十亿个孢子。

2. 香菇的生活史

香菇的完整生活史，是从孢子萌发开始，到再形成孢子而结束。在这个过程中，有性生殖和无性生殖有机地结合，共同完成香菇的生活史。香菇孢子成熟后，得到适宜的温湿条件就会萌发生成菌丝。由孢子萌发生长的菌丝称为单核菌丝，单核菌丝无论怎样生长，也不会长出子实体。只有当不同性别的单核菌丝相结合形成双核菌丝后，方可在基质内部蔓延繁殖而形成菌丝体。菌丝体经过一定的生长发育阶段，积累了充足的养分，并达到生理成熟，在适宜条件下形成子实体原基，并不断发育增大成菇蕾和子实体来繁殖下一代。香菇的生活史，分为菌丝体阶段和子实体阶段。

3. 香菇的生育条件

（1）营养

香菇是一种水腐菌，体内没有叶绿素，不能进行光合作用，是依靠分解吸收木材或其他基质内的营养为生。木材中含有香菇生长发育所需的全部营养物质（碳源、氮源、矿物质及维生素等），香菇具有分解木材中木质素、纤维素的能力，能将其分解转化为葡萄

139

糖、氨基酸等，作为菌丝细胞直接吸收利用的营养。利用代料栽培香菇时，应加入适量米糠、麦麸、玉米粉等富有营养的物质，以促进菌丝生长，提高产菇量。

（2）温度

香菇属变温结实性菌类。菌丝生长温度为5℃~32℃，适宜温度为25℃~27℃；子实体发育温度为5℃~22℃，以15℃左右为最适宜，变温可以促进子实体分化。温度过高，香菇生长快，但肉薄柄长质量差；低温时生长慢，菌盖肥厚，质地较密。特别是在4℃低温及雪后生长的香菇，品质最优，称为花菇。

（3）湿度

香菇菌丝生长期间湿度要比出菇时低些，适宜菌丝生长的培养料相对含水量为60%~65%，空气相对湿度为70%左右。出菇期间空气相对湿度以保持85%~90%为适宜，一定的湿度差有利于香菇生长发育。

（4）空气

香菇为好气性菌丝，对二氧化碳虽不如灵芝等敏感，但如果空气不流畅，环境中二氧化碳积累过多，会抑制菌丝生长和子实体形成，甚至导致杂菌孳生。所以，菇场应选择通风良好的场所，以保证香菇正常的生长发育。

（5）光线

香菇是好光性菌类，菌丝在黑暗条件下虽能生长，但子实体不能发生。只有在适度光照下，子实体才能顺利地生长发育，并散出孢子，但强烈的直射光对菌丝生长和出菇均不利。光线与菌盖的形成、开伞、色泽有关，在微弱光条件下，香菇发生少、朵形小、柄细长、菌盖色淡。

（6）酸碱度

香菇菌丝生长要求偏酸的环境，菌丝在pH值为3~7之间均可生长，以pH值4.5左右最为适宜。因此，香菇栽培时场地不宜碱度过大，喷洒用水要注意水质，防治病虫害最好不用碱性药剂。

香菇从菌丝生长到子实体形成过程中，温度是先高后低、湿度是先干后湿、光线是先弱后强，这些条件既相互联系，又相互制约，生产中必须全面给予考虑，才能达到预期的效果。

（二）香菇代料栽培技术

1. 香菇代料栽培的意义

（1）代料栽培的优点

一是可以扩大培养料来源，综合利用农林产品的下脚料，把不能直接食用、经济价值极低的纤维性材料变成经济价值高的食用菌，既节省了木材，又充分利用了生物资源，变废为宝。二是可以有效地扩大栽培区域，有森林的山区可以栽培，没有森林资源的平原及沿海地区也可以栽培，适于家庭中小型规模栽培，更便于工厂化大批量生产，为扩大食用菌生产开辟了新途径。同时，采用代料栽培的培养基可按各种食用菌的生物学特性进行合理配制，栽培条件（如菇房）也比较容易进行人工控制。因此，香菇代料栽培产量、质量比较稳定，生产周期短（从接种出菇，仅需要3~4个月，至采收结束10~11个月），资金回收快，还可四季生产，调节市场淡旺季，满足国内外市场需要。一般每500千克木屑或棉籽壳等代料，可收获300~400千克鲜菇，从产品质量和经济效益看，均超过段木料栽培，是香菇栽培行之有效的途径。

（2）代料栽培的原料

用来栽培香菇的主要代用材料是阔叶树木屑、部分针叶树木屑（如柳、杉、红松）及刨花、纸屑、棉籽壳、废棉、甜菜渣、稻草、玉米秸、玉米芯、麦秸、高粱壳、花生壳、谷壳等。此外，许多松木屑采用高温堆积发酵或摊开晾屑的方法，除掉其特有的松脂气味，亦可用来栽培香菇。

2. 香菇代料栽培技术要点

（1）培养基配制

香菇菌种培育方法，一般分为孢子分离法、组织分离法和菇木分离法3种。孢子分离法是有性繁殖，菌种生活力强，但变异率高难以掌握，选育新品种时可采用此法。组织分离法及菇木分离法系无性繁殖，种性比较稳定，而且简便易行，生产上应用较多。

①培养基配制原理

培养基是香菇菌丝体生长发育的基质，可以提供香菇菌丝体生长发育所必需的水分、碳源、氮源、多种营养元素和生长因素，使菌丝体能正常健壮地生长。水分：香菇菌丝中含有大量的水分，这些水分不仅是菌丝细胞原生质的主要成分，而且菌丝的一切生理活动均需在有水的情况下进行。因此，在配制各级培养基时，均要加入一定量的水分。碳源：单糖（葡萄糖）双糖（蔗糖、麦芽糖）、多糖（淀粉）都是香菇菌丝能够利用的有机碳源，这些碳素是菌丝细胞中有机物的基本元素，也是能量的来源。氮源：氮素是构成菌丝细胞中蛋白质和核酸的主要元素，而蛋白质和核酸又是细胞质和细胞核的重要成分，在生命活动中起着重要的生理作用。有机氮（氨基酸、蛋白质、尿素）和铵态氮（硫酸铵）都是菌丝细胞氮的来源。无机盐类：菌丝所需的无机盐类数量很少，但在其生命活动中却是不可缺少的，无机盐类包括磷、钾、硫、钙、镁等，在配制培养基时加入少量的磷酸二氢钾、硫酸镁、硫酸钙等，即可满足对上述元素的需求。生长因素：能调节香菇菌丝代谢活动的微量有机物，称之为生长因素。一般用作碳源的天然成分，如马铃薯、麦芽汁、麦麸、米糠等都含有丰富的生长因素，无需另加。维生素B，可促进香菇菌丝生长，制斜面培养基时可加入少量。凝固剂：常用的凝固剂为琼脂（洋菜），是由石花菜提制而成。此外，培养基中各种营养物质的比例对香菇菌丝生长的影响很大，生产中应根据香菇菌丝生长的需要进行合理配制。同时还要注意对培养基 pH 值的调节。

②培养基配制方法

香菇菌种分为母种、原种和栽培种3种。

第一，母种培养基制作配方。马铃薯、葡萄糖、琼脂培养基，该配方适合香菇及多种食用菌分离和培育母种之用。如果作保藏菌种用，应在配方中添加磷酸二氢钾2克、硫酸镁0.5克、维生素 B_1 10 毫克。

制作方法：选择质量好的马铃薯洗净去皮（已发芽的要挖去芽及周围1小块），将其切成薄片。称取200克放入锅中，加入清水1000毫升，加热煮沸并维持30分钟，用四层纱布过滤，取其汁液。将琼脂放在水中浸泡后加入马铃薯汁液中，继续加热至全部溶化（加热过程中要用玻璃棒不断搅拌，以防溢出和焦底），然后加入葡萄糖和热水补足1000毫升，测定并调节 pH 值（用5%稀盐酸或5%氢氧化钠溶液）到所需范围内即可。配制好的培养基要趁热分装于试管，装入量约为试管长度的1/5，装管时要注意切勿使培基黏附试管口。分装完毕塞上棉塞，棉塞要求松紧适度，塞入长度约为棉塞总长度的2/3左右，使之既有利通气又能防止杂菌侵入。

塞好棉塞后，把试管竖直放在小铁丝筐中，盖上油纸或牛皮纸，用绳扎好，或用绳子把试管扎成捆。棉塞部分用牛皮纸包扎好，竖直放入高压灭菌锅内进行灭菌，在 1.5 千克/厘米² 压力下保持 30 分钟。

灭菌后，待培养基温度下降至 60℃ 时，再摆成斜面，以防冷凝水积聚过多。摆斜面时，先在桌上放一木棒，将试管逐支斜放，使斜面长度不超过试管总长度的 1/2，冷却凝固后，即成斜面培养基。

灭菌后的斜面培养基，要进行无菌测定，可从中取出 2~3 支，放入 30℃ 左右的恒温箱中培养 3 天，培养后表面如仍光滑、无杂菌出现，即可供接种。多次制作后，技术熟练已有把握的，可不做无菌测定试验。

高压灭菌操作步骤和注意事项：一是灭菌锅内加水至水位标记高度，首次使用需先进行 1 次试验，水过少易烧干造成事故；水过多棉塞易受潮。二是放入锅内的材料，不宜太挤，否则会影响蒸汽的流通和灭菌效果。体积大的瓶子，要分层放置或延长灭菌时间。三是盖上锅盖，同时均匀拧紧锅盖上的对角螺旋，勿使漏气，关闭气阀。四是点火逐渐升温，水沸后，待锅内压力升至 4.9 牛/厘米² 时，逐渐开大放气阀，放净锅内冷空气至压力降为"0"，再关闭放气阀。如不放尽冷空气，即使加大至所需压力，而温度达不到应有的程度，也不能实现彻底灭菌的要求。五是继续加温至所需压力时，开始记录灭菌时间，调节火力大小，始终维持所需压力至一定时间。六是停火。让压力自然回降至"0"时，打开放气阀。七是打开锅盖，用木块垫在盖下，让蒸汽渐渐逸出，借余热烘干棉塞。八是取出已灭菌的材料，并清除剩水，以防锅底锈蚀。

第二，原种培养基制作。制作方法：木屑以阔叶树为好，棉籽壳和木屑均要求干燥无霉烂、无杂质，米糠或麦麸要求新鲜、无虫。将木屑（或棉籽壳）与麦麸、石膏粉拌匀，蔗糖溶于水，将其加至用手紧握培养料时指缝间有水渗出而不下滴为宜。然后将其装入菌种瓶中，边装边用捣木适度压实，装至瓶颈处为止，压平表面，在培养基中央钻 1 个洞直达瓶底。最后用清水洗净瓶的外壁及瓶颈上部内壁处，盖上棉塞，用牛皮纸包住棉塞及瓶口部分，用绳扎紧放入高压锅内，在 14.7 牛/厘米² 压力条件下保持 1.5 小时。如果采用土法灭菌，当蒸笼内达 100℃ 后再维持 6~8 小时。

第三，栽培种培养基制作。栽培种培养基配方及制作方法同原种。当采用其他用料栽培香菇时，可将上述配方中的锯末屑用料代替，其余成分不变，从而构成多种代用料配方。

③菌种分离和培育

香菇菌种制作为母种、原种、栽培种 3 个种类逐步扩大的过程。实践证明，香菇菌种的优劣，不仅直接影响到香菇的产量和质量，而且关系到香菇栽培的成败，因此生产中应认真做好菌种分离和培育工作。

第一，母种的分离和培育。母种是菌种生产的关键，直接关系到原种和栽培种的质量，也是香菇丰产的保证。

种菇要选择符合本品种特性的个体，可在出菇早、出菇均匀、产量高的菌块上或菇木上挑选，选出朵形端正、盖肉肥厚、柄短粗、无虫害的子实体作种菇。

组织分离法：选择符合种菇要求的菇蕾，用 75% 酒精揩拭表面后，再用小刀把菇蕾纵剖为二，在菌盖与菌褶交界处，切取 1 块约 0.5 厘米³ 的菌肉，移放在斜面培养基中央。如用已开伞的香菇作分离材料，则选菌盖与菌柄交界处的菌肉。接种后，将试管放在 22℃ ~

24℃恒温箱中培养2~3天后组织块上长出白色的菌丝，并向培养基上蔓延生长。当菌丝长满斜面后，移到新的斜面培养基上，即可培育成母种。

第二，原种和栽培种培育。将已培育好的母种用接种针挑取蚕豆大小1块放入原种培养基上，在22℃~24℃条件下培育35~45天，菌丝体长满全瓶即成原种，每支母种可接6~8瓶原种。从原种里掏出菌种移入灭过菌的瓶子中，在22℃~24℃条件下培育2个月以上，菌丝体长满全瓶即成栽培种，每瓶原种可接栽培种60~80瓶。

第三，培育原种和栽培种注意事项：一是原种及栽培种的接种必须遵照无菌操作要求。二是接种后，从第三天开始就要经常检查有无杂菌污染，发现有污染的瓶子要及时取出处理。检查一般要继续到香菇菌丝体覆盖整个培养基表面并深入培养基2厘米时为止。三是培养好的菌种如暂时不用，要将其移放在凉爽、干净、清洁的室内避光保存，勿使菌种老化。

④菌块制作

7月中旬制作的栽培种，10月上旬即可掏瓶制作菌块。掏瓶前把掏瓶用具、瓶口、盛器及掏铲等所用工具均用0.1%高锰酸钾溶液或2%~3%来苏儿溶液消毒。掏瓶时先剥除老化褐色的菌皮，操作时尽量成块掏出，切勿掏得过碎。生产中要随掏随做块，不要推迟过久，更不宜过夜。做块方法：将掏出的菌种倒入30厘米见方、边高为7厘米的框内，用手压实，四周要紧一些，块的表面压平，注意不宜过紧或过松。若用配方A，一般11~12瓶菌种可做1块面积30厘米²、厚度4.5厘米左右的菌块；若用配方B，一般12瓶菌种做1块面积30厘米²、厚度6厘米左右的菌块。菌块直接压在覆有消过毒的塑料薄膜的木架或地上，菌块间距3~4厘米，以利空气流通。压好后用薄膜覆盖，以利保湿。

菌丝生长过程就是积累营养的过程，当养分积累到一定程度，在外界条件（如温度、水分、空气、光、营养、pH值）影响下产生突变，由营养生长转入生殖生长，即菌丝生长进入子实体生长阶段。若菌龄太长，瓶壁上形成一层很厚的菌皮（这是营养被消耗、菌龄老化的一种表现），压块后，虽然转色较快，但颜色略淡。而且压块若遇高温（30℃以上）菌丝容易衰老而造成霉烂；菌龄太短，菌丝成熟度不够，仍处旺盛生长阶段，压块后，菌丝容易徒长，转色也慢，颜色为黄褐色，由于营养积累不足出菇也就延迟。压块最适宜的菌龄（即菌丝成熟度）：一是菌丝发展到瓶底或塑料袋底的10~20天，此时瓶壁处开始呈现白色突起（原基）。二是透过瓶可看到瓶内表面的菌丝洁白，中央菌丝黄白色。三是揭开瓶盖塞有浓郁的菇香气味。四是菌种上表面覆盖一层黑褐色的菌膜，菌种本身粘结力很强。由于菌龄适当，压块后菌丝愈合快，转色及时、呈红棕色，若外界条件适宜一般压块后15~20天便可现蕾。

菌龄是内因，当菌龄适宜时，还必须给其合适的外界环境条件，才能使菌丝体发生突变，形成子实体。香菇属变温型菌类，菌丝体生长适温为25℃，子实体生长适温为15℃。生产中一般在10月上中旬压块，此时气温已降至25℃以下，而且在做块后数天内温度能保持22℃~25℃；以后气温下降，正值出菇时期。因此，栽培香菇必须根据当地气候条件科学确定做块时期，才能获得高产优质。

⑤出菇前管理

第一，菌块压好后，随着气温的变化，要灵活掌握掀动薄膜换气的时间。温度高时，第二天就要换气；温度适合时，第三天换气；温度偏低时，第五天后换气。换气的目的是增加氧气，促进菌丝迅速愈合，是防止高温发霉的有效措施。当表面菌丝开始发白时，应增加换气次数和时间。温度偏高每天换气 2~3 次，偏低换气 1~2 次，目的是降低菌块表面湿度，防止菌丝徒长，促进菌丝健壮生长。

第二，利用温差和干湿差，刺激子实体形成。香菇属变温结实性菇类，在恒温条件下香菇原基始终不能形成菇蕾。若条件改变则迅速形成子实体。当菌丝已生长成熟，积累了丰富的营养，菌丝生长的温度由 25℃ 突然下降至 15℃ 时，会很快使菌丝扭结形成子实体原基（其他条件也要符合要求，如湿度、光、空气等）。以"7402"菌株为例，在 10 月下旬至 11 月上旬，白天温度应为 21℃~23℃，夜间降至 9℃~11℃，温差应达到 10℃ 以上。压块 15~20 天后，让菌砖表面适当干燥 3~5 天，迫使表面菌丝互相交织、扭结，从而向周围菌丝吸收养分，使扭结的菌丝逐渐膨大形成原基、菇蕾。当菇蕾长到黄豆大时及时喷水，有利于子实体生长。因此，适当干燥有利于成熟的菌丝形成香菇原基，之后再度湿润有利于原基长成香菇。

⑥出菇期管理

加强出菇期水分管理，是提高香菇产量的重要措施。根据香菇不同季节的生长特点，对水分管理也应有所侧重。秋菇（10~12 月份）由于菌丝健壮，培养料含水量也较充足，能够满足原基生长，管理上主要是抓菇房保湿和控制塑料薄膜内温度、湿度和空气。

第一，当出现小菇蕾时，应把覆盖的塑料薄膜向上提高 5~6 寸，让其出菇。

第二，随菇大小、多少、气温高低，灵活掌握水量，保持空气湿度 85%~90%。

第三，第一批菇收后，停水几天，以利菌丝恢复。然后连续喷水几天，保持干干湿湿同时拉大温差至 10℃ 以上，以利于下一批子实体的形成。

冬菇（1~2 月份），菌块不宜过湿，保持湿润即可。过湿不利菌丝生长，小菇还容易死亡。冬季一般要求只出一潮菇，主要以养菌发壮为主，菌块内相对含水量不能低于 40%，一般以 50% 较理想。

春菇（3~5 月份），春菇水分管理极为重要。随着气温升高，此时菌块含水量已降低，应适当补给水分。可采用空中喷雾及地面浇水等方法，调整菇房空气相对湿度为 85%~90%，菌块表面用喷雾器均匀喷水，使之保持湿润状态。

喷水应灵活掌握，天晴多喷，阴雨天少喷或不喷，菌砖干燥时多喷，湿润时少喷，菌丝衰弱或有少量杂菌发生时少喷。

当菌块内部由于蒸发及多批菇的生长而失水过多，其相对含水量低于 40% 时，子实体的形成便受到抑制，此时可将菌块直接放入水中浸泡 12~24 小时，使其增重 0.5 千克左右，以补充菌块的水分。如果此时气温在 15℃ 左右，取出的菌块要放在培养室催蕾（温度控制在 22℃ 左右），等形成较多子实体时，再搬回菇房，保湿出菇。采用这种分期分批浸水催蕾的方法，可使香菇产量大幅度提高。

对菌块表面菌膜过厚、水分不易浸入的，可用小刀将表面划破几处，以便于吸水。每批菇采收后 10 余天，或有少量菇蕾出现时进行浸水，可刺激菇的发生和生长。

⑦采收与加工

第一，采收。采收过早影响产量，采收过迟又会影响质地，只有坚持先熟先采的原则才能达到高产优质。具体采收标准：菌伞尚未完全张开、菌盖边缘稍内卷、菌褶已全部伸直时为采收最适期，采菇应在晴天进行。

第二，干燥。香菇干燥方法有烘干和晒干 2 种，目前生产中多采用烘干和烘晒相结合的方法。一是烘干法。目的在于降低香菇含水量，达到商品干燥标准、含水量约 13%，以利长期保存。烘烤时要注意：当天收当天烘烤；火力或用其他热源均要先低后高，开始时不超过40℃，每隔3~4小时升高5℃，最后不超过65℃；最好不一次烘干，至八成干时出烤，然后再"复烤"3~4小时，这样可使产品干燥一致，香味浓，且不宜破碎。烘烤后的质量标准：香味浓，色泽好（菌盖咖啡色、菌格淡黄色），菌褶清爽不断裂，含水量约13%。过干难运包，过湿难保藏。二是烘晒结合法。先将鲜菇菌柄朝上，置于阳光下晒6小时左右，在将干未干时立即烘烤。此法产品色泽好，营养好，香味浓，成本低。

第三，分级和贮藏。干菇极易吸湿回潮、发霉变质和生虫，影响质量。因此，香菇烘干后应立即按菇的大小、厚薄进行分级，而后迅速装箱或装入塑料袋密封，置干燥、阴凉处保藏。

二、短段木灵芝栽培管理技术

（一）概述

灵芝，又名红芝、赤芝、丹芝、仙草、瑞草，隶属于担子菌纲多孔菌目灵芝科灵芝属。灵芝是我国传统的真菌药物，通常人工栽培品种主要是赤芝。灵芝作为传统的中药和延年益寿滋补品的历史已有千年，内销市场开拓潜力巨大，发展灵芝产业前景广阔。灵芝短段木熟料栽培法，产品质量较木屑栽培好。

（二）灵芝短段木栽培技术要点

1. 栽培原料及辅料

适宜栽培灵芝的树种有壳斗科、金缕梅科、桦木科等，段木栽培一般选择树皮较厚、不易脱离，材质较硬，心材少、髓射线发达，导管丰富，树胸径8~13厘米，在落叶初期砍伐，不宜超过惊蛰。砍伐后，抽水10~12天，随之截段。用于横埋栽培方式的段木长度为30厘米，竖埋的段木长度为15厘米，其相对含水量以35%~42%为宜。

2. 栽培季节的选择

灵芝属于高温结实性菌类，子实体柄原基分化的最低温度为18℃，气温稳定在10℃~12℃时为栽培筒制作期。短段木接种后要培养60~75天，才能达到生理成熟，随后入畦覆土，再经历30~45天，芝体才会露土。

3. 栽培场所设置

室外栽培场最好为宅地附近，可选择土质疏松、地势开阔、有水源、交通方便的场所作为栽培场。栽培场需搭建高2~2.2米、宽4米的荫棚，棚内分左右2个畦，畦面宽1.5米，畦边留排水沟。若条件许可用黑色遮阳网覆盖棚顶（遮光率为65%），使棚内形成较强的散射光。

4. 填料

选用对折径15~24厘米×55厘米×0.02厘米的低压聚乙烯筒。生产上大多选用3种规格的塑料筒，以便适合不同口径的短段木栽培。将截段后的短段木套入塑料筒内，两端撮合并弯折，折头用小绳扎紧。若使用大于段木直径2~3厘米的塑料筒装袋，30厘米长的段木每袋装1段，15厘米长的段木每袋装2段，也可数段扎成一捆装入大袋灭菌。

5. 灭菌

填料装袋后立即进行常规常压灭菌，97℃~103℃保持10~12小时。

6. 接种

选择适销对路、质量好、产量高的品种为生产菌株，目前生产中使用的菌株有G801、

G802、G6、G8等。各级菌种需经严格的多次重复检查，确保无杂菌感染。制作方法和木腐生菌类方法相同，采用木屑棉籽壳剂型菌种较好。培养基表面出现浅黄色"疙瘩状突起"，是灵芝特有的性状。段木接种时，菌种相对含水量应为65%~70%。将冷却后的短段木塑料筒及预先选择、消毒过的菌种袋和接种工具一起搬入接种室，用气雾消毒盒熏蒸消毒，30分钟后进行操作。先将塑料袋表层的菌种皮弃之，采用双头接种法。2人配合，在酒精火焰口附近进行，一人将塑料扎口绳解开，另一人将捣成花生仁大小的菌种撒入，并立即封口、扎紧。然后在菌袋另一端用同样的方法接种，完成后分层堆放在层架上。

接种过程中应尽可能缩短开袋时间；加大接种量，封住截断面，既可减少污染，又可使菌丝沿着短段木的木射线迅速蔓延。

7. 培养

冬天气温较低，应人工加温至20℃以上，培养15~20天后稍解松绳索。短段木培养45~55天即可满筒，满筒后再经过15~20天进入生理成熟阶段方可埋入畦面。

8. 排场

我国南方地区一般清明前后进行排场，即将生理成熟的短段木横卧埋入畦面，这种横埋方法比竖放出芝效果更好。段木横向间距一般为3厘米，排场后全面覆土，覆土厚度为2~3厘米。覆土后连续2天淋重水，每隔2米用竹片起矮弯拱（离地15厘米）盖膜，两端膜稍打开，形成复式栽培棚。埋土的湿度为20%~22%，空气相对湿度为90%。

9. 出芝管理

子实体发育温度为22℃~35℃，倘若提早入畦，则提高地温。畦面保持湿润，以手指捏土粒有裂口为度，可偏干些。5月中下旬幼芝陆续破土露面，水分管理以干湿交替为好。若芝体过密可进行疏芝、移植，并注意逐渐地加大通风量，使幼芝得到充足的氧气供应。在柄顶端光线充足的一侧，出现1个小突起，并向水平方向扩展时，要注意观察将要展开的芝盖外缘白边（生长圈）的色泽变化，以防因空气湿度过小（<75%）而造成灵芝菌盖端缘变成灰色。夜间要关闭畦上小棚两端薄膜，以便增湿；白天打开，以防畦面二氧化碳过高（超过0.1%）而产生"鹿角芝"（不分化菌盖，只长柄）。通风是保证灵芝菌盖正常展开的关键。6月份以后，拱棚顶部薄膜始终要盖住，两侧则要打开，防止雨淋造成土壤和段木湿度偏大。温度为25℃时子实体生长较慢，其质地较密，皮壳层发育较好，有光泽。变温不利于子实体分化和发育，容易产生厚薄不均的分化圈。6月中下旬，为了保证畦面有较高的空气湿度，往往采用加厚遮阴物的措施。在子实体近成熟阶段湿度略降低，但始终要保持空气清新。菌盖沿水平方向一轮轮向外扩展呈肾形，当菌盖周边的白色生长点消失时，菌盖已充分展开扩展停止。此时菌盖外沿依然继续加厚，当表面呈现出漆样光泽、成熟孢子不断散发出（即菌盖表面隐约可见到咖啡色孢子粉）时，便可收集孢子或采集子实体，此期管理应尽量减少振动。管理得当，7~10天后从修剪的断面上又可重新出芝。

10. 采收与干制

当菌盖不再增大、白边消失、盖缘有多层增厚、柄盖色泽一致、孢子飞散时即可采收。采收后的子实体剪弃带泥沙的菌柄，在40℃~60℃条件下烘烤至含水量为12%以下，用塑料袋密封贮藏。

第三节　药材生产技术

一、金线莲人工栽培技术要点

（一）温度

金线莲生长发育、开花结果均要求有一定的温度，栽培环境温度过低则生长缓慢，温度高于30℃或低于15℃均不利于生长发育，低于10℃，须加设施保温。适宜温度为20℃~25℃，栽培场所温度过高时，可采取遮阴、浇水、通风措施降温，或以喷雾或使用水墙等蒸发冷却方式降温。

（二）湿度

空气湿度高有助于生长并可提高植株鲜重，但栽培介质过湿则易导致茎腐病，特别是在高温（28℃~32℃）高湿条件下，容易有镰刀菌感染，进而发生猝倒病，这也正是平地夏天不宜栽培金线莲的主要原因。茎腐病是金线莲目前发生最为严重的病害。

（三）光照

金线莲属于阴性植物，原生于森林内树下半遮阴地方。因此，适合金线莲栽培的光照度约为正常日光量的1/3，最忌夏、秋季中午左右的直射光，以免引起日灼损伤叶片。一般而言，光照强度高于5000勒会使新生叶片白化，低于1000勒则植株纤细徒长，生产中可用75%的遮阳网进行双层控制，使光照强度保持在4000勒左右。海拔1000米左右的地区，由于温度适宜，夏天栽培金线莲的产量几乎是平地的2倍，但冬天应预防寒害发生。保温设施中以隧道式荫棚保温效果较好，平地栽培若需采用此方式，荫棚架应高一些，以利通风。

（四）栽培介质

金线莲属地生兰，又是药用植物，所以栽培介质必须清洁。适宜的介质除了应具备良好的透气性，还需有良好的保水性，目前生产中所用介质有蛇目屑、碳化稻壳、蛭石、珍珠石、腐叶土及水苔等，可依不同的介质混合比例，来调整介质的通气性及保水性。苗株刚由瓶苗移出时最好以2号蛭石栽植，因蛭石系经高温处理，吸水及透气性均佳，且富含镁及钾离子，具蓄积养分之能力，还可降低无菌状态移出的苗株遭受病菌危害的机会，有助于瓶苗适应环境变化。金线莲需水而不宜积水，浇水量及次数应随植株发育状况及生长环境而调整，介质中的肥料以缓效性的有机肥为主。

（五）繁殖方式

在组织培养尚未被应用在金线莲上时，传统的繁殖方法为分株、扦插、种子播种，因种子收获不易且种子发芽率低，生产中大多以分株和扦插方式繁殖，但因这两种繁殖方式易受环境影响，存活率仅为30%~70%。现在采用茎段培养繁殖，可以提早采收，出瓶栽培10个月（定植后8个月）即可采收。

（六）种植基地选址

根据金线莲生长特性，适宜选择在无工业污染环境、有天然洁净水源、方便喷灌、靠山边阴面处建立生产基地。

（七）栽培管理

金线莲生长速度慢，每个月仅长出 1~2 叶片，还要不断人工喷灌保持一定的湿度和通气等条件。一般每隔一段时间浇灌 1 次，并适量施肥和喷施抗病虫农药，以确保金线莲正常生长发育。在气候条件适宜的地区，当年种植，当年就可采收。

二、铁皮石斛栽培管理技术

（一）铁皮石斛繁殖

1. 有性繁殖

即种子繁殖，石斛种子极小，每个蒴果约有 20000 粒种子。种子呈黄色粉末状，通常不发芽，只有在养分充足、湿度适宜、光照适中的条件下才能萌发生长，一般需在组培室进行培养。石斛繁殖系数极高，但其有性繁殖的成功率极低。

2. 无性繁殖

（1）分株繁殖

在春季或秋季进行，以 3 月底或 4 月初铁皮石斛发芽前为好。选择长势良好、无病虫害、根系发达、萌芽多的 1~2 年生植株作为种株，将其连根拔起，除去枯枝和断枝，剪掉过长的须根，老根保留约 3 厘米长，按茎数的多少分成若干丛，每丛有茎 4~5 枝，即可作为种茎。

（2）扦插繁殖

在春季或夏季进行，以 5~6 月份为好。选取 3 年生生长健壮的植株，取其饱满圆润的茎段，每段保留 4~5 个节，段长 15~25 厘米。插于蛭石或河沙中，深度以茎不倒为度，待其茎上腋芽萌发、长出白色气生根，即可移栽。选材时，一般以上部茎段为主，这是因为其具顶端优势，成活率高，萌芽数多，生长发育快。

（3）高芽繁殖

多在春季或夏季进行，以夏季为主。3 年生以上的石斛植株，每年茎上都要萌发腋芽（也叫高芽），并长出气生根，成为小苗，当其长至 5~7 厘米时，即可将其割下进行移栽。

（4）离体组织培养繁殖

铁皮石斛也可采用下述方法组培快繁试管苗。将铁皮石斛的叶片、嫩茎、根茎进行常规消毒后，切成 0.5~1 厘米作外植体，采用 MS 和 B5 作为基本培养基，并分别添加植物生长调节剂萘乙酸（NAA）0.05~1.5 毫克/升、吲哚乙酸（IAA）0.2~1 毫克/升、6-苄基氨基嘌呤（6-BA）1~5 毫克/升等，制作不同组合的多种培养基。培养基 pH 值 5.6~6，在培养温度 25℃~28℃、每天光照 9~10 小时、光照强度 1800~1900 勒条件下进行组织培养。约 19 天后茎叶处出现小芽点，1 个月后小芽伸长、尖端分叉，2 个月后小芽长成高 2~2.7 厘米、具 4~8 片叶的试管苗。

（二）大棚苗床人工种植技术要点

1. 选址

①地块平整较好（小幅度的山坡地也可以），大环境无污染，常年日光充足，空气流动较好；避开大风口、易发生水灾和滑坡的地块。②水源无污染，取水比较方便。③具备生活设施，可以日常管理和看护。④整体环境安全，可以封闭管理。

2. 培植栽培

（1）栽培基质

选用阔叶树木的树皮或木碎作基质，透气保湿性好，还可为石斛提供一定的营养成分；锯末、刨花易稳定种苗，但耐用时间短、易黏结。

第一，以红砖、石头等颗粒性植材为栽培基质的试验，满足了石斛气生生长的条件，能较好地保障植株成活和萌发新苗。但保水保肥力差，新根萌发较少，根系发育较差，根系长度一般不超过10厘米，只有在精细管理条件下才能获得一定产量。

第二，以锯末为基质无土栽培石斛的方法，由于锯末疏松、通水透气性好、保水保肥力强、小环境内的空气湿度能较好地得到保持和调节，其根系发达，长势强健，侧根多，植株生长旺盛，适应了石斛生长对环境条件的特殊要求。

第三，锯末为基质施营养液无土栽培石斛的方法，简化了石斛对生长环境条件近于苛刻的要求。只要认真施肥，适当遮阴，控制过量雨水，选择适宜石斛生长的温度和光照等环境条件，进行科学管理，便能获得稳产高产。

（2）附主选择

第一，石斛为附生植物，附主对其生长影响较大。石斛是靠裸露在外的气生根在空气中吸收养分和水分，粮食和其他作物的载体是土壤，石斛的载体是岩石、砾石或树干，即石斛的附主既可以是岩石、砾石，也可以是树干等。

第二，石斛附主（生产地）若选择岩石或砾石，则应选砂质岩石或石壁或乱石头（有药农称之为"石砬儿"）之处，并要求相对集中、有一定的面积，而且应阴暗湿润，岩石上生长有苔藓（有药农称之为"地筒皮"），周围有阔叶树遮阴。

第三，若选择树干为附主，则应选树冠浓密、叶草质或蜡质、树皮厚而多纵沟纹、含水分多并常有苔藓植物生长的阔叶树种。

第四，若选择荫棚栽培石斛，则应选在较阴湿的树林下，用砖或石砌成高15厘米的高厢，将腐殖土、细沙和碎石拌匀填入厢内，平整后，厢面上搭100~120厘米高的荫棚进行石斛生产。

石斛通常附生于岩石或树干上，对生长环境有特殊的要求，用地栽方法是不能成活的。如果把石斛栽培于大树干上或石缝中，需3~5年才能旺盛生长，见效缓慢。因此，研究石斛驯化栽培技术，筛选适合石斛生长的基质，对石斛资源恢复相当重要。若将生长在大树干上或岩石、石壁、石缝及石砾等环境中的石斛移植到地面驯化栽培，必须具备其适宜的栽培基质。经实验研究，现已对8种石斛人工栽培基质进行了比较筛选，结果表明锯木屑和石灰岩颗粒是最优的栽培材料，为石斛新附主选择、发展石斛生产开拓了新路。石斛试验苗栽培所用基质为：①洋松的锯木屑；②木质中药渣；③直径1厘米以下的石灰岩颗粒；④5厘米以下的砂页岩石碎块；⑤石灰岩颗粒加锯木屑；⑥河沙；⑦碎砖块加锯木屑；⑧稻壳。试验方法与处理：用高约20厘米的旧木箱和砖块切成大小1200~1330厘米^{2}的方格，内装试验处理的各种基质，于3月初各栽种石斛苗1千克。设重复3次（稻谷壳处理重复2次）。管理方法：主要在4~9月份每15天洒施1次含有氮、磷、钾、钙、镁、硫、铁、钠、锰、铜、钼等元素的复合营养液。11月份连根拔出，抖掉根部基质后测定产量，并观察和分析生长情况。结果表明，各栽培基质处理存在着显著差异，与锯木屑栽培的做比较，除石灰岩颗粒、石灰岩颗粒加锯木屑2个处理外，都存在着显著差异。锯木屑栽培的石斛一直生长旺盛；石灰岩颗粒及其加锯木屑的2个处理也较好；木质中药渣栽培的石斛前期生长较好，但后来随着中药渣的腐烂，出现生长停滞、根系腐烂；砂页岩碎块基质的石斛根系生长较缓慢，是造成产量低的原因；其他基质栽培的石斛则一直处于生长不良状况。

石斛驯化栽培首要条件是提供根系良好生长的环境。锯木屑因疏松透气，又能保持水分及养分，适合根系生长的要求。石灰岩颗粒加适量锯木屑或单纯的石灰岩颗粒也不失为石斛栽培的较好基质，特别是在长江流域禁伐区，锯木屑来源有限，石灰岩颗粒则是石斛栽培的良好材料。另外，稻壳虽与锯木屑差异不大且易得，但其实际保水能力极差；河沙栽培石斛也很难长根，均不宜作栽培基质。

3. 选地整地

栽种石斛前先进行地块整理，其基本要求是在大块岩石上栽种石斛时，应在石面上用钻子按株行距30厘米×40厘米打窝，窝深5~10厘米。打的石花放在石面上（留着压根之用），在石面较低的一方打1个小出水口，以防积水引起基部腐烂，打窝时应保护好石面上其他部位的苔藓；在小砾石上栽种石斛时，将地内杂草、杂枝除去，预留好遮阴树，将过多过密的小杂树清除，以利增加透光程度和太阳的斜晒力度。

4. 栽培管理

（1）移栽第二天

由于刚栽种完的小苗抵抗能力较弱，应加以保护和补充相应的营养物质。移栽后第二天可用石斛平衡液15毫升+巨丰1号营养配方混合兑水15升喷施，既可增强小苗的抵抗力，又可起到杀菌保护作用。此时基质相对含水量控制在50%~60%，棚内遮阴度控制在80%以上，温度保持18℃~25℃，空气相对湿度保持75%左右。

（2）移栽1周

移栽后1周左右时，小苗还未长出新根系，但已能表现出是否成活，可用石斛平衡液15毫升+巨丰1号营养配方混合兑水15升通过叶面喷施进行营养补给。基质相对含水量控制在50%~60%，棚内遮阴度控制在80%左右，温度保持18℃~25℃，空气相对湿度保持75%左右。

（3）移栽15天

此时小苗开始发生新根和新芽，可用石斛平衡液15毫升+巨丰2号营养配方混合兑水15升进行叶面喷施，连续喷施2次，间隔7天，促进生根和发芽。基质相对含水量控制在50%~60%，棚内遮阴度控制在80%左右，温度保持18℃~25℃，空气相对湿度保持70%左右。

（4）移栽1个月

移栽后1个月，小苗叶片逐渐增厚，颜色相对较深，说明小苗已经成活，适应了外界的环境，可用巨丰3号营养配方+石斛细胞平衡液15毫升混合兑水15升均匀喷施叶片正反面。基质相对含水量控制在50%~60%，棚内遮阴度调至70%左右，温度保持18℃~25℃，空气相对湿度保持70%左右。

（5）移栽2~6个月

此期为石斛幼苗生长期，需要严格控制水分和营养，基质相对含水量控制在60%左右，棚内遮阴度可调至70%左右，温度保持18℃~25℃，空气相对湿度保持70%左右。可用巨丰3号营养配方+石斛细胞平衡液15毫升混合兑水15升均匀喷施叶片正反面，每7天喷1次，1个月后再用石斛有机液15毫升+巨丰3号营养配方兑水15升喷施，二者轮换使用。同时，新芽长至 2~3 厘米时可进行根部的营养补充，可用石斛壮根多 30 克+巨丰 4 号营养配方兑水 15 升灌根，灌根应在基质含水量为 20%以下时进行，有利于根部营养的吸收，每个月可灌根 1 次。

（6）移栽 6~12 个月

此期为石斛生长的旺盛时期，需要大量的水分和营养补给，基质相对含水量应达到 60%以上，棚内遮阴度可调至 60%~70%，温度范围可放宽到 15℃~30℃，空气相对湿度保持 80%以上。叶面营养供给以平衡肥料为主，可用巨丰 5 号营养配方+石斛高肽有机液 20 毫升混合兑水 15 升喷施叶片正反面，每 7 天喷 1 次。同时，每个月进行根部营养补给，可用石斛壮根多 50 克+巨丰 4 号营养配方混合兑水 15 升灌根，应在基质含水量为 20%以下时进行灌根。

（7）移栽 12~16 个月

此期为铁皮石斛的营养合成期，基质相对含水量可提高至 60%以上，冬季要适当减少水分，棚内遮阴度调至 60%~70%，温度保持 15℃~30℃，空气相对湿度保持 80%以上。此期叶面营养以高钾为主，以提高铁皮石斛鲜条的品质，可用巨丰 6 号营养配方+石斛茎秆强壮剂 20 毫升混合兑水 15 升喷施叶片正反面，每 7 天喷 1 次；同时，每月喷施 1 次防寒配方。此期会有第二代新芽发出，每个月还需进行根部营养补充，可用石斛壮根多 50 克+4 号营养配方兑水 15 升灌根，在增加老条品质的同时补给新芽适当的营养。

（8）移栽 17~18 个月

此期为铁皮石斛收获期，这 2 个月必须停肥停药。待每丛发出 3~4 个新芽且高度在 5 厘米左右时即可采收。采收时注意保留最少 3 节（从根部算起），以便提供新芽的营养。剪条注意：长达 12 厘米以上的条可剪，从根茎处 3 节剪起，其余的条子为二代芽提供养分。如果全部剪去，会影响第二茬的产量和质量，严重时会导致整株铁皮石斛母体提前退化或死亡。采收后当天或第二天应进行消毒杀菌，可用巨丰采后消毒配方混合兑水 15 升喷施剪切处有创口的部位。

5. 第二茬管理

时间一般为 3 月份至翌年 3 月份。

（1）初期营养

时间为 3~6 月份。采收消毒杀菌完成 7 天后喷施叶面肥，目的是促芽生长、壮叶壮梢、促进叶绿素合成，可用巨丰 3 号营养配方+石斛细胞平衡液 15 毫升混合兑水 15 升均匀喷施到叶片正反面，每 7 天喷施 1 次，直至此周期结束。发出新芽的高度达到 2~3 厘米，在基质较干燥、天气较晴朗、光照不太强时用灌根配方进行灌根，灌根后 4 天方可继续叶面喷肥。

（2）生长期营养

此期时间为 7~9 月份。喷施叶面肥主要目的是平衡石斛的营养需求，让其叶片、茎秆、根部得到均衡生长，可喷施生长期营养配方，每间隔 10 天喷 1 次，直到此周期结束。在基质较干燥、天气较晴朗、光照不太强时进行灌根，而且要求与第一次灌根间隔时间不超过 2 个月，可施用灌根配方。灌根 4 天后方可继续用生长期营养配方喷施。

（3）营养合成期营养

此期时间为 10~11 月份。叶面喷肥主要目的是合成营养成分，改善品质，提高产量，可用营养合成期营养配方，每间隔 7~10 天喷 1 次，循环使用至此周期结束，每月使用防冻配方 1 次。在基质较干燥、天气较晴朗、光照不太强时用灌根配方进行灌根，最迟在 11 月中旬完成最后 1 次根部营养补充。

（4）采收期

此期时间为春节后、春芽发出 3~5 厘米时，可采收老条。

三、泽泻栽培管理技术

（一）栽培技术要点

1. 选地整地

育苗地应选阳光充足、土层深厚肥沃略带黏性、排灌方便的田块。育苗田播种前几天放干水，耕翻后，每 667 米² 施腐熟堆肥 3000 千克，耙匀，做宽 1~1.2 米的畦即可播种。

2. 繁殖方法

用种子繁殖，育苗移栽。

（1）育苗

泽泻宜在 7 月份小暑至大暑间播种，每 667 米² 苗床用种量为 1.5~2 千克。播前将选好的种子用纱布包好，用 30℃ 温水浸种 12 小时，捞出沥干水分。按 1 份种子、10 份草木灰的比例拌均匀，在整好的苗床上均匀撒播，然后用竹扫帚轻轻拍打，使种子与泥土贴实。播种后，立即插蕨草或搭遮阳棚，棚高 45~50 厘米，荫蔽度 50%~60%，3 天后幼芽出土。苗期需湿润畦面，可采取晚灌早排的方法，水以淹没畦面为宜。苗高 2 厘米左右时，水浸 1~2 小时后立即排水，随着秧苗的生长，水深可逐渐增加，但不得淹没苗尖。当苗高 3~4 厘米时，即可进行间苗，拔除稠密的弱苗，株距保持 2~3 厘米，并将荫蔽物拔除。结合间苗除草施肥 2 次，第一次每 667 米² 施充分腐熟有机水肥 1000 千克，第二次肥在第一次施肥后 10 天进行，每 667 米² 施充分腐熟有机水肥 1500 千克。施肥前先排干水，待肥液渗入土后再灌 1 次浅水。经过 30~40 天幼苗便可移植。

（2）移栽

冬种泽泻宜在 10 月中旬至 11 月上旬移栽。当苗高 15 厘米以上、具有 6~8 片真叶时即可移栽，每 667 米² 栽苗 10000~11000 株。幼苗浅栽、入泥 2~3 厘米深，注意栽直、栽稳，定植后勤灌，田间保持浅水。

3. 田间管理

第一次追肥在栽后 15 天左右进行，可用人粪尿、饼肥等混合施用。以后每隔 15 天左右追肥 1 次，施肥量可逐渐减少，田内保持 3~5 厘米浅水。11 月下旬排干田水，以利收获。抽墓的植株要及时打墓，可从茎基部摘除。

（二）采收与加工

1. 采收

移植后 120~140 天即可收获。秋种泽泻在 11~12 月份叶片枯萎后采收，冬种泽泻则在翌年 2 月份、新叶未长出前采收。采收时用镰刀划开块茎周围的泥土，用手拔出块茎，再去除泥土及周围叶片，注意保留中心小叶。

2. 加工

采收后先晒 1~2 天，然后用火烘焙。第一天火力要大，第二天火力可稍小，每隔 1 天翻动 1 次，第三天取出放在撞笼内撞去须根及表皮。然后用炭火焙，焙后再撞，直至须根和表皮去净且相撞时发出清脆声即可，折干率约为 4：1。以个头大、黄白色、光滑粉性足者为佳。

3. 留种

将块茎移栽于肥沃的留种田内，翌年春出苗后摘除侧芽，留主芽抽薹开花结果，6 月下旬果实成熟，即可脱粒阴干。当年即可播种。

四、银杏栽培技术要点

（一）选地整地

银杏属深根性植物，生长年限很长，人工栽植时地势、地形、土质、气候都要具备良好的条件。应选择地势高燥，日照时间长，阳光充足，土层深厚，排水良好，疏松肥沃的壤土、黄松土、沙质壤土。其中，酸性和中性壤土，生长茂盛，长势好，可提前成林。银杏雌雄异株，授粉才能结果。地选好后，做宽 120 厘米、高 25 厘米的龟背形畦，畦面中间稍高，四边略低，周围开排水沟，旱堵水沟，涝排水，并且还要有水利配套设备。

（二）繁殖方法

1. 分株繁殖

2~3 月份，从壮龄雌株母树根蘖苗中分离 4~5 株、高 100 厘米左右的健壮根苗，移栽定植至林地。栽前要整地施基肥，栽植时入土深度要适当，不能过深或过浅，移栽后若不过分干旱可不浇水。

2. 扦插繁殖

夏季，从结果树上选采当年生的短技，剪成长 7~10 厘米的段，下切口削成马耳状斜面，基部浸水 2 小时，然后扦插在蛭石沙床上，间歇喷雾水，30 天左右大部分插穗可以生根。

3. 嫁接繁殖

以盛果期健壮枝条为接穗，用劈接法嫁接在实生苗上。

（三）移栽

移栽按时间分春、秋两季。每 667 米^2 栽苗 35 株，搭配 5% 雄株。挖穴栽植，穴深 50 厘米。栽植时把穴底挖松 15 厘米，有机肥和磷肥混合后充分腐熟，每公顷施用 300 千克。上面覆土 10 厘米厚，把苗放在穴内栽植，栽稳、踏实并轻轻提苗，使根舒展开，栽后浇定根水。

（四）田间管理

1. 中耕除草与施肥

刚移栽的银杏地可间套种草决明、紫苏、荆芥、防风、柴胡、桔梗等中草药及豆类、薯类等矮秆作物。可结合中耕除草进行追肥，树冠郁闭前每年施肥 3 次，即春施催芽肥、初夏施壮枝肥、冬施保苗肥，氮、磷、钾肥配合施用。每次均在树冠下挖放射状穴或环状沟，把肥料施入后覆土、浇水。从开花开始至结果期，每隔 1 个月进行根外追肥 1 次，可追施 0.5% 尿素+0.3% 磷酸二氢钾混合肥液，在阴天或晚上喷施枝、叶片，如果喷后遇到雨天，应重新喷。

2. 人工授粉

银杏属于雌雄异株，授粉借助于风和昆虫来完成。为了提高银杏坐果率，需要进行人工授粉，其方法是采集雄花枝，挂在未开花前的雌株上，借风和昆虫传播授粉。

3. 修剪整枝

为了使植株生长发育快，每年应剪去根部萌蘖和一些病株、枯枝、细枝、弱枝、重叠枝、伤残枝，直立性枝条在夏天摘心、掰芽，使养分集中在多分枝上，促进植株生长。

思考题

1. 茶叶的生物学特性有哪些？
2. 茶的传统手工加工技术及程序是什么？
3. 香菇栽培的生物学特征有哪些？
4. 简述代用料黑木耳栽培管理技术。
5. 简述几类常见的药材栽培管理技术。

第八章 绿色增产规范化生产技术

导 读

"民为邦本，食为政首"。古往今来，保障粮食安全都是治国理政、改善民生的要举。当代许多国家都把保障粮食安全纳入宪法，保障人人都有享受合理粮食消费、保障基本生存的权利。进入21世纪以来，我国把农业粮食置于"重中之重"的战略地位，坚持"以人为本""以我为主""两手结合""科技兴粮""对外开放"的基本方针，打破了"二丰、二平、一欠"的粮食生产周期，全国粮食总产量取得连年增产的奇迹。而面对粮食生产的困难和问题，我们要综合考虑促进粮食生产转型升级、提高质量和效益、利民惠民，我们以"创新、协调、绿色、开放、共享"的发展理念为指引，以"一控、两减、三基本"为目标，切实实现绿色增产规范化作物生产。

学习目标

1. 掌握甘薯的绿色增产模式及增产技术。
2. 了解绿色食品（A级）甘薯生产技术规程。
3. 掌握谷子、高粱、绿豆等作物的绿色增产模式及技术手段。
4. 了解绿色食品生产技术的标准。

第一节 甘薯绿色增产技术与应用

一、甘薯绿色增产模式

（一）专用型甘薯新品种选育及健康脱毒种苗繁育技术体系

1. 根据生产目的首先选择优良品种

甘薯优良品种很多，而且经过脱毒后都能不同程度地提高产量、改善品质。但甘薯品种都有一定的区域适应性和生产实用性，在进行甘薯脱毒时一定要根据本地区气候、土壤和栽培条件，选用适合本地区大面积栽培的高产优质品种或具有特殊用途的品种。例如，在城郊地区最好选用北京553、徐薯34、苏薯8号、鲁薯8号、烟薯25等食用型品种，甘薯"三粉"加工区应选用徐薯18、豫薯7号、豫薯8号、豫薯12号、豫薯13号、鲁薯7号、梅营1号、商薯19等淀粉用品种。另外，特别需要注意的是，甘薯脱毒后只能去除体内某些或某种病毒，其品种本身的抗病毒、抗茎线虫病、抗根腐病等病虫害能力并没有太大改变。选用品种时，一定要考虑到品种本身的抗病虫特性。例如，徐薯18感茎线虫病和根腐病，在茎线虫病和根腐病病区要尽量避免用徐薯18进行脱毒和示范推广，应该选用豫薯9号、豫薯11号、豫薯13号和鲁薯7号等抗茎线虫病和根腐病的品种进行脱毒。就菏泽来说，无根腐病区应该选用豫薯7号（淀粉型）、北京553（食用型）、冀薯4号（食用型）、苏薯8号（食用型）等品种，根腐病区最好选用徐薯18（淀粉型）、豫薯8号（淀粉型）、豫薯12号（淀粉、食用兼用型）、郑红11号（食用型）等品种，茎线虫病和根腐病多的病区则可以选用豫薯9号（淀粉型）、豫薯13号（淀粉型）、豫薯11号（食用兼蔬菜型）等品种。

2. 茎尖苗培育

病毒主要通过维管输导组织传播，茎尖分生组织未形成维管束，病毒主要通过细胞间连丝扩散，传播速度很慢。再者，茎尖分生组织新陈代谢活动十分旺盛，生长激素浓度较高，病毒的复制受到很大抑制，因此，茎尖顶部分生组织不带或很少携带病毒。在无菌条件下切取甘薯茎尖分生组织，在特定的培养基上进行离体培养，就能够再生出可能不带有病毒的茎尖脱毒苗。诱导茎尖苗的方法：选甘薯苗茎顶部3cm长的芽段，用70%酒精3%漂白粉液分别消毒，在超净工作台内解剖镜下剥离茎尖。将剥离的长0.2~0.5mm（一般带1~2个叶原基）的茎尖接种在附加1~2mg每升6-ba的MS培养基上，26~28℃下光培养，茎尖膨大变绿后转入无激素的MS培养基上培养成茎尖试管苗。待苗长至5~6片叶时移至营养钵内进行病毒检测。一般来讲，从剥茎尖到诱导出5~7片叶的茎尖苗至少要用60~90d。利用分生组织培养诱导甘薯茎尖苗是甘薯脱毒的技术关键。而且甘薯茎尖苗的培育需要有设备完善、仪器齐全的组织培养室，技术水平较高，投资较大，一般单位特别是基层单位不必要开展此项研究，可以从有条件的单位索取已经鉴定确认的脱毒试管苗或原原种。

3. 病毒检测

茎尖分生组织培养得到的茎尖苗并不都是脱毒苗，只有部分苗不含病毒，是脱毒苗。茎尖苗必须经过严格的病毒检测确认不带病毒后才是脱毒茎尖苗。茎尖苗的检测一般首先采取目测法淘汰弱苗和显症苗，然后再用血清学方法或分子生物学方法进行筛选。经血清学或分子生物学方法检测呈阴性的样品再进行指示植物嫁接检测。

4. 优良株系评选

甘薯的芽变率比较高，茎尖分生组织培养再生的茎尖苗株系间在形态和产量方面往往存在较大差异。因此，经病毒检测确认的脱毒苗必须进行优良株系评选，淘汰变异株系，保留优良株系。株系评选的方法是：将脱毒苗株系每系5~10株栽种到防虫网室内，以同品种普通带毒薯为对照，进行形态、长势、产量等多方面的观察评定，选出若干既符合品种特性又高产的最优株系，混合繁殖。

5. 高级脱毒试管苗速繁

利用茎尖分生组织培养获得脱毒苗后，要获得大田生产利用的足够脱毒苗，快速繁殖技术起着决定性作用。脱毒甘薯茎尖苗的大量繁殖，可以采用试管苗单叶节快繁或温网棚繁殖两种方式来完成。二者在速度、成本等方面互有优势。

（1）脱毒苗试管快繁

毒苗试管快繁具有以下优越性：①繁殖速度快。在合适的培养条件下（温度25℃，每天光照18h），1个茎节1个月内即可长成具5~6片叶的小植株，以继代1次增殖5株计算，其繁殖系数为5n。②避免病毒再侵染。脱毒苗的试管快繁是在严格的无菌条件下进行的，即没有病毒源也没有传播媒介。③继代繁殖成活率高。除极少数由于操作不慎造成试管苗污染外，单茎叶成苗率达100%。④不受季节、气候和空间限制，可以进行工厂化生产。目前脱毒苗快繁方法有两种：一是液体振荡培养，将单茎节置于液体培养基中，进行80转/min振动；另一种为固体培养。前者优点是繁殖迅速，15~20d可得到20个节左右，但因需配备摇床，成本较高，因此特殊条件采用固体培养。茎尖苗试管快繁培养基：一般采用不加任何激素的1/2培养基。

试验表明，全量MS培养基能够给试管苗提供较充分的营养成分，从而能够保持试管苗较旺盛的生长，是理想的培养基；但从试繁的角度看，在保证正常情况下，繁殖系数的高低主要取决于叶片数及株高2个指标，1/2MS培养基中试管苗的生长，虽不及全量MS培养基中的旺盛，但上述2个指标仍能达到快繁的要求，也为较理想的培养基。为降低成本，可用食用白糖代替分析纯蔗糖，有些有机成分也可以减去。试管快繁的光照条件：光照时间长短对甘薯试管苗发育的意义，不仅在于茎叶形态发育的需要，而且对其生长也有显著影响。在暗培养条件下，甘薯脱毒苗节段有叶的分化及茎的伸长，但呈黄化状态，叶片不伸展或生长，茎细弱。甘薯脱毒试管苗的株高、叶片数及鲜重随光照时数的延长而提高，延长光照时数对试管苗茎叶的分化及生长均为有利，较长的光照有利于提高试管苗繁殖系数，获得健壮的脱毒试管苗。另外，在不同的光照时数下，甘薯脱毒试管苗的平均节间长度差异不显著，因为试管苗切段为单叶节快繁，节间无须过长，在一定的节间长度下，叶片数增加，则繁殖系数呈几何级数数增加。延长光照时数，伴随株高的增加，只增加叶片数而不显著增加节间长度，正适合于试管苗单叶节快繁的需要。

（2）高级脱毒苗田间快繁

①防蚜塑料大棚速繁

在3月中旬将5~7片叶的脱毒试管苗打开瓶口，室温下加光照炼苗5~7d。栽前头天下午在棚内苗圃上撒上用100g40%乐果乳油加水2.5~5kg稀释后与15~25kg干饵料拌成的毒饵，以消灭地下害虫。然后按5cm×5cm株距栽种在覆盖防虫网的塑料大棚内，浇足水后加盖一层小弓棚，把温度控制在25℃左右。待苗长至15~20cm时剪下蔓头继续栽种、快繁。采用这种双膜育苗方法繁殖系数可以达到100倍以上。但要注意小水勤浇，通风透气，保证温度既不能低于10℃，也不能高于30℃。②防蚜网棚速繁。即在4月下旬或5月初将经过锻炼的5~7片叶的脱毒试管苗，按每亩10000株的密度栽种在防蚜虫大棚内，勤施肥水，待苗长至15cm左右时摘心，促进分枝。以后待分枝苗长至5片叶时继续剪苗栽种速繁，或直接用于繁殖原原种。③防蚜冬暖大棚越冬快繁。9月底10月初将脱毒试管苗移栽在外加40目防虫网的冬暖式大棚内。11月上旬（下枯霜前）盖塑料膜，12月上中旬加盖草帘子，使棚内温度保持在10~30℃。注意及时防治蚜虫。到4月中下旬采苗移至苗圃进行扩繁。这种方法脱毒苗在外暴露时间过长，重新感染病毒的机会较大，一般应用的较少。需要特别强调的是，甘薯病毒主要靠桃蚜、棉蚜和萝卜蚜以非持久方式进行传播。因此，无论采用何种速繁方法，都要切记采取隔离措施（40目防蚜网、500m以内无普通带毒甘薯空间隔离等）和定期喷洒防治蚜虫的药剂来防止蚜虫传毒再侵染。

6. 良种繁育

用原种苗（即原种薯块育苗长出的芽苗）在普通大田条件下生产的薯块称为良种，又叫生产种，即直接供给薯农栽种的脱毒薯种。良种繁殖田的种植、栽培管理同普通甘薯一样，但所用田块应为无病留种田，管理上要防止旺长。如果夏薯栽后40d、春薯栽后60d，甘薯茎叶生长过猛，蔓尖上举且过长、色淡，节间和叶柄很长，叶片大而薄，封垄过早，叶面积系数达到3.5以上；或到甘薯生长中期叶片大，叶色浓绿，叶柄特别长且超过叶片最大宽度的2.5倍，叶层很厚，郁闭不透气，叶面积系数大于5，则为发生了旺长。具体防范措施有：①打顶。在分枝期、封垄期和茎叶生长盛期各打顶1次。②喷多效唑。封垄后每亩喷15%多效唑（75g对水50kg）1~2次。③提蔓。发现旺长立即提蔓1~2次，每次可以延缓生长7d左右。根据江苏徐州甘薯研究中心研究结果，脱毒甘薯在开放条件下种植时，第一年和第二年都能显著增产，但到第三年时，比较耐病毒的品种如徐薯18增产效果下降6.1%，易感病品种如新大紫等的增产效果则降低33.6%~39.1%。因此，脱毒甘薯连续在生产上利用2年后病毒再感染严重，增产效果下降，最好能够2年更换1次新种薯。

（二）甘薯节本绿色轻简化生产技术体系

1. 机械化起垄

甘薯需起高垄种植，其垄较之花生、马铃薯等作物要高，垄高一般为250~330mm，收获时甘薯的生长深度一般达到200~250mm，结薯范围达到300mm，所以其起垄、挖掘收获时所需的动力一般较大，起垄作业每垄的动力需在14.7~18.38kW（中耕动力略小于起垄动力），收获前的割蔓粉碎作业每垄所需动力约18.38kW，而挖掘收获时每垄的动力则需18.38~25.73kW。而甘薯移栽入土作业量少，但一般会考虑载水作业，所以每垄的动力配备18.38kW左右。

甘薯起垄机械比较多，如果是沙土或壤土地可直接选用拖划式起垄机起垄即可，若是黏土地，土壤质地黏重，在遇到干旱年份，使用拖划式起垄机效果不好，薯垄会高度不够，再加上垄背面土壤松散，甘薯栽种后经雨水冲刷，薯垄会变得更加平塌，影响到甘薯根部的透气性，造成薯块根毛较多、不结薯现象，从而在一些农民或经营者中形成"机械起垄不结薯"的不良印象。郓城工力公司根据黏土地的特点，通过调查和反复试验，生产了黏土地专用开沟起垄机，由带16把旋耕弯刀和"T"形刀组成开沟机，后下部带30cm宽沟底铲刀的犁，后上部为2个铁壳整流罩。起垄机工作时，开沟机旋转飞出的碎土，通过整流罩而掉落两边形成垄背，沟底碎土被沟底铲刀铲起，重新被开沟机打碎、飞出，通过整流罩掉落垄背。起垄机通常用手扶拖拉机牵引，工作效率可达0.53hm²/d，且这种方式起垄不需要人工另外修整，即使是布满树根的田块，仍能切削出光滑整齐的垄坡斜面。机械成形的薯垄宽度一般为1.0~1.1m，垄高0.35m，垄顶面宽度约为垄距的1/3左右。垄剖面为梯形，经风吹雨打且直到收获期垄高基本无变化，仅垄肩部稍下塌，使剖面成带弧度的梯形。

2. 机械化插秧

目前各地注重农机与育种栽培的结合，其移栽机具主要有小型自走带夹式移栽机、牵引式乘坐型人工栽插机、人力乘坐式破膜栽插器等形式，以小型化为主，能破膜栽插。机械化插秧速度快、质量好，省工、省力、成活率高。如试验土壤为壤土，土壤含水率为20%，黏度适中；试验地平整，已提前用起垄铺膜机完成起垄铺膜，垄型规范，铺膜平整，覆土严实，能够满足试验要求。试验采用带夹式移栽机，所用拖拉机为欧豹520型拖拉机，后轮轮距1300mm轮胎宽度320mm。试验用苗平均苗直径4.6mm，长260mm，叶片的数量为6~9片。在拖拉机行进速度0.3m/s条件下进行了单垄单行移栽作业，主要对插秧深度、倾斜角度、成活率及地轮滑移率4个技术性能指标进行了测定。插秧深度平均

9.8cm，合格率86.4%，标准差0.79，变异系数0.35；倾斜角29.8°，合格率93%，标准差1.22，变异系数0.13，成活率92%，地轮滑移率6.2%。综合分析：采用机械化插秧，各项指标完全可替代人工操作。

3. 机械化收获

甘薯是无性繁殖营养体，没有明显的成熟标准和收获期，但是，收获过早，会降低甘薯产量；收获过晚，甘薯会受低温冷害的影响，不耐贮藏，切干率也会下降。因此，收获甘薯时要注意"地""土""留""用"这四点。一看"地"。即根据地温来收获甘薯。一般在地温18℃时开始收刨甘薯，切干用的春薯或腾茬种冬小麦的地块一般在"寒露"前收刨；留种用的夏薯在"霜降"前收刨；贮藏食用的甘薯可稍晚一些收刨，但一定要在枯霜前收完。二看"土"。即根据土壤湿度来收获甘薯。土壤含水量少，地温变化大，甘薯易受冷害，且不易收刨；土壤含水量过多，甘薯收获后不耐贮藏。当土壤过湿时应先割去甘薯茎蔓，晾晒几天，待土壤稍干再收刨。三看"留"。即根据是否留种来收获甘薯。留种用的夏薯，宜在晴天上午收刨，并在田间晒一晒，当天下午入窖，不要在地里过夜，以免遭受冷害。四看"用"。就是根据用途来贮藏甘薯。甘薯收刨后，可在地里进行选薯，去掉病、残及水渍的薯块，并按不同用途和品种分别贮藏。从收刨到贮藏过程中，要尽量减少翻倒次数，并要轻拿、轻放、轻装、轻运，以免碰伤薯皮。根据甘薯收获的四项要求，在机械化收获时，要适应起垄情况确定收获方式。

（1）"单行起垄单垄收获"模式

该方式采用一台拖拉机可完成单行单垄耕种收的全部作业，具有经济性较高、配套简单、适应性广、投入不高等优势，适宜多数地区中小田块作业。该模式较适宜的垄距为900mm、1000mm，可配套黄海金马254A、东方红280、黄海金马304A、山拖TS400Ⅲ等中小型拖拉机，其轮距为960~1050mm；可配套手扶拖拉机为桂花151、东风151等，其轮距为800mm左右。

（2）双行起垄单行收获作业模式

该模式针对不少种植户已拥有大中型拖拉机（36.75kW以上）的现状，以减少投入、尽可能提高作业效率为目的，其起垄作业采用已拥有的大中型动力，而后续的移栽、中耕、碎蔓、收获则采用较小动力的拖拉机。该模式较适宜垄距为900~1000mm；其采用50、554、604、704等型号拖拉机起垄，后轮距为1350~1450mm；而移栽、中耕、碎蔓、收获环节则采用黄海金马254A、东方红280、黄海金马304A、山拖TS400Ⅲ等中小型拖拉机单垄作业，轮距为960~1050mm。

（3）两行起垄两垄收获作业模式

该模式易于实现耕种收作业机具的配套，可采用一台大马力拖拉机完成作业，具有作业效率相对比较高，易于被大型种植户接受，便于推广等特点。该模式较适宜垄距为900~1000mm；可采用804、854、90、904、100、1004等型号拖拉机一次起两垄，而后续的移栽、中耕、碎蔓、收获环节仍采用该机一次两垄完成作业，该型拖拉机的轮距一般为1600~1800mm。

（4）三行起垄两垄收获作业模式

该模式针对平原大面积种植区，可采用一台大马力拖拉机完成耕种收全程作业，起垄作业时一次起三垄，而后续的移栽、中耕、碎蔓、收获等则一次完成两垄作业，主要是为提高起垄作业效率，但如起垄操作不当，也存在着后续作业对行性差的问题。该模式较适宜的垄距为 800~900mm，旋耕起垄机配套旋耕机可为 230 型或 250 型，起垄时一次三垄，其他作业则一次两垄；配套采用 804、854、90、904、100、1004 等型大功率拖拉机，轮距一般为 1600~1800mm。

（5）宽垄单行起垄双行栽插收获作业模式

该模式是在一条大垄上交错栽插双行，可为两行间铺设一条滴灌带提供便利，经济性较好。此外，采用适宜的拖拉机也可完成全程配套作业。该模式较适宜的垄距为 1400mm，配套的旋耕起垄机幅宽约为 2800mm，可一次完成两垄作业，收获时采用 1200mm 作业幅宽的挖掘收获机一垄一垄收获。该模式可配套 754、804 型拖拉机，轮距一般为 1400mm 左右。

（6）大垄双行起垄收获作业模式

该模式适宜的垄距为 1500~1600mm，可配套 754、80、804、90、904 等型号拖拉机实现全程作业，拖拉机轮距一般为 1500~1600mm。

实现甘薯生产全程机械化轻简化栽培的前提之一是实现农机农艺的融合，除在品种选育应考虑机械作业外，还应考虑以下三方面的问题：①区域化统一种植垄距。主要种植区可根据各自特点选用 1~2 种种植垄距，如 800~900mm 或 1000~1400mm 垄距，该垄距可寻找到不同形式的拖拉机配套行走作业，便于机具推广和跨区作业，但在相对区域较小的范围内尽量采用统一的种植规格，便于提高机具的通用性和配套性。②尽量纯作。尽可能采用纯作，如间作套种一定要留好机收道，套种的尺寸一定要与拟选的作业模式尺寸配套。③简化栽插方式。建议采用斜插法、水平栽插法、直插法，便于实现机械移栽作业。

实践证明，上述六种推荐模式中的几个垄距尺寸，当以 900mm 左右最容易配备到适宜动力的拖拉机，也便于各环节作业机具的配套，同时也最接近目前菏泽的种植习惯，因此可作为优先选择的垄距。一般条件下，用机械化收获地瓜，比人工刨能快近 40 倍，1h 收获 2~3 亩不成问题，比雇人收地瓜每亩还能节省 30 多元钱，更重要的是，用机械化收获，地下基本不落地瓜。我们在农户刨完地瓜的地里做过试验，每亩地里又找回来 50 多千克。

二、甘薯绿色增产技术

（一）黑地膜覆盖栽培技术

1. 甘薯覆黑地膜的效果明显

（1）保温增温

黑地膜覆盖甘薯后，土壤能更好地吸收和保存太阳辐射能，地面受光增温快，地温散失慢，起到保温作用，为甘薯生根和生长打下了良好基础。

（2）调节土壤墒情

由于黑地膜的阻隔，可以减少土壤水分的蒸发，特别是春旱较重的年份，保墒效果更为理想。进入雨季，覆膜地块易于排水，不易产生涝害。遇后期干旱，覆膜又能起到保墒作用。

（3）增加养分积累

覆盖黑地膜后，土壤温度升高，湿度增大，微生物异常活跃，促进了有机质和腐殖质的分解，加速了营养物质的积累和转化。

（4）改善土壤物理性质

黑地膜覆盖栽培土壤表面不受雨水冲击，故土壤始终保持疏松，既有利于前期秧苗根系生长，又有利于后期薯块膨大。

（5）防治病、草为害

甘薯线虫病是甘薯生产上的一种毁灭性病害，目前药剂防治效果不够理想，而覆盖黑膜后可利用太阳能，提高土壤温度，杀死线虫，防病效果好，又不污染环境。同时黑地膜透光性差，可抑制杂草生长，减少除草用工，避免杂草与甘薯争夺肥水和空间等。

（6）促进甘薯根、茎、叶的发育

黑地膜覆盖比露地栽培的甘薯发根早 4~6d，根系生长快，强大的根系从土壤中吸取更多养分，为植株健壮生长和薯块形成、膨大奠定基础。黑地膜覆膜栽培由于条件适宜，长势旺，甘薯的分枝数、叶片数、茎长度、茎叶鲜重均比露地栽培增加 50%以上。

（7）增产显著，品质提高

甘薯覆盖黑地膜后，薯秧生长快，薯块增产 50%以上，并提高了大薯比率和淀粉含量。

2. 黑色地膜覆盖栽培技术要点

（1）整地施肥

深翻整地，改善土壤通气性，扩大甘薯根系分布范围，提高对水分和养分的吸收能力。结合整地施有机肥 6.0 万 kg/hm^2，复合肥 750kg/hm^2，最好施用硫基富钾复合肥，起垄种植。

（2）适时早栽

为了充分发挥地膜的作用，有效利用早春低温时的盖膜效果，做到适时早栽，一般可比露地早栽 8~10d，菏泽一般于 4 月下旬栽植。

（3）栽秧盖膜

一般采用先栽秧后覆膜。方法是先把秧苗放入穴内，然后逐穴浇水，水量要大，待水渗完稍晾后埋土压实，并保持垄面平整，第 2d 中午过后，趁苗子柔软时盖膜，这样可避免随栽随盖膜易折断秧苗现象。盖膜后用小刀对准秧苗处割一个"丁"字口，用手指把苗扣出，然后用土把口封严。

（4）加强田间管理

缺苗要及时补栽，力争保全苗。要经常田间检查，防止地膜被风刮破。以后发现有甘薯天蛾、夜蛾等虫害要及时进行防治。

（二）甘薯化学除草技术

1. 甘薯地杂草种类及特点

经过对设定的 100 个地块进行定期定点调查，菏泽甘薯田主要杂草隶属 12 科 35 种，以禾本科杂草与阔叶杂草混生为主，常见一年生禾本科杂草以牛筋草、马唐、狗尾草、稗草、虎尾草、画眉草为主，阔叶杂草以反枝苋、马齿苋、铁苋菜、饭包草、鸭蹠草、葵苘麻、鳄肠、鬼针草为主，莎草科杂草以碎米莎草、异型莎草及香附子为主。在甘薯扦插后生长前期主要以阔叶杂草反枝苋、葵、马齿苋、苘麻及莎草科的碎米莎草占优势，在扦插后生长后期（6~7 月），以一年生禾本科杂草牛筋草、马唐、稗草及狗尾草为主。

2. 甘薯田杂草发生特点

（1）杂草种类与种植方式有关

由于甘薯为春或夏季种植，前茬作物主要为玉米、大豆、花生，甘薯种植时土壤经翻耕，墒情较好，杂草发芽早，发生量大。在春甘薯的生育期内，杂草发生有 3 个高峰期，第一个高峰期为 5 月中下旬，此时土壤温度回升较快，杂草处于萌发盛期，杂草群落主要以阔叶杂草为主，杂草种类主要有反枝苋、葵、小葵、饭包草、苘麻、马齿苋、牛筋草马唐、狗尾草，杂草群落主要以牛筋草、马唐、反枝苋、马齿苋等为主。第二个高峰期为 6 月中下旬，此时正值雨季，降水量大，温、湿度高，一年生禾本科杂草生长旺盛，杂草群落以一年生禾本科杂草为主。杂草种类相对较多，主要有马唐、牛筋草、稗草、狗尾草、反枝苋、饭包草、铁苋菜、马齿苋、鳄肠等。第三个高峰期在 7 月下旬至 8 月下旬，此时前期未能控制的反枝苋、苘麻、稗草等具有一定空间生长优势，生长旺盛，与甘薯争夺光照及养分。

（2）杂草发生的种类与温度、湿度、光照等环境条件有关

在 5~6 月阔叶杂草反枝苋、马齿苋、鳄肠、葵发生量较一年生禾本科杂草严重，7~9 月一年生禾本科杂草根系发达，无论从发生量及生物量上都远远超过阔叶杂草。

（3）杂草发生量大、危害重

甘薯扦插初期，甘薯田由于土壤湿度和地温逐渐升高，杂草发生较严重。扦插后杂草如不能被控制，雨季时一年生禾本科杂草发生明显上升，发生面积及危害程度最为严重，如防除不及时或防除措施不当，极易造成草荒，给甘薯的产量及品质带来很大影响。

3. 甘薯田杂草的化学防除

甘薯除草重点是扦插后至封垄前，此阶段及时有效的除草对甘薯的优质高产至关重要。

（1）禾本科杂草的化学防除

在禾草单生，而没有阔叶草和莎草的地块，可用氟乐灵、喹禾灵、拿捕净防除。常用的防除方法如下：每亩用 48% 的氟乐灵乳油 80~120ml，对水 40kg，于整地后栽插前喷雾注意在 30℃以下，下午或傍晚用药，用药后立即栽薯秧。也可用氟乐灵与扑草净混用，每亩用喹禾灵乳油 60~80ml，对水 50kg，于杂草三叶期田间喷雾。用药时田间空气湿度要大，防除多年生杂草适当加大剂量，用药后 2~3h 下雨不影响防效。每亩用 12.5% 拿捕净乳油 60~90ml，对水 40kg，于禾草 2~3 叶期喷雾注意喷雾均匀，空气湿度大可提高防效。以早晚施药较好，中午或高温时不宜施药。防除 4~5 叶期禾草，每亩用量加大到 130ml。防除多年生杂草时，在施药量相同的情况下，间隔 3 个星期分 2 次施药比中间 1 次施药效果好。

（2）禾草+阔叶草的化学防除

在以禾草与阔叶草混生而无莎草的地块，可用草长灭药剂防除。每亩用 70% 草长灭可湿性粉剂 200~250mg，对水 40kg 左右，栽苗前或栽后立即喷雾。要求土壤墒情好，无风或微风，但要注意不能与液态化肥混用。

（3）禾草+莎草的化学防除

对以禾草与莎草混生而无阔叶草的薯田，可以用乙草胺防除。每亩用 50% 乙草胺乳油 60~100ml，对水 40kg，栽薯秧前或栽薯秧后即田间喷雾。要求地面湿润、无风。乙草胺对出苗杂草无效，应尽早施药，提高防效。栽薯秧后喷药宜用 0.1~1mm 孔径的喷头。

（4）禾草+阔叶草+莎草的化学防除

在三类杂草混生的甘薯田，可用果乐和旱草灵防除。每亩用 24% 果乐乳油 40~60ml，对水 40kg 喷雾。要求墒情好，最好有 30~60mm 的降水。喷药时，宜下午 4：00 后施药，精细整地，不能有大坷垃。

（三）甘薯配方施肥技术

甘薯是块根作物，根系发达，吸肥力强，其生物产量和经济产量比谷物类高，栽插后从开始生长一直到收获，对氮、磷、钾的吸收量总的趋势是钾最多、氮次之、磷最少。一般中产类型的甘薯，每生产 1000kg 薯块，植株需从土壤中吸收氮（N）3.5kg、磷（P_2O_5）1.8kg、钾（K_2O）5.5kg，三种元素比例为 1：0.51：1.57。

施肥方法。甘薯生长前期、中期、后期吸收氮、磷、钾的一般趋势是：前期较少，中期最多，后期最少。施肥的原则是以农家肥为主，化肥为辅，施足基肥，早施追肥。甘薯属于忌氯作物，应该慎用含氯肥料如氯化铵、氯化钾等。

通过连续 3 年测土结果分析看，多数农户栽植甘薯选择中下等肥力地块，土壤有机质含量在 1%~1.3%，土壤中氮相对丰富，磷中等，钾缺乏。根据上述土样检测和调查结果，目前甘薯高产施肥推荐如下技术。①产量指标，亩产 2500~3000kg。②地块选择，中上等肥力，机翻深度 20cm 左右，精细整地。③施肥指标，优质农家肥 3000~4000kg，化肥：46%尿素 15~20kg 或 17%的碳酸氢铵 40~54kg，14%过磷酸钙 25~35kg，50%硫酸钾 20~30kg。

施肥方法。尿素或碳酸氢铵的 70%、硫酸钾的 70%与过磷酸钙全部混合基施，余下的30%尿素或碳酸氢铵、30%硫酸钾在甘薯栽植后 60d 左右追施，可用玉米人工播种器追施。钾肥的选择，可用干草木灰每亩 100~150kg，用时对水喷洒。在甘薯薯块膨大期，可叶面喷施 0.3%磷酸二氢钾 2~3 次，每隔 5~7d 喷 1 次。

（四）甘薯化学调控技术

以食用甘薯为试验材料，进行大田试验，对比施用不同浓度多效唑和缩节胺效果。多效唑和缩节胺是新型的植物生长延缓剂，具有延缓植物生长，促进分薯，增强抗性、延缓衰老的特点。化控剂对甘薯各生育阶段的茎蔓生长和块根产量的影响结果表明：喷施多效唑和缩节胺，可显著增加甘薯分枝数、茎粗、绿叶数、缩短茎长和单株结薯数，提高块根中干物质的分配率，显著提高块根产量。综合甘薯产量指标，在该试验条件下，喷施多效唑 150mg/kg，对薯的增产效果最好，是适宜当地推广的模式。

多效唑和缩节胺均在夏甘薯封垄期（7 月 25 日）进行第一次喷施，以后每 15d 喷施 1次，共喷施 3 次。

喷化学调控剂 5d 后开始取样，以后每 15d 取样 1 次。方法：取样区内随机选点，每个点选取 5 株，挖出块根、洗净，称鲜重，重复 3 次；块根切片，地上部分为叶片、叶柄和茎蔓，在 60℃下烘至恒重。收获期调查植株生长指标，并考察测产区内块根数量；以小区为单位称块根鲜重，计算平均单株结薯数和单薯重。

结果显示，多效唑和缩节胺对茎长均表现出显著效果；与 CK 相比，T1 和 T2 处理减幅分别达到 17.6%和 20.4%，达极显著水平；T3 和 T4 处理减幅分别达到 9.1%和 10.4%；多效唑的作用效果更好。

甘薯块根的形成与膨大与茎叶生长发育有密切的关系。已有研究表明，缩节胺对蔓和块根的干重分配百分率无影响，而用 4000mg/L、8000mg/L 处理植株有降低蔓的长度和节数的趋势。试验结果表明，喷施多效唑和缩节胺，有效控制甘薯茎的徒长，增加了绿叶数、分枝数和茎粗，增加了产量。可见，喷施化学调控剂有良好效果，有必要对其在不同肥力条件下的施用技术继续进行研究。

大量研究表明，一定浓度的多效唑可有效抑制甘薯的营养生长，促进生殖生长，增加光合速率，提高根冠比，具有显著的增产作用。缩节胺在甘薯封垄期施用最佳，最适量为

$75g/hm^2$，缩节胺可抑制甘薯茎蔓的徒长，增加单株结薯数。刘学庆等研究表明，多效唑可显著增加甘薯分枝数，缩短茎蔓节间和叶柄长，减少营养生长能量消耗，利于建立合理群体，增加产量。试验结果表明，喷施多效唑和缩节胺可显著提高干物质在块根中的分配比率，增加产量。

因此，喷施多效唑和缩节胺对甘薯具有显著的增产效果。在试验条件下，喷施150mg/kg的多效唑增产效果最好，是适宜当地推广的模式。

三、绿色食品（A级）甘薯生产技术规程

为更好地帮助农民实施规范化生产，进一步提高出口甘薯标准化栽培水平，为农产品加工企业提供安全、优质的产品原料，根据国家农产品安全质量标准 GB 18406.1《无公害蔬菜安全要求》和 NY/T391《绿色食品产地环境质量标准》等，结合菏泽甘薯生产实际制定本标准。

（一）范围

本标准规定了绿色食品（A级）春甘薯的产地环境、生产技术、病虫草害防治、采收、包装、运输、贮存和建立生产档案等。

本标准适用于菏泽绿色食品（A级）甘薯的生产。

（二）规范性引用文件

下列文件中的条款通过本标准的引用而成为本标准的条款。凡是不注日期的引用文件，其最新版本适用于本标准。

GB 4406 种薯

NY/T 391 绿色食品产地环境技术条件

NY/T 393 绿色食品农药使用准则

NY/T 394 绿色食品肥料使用准则

NY/T 658 绿色食品包装通用准则

NY/T1049 绿色食品薯芋类蔬菜

（三）产地环境条件

绿色食品（A）甘薯的产地要选择地势高燥、排灌方便、地下水位低的地块，以土层深厚、疏松肥沃、2~3年未种植过旋花科作物、pH值为7.5~8的沙壤土或壤土为宜，环境质量应符合 NY/T 391 的规定。

（四）生产技术

1. 品种选择

（1）选择原则

应选用丰产、优质、抗病性和抗逆性强的品种。严禁使用转基因品种。

（2）精选种薯

以幼龄和壮龄的健康块根或脱毒品种做种薯，淘汰形状不规整、表皮粗糙老化及芽眼凸出、皮色暗淡等薯块。种薯质量应符合 GB 4406 中二级良种以上的要求。

2. 育苗

（1）育苗床制作

一般按 60%~70% 未种植旋花科作物的田土、30%~40% 经无害化处理的有机肥的比

例配制营养土，每立方米营养上中再加入 1.5kg 过磷酸钙或复合肥，充分拌匀并过筛。于温室、大棚等保护地内设置育苗床，铺 20cm 厚营养土，播前浇足水。每亩栽培面积需育苗床 10m²。

（2）种薯处理

阳光下晾晒种薯 1~2d。将种薯置于 56~57℃温水中上下不断翻动 1~2min，然后在 51~54℃温水中浸泡 10min。在 36~40℃环境中催芽，用稻草等覆盖，保持薯皮湿润，4d 后开始萌发时排种。

（3）排种

3 月上中旬，在育苗床上按薯头朝上、后薯斜压前薯 1/3~1/4 处的方式排放种薯，用营养土填满种薯之间的缝隙，再浇 40℃左右温水湿润床土，覆盖 2~3cm 厚营养土，覆盖塑料薄膜等覆盖物。每平方米苗床种薯用量 20~25kg。

（4）苗期管理

出苗前保持 30~35℃的苗床温度。出苗后及时揭除床面的塑料薄膜等覆盖物，保持 25~30℃，加强光照，小水勤浇，保持土壤湿润，浇水结合通风。采苗定植前 4~5d 炼苗。

（5）壮苗标准

苗龄 30~35d，叶大肥厚，色泽浓绿，苗长 20~25cm，节间短粗，无病虫害。

3. 定植前准备

（1）肥料使用原则和要求

允许使用和禁止使用的肥料的种类按 NY/T—394 的规定执行。宜以经无害化处理的有机肥为主，结合施用无机肥。

全生育期养分以基肥为主，基肥用量应占施肥总量的 70%~80%，追肥占 20%~30%。

（2）整地作畦

定植前 15~20d，每亩施用经无害化处理的有机肥 3000kg、硫酸钾 10kg、尿素 3kg、磷酸铵 5kg 的基肥，深翻 25~30cm。定植前 5~7d，肥土混匀，耙碎整平，做成畦宽 1.3m、畦高 20~30cm、沟宽 30cm 的栽培畦。

4. 定植

（1）定植期

春栽，10cm 地温稳定在 13℃以上时栽苗，4 月中下旬露地定植。

（2）栽插

阴雨天或晴天 15：00 后，随采苗随插苗，每畦斜插 2 行，行株距（70~80）cm×（20~25）cm，每亩栽插 3200~4000 株。插苗后浇透水。

5. 田间管理

（1）查苗补苗

栽插一周后查苗补苗，去除弱苗、病虫为害苗；选用壮苗补苗，并浇透水。

（2）中耕、除草、培土

活棵后至封垄，结合浇水追肥，中耕除草 2~3 次，中耕深度由深至浅，结合中耕进行培土，也可用 15% 精稳杀得乳油喷雾除草，用药量为 50ml/亩。

（3）追肥

栽插后的 1 个半月内，根据苗情，结合中耕适时追肥，每亩施尿素 10kg，硫酸钾 10~15kg，或穴施经无害化处理的有机肥 1000~1500kg，以促进茎叶生长，搭好丰产架子。

（4）浇水

缓苗期不旱不浇水，幼苗期浇小水，从现蕾开始小水勤浇，结薯后期保持土壤湿润，收获前1周停止浇水。雨季防止积水。

（5）摘心提蔓

生长过旺时，可采取摘心、提蔓、剪除老叶等措施。

（2）病虫草害防治

1. 主要病害

黑斑病、根腐病和斑点病等。

2. 主要虫害

蚜虫、甘薯天蛾、茎线虫和地下害虫等。

3. 主要草害

一年生禾本科杂草。

4. 防治原则

坚持"预防为主，综合防治"的植保方针，优先采用"农业防治、物理防治和生物防治"措施，配套使用化学防治措施的原则。

5. 防治方法

（1）农业措施

实行2~3年轮作；选用抗病品种；创造适宜的生育环境条件；培育适龄壮苗，提高抗逆性；应用测土平衡施肥技术，增施经无害化处理的有机肥，适量使用化肥；采用深沟高畦栽培，严防积水；在采收后将残枝败叶和杂草及时清理干净，集中进行无害化处理，保持田间清洁

（2）物理防治

采用黄板诱杀蚜虫、粉虱等小飞虫；对于甘薯天蛾，在幼虫盛发期，可人工捏除新卷叶虫的幼蛾或摘除虫害包叶，集中杀死，应用频振式灭虫灯诱杀成虫。

（3）生物防治

保护利用天敌，防治病虫害；使用生物农药。

（4）化学防治

药剂使用原则和要求：严格按照NY/T393的规定执行；不准使用禁用农药，严格控制农药浓度及安全间隔期，注意交替用药，合理混用。

黑斑病：用50%多菌灵可湿性粉剂1000~2000倍液，或用50%托布津可湿性粉剂500~700倍液浸茎基部6~10cm深10min，随后扦插，防治黑斑病。

根腐病：可用77%氢氧化铜可湿性粉剂500倍液喷雾防治，安全间隔期为10d。

斑点病：发病初期用65%代森锰锌可湿性粉剂400~600倍液或20%甲基托布津可湿性粉剂1000倍液喷雾防治，每隔5~7d喷1次，共喷2~3次。

蚜虫：宜每公顷用50%抗蚜威可湿性粉剂300g对水360kg喷雾防治，安全间隔期10d。

甘薯天蛾：用90%晶体敌百虫800~1000倍液，或40%乐果乳油1000~1200倍液、50%辛硫磷乳剂1000倍液、80%敌敌畏乳油2000倍液喷雾防治。

茎线虫病：可用药剂40.7%毒死蜱乳油或40%辛硫磷乳油600倍液浇施，安全间隔期为20d。

地下害虫：薯田内地下害虫主要有地老虎、蛴螬等，可用辛硫磷50%乳油150~200g拌土15~20kg，结合后期施肥一同施下。

杂草：可结合中耕培土除草，也可用15%精稳杀得乳油喷雾除草，用药量为50ml/亩。

（六）采收

10月中下旬进入收获期，选择晴好天气陆续采收。采挖过程中尽量注意块根的完整，采收后放在阴凉处，统一包装。产品质量应符合NY/T1049的要求。

（七）包装、运输和贮存

1. 包装

（1）包装

应符合NY/T 658的要求。包装（箱、筐、袋）应牢固，内外壁平整。包装容器保持干燥、清洁、透气、无污染。

（2）每批甘薯的包装规格、单位净含量应一致

包装上的标志和标签应标明产品名称、生产者、产地、净含量和采收日期等，字迹应清晰、完整、准确。

2. 运输

甘薯收获后及时包装、运输。运输时要轻装、轻卸，严防机械损伤。运输工具要清洁卫生、无污染、无杂物。

3. 贮存

（1）临时贮存

应保证有阴凉、通风、清洁、卫生的条件。防止日晒、雨淋以及有毒有害物质的污染，堆码整齐。

（2）短期贮存

应按品种、规格分别堆码，要保证有足够的散热间距，温度以11~14℃、相对湿度以85%~90%为宜。

（八）建立生产技术档案

应详细记录产地环境条件、生产技术、病虫害防治和采收、包装、运输、贮藏等各环节所采取的具体措施。

第二节　谷子绿色增产技术与应用

一、谷子绿色增产模式及技术

（一）谷子绿色增产模式

随着社会经济发展和人民生活水平的不断提高，食品安全与营养平衡越来越被重视，绿色食品、有机食品及健康保健食品等越来越受人们青睐。谷子绿色增产模式也显得越来越重要。当前，谷子绿色增产模式主要围绕选用优质高产抗逆品种、轮作倒茬、深耕整地、绿色配方施肥、地膜覆盖、病虫害绿色防控等。

1. 选用优质高产品种

选用良种是经济有效的增产措施。选用品种要根据当地气候、品种生育期、播种期等综合考虑。品种的生育期必须适应当地的气候条件，既要能在霜前安全成熟又不宜过短，充分利用生长季节提高产量。杂交新品种凤杂 4 号表现为高产优质抗旱抗倒伏抗叶斑病、抗丝黑穗病抗蚜虫等优良性状，平均公顷产量在 9000kg 以上。

2. 轮作倒茬

谷子不宜连作，因连作一是病害严重，特别是谷子白发病，重茬的发病率是倒茬的 3 ~ 5 倍，综合发病率可达到 20% 以上。二是杂草严重，"一年谷，三年草"，谷地伴生的谷莠草易造成草荒，水肥充足更有利于杂草的生长。三是谷子根系发达，吸肥力强，连作会大量消耗土壤中同一营养要素，致使土壤养分失调。只有通过合理的轮作倒茬才能调节土壤养分，恢复地力，减少病虫害的问题。前茬以豆类作物最佳，麦茬、马铃薯、玉米亦是较好的前茬。在菏泽，种植夏谷其轮作方式主要有以下几种。

豆类→小麦→谷子（夏谷）；小麦→玉米（或大豆）→大蒜→谷子（夏谷）；小麦→玉米（或大豆）→小麦→谷子（夏谷）。

3. 整地保墒

谷子根系发达，需要土层深厚，质地疏松的土壤。因而，种植谷子需要整好地。整地应遵循的原则是：耕深耙透，达到深、细、绵、实的要求，保住地中墒，保证根系下扎。

4. 增施基肥

谷子吸收肥力强，对施肥反应敏感，增施肥料既是谷子高产的保证，也是提高谷子品质的重要的物质基础。因此，推行绿色配方施肥，提高施肥技术水平是夺取谷子高产的重要措施。据测定，每生产 100kg 一般需要从土壤中吸收氮素 2.5 ~ 3kg、磷素 1.2 ~ 1.4kg、钾素 2 ~ 3.8kg，氮、磷、钾比例大致为 1∶0.5∶0.8。

施肥要做到增施农家肥，依产量目标要求进行配方施肥；以有机肥为主，化肥为辅；基肥为主，追肥为辅。

（二）谷子绿色增产技术

1. 地块、茬口的选择

谷子适应性虽然很强，菏泽绝大部分耕地适宜种植谷子，但要做到高产，地块选择很重要。好品质的谷子要选择无污染的生态环境良好的地区，避开工业和城市污染，没有工业"三废"、农业废弃物、城市垃圾和生活污水的影响等，地块要平整，排水浇水设施完善，避开风口。谷子种植不能重茬连作，连作会增加病害的发生，而且易生杂草；再有连作会大量消耗土壤中的同种营养元素，地力不易恢复。谷子前茬作物最好是豆类、薯类、麦类、玉米、油菜、大蒜等茬口。

2. 耕地和整地

地块选好后，在前茬作物采收结束，要适时进行翻耕。对一年两作或二年三作的地区来说，种植谷子地块，前茬作物秋播时要深耕或深松，打破犁底层熟化土壤，改善土壤结构，起到保水保墒的作用。另外，深耕也有利于小麦（其他越冬作物）和谷子根系的发育，促进植株健壮和高产优质。夏谷播种前也要及时施肥、灭茬整地。

3. 选择优良品种

根据菏泽当地的气候条件和近几年谷子生产经验，济谷、豫谷、冀谷、中谷系列适应菏泽地力情况。选用优良品种时，有条件的乡村可以进行异地换种，因为大多数作物在同一地区连种几年后会出现产量衰减的规律，同一品种异地换种既能够减轻病害，又能够增加结实率，有明显增产作用。另外，随着谷子生产全程机械化的迅速推进，要力争选择适合机械化生产的常规品种，如豫谷18、豫谷19、中谷1、中谷2、冀谷19、保谷18、保谷19、沧谷5号、济谷16、济谷19、济谷20等，全力提高谷子生产机械化水平。化学除草的区域，尽量选用抗除草剂品种，如冀谷31、冀谷33、冀谷36、衡谷13、济谷15、豫谷21、保谷20、中谷5等，推进谷子简化栽培，降低生产成本，提高谷子生产效益。

4. 种子处理

品种选好后，要对种子进行精选，可以通过过筛或过水的办法来精选种子，过筛能把一些小粒的种子去掉，过水能去掉秕粒，这样就能把饱满、成熟的种子整齐一致的选出来进行播种。精选好种子后，在播前要把种子放在太阳下晒2~3d，然后用水浸泡1d。晒种可以进行杀菌消毒，促进种子后熟；水浸能促进种子内部生发，增强胚的活力，促进发芽。晒好的种子还可在用多菌灵或百菌清混合辛硫磷等一些杀菌杀虫药剂进行拌种，也可用包衣剂包衣，晾晒后播种，以防止白发病和黑穗病等病害及地下害虫的危害。

5. 播期、播量及播深的确定

大蒜、马铃薯、油菜茬要5月下旬播种，夏谷播种期应在6月上旬或中旬，个别早熟品种可根据生产实际，播期推迟到6月底。播种量也要根据土壤墒情、品种特性、种子质量、播种方法和地力因素等情况酌情掌握，以一次保全苗、幼苗分布均匀为原则，一般每亩用种量约1kg，播深在3~4cm，播后要及时镇压，以利种子吸水发芽。

6. 施肥技术

谷子的施肥同其他作物一样，也要把握好基肥、种肥、追肥3个环节。基肥施用量要根据产量确定，亩产400~500kg，每亩应施优质农家肥5000kg以上，还应增施30~50kg磷肥；亩产200~300kg，应施优质农家肥2000~3000kg，磷肥25kg。

种肥主要是指一些复合肥和氮肥，一般都是播种时施在种子侧下方，相距8~10cm，种肥量不宜过多，过多会造成浪费并且容易烧芽。因谷子苗期对养分要求很少，种肥用量不宜过多，每亩硫酸铵以2.5kg为宜，尿素1kg为宜，复合肥3~5kg为宜，农家肥也应适量。

追肥增产作用最大的时期是在谷子的孕穗-抽穗阶段，需要追施速效氮素化肥、磷肥或经过腐熟的农家肥。拔节后到孕穗期结合培土和浇水每亩追施尿素15~16kg、硫酸钾1~1.5kg。灌浆期每亩用2%的尿素溶液和0.2%磷酸二氢钾溶液50~60kg叶面喷施；齐穗前7d，用300~400mg/kg浓度的硼酸溶液100kg叶面喷洒，间隔10d可再喷1次。高产田不加尿素，只喷磷、硼液肥。或喷施或追施，要视具体情况来定。

7. 田间管理技术

一是苗期管理。苗期的管理要以保全苗为原则，所以疏苗要早，定苗要缓，查苗要及时，发现缺苗要及时补种。当幼苗长到4~5叶时，先疏1次苗，留苗量要比计划多3倍，6~7叶时再定苗，温度高时肥水充足往往会出现幼苗徒长的现象，这时要控制水肥进行蹲苗，或深中耕，这样可以加强谷子根系生长，增强抗倒伏能力。

二是灌溉与排水。谷子苗期不灌水，谷子是苗期耐旱，拔节后耐旱性逐渐减弱，特别是从孕穗到开花期是谷子一生中需要水分最多、最迫切的时期，这个时期水分供应充足与否对谷子的穗长、穗码数、穗粒数等产量性状影响很大，若水分供应不足极易造成"胎里旱"和"卡脖旱"，严重影响产量，所以拔节后到开花、孕穗、抽穗、灌浆这一时期要及时灌水，保证谷子生长发育所需水分。灌浆后到成熟基本不再灌水。谷子生长后期怕涝，在谷田应设置排水沟渠，避免地表积水。谷子一生对水分要求的一般规律可概括为早期宜旱，中期宜湿，后期怕涝。

三是中耕与除草。中耕可以疏松土壤，改变土壤结构，起到保水保墒的作用，同时还能除去一部分田间杂草，这都能为谷子生长创造条件，利于谷子的发育，整个生长期到采收一般要进行 3~4 次中耕，幼苗期、拔节期、孕穗期要各进行 1 次，谷田中的杂草很多，主要以谷莠子、苋菜等最多，中耕可以去除一些，但还要结合翻耕、轮作倒茬等进行去除，现在多用除草剂进行除草，在应用除草剂时，要结合天气情况来进行，注意应用的方法和用量。

四是后期管理。谷子抽穗以后，要注意排水和浇水，因为这个时期的谷子不耐旱也不耐涝，生育后期要控制氮肥的用量，避免只长叶和茎，植株贪青而影响成熟期，同时也要注意倒伏现象产生。

五是病害的防治。谷子多发病害为白发病、黑穗病、红叶病，要做到早发现、早预防、早治疗，综合采用农业、生物、化学等手段，多方位立体防治模式进行总体把管控。减少病害的发生，确保高产稳产。

六是收获时期。要注意把握好收获时间，不能过早也不能过晚，过早谷粒还没完全成熟，籽粒不硬，水分大，出谷率不高，而且品质不好；收获过晚，容易发生落粒现象，损失很大，当谷子蜡熟末期或完熟初期应及时收获。这时上部叶黄绿色，茎秆略带韧性，谷粒坚硬，收获后进行脱粒，要及时进行晾晒和干燥保存工作。

二、绿色食品谷子生产技术标准

（一）范围

本标准规定了绿色食品谷子生产的要求、播前准备、播种要求、田间管理、收获、记录控制与档案管理的技术要求。

本标准适用于 A 级绿色食品常规谷子的大田生产。

（二）规范性引用文件

下列文件对于本文件的应用是必不可少的。凡是注日期的引用文件，仅所注日期的版本适用于本文件。凡是不注日期的引用文件，其最新版本（包括所有的修改单）适用于本文件。

GB 4404.1 粮食作物种子第 1 部分：禾谷类
NY/T 391 绿色食品产地环境技术要求
NY/T 393 绿色食品农药使用准则
NY/T 394 绿色食品肥料使用准则
NY/T 658 绿色食品包装通用准则
NY/T 1056 绿色食品贮藏运输准则
DB13/T 840 无公害谷子（粟）主要病虫害防治技术规程

（三）要求

1. 基本条件

（1）产地环境条件

产地环境条件应符合 NY/T 391 的规定。

（2）气候条件

年无霜期 130d 以上，年有效积温 2800℃以上，常年降雨量在 400mm 以上。

（3）储存条件

有足够的、适宜的场地晾晒和贮存，并确保在晾晒和贮存过程中不混入沙石等杂质，保证不发霉、变质，不发生二次污染。

2. 品种选择原则

选择已审定（鉴定）推广的高产优质、抗病、抗倒能力强、商品性好的适合于本地积温条件的优良品种。种子质量应符合 GB 4401.1 的规定。

3. 农药使用准则

选择的农药品种应符合 NY/T 393 的规定。在生物源类农药、矿物源类农药不能满足 A 级绿色食品谷子生产的植保工作需要的情况下，允许有限度地使用部分中低等毒性的有机合成农药，每种有机合成农药在整个谷子生长期内只使用一次，采用农药登记时的剂量，不能超量使用农药。严禁使用剧毒、高毒、高残留的农药品种，严禁使用基因工程品种（产品）及制剂。

4. 肥料使用准则

选择的肥料种类应符合 NY/T394 的规定。允许使用农家肥料，农家肥卫生标准。禁止使用未经国家或省级农业部门登记的化学和生物肥料，禁止使用重金属含量超标的肥料。

（四）播前准备

1. 选地、整地

（1）选地

一般选择地势平坦、保水保肥、排水良好、肥力中上等的地块，要与豆类、薯类、玉米、高粱等作物，进行 2~3 年轮作倒茬。

（2）整地

种植谷子主要结合秋种深耕深松，深度一般要在 20~25cm，做到深浅一致、扣垄均匀严实、不漏耕。夏播谷子，应在前茬作物收获后，及时进行灭茬、耕耙、播种，亦可应用一体机贴茬播种。

（3）造墒

有水浇条件的，在播前 7~10d 浇地造墒，适时播种。无水浇条件的，视节气等雨播种。

2. 施底肥

中等地力条件下，结合整地施入充分腐熟有机肥 30~45m³/hm²；化学肥料可施磷酸二铵 120~150kg/hm²，尿素 150~225kg/hm²，硫酸钾 45~75kg/hm²。根据不同地区土壤肥力的不同，可作相应的调整。

3. 备种

（1）品种选择

选择适合菏泽生产条件、优质、高产、抗病性强的品种，并注意定期更换品种。

（2）种子处理

精选种子：采用机械风选、筛选、重力选择等方法选择有光泽、粒大、饱满、无虫蛀、无霉变、无破损的种子，或采用人工方法：在播前用 10% 的盐水溶液对种子进行严格精选，去除秕粒、草籽和杂质，将饱满种子捞出，用清水洗净，晾干待播。

浸种、拌种与包衣：执行 DB13/T840 中的规定，选择符合绿色食品允许使用的种衣剂进行包衣。

晒种：在播前 10~15d，于阳光下晒种 2~3d，提高种子发芽率和发芽势，禁止直接在水泥场面或铁板面上晾晒，避免烫伤种子。

（五）播种要求

1. 时期

春播谷当耕层 5~10cm 处地温稳定通过 10℃、土壤含水量≥15%时即可播种。一般年份，适播期为 5 月 10 日前后。夏播谷一般为 6 月 20 日至 7 月 1 日。

2. 播种方式

采取等行距、条播方式。种植行距为 40cm。播种垄沟深度为 3~4cm，覆土厚度为 2~3cm，覆土要均匀一致，并及时镇压。

3. 播种量

春播谷为 10~15kg/hm²，夏播谷为 15~22.5kg/hm²。

4. 适宜密度

春播谷子株距为 4.8~5.6cm，留苗密度为 45 万~52.5 万株/hm²。夏播谷子株距为 3.3~3.7cm，留苗密度为 67.5 万~75.0 万株/hm²。

（六）田间管理

1. 化学除草

可在播后苗前用 44%谷友（单密·扑灭）WP 1800g/hm²，对水 750L 进行土壤处理，防除谷田单、双子叶杂草。

2. 适时定苗

3~4 叶期间苗，5~6 叶期定苗，间苗时要注意拔掉病、小、弱苗，做到单株、等株距定苗。

3. 中耕、培土

（1）春播谷田

一般中耕锄草三遍。第一遍结合间定苗进行浅锄。第二遍在谷子拔节后、封垄前进行，根据天气和墒情进行深锄培土。第三遍在谷子抽穗前进行，中耕培土，防止倒伏，且尽量不伤根。

（2）夏播谷田

一般在谷子封垅前后进行中耕培土，尽量不伤根。

4. 灌水

要求灌溉用水符合 NY/T391 中的规定。在抽穗前 10d 左右，如果无有效降雨、发生干旱，需浇水一次，保证抽穗整齐一致，防止卡脖旱，且保证正常灌浆。在多雨季节或谷田积水时应及时排水。

5. 追肥

对肥力瘠薄的弱苗地块或贴茬播种地块，在拔节后孕穗前，结合中耕培土，适当追施发酵好的沼气肥或腐熟的人粪尿、饼肥。也可施尿素 120~150kg/hm²。

6. 病虫害防治

尽量先利用害虫的成虫趋性，使用黑光灯、频振式杀虫灯诱杀，利用糖醋液、调色板诱杀或人工捕捉害虫等物理措施，可以使用生物源类农药、矿物源类农药进行防控，慎用有机合成农药，严格执行 NY/T393 的有关规定。

（七）收获

1. 适时收割

一般在 9 月下旬，当籽粒变硬、籽粒的颜色变为本品种的特征颜色（如黄谷的穗部全黄之时）、尚有 2~3 片绿叶时适时收获，不可等到叶片全部枯死时再收获。

2. 及时脱粒

收获后及时晾晒、脱粒，严防霉烂变质。禁止在沙土场、公路上脱粒、晾晒。

3. 包装、贮藏和运输

包装应符合 NY/T 658 的规定。贮藏和运输应符合 NY/T 1056 的规定，确保验收的谷子贮藏在避光、常温、干燥或有防潮设施的地方，确保贮藏设施清洁、干燥、通风、无虫害和鼠害，严禁与有毒有害、有腐蚀性、发潮发霉、有异味的物品混存混运。

（八）记录控制

1. 记录要求

所有记录应真实、准确、规范，字迹清楚，不得损坏、丢失、随意涂改，并具有可追溯性。

2. 记录样式

生产过程、检验、包装标识标签等应有原始记录。

（九）档案管理

1. 建档制度

绿色食品谷子生产单位应建立档案制度。档案资料主要包括质量管理体系文件、生产计划、产地合同、生产数量、生产过程控制、产品检测报告、应急情况处理等控制文件。

2. 存档要求

文件记录至少保存 3 年，档案资料由专人保管。

第三节 高粱绿色增产技术与应用

一、高粱绿色增产模式

（一）坚持良种优先模式

根据不同区域、不同作物和生产需求，科学确定育种目标。重点选育和推广种植高产优质、多抗广适、熟期适宜、宜于机械化的高粱新品种。

（二）坚持耕作制度改革与高效栽培优先

根据不同粮食生产特点、生态条件、当地产业发展需求，选择合理的耕作制度和间作、轮作模式，集成组装良种良法配套、低耗高效安全的栽培技术。

（三）坚持农机农艺融合优先

以全程机械化为目标，加快开发多功能、智能化、经济型农业装备设施，重点在深松整地、秸秆还田、水肥一体化、化肥深施、机播机插、现代高效植保、机械收获等环节取得突破，实现农机农艺深度融合，提高农业整体效益。

（四）坚持安全投入品优先

重点推广优质商品有机肥、高效缓释肥料、生物肥、水溶性肥料等新型肥料，减少和替代传统化学肥料。研发推广高效低毒低残留、环境相容性好的农药。

（五）坚持物理技术优先

采取种子磁化、声波助长、电子杀虫等系列新型物理技术，减少化肥、农药的施用量，提高农作物抗病能力，实现高产、优质、高效和环境友好。

（六）坚持信息技术优先

利用遥感技术、地理信息系统、全球定位系统，以及农业物联网技术，建立完善苗情监测系统、墒情监测系统、病虫害监测系统，指导平衡施肥、精准施药、定量灌溉、激光整地、车载土壤养分快速检测等，实现智能化、精准化农业生产过程管理。

二、高粱绿色增产技术

绿色高粱生产要求生态环境质量必须符合 NY/T391 绿色食品产地环境技术条件，NY/T393 绿色食品农药施用准则，NY/T394 绿色食品肥料使用准则，且在生产过程中限量使用限定的化学合成生产资料，按特定的生产技术操作规程生产。

（一）选用早熟良种

按照订单生产的要求，选择生长期短，全生育期 100d 左右早熟品种，如鲁杂 7 号鲁杂 8 号、鲁粮 3 号、冀杂 5 号、晋杂 11 号等。

（二）抢时早播

麦收后，抢时灭茬造墒，于 6 月上中旬播种，最迟不要超过"夏至"，以早播促早熟，此期温度高，一般 3d 左右就可全苗。播种不可太深，一般掌握在 3~5cm 即可。

（三）合理密植

高粱种植密度应以地力和品种不同而异。中等肥力地块一般每亩留苗 7000~8000 株；高肥力地块可亩留苗 8000~9000 株。株高 3m 以上的品种每亩可留苗 5000 株；株高 2~2.5m 以及以下的中秆杂交种，每亩可留苗 7000 株左右，如鲁杂 8 号等；而像鲁粮 3 号等株高在 2m 以下的杂交种，每亩可留苗 8000 株左右。

（四）以促为主抓早管

齐苗后及早间定苗；定苗后要中耕灭茬，除草松土，促苗生长。追肥佳期有三个：一是提苗肥：一般定苗后亩追提苗肥尿素 7~8kg，过磷酸钙 15~20kg；二是拔节期肥。也就是 10 片叶左右时，亩追尿素 15~20kg；三是孕穗肥。亩施尿素 5~10kg。原则是：重施拔节肥，不忘孕穗肥。高粱的需水规律是：前期需水少，遇到严重干旱时可小浇；中期需水较多，应及时浇水；后期浇水要防倒。浇水应与追肥相结合，以充分发挥肥效。后期遇大雨要注意排涝。

（五）及时防治病虫害

防治蝼蛄、蛴螬、金针虫等地下害虫，可于播种前用 50% 的辛硫磷乳油按 1∶10 的比例与已煮熟的谷子拌匀，堆闷后同种子一起播种或苗期于行间撒毒谷防治；蚜虫可用 40% 氧化乐果乳油 1500~2000 倍液喷雾防治；防治钻心虫可于喇叭口期用 50% 辛硫磷乳油 1kg

对细砂 100kg 拌成毒砂，每亩 2.5kg（每株 2~3 粒）撒于心叶；开花末期，高粱条螟、粟穗螟等发生时，可用 20% 速灭杀丁 2000 倍液喷雾防治。治虫时，不要使用敌敌畏、敌百虫等农药，以防发生药害。

（六）及时收获

高粱籽粒在蜡熟期干物质积累已达最高值，其标志是穗部 90% 的籽粒变硬，手掐不出水。此时收获，产量最高，品质最好。收后经 2~3d 晾晒、脱粒，待籽粒含水量小于 13% 后，即可入库贮存。

三、高粱绿色生产技术标准

（一）范围

本标准规定了高粱生产的产地环境、品种选择及其处理、选地，选茬与整地、播种施肥、田间管理、病虫害防治、收获等技术规程。

（二）规范性引用文件

下列文件中的条款通过本标准的引用而成为本标准的条款。凡是注日期的引用文件，其随后所有的修改单（不包括勘误的内容）或修订版均不适用于本标准，然而，鼓励根据本标准达成协议的各方研究是否可使用这些文件的最新版本。凡是不注日期的引用文件，其最新版本适用于本标准。

GB 3095 大气环境质量标准；

GB 4404.1 粮食作物种子禾谷类；

GB 15618 土壤环境质量标准。

（三）产地环境

1. 气候条件

无霜期 140d 以上，≥10℃ 活动积温 2800℃ 以上，年降雨量在 400mm 以上。

2. 土壤环境

土壤环境质量应符合 GB 15618 要求。

3. 空气质量要求

空气中的各项污染物限值应符合 GB 3095 大气环境质量标准。

（四）品种选择及其处理

1. 品种选择

根据生态条件，因地制宜地选择经审定推广的优质、高产、抗逆性强的品种。种子质量要达到 GB4404.1 规定的一级良种标准。

2. 种子处理

（1）晒种

播前 15d 将种子晾晒 2d。

（2）发芽率

播前 10d，进行 1~2 次发芽试验。

（3）浸种消毒

播种前 2d，用 45~55℃ 温水浸种 3~5min 晾干，用 25% 粉锈宁可湿性粉剂 40~80g，或 40% 拌种双可湿性粉剂 400g 拌种子 100kg，阴干后播种。

（五）选地、选茬与整地

1. 选地

选择耕层深厚、肥力中上、保水保肥及排水良好的地块，土壤有机质含量应在1%以上，pH值为7.5~8。

2. 选茬

前茬选择未使用剧毒、高残留农药的大豆、小麦、玉米茬，不宜重、迎茬，一般轮作周期3~4年。

3. 整地

春高粱要尽早秋耕、晒伐、蓄墒，经冻融达到地面平整，土壤细碎。夏高粱麦收后及时灭茬，达到待播状态。

（六）播种

1. 播期时间

春播土壤表层5cm深度的地温稳定通过10℃时为适宜的播种期。一般5月下旬为宜。

2. 播种密度

垄距50~60cm，采用机械精量点播。高秆杂交品种保苗6500~7000株/亩。中矮秆杂交种在高水肥条件下，保苗8000~10000株/亩。

3. 播深

镇压后播深达到2cm，做到深浅一致，覆土均匀。

4. 播种量

一般1~1.55kg/亩。

（七）施肥

1. 农肥

亩施腐熟的农家肥2500~30000kg/亩。

2. 化肥

播种时施磷酸二铵8~10kg/亩、硫酸钾3.5~5.0kg/亩或高浓度三元复合肥，养分含量为35%~45%，15kg/亩做种肥。施肥时种子与肥保持3~5cm距离，防止烧种。

（八）田间管理

1. 查苗补种

出苗后及时查苗，发现缺苗及时用催芽的高粱种坐水补种或坐水移栽。

2. 间苗

3~4片叶时，进行间苗除双，5~6片叶时定苗，去掉劣病苗、小苗、弱苗，留健壮苗。

3. 中耕除草

结合定苗，浅锄一次，拔节前深中耕一次。

4. 施拔节肥

结合浇水追施尿素20~25kg/亩。

5. 浇水

在拔节至抽穗期，遇干旱时应浇拔节水和孕穗水。

6. 中耕培土

在拔节至孕穗期，追肥后及时进行中耕培土。

7. 肥水管理

（1）肥的管理

抽穗后视高粱长势情况补施粒肥，一般 3.5~5.0kg/亩尿素。

（2）水的管理

遇干旱浇灌浆水，雨多时，应及时排水。

（九）病虫害防治

1. 农业防治

因地制宜选用抗逆性强的优良品种；采用合理耕作制度、轮作倒茬等措施。

2. 生物防治

在高粱螟虫产卵期，应放赤眼蜂 1 万~2 万头/亩进行防治。

用总孢子量 10~12 万亿个，按 1:10 比例与煤渣或细沙混匀的颗粒剂，向喇叭口撒施，或用 Bt 颗粒剂撒入心叶里，0.5~0.75kg/亩进行防治。

3. 化学防治

（1）地下害虫

高粱的主要地下主要害虫有蝼蛄、蛴螬。采用 5%辛硫磷颗粒剂 2.0kg/亩播种期撒施。可选用 40%乐斯本乳油 400ml/亩拌毒土穴施。或 40%的甲基异柳磷乳油。拌种：500ml 加水 50kg 拌 500k~600kg 种子；毒土：用药 150~200ml/亩，以 1:50:150（药、水、土）比例拌毒土，穴施；毒饵：用药 100~150ml/亩，以 1:50:150（药、水、土）比例拌麸皮、玉米粉制成毒谷，穴施。

（2）主要地上害虫

黏虫：可选用 50%高效低毒低残留农药辛硫磷乳油，30~50ml/亩、10%氯氰菊酯乳油 10~40ml/亩、2.5%溴氢菊酯乳油 30~40ml/亩，对水 30k~50kg 喷施。

蚜虫：可选用毗虫琳、抗蚜威等杀虫剂防治或选用 2%苏·阿可湿性粉剂，用量 50~60g/亩，对水 30k~50kg 喷雾防治。

（3）主要病害防治

高粱丝黑穗病：可用 2%立克秀按种了重量的 0.1%~0.2%拌种（米汤拌种）或 50%禾穗胺按种了重量的 0.5%拌种子。或用 20%粉锈宁乳油 100ml，加少量水，拌种 100kg，摊开晾干后播种。或 5%烯唑醇拌种剂 300~400g 拌 100kg 高粱种子。

高粱紫斑病：播种前用 15%粉锈宁拌种，每千克种子拌粉锈宁 4g。

（十）收获

9 月末 10 月上旬，在高粱籽粒达到蜡熟末期时，为最佳收获期。机械化收获要边收边及时晾晒，避免发酵或霉变。

第四节　绿豆绿色增产技术与应用

一、绿豆绿色增产模式与技术

（一）绿豆地膜覆盖绿色增产模式

绿豆地膜覆盖栽培包括起垄覆膜、平覆膜、双沟覆膜、膜侧种植等多种方式，随着农业机械化程度的提高，绿豆地膜覆盖种植可一次实现耕翻、整地、起垄、铺膜、播种、覆土等机械化作业，实现农机与农艺的完美结合，且操作简便，机具简单，省工省时，增产增收效果显著，具有广阔的推广前景。

1. 绿豆间作套种绿色增产模式

绿豆对光照不敏感，较耐阴，生育期短。利用其株矮、根瘤能固氮增肥的特点，与玉米、高粱等高秆作物间种可以达到一地两收、一年多收、肥田增效的作用。常见的有玉米/绿豆间作、高粱/绿豆间作、绿豆/西瓜间作、绿豆/地瓜间作、绿豆/花生间作等多种间作套种模式。

2. 绿豆绿色生态增产模式

主要包括选用优质高产抗病良种、换茬轮作、平衡配方施肥，推行病虫害生物及物理防治技术等，在此不再细述。

（二）绿豆绿色增产技术

1. 播种时间

一般春播在 4 月中下旬到 5 月上中旬。夏播绿豆要尽量早播，一般在 6 月中下旬播种，要力争早播。

2. 密度

绿豆喜欢单株生长，不论点播或条播都不能留簇苗、双苗。单一种植宜条播或点播。

株行距（15~17）cm×（40~50）cm，播种量一般大于所需苗数的 3~4 倍，亩播 1.5~2kg，密度 8000~10000 株。出苗后早间定苗，亩播种量一般 1.5~2kg。株距 13~16cm，行距 40cm 左右，每亩留苗 1 万~1.25 万苗。采用直立型和丛生型品种，行距为株高的 1~1.2 倍，株距为株高的 1/4~1/3，每亩为 6000~15000 株，半蔓生为 4000~6000 株/亩，蔓生为 3000~4000 株/亩。

二、绿豆绿色生产技术标准

（一）选地整地

1. 地块选择

绿豆绿色生产地应选择生态环境良好，无或不直接受工业"三废"及农业、城镇生活、医疗废弃物污染，远离公路主干道，无与土壤、水源有关的地方病的农业生产领域。符合国家 NY/T391《绿色食品产地环境质量条件》标准规定。要求土层深厚、有机质含量较高、近两年没种过绿豆的中壤地。

2. 整地施肥

整地要做到上虚下实，地面平整。施用的肥料品种应符合国家 NY/T 394《生产绿色食品的肥料使用准则》有关标准规定，达到绿色无公害要求。施肥原则上应以有机肥和无机肥配合施用。春播区要进行秋深耕，亩施有机肥 5000 kg 左右，早春进行三墒整地，做到疏松适度，地面平整，满足绿豆生长发育的需要。夏播区多在麦后复种，收麦后要争时间，抢速度及早浅犁灭茬，整地下种。

（二）轮作倒茬

绿豆连作，根系分泌的酸性物质增加，不利于根系生长，若多年连作，土壤噬菌体繁衍，抑制根瘤菌的活动和发育。因此种绿豆的地块必须进行轮作倒茬。实践证明，一般轮作 2~3 年为宜，最好前茬是禾谷类作物的小麦、玉米、高粱及马铃薯等。

（三）选种拌种

1. 选用优质高产良种

选用高产、优质、早熟、抗病、抗虫品种，借以避免或减少施农药，确保无超量残留。目前状况下，尚无完全抗病虫品种，应选用中绿 1 号、豫绿 2 号、豫绿 3 号、冀绿 2 号等品种为宜。播前对绿豆种子要进行精选，清除秕籽、小粒、杂粒，选用大粒、饱粒作种子。选出之后摊在席子上晒 1~2d，以增强活力，提高发芽势。

2. 搞好药肥拌种或包衣

绿豆根有共生根瘤，可以固定空气中的游离态氮，播种前每亩用 80g 根瘤菌拌种或 5g 钼酸铵拌种可增产 10%~20%；另外用 1% 的磷酸二氢钾拌种，也能增产 10% 左右。

（四）适期播种

绿豆的生育期短，播种期较长。一般春播区于 4 月底到 5 月初下种，夏播区于收麦后至 6 月底下种。播种方法有条播、穴播或撒播三种，大面积种植以机械条播为主，小面积种植以穴播为宜。播种量要依据种子质量、播期和播种方式确定，一般条播田或穴播田亩播 2~2.5kg，撒播田每亩 4~5kg。一般条播行距 20~27cm，穴播田行距 27cm，每穴 3~4 粒，播后要视情镇压。

（五）田间管理

1. 前期管理

苗期主要以长根、茎、叶为主，应主攻全苗壮苗。重点抓好一锄二定三追肥。即出苗后至开花前要中耕 2~3 次，提温、疏土、灭杂草；当第二片真叶展开后要进行定苗，去弱留壮，实行单株管理。一般直立型品种，亩留苗 0.8 万~1.2 万株，半蔓生型品种亩留苗 0.6 万~1.0 万株；高水肥地亩留苗 0.7 万~0.9 万株，中水肥地亩留 0.8 万~1.1 万株，瘠薄地亩留 1.1 万~1.4 万株。幼苗期根瘤还未形成，亩追 2~3kg 尿素和适量过磷酸钙，有利幼苗的生长发育。

2. 中期管理

蕾花期是生长最旺盛的时期，也是营养生长和生殖生长同时并进的时期，应以保花保荚为中心，抓好中期培土和抗旱排水工作。在封垄前结合中耕进行培土，可起护根防倒、促根生长的作用。如遇夹秋旱时，水地要浇水一次，可延长开花时间，以促进籽粒饱满。若于雨涝积水时要及时排水，以减少病害发生。

3. 后期管理

生长后期根、茎、叶已逐渐衰老，应以保叶、保花、增粒重为主，适时防旱排涝加强管理，喷施叶面肥，防治病虫灾害。

（六）防治病虫

绿豆生育时期的主要病害有根腐病、病毒病、叶斑病、白粉病等；主要虫害有地老虎、蚜虫和红蜘蛛等。应以农业防治和生物防治为主，药剂防治为辅。

1. 农业防治

选用抗病品种和无病种子；与禾本科植物倒茬轮作，做到不重茬，不迎茬；深翻土地，清除田间病株。

2. 生物防治

注意保护瓢虫、食蚜蝇及草蛉等蚜虫天敌，防治蚜虫为害。

3. 药剂防治

用种子量0.3%的百菌清可湿性粉剂和种子量0.1%的50%辛硫磷乳油混合拌种，既可防病，又可治虫。用75%百菌清可湿性粉剂600倍液，或用50%多菌灵可湿性粉剂600倍液喷洒，可防治上述病害；苗期亩用90%的敌百虫100g喷粉防治地老虎，亩用40%乐果乳油75ml对水50kg喷雾防治蚜虫，亩用50%马拉硫磷乳油75ml1000倍液防治红蜘蛛；花荚期亩喷10%氯氰菊酯乳油40ml2000倍液，可防治蟓虫类害虫。

药剂防治时，施用的农药必须符合国家 NY/T 393《生产绿色食品的农药使用准则》和农药安全标准，且在整个生育期内只允许喷施1次，以防农药残留量超标。农药喷洒器具，要采用符合国家标准要求的器械，保证农药施用效果和使用安全。

（七）适时收获

绿豆有分期开花、结实、成熟的特性，有的品种还多出现"炸荚落粒"现象，因此适时收获非常重要。一般在植株上有60%~70%的豆荚成熟时，可开始收摘，以后每隔6~8d收摘1次。对于大面积生产的绿豆地块，人工采摘有困难，则应选用熟期一致、成熟时不炸荚的绿豆品种如豫绿3号等，待70%~80%的豆荚成熟后，在早晨或傍晚时收获。

思考题

1. 专用型甘薯新品种如何选育？
2. 甘薯节本绿色轻简化生产技术体系是什么？
3. 绿色食品谷子的生产技术标准有哪些？
4. 高粱的绿色增产模式及绿色生产技术标准有哪些？
5. 简述绿豆绿色生产的技术标准。

第九章 主要粮油作物的加工生产

导 读

20世纪90年代，随着我国粮油市场的放开，粮油行业体制发生了重大变革，国有粮油企业经过改制改组和结构调整，获得了新的生机；民营粮油企业的不断发展使得粮油加工领域既竞争激烈，又充满活力；外资的大量进入，不仅提高了我国粮油工业的国际化水平，也为我国粮油工业的技术变革、规模扩大、市场拓展带来了新的机遇。因此，掌握主要粮油作物的加工生产工艺是农作物生产的重要组成。

学习目标

1. 了解主要粮油作物清理常规方法及原理；
2. 熟悉主要粮油作物加工方法、工艺及特点；
3. 熟悉常见粮油作物制品的加工工艺及要点；
4. 了解粮油作物加工常见副产品综合利用等。

第一节 稻谷加工与利用

一、稻谷制米加工工艺

（一）稻谷清理

稻谷在生长、收割、贮藏和运输过程中，都有可能混入各种杂质。在加工过程中，如果不先将这种杂质清除，不仅会混入成品，降低产品的纯度，影响成品大米的质量；而且在加工过程中，还会影响设备的工作效率；损坏机器；污染车间的环境卫生，危害人体的健康；严重的甚至酿成设备事故和火灾危险。清除粮食中的杂质，是稻谷加工过程中的一项首要任务。无论将谷物留作种子还是作为食物，均需要对其清理。

稻谷和夹杂物之间的物理特性有较明显的差异，可以利用这种特性进行分选。机械清理最常利用下面的几个特性。

谷粒的尺寸：谷粒的尺寸用长、宽、厚三个方向的尺寸描述。长度最大，宽度次之，厚度最小。根据谷粒和夹杂物的尺寸特性差异，可以用圆孔筛、长孔筛和窝眼筒等工作部件分别按照谷粒宽度、厚度和长度进行分离。

谷粒密度：由于谷粒本身组成物质状态（水分、成熟度和受虫害损伤的程度等）和结构组成的不同，其密度也不一样。可以根据密度的不同来筛选稻谷经过清理后，不仅可以提高品质和等级、增加经济收益，而且次品可以作为饲料用粮，节约不必要的运输费用。

清理杂质的方法很多，主要是借助杂质与稻谷的物理性质的不同进行分选。

1. 风选法

风选通常是根据谷粒与杂质的相对密度和悬浮速度等空气动力学特性的差别，利用气流进行分离的方法。按照气流的运动方向不同可以分为垂直气流、水平气流和倾斜气流三种不同的风选形式。

（1）垂直气流

当物料处在垂直上升的稳定气流中时，物料将受自身重力、悬浮力和气流的作用；不同的物料，其悬浮速度不同。垂直气流风选就是利用物料间悬浮速度的差异，在一定速度的气流作用下，使悬浮速度相对较大的物料随气流向上运动；而悬浮速度相对较小的物料在自身重力作用下，克服气流的作用力向下运动，从而将两者分离。

垂直风道都与其他作业机组合，以节省占地位置，如与筛选可组合成振动筛，与去石机组合成比重去石机等。大多用于清除灰尘、芒、瘪谷等轻杂质。

（2）水平气流

物料在水平气流中同样受到自身重力、悬浮力和气流的作用，由于物料的形状、大小、表面状态和密度的不同，在同一水平气流中的飞行系数大的物料比飞行系数小的物料被气流带的远些。水平气流风选就是利用各种物料间具有不同的飞行系数的原理而使其分离

（3）倾斜气流

倾斜气流风选与水平气流风选的工作原理基本相同，所不同的是气流方向与水平方向的夹角。物料在倾斜气流中的飞行系数大于水平气流中的飞行系数。因此采用倾斜气流风选可以取得比水平气流风选更好的效果。

在生产中，通常采用向上倾斜（约30°）的气流来分离杂质，能比水平气流的飞行差距拉得更大，分离效果更好。工厂中常用的风选设备主要有风箱、吸风分离器和去石风车等。

2. 筛选

在筛选过程中，若想达到去除杂物或分级的目的，必须达到以下几个基本条件：（1）筛孔必须要均匀，以达到筛下物分布均匀的目的；（2）物料能够充分接触筛面，增加筛下物穿孔的机会；（3）需要选择适当的筛面和筛孔，筛孔的大小与形状必须与筛下物相适应；（4）保证物料与筛面之间有相对适宜的相对运动速度，促进物料形成良好的自动分级。

常见筛面形式有冲孔筛和编织筛。冲孔筛一般用 0.5～2.5mm 厚的薄钢板制造，开孔率低，质量大，刚度好且不变形。而编织筛用金属丝编织而成，开孔率高，质量小，因承载能力弱，筛孔易变形。因此，一般筛面层数少时使用冲孔筛，而筛面层数多时通常使用编织筛，效率较高。

根据稻谷的长、宽和厚的差异，将筛面上制成不同形状的孔来分离稻谷。筛面孔形状有圆形孔、长形孔、三角形孔和鱼鳞孔。圆形孔主要用于分离与稻谷宽度不同的杂质。只有当筛理物的宽度小于圆孔直径时，才能使筛理物穿过筛孔。长形孔主要是根据稻谷和杂质厚度的差别进行分离，只有当筛理物的厚度小于孔的宽度时，才能穿过筛孔。三角形孔

主要用于清理稻谷中形状近似于三角形的杂质，当杂质的粒形呈三角形，且每边长小于三角形筛孔边长时，才能穿过筛孔。如谷、稗分离采用三角形筛孔，有利于稗子的分离。鱼鳞孔主要用于比重去石机，其主要作用是改变气流方向，便于物料悬浮，阻止石子向下滚动，使谷石得以分离。

筛选法在稻谷制米加工中使用极为广泛，不仅用于清理，更多地用于同类型物料的分级。筛选设备有很多，稻谷加工中常见筛选设备有初清筛、振动筛、平面回转筛和高速振动筛等。

稻谷加工首先要进行初清，将稻谷中90%以上的稻穗分离出来，同时将大杂和轻杂除去。初清筛是专门清除稻草、稻穗、破布、麻绳、大泥块和大石块等大型杂质以及泥灰、草屑等轻杂质的初步清理设备。它有利于提高以后各道清理设备的除杂效率，防止出现设备的堵塞事故和灰尘污染车间。

振动筛是利用作往复运动的筛面使物料在筛面上产生相对运动，物料层形成自动分级，轻的物料浮于上层，小而重的物料沉于底层而穿过筛孔，从而达到分离的目的。在其进口和出口均装有吸风装置，是典型的风筛结合、以筛为主的清理设备，常用于稻谷的第一道清理，分离大、中、小和轻型杂质。物料沿筛面运动的速度越慢，小于筛孔的颗粒越容易穿过筛孔，筛选效率越高。但速度过慢，产量就很低。一般速度取 $0.1 \sim 0.4 m/s$。

平面回转筛可作为第二、第三道筛选设备，用于分离中、小杂和轻型杂质。其工作原理是平面回转筛在筛理过程中，筛面上的物料由于轻重、大小不一，经过与筛面的相对运动，物料便产生自动分级；底层物料由于所受摩擦阻力大，加之受到上层物料的压力，在筛面上移动速度慢，接受筛理的机会多，浮于上层的物料由于摩擦阻力小，能较快的从筛面上排出，从而达到分离目的。

在碾米厂中，高速振动筛广泛用于稻谷除稗，效果较好。其工作原理是高速振动筛采用惯性振动机构，筛体支持或悬挂在弹簧上，作高速振动，物料在筛面上作小幅度跳跃、翻滚运动，其运动轨迹为圆或椭圆，稻谷与稗子在这种运动形式下，增加了接触筛面机会，根据它们在粒度上的差别，得到高效率的分离。

3. 密度分选法

密度分选法是根据谷粒与杂质在密度、容重、摩擦因数、悬浮速度等物理性质的不同，利用运动过程中产生的自动分级的原理，采用适当的分级面使之分离。

密度分选法根据所用介质的不同，分为干式和湿式两类。湿式以水为介质，利用物料间的相对密度和在水中的沉降速度的不同进行分离（如洗谷机）。只适用于加工蒸谷米时稻谷的清理。干式是以空气为介质，在碾米厂应用较为普遍。干法去石的主要设备为比重去石机。

比重去石机是利用稻谷与并肩杂质在密度、摩擦因数、悬浮速度等物理性质上的不同，通过比重分选设备将并肩杂质分离出来。比重去石机具有较高的去石效率，去石筛板为鱼鳞结构，适合原粮含石量较高的粮食加工；且操作简便、结构紧凑。针对不同的物料，去石板倾角在 $10° \sim 14°$ 调节，以追求最佳的工艺效果。

4. 磁选法

稻谷中除了无机、有机杂质外还有一类磁性的金属杂质。虽然也同属于无机杂质，但其危害性大，需要作为一类特殊的杂质单独处理。但这类杂质来源较广，大小和形状也不一样，有粒状、片状、粉状等，大多是在收割、脱粒、翻晒、保管、运输和加工的各个环节混入粮食中。金属物如不预先清除，随稻谷进入高速运转的机器，将会严重损坏机器部件，甚至因碰撞摩擦而产生火花，造成事故。同时在加工过程中，由于机器零件的磨损或氧化，也产生一些金属碎屑或粉末，这些杂质混入成品，会危害人体健康；混入副产品，作为饲料，也会妨碍牲畜的饲养。磁性金属杂质去除率须大于95%。

利用磁力清除稻谷中磁性金属杂质的方法称为磁选。当物料通过磁场时，由于稻谷为非导磁性物质，在磁场内自由通过。其中磁性金属杂质则被磁化，同磁场的异性磁性相互吸引而与稻谷分开。磁性金属杂质与稻谷分离的条件，是磁场作用于磁性杂质的吸引力大于与其方向相反的各种机械力，通常使用永久磁铁作磁场。常见磁选器有栅式、栏式和滚筒式。

（二）砻谷及砻下物分离

1. 砻谷

稻谷直接进行碾米，不仅能量消耗大、产量低、碎米多、出米率低而且成品色泽差，纯度和品质都低。因此，在碾米厂中，都是先将颖壳去掉，制糙米后再碾米。在稻谷加工中，去除稻谷颖壳的过程称为砻谷，使稻谷脱壳的机器称为砻谷机。

砻谷是根据稻谷内颖和外颖相互钩合、外表面粗糙、质地脆弱、两顶端孔隙较大等结构特点，由砻谷机施加一定的机械力，使颖壳与颖果分离的过程。根据稻谷砻谷受力和脱壳方式的不同，脱壳可以分为挤压搓撕脱壳、端压搓撕脱壳和撞击脱壳三种。

挤压搓撕脱壳是指谷粒两侧受两个不等速运动的工作面的挤压，搓撕而脱去颖壳的方法。典型设备是胶辊砻谷机。

端压搓撕脱壳是指谷粒长度方向的两端受两个不等速运动的工作面的挤压，搓撕而脱去颖壳的方法。典型设备是砂盘砻谷机。

撞击脱壳指高速运动的粮粒与固定工作面撞击而脱去颖壳的方法。典型设备是离心砻谷机。

2. 谷壳分离

稻谷经砻谷后，砻下物为稻谷、糙米和稻壳的混合物。稻谷经砻谷后，砻下物是稻谷、糙米和稻壳的混合物。由于稻壳的容积大、相对密度小、散落性差，若不将其分离开，则将影响以后工序的工艺效果。如在谷糙分离中，若混有大量的稻壳，必然会影响谷糙混合物的流动性，使之不能很好地形成自动分级，将会降低其分离效果；又如回砻谷中若混有较多的稻壳，将会使砻谷机产量降低，动力及胶耗增大。因此，砻谷后必须及时将谷壳分离干净。

稻壳分离的工艺要求砻下物经谷壳分离后，每100kg稻壳中含饱满粮粒不应超过30粒，谷糙混合物中含稻壳不超过0.8%，糙米含稻壳量不应超过0.1%。

由于稻壳的悬浮速度为2~2.5m/s，而稻谷的悬浮速度为8~10m/s，糙米更大。因此，可以根据上述物理特性的不同，利用风选法从砻谷后的混合物中分离出稻壳。同时稻壳与稻谷、糙米的密度、容重、摩擦因数等也有较大的差异，也可以利用这些差异，先使砻下物实现良好的自动分级，然后再与风选法相配合，这样更有利于风选分离效果的提高和能耗的降低。

稻谷砻下物经风选分离后，稻壳收集是稻谷加工中不可忽视的工序。稻壳收集主要有两种方式：离心沉降，是将带有稻壳的气流送入离心分离器内，利用离心力的作用，使稻壳沉降；重力沉降，是在沉降室内，稻壳在气流突然减速时依靠自身的重力而沉降。

3. 谷糙分离

将未脱壳的稻谷与糙米分开的过程称为谷糙分离。稻壳经吸风分离被风吸走，剩下的为糙米和少量未脱壳的稻谷。根据工艺要求，谷糙混合物需进行分离，分出纯净糙米送往下道碾米工段碾米。糙米中含谷过多，会影响碾米工艺效果，降低成品质量。通常将谷糙分离出的稻谷称为回砻谷。若含糙过多，会影响砻谷机的产量、胶耗和动耗，而且会造成糙碎增加、出米率降低、糙米质量下降，反过来影响谷糙分离。工艺要求是回砻谷中糙米含量不能大于1%，糙米中含谷不超过40粒/kg。

谷糙分离的基本原理是充分利用稻谷和糙米在粒度、密度、摩擦因数、悬浮速度等在物理和工艺特性方面的差异，使之在运动中产生良好的自动分级，即糙米"下沉"、稻谷"上浮"，采用适宜的机械运动形式和装置将稻谷和糙米进行分离和分选。

目前，常用的谷糙分离方法主要有筛选法、密度分离法和弹性分离法三种。

（1）筛选法

筛选法是利用稻谷和糙米间粒度的差异及其自动分级特性、配备以合适的筛孔、借助筛面的运动进行谷糙分离的方法。主要是用稻谷分离筛进行分离。我国目前常用的有溜筛和平面回转筛两种，溜筛用作谷糙分离结构简单，不耗用动力，分离效果好，但设备道数多，占地面积大，且回流量大，不利于简化米厂工艺设备，近年来很少使用。选糙平转筛是我国目前定型的谷糙分离设备，具有结构紧凑、占地面积小、筛理流程简短、筛理效率高、操作管理简单等特点。按其筛体外形不同，可分为长方形筛和圆形筛两种。

（2）密度分离法

密度分离法是利用稻谷和糙米在密度、表面摩擦因数等物理性质的不同及其自动分级特性，在作往复振动的粗糙工作面板上进行谷糙分离的方法。常用的设备是重力谷糙分离机。它是借助呈双向倾斜安装，并在分离板冲制有马蹄形、鱼鳞形凸点的工作面的往复振动，利用稻谷与糙米相对密度和表面摩擦因数的不同，借助双向倾斜往复运动的分离板作用，使谷糙混合物在分离板上形成良好的自动分级。重力谷糙分离机对品种混杂严重、粒度均匀性差的稻谷料的加工具有较强的适应性，同时谷糙分离效率高，操作管理简单。

（3）弹性分离法

弹性分离法是利用稻谷和糙米弹性的差异及其自动分级特性而进行谷糙分离的方法。常用的设备是撞击谷糙分离机。它是根据稻谷与糙米的弹性、相对密度和摩擦因数等物理特性的不同，借助具有适宜反弹面的分离槽进行谷糙分离。因此，它不受品种和籽粒大小的影响。同时，它只有净糙和回砻两个出口，减少提升次数，但其产量低、造价高，目前国内使用的较少。

（三）碾米及成品整理

1. 碾米

糙米皮层虽含有较多的营养素，如脂肪、蛋白质、维生素等，但粗纤维含量高，吸水性、膨胀性差，食用品质低，不耐储。因此，需要将糙米的皮层去掉。碾米就是应用物理（机械）或化学的方法，将糙米表面的皮层部分或全部剥除的工序。

碾米是稻谷加工的最后一道工序，而且是对米粒直接进行碾制，如操作不当，碾削过强时，会产生大量碎米，影响出米率和产量；碾削不足时，又会造成糙白不均的现象，影响成品质量。碾米工序工艺效果的好坏，直接影响整个碾米厂的经济效益。

机械碾米主要是依靠碾米机碾白室构件与米粒间产生的机械物理作用，将糙米碾白。

根据在碾去糙米皮层时的作用性质不同，一般可分为擦离碾白、碾削碾白和混合碾白三种。

（1）擦离碾白

碾米时依靠米机辊筒对米的推进和翻动，造成米粒与米粒，米粒与碾白室构件发生碰撞、挤压和磨擦，使糙米皮层与胚乳脱离而达到碾白的目的。这种碾白方式由于米粒在碾白室内受到较大的压力，碾米过程中容易产生碎米，故不宜用来碾制皮层干硬，籽粒极脆，强度较差的籼米。这种碾白方式制成的成品表面光洁、色泽明亮，擦离碾白由于米机内部压力较大，也称压力式碾白。

（2）碾削碾白

碾米时，借助高速转动的金刚砂碾辊表面无数坚硬、微小、锋利的沙粒，对米粒皮层进行不断碾削，使米粒皮层分割、剥落，将糙米碾白，这种去皮方式称为碾削碾白。由于它去皮时所需压力较小，产生的碎米较少，适宜于碾削皮层干硬、结构松弛，强度较差的粉质米粒。但碾削碾白会使米粒表面留下砂粒去皮洼痕。因此碾制的成品表面光洁度和色泽较差。同时，这种碾白方式碾下的米糠往往含有细小的淀粉粒，如用于榨油，会降低出油率。

（3）混合碾白

混合碾白是一种以碾削去皮为主，擦离去皮为辅的混合碾白方法。它综合了以上两种碾白方式的优点。我国目前普遍使用的碾米机大都属于这种碾白方式。

碾米的机械称为碾米机，按碾白方式可分为擦离式，碾削式和混合式三类。

擦离式碾米机，采用擦离碾白，碾米机的碾辊为铁辊，碾米机的线速度一般在 5m/s。碾制相同数量大米时，其碾白室容积比其他类型的碾米机小，常用于高精度米加工，多采用多机组合，轻碾多道碾白，碾白压力大而常用于饲料碾轧，菜籽磨泥，小麦剥皮等。

碾削式碾米机，采用碾削碾白，碾辊为圆锥形或截圆锥形砂辊。碾辊线速度一般在 15m/s。

混合式碾米机，采用混合碾白方式，碾辊为砂辊或砂铁辊结合，碾辊线速度一般在 10m/s 其碾白作用以碾削为主，擦离为辅。机型中等。复合碾米机由于兼有擦离型和碾削型碾米机的优点，工艺效果较好，并能一机出白，可以减少碾米道数。

碾米机按照碾辊主轴的装置形式，分为卧式碾米机和立式碾米机两类。

碾米机按照碾辊材料的不同，分为砂辊碾米机和铁辊碾米机两类。

碾米的基本要求是在保证成品米符合规定质量标准的前提下，提高纯度，提高出米率，提高产量，降低成本和保证安全生产。粳米和籼米的特性不同，加工工艺也有所不同，粳米耐压性强，加工时可重碾，而籼米抗压能力差，需轻碾。混合碾白工艺灵活，适应不同原粮。

我国一般采取的工艺为"二砂二铁二抛光"工艺，这种工艺组合，可转变为"二砂一铁"，或"一砂二铁"，且抛光也可变为一道抛光，这样灵活的工艺就可以生产出不同等级的大米，以满足不同客户的要求。多道碾制大米，碾米机内压力小，轻碾细磨，胚乳受损小，碎米少，出米率高，糙白不均率下降。

2. 成品整理

糙米碾白后要将白米的米糠等分开的过程称为成品整理和副产品整理。刚碾压后的白米，其中混有米糠和碎米，米温也较高，既影响成品质量，也不利于成品贮存，因此必须经过整理。要求将黏附在米粒上的糠粉去除干净，并设法降低米温使其适于贮藏，还须根据国家规定的成品含碎标准，进行分级。

成品整理主要包括大米抛光、晾米、分级和色选四道工序。

（1）抛光

抛光是充分去除黏附在白米表面的糠粉以及米粒间混杂的糠块，从而使米粒表面清洁光亮；经抛光的大米不仅大大提高贮藏性能，还具有保持大米的口味和新鲜度的特殊功能，从而提高大米的食用品质和卫生标准。按抛光可分为干法抛光和湿法抛光。

干法抛光是采用铁辊嵌聚氨酯抛光带或者使用牛皮、棕刷等材料刷米，可有效擦离米粒表面附着物，增加大米光洁度。但连续生产后会出现温度升高、聚氨酯软化、阻力增加等问题，导致碎米增加，抛光效果差，目前生产中应用较少。湿法抛光是白米在抛光室借助水的作用进行抛光。其实质是湿法擦米，它是将符合一定精度的白米，经水润湿后，送入专用设备（白米抛光机）中，在一定温度下，米粒表面的淀粉胶质化，使得米粒晶莹光洁、不黏附糠粉、不脱落米粉，从而改善其贮藏性能，提高其商品价值。

（2）晾米

晾米的目的是降低米温，使大米便于贮藏。碾米、抛光过程中都会使大米温度升高。温度过高对其后续的抛光或贮藏有不利影响。在碾米之后抛光之前设置晾米工艺，使米温降至室温，不仅可以提高大米抛光后的亮度，而且可以使增碎率降低 $1\% \sim 2\%$，提高大米完整率。方法可采用自然冷却或通风冷却，一般用通风冷却，常用设备有吸式风选器和溜筛晾米箱。

（3）分级

大米分级是根据成品质量要求利用自动分级作用配以合适筛网将整米与碎米分离开来的一道加工工序。白米分级常用的设备是白米分级筛，它能将白米分级为特级米、一般米、大碎米、小碎米。生产高等级、高品质大米时，仅采用一道白米分级往往达不到要求。一般还要配合滚筒精选机（长度分级机），以保证整米的质量，又能将混入碎米中的整米分离出来，提高成品的得率。

（4）色选

色选是将优质米中的异色米、腹白米、未清理干净的杂质（如稻谷、砂石等）去除，是生产精制米、出口米时的一道保证产品质量的重要加工工序。目前使用的色选机是利用光电原理，利用异色粒与白米反光率的差异，对白米逐粒比色、检测、分选，将异色粒剔除，从而保证成品的质量。

二、大米制品加工

（一）米粉的加工

我国是种植水稻和加工成品大米大国，每年都会存贮大量的稻谷以备后用。但存贮后的大米食用品质变差，更适合深加工成其他产品，米粉就是主要加工产品之一。其次在加工大米过程产生的大量副产品（碎米）也可以用来生产米粉。米粉又称米线、米面、河粉，是大米经过浸泡、磨粉、蒸煮、成型、冷却等工艺制成的一种大米凝胶制品。米线在东南亚地区和我国南方地区有广阔的市场。根据成品的含水量，可以分为湿米线和干米线；根据食用性的方便性，米线可以分为方便型和烹饪型；根据米线的成型工艺，可将其分为切粉（切条成型）和榨粉（挤压成型）。根据米线的外形，可以分为扁粉、圆粉、肠

粉和银丝米粉等

1. 米粉加工的原料要求

为了保证成品米粉有较好的口感与外观，大米的加工精度是影响米粉品质的重要因素之一。因大米中的碎米、垩白粒、糠粉、灰分等严重影响了成品米粉的外观以及品质。一般来说，针对同一种原料大米，加工精度越高，米粉品质越好。但为了符合企业的实际经济效益现在的企业一般选用标一米。

生产米粉的主要原料是大米，而大米因组分差异也存在大量的品种。大米原料中淀粉含量占其干重的85%以上，其特性直接影响米粉的质量。更进一步，采用不同品种的大米制作米粉时，大米中直链淀粉和支链淀粉含量的高低及其比例直接影响米粉的质量。直链淀粉含量高的大米，制成的米粉成品密度大，口感较硬；而支链淀粉适当提高，制成的米粉韧性好，煮制时不易断条。但是支链淀粉含量过高，大米原料在糊化过程中迅速吸水而发生膨胀，其黏性过强，制作米粉时容易并条，在煮制时韧性差、易断条，而且汤汁中沉淀物含量增加。直链淀粉的主要作用是为米粉提供弹性和韧性，即嚼劲；而支链淀粉则使米粉变得柔软。从籼米、粳米和糯米的直链淀粉含量来看，籼米最高，粳米次之，糯米最低甚至不含直链淀粉。米粉制作一般选用籼米，主要是其直链淀粉含量较高，一般达到22%以上，大部分粳米不能制作米粉，而糯米因不含直链淀粉则不能用于制作米粉。相对于早籼米，晚籼米含支链淀粉较多，制成的米粉韧性好，不易断条，蒸熟后不易回生，但不易成条。相反，早籼米因直链淀粉偏高，制作出的米粉易成条，但容易老化，质地坚硬且易断条，从而产品难以复水，并有夹生味。另外，早籼稻中直链淀粉分子间的结合力较强，含直链淀粉较高的淀粉粒难以糊化，如糯米的糊化温度（约58℃）比籼米（70℃以上）低。生产上一般不会单纯使用直链淀粉含量高的大米制作米粉，而采用将早、晚籼米以一定比例进行调配，使其混合后的直链淀粉与支链淀粉的比例达到理想要求。

蛋白质是大米的重要组成成分之一，含量一般为5%~13%。大米蛋白通过与淀粉的相互作用，影响米粉的糊化成型及老化回生，从而显著地影响了米粉的硬度。大米淀粉的糊化程度随着蛋白质含量的增加而降低。因蛋白质含量越高，蛋白质在淀粉细胞中就填充得越多且越紧密。大米淀粉糊化过程中，蛋白质与淀粉相互作用形成复杂的网络结构，从而保护淀粉颗粒，抑制其糊化。大米蛋白质含量与鲜湿米粉的口感、感官评分、硬度、黏性、咀嚼性呈显著正相关；而与内聚性、弹性、回复性呈显著负相关。因此，大米中蛋白质含量过高或过低对于米粉的加工品质都有不利的影响，需要通过大量的试验找出适宜的蛋白质含量范围。

在选用米粉专用米时，一般不采用新鲜收获的大米作为生产原料。其中的原因除了陈年米价格相对便宜一些外，还有一个重要的原因就是新鲜大米做的米粉黏性高、挤丝困难，粉条黏结严重，米粉容易断条、糊汤。而大米经过陈化后熟，其品质有一些改变，从而更适合制作米粉。稻谷贮存时间的延长可以改善米粉质构特性，表现在拉伸特性、抗剪切性能及弯曲特性有所提高。表面黏性、碎粉率、断条率、汤汁沉淀和吐浆量均呈现降低的趋势，从而降低了米粉的黏性。不同品种稻谷制作米粉所需的陈化时间不完全相同，一般大米的陈化期选择在15个月。

2. 生产工艺

（1）切粉的工艺流程

切粉是将高直链淀粉含量的大米或碎米浸泡、磨粉后，将20%~30%米浆先完全熟化得到熟米浆，然后和生米浆混匀，均匀涂于帆布输送带。随后通过蒸汽进行第二次加热至米浆完全糊化，然后冷却、切条制成。在机械化生产中，通常采用链式输送机使第二次加热至切条间的工艺得以连续化。

（2）榨粉的工艺流程

我国有两种榨粉工艺，可根据出现的时间分为传统工艺和现代工艺。

传统工艺是将生米浆直接涂布在帆布上，在较短时间内经蒸汽加热成半熟的米粉片；或将手工揉制的大米粉团投入沸水中，其表面的大米粉开始糊化，煮至一半的大米粉达到糊化时将其捞出。将经过以上处理的米粉片或米粉团经手工挤压成型，再进行完全糊化，可得到榨粉。现代工艺是采用挤压蒸煮的方式进行糊化。榨粉设备能自动完成熟化和挤丝成型的任务。在该过程中，大米粉经过加水、调浆、加热后，再通过设备挤压成条状完成米粉初步定型，涉及糊化和凝胶化。在糊化开始时，淀粉粒大量吸水膨胀，直链分子从淀粉中渗析出来形成凝胶包裹淀粉粒，淀粉体系强度和刚性显著增加；但随着温度的升高，直链淀粉的迁移能力增强，凝胶网络中的部分氢键断裂。在随后的凝胶化过程中，随着温度的降低，直链淀粉的淀粉分子相互缠绕并趋于有序化，链和链之间的氢键再次形成，并由氢键的作用，形成了具有一定强度的淀粉凝胶网络结构。同时，作为填充物的淀粉粒之间的碰撞变缓，米粉凝胶体系的强度和刚性逐步增大；重新加热糊化，膨胀水化的淀粉粒间的碰撞又加剧，部分氢键断裂，淀粉凝胶体系的强度和刚性再次逐步降低。

从糊化和凝胶化的过程来看，这个过程有一定的可逆性。但如果糊化时加热温度过高，淀粉粒结构破坏严重，再次加热糊化后凝胶体系的刚性和强度与第一次糊化会有较大差异，使糊化和凝胶化的过程变得不可逆。直链淀粉含量越高，这种不可逆性越强。不同种类大米的淀粉糊化温度是不同的，因此根据不同品种大米的糊化温度，来指导米粉的生产是很有意义的，可以避免淀粉过度糊化和米粉品质降低。

3. 主要设备

（1）磨浆机

大米磨浆机由磨浆喂料系统和磨浆系统组成；喂料系统由电动机、三角皮带轮、减速器和喂料螺线管组成。通过异步电机带动减速器，并联动喂料螺旋实现喂料。磨浆系统主要由磨浆室、磨片、调整移动装置和联轴器等组成。

大米磨浆机磨浆工作原理是当浆料输向磨浆室，处于静磨片和动磨片之间，动磨片经电机带动，使料液物质经过摩擦力、剪切力、离心力等的作用，将料液打碎得更细。

（2）米线挤出机

用于米线加工的挤压机一般为螺杆挤出机，由加料斗、加热装置、机筒、螺杆、物料区和模头组成。

将含有一定水分的物料从料斗进入机筒内，随着螺杆的转动，沿着螺槽方向向前输送。由于受到机头的阻力作用，固体物料逐渐压实。同时物料受到来自机筒的外部加热以及物料在螺杆与机筒的强烈搅拌、混合、摩擦、剪切等作用，温度升高，压力增大，变成熔融状态。接着物料受到螺杆的继续推进作用，使其通过一个专门设计的孔口（模具），以形成一定形状和组织状态的产品。

挤压加工过程可以简单地分成三个部分。当疏松的原料从加料斗进入机筒内时，随着螺杆的转动，沿着螺槽方向向前输送，这一部分称为加料输送段；与此同时，由于受到机头的阻力作用，固体物料逐渐压实，物料受到来自机筒的外部加热以及物料在螺杆与机筒的强烈搅拌混合、剪切等作用，温度升高、开始熔融，直至全部熔融，这一部分称为压缩熔融段；由于螺槽逐渐变浅，继续升温升压，食品物料受到蒸煮，出现淀粉糊化，脂肪、蛋白质变性等一系列复杂的反应，组织进一步均化，最后定量、定压地由机头通道均匀挤出，最后这一部分称为计量均化段。

（二）速冻汤圆的加工

速冻食品就是把经适当加工处理的食品原料和配料，在低于-30℃的条件下快速冻结，然后在-18℃或更低的温度下贮存和运输的方便食品。与其他各类食品保藏方法如干燥保藏、罐藏等相比，速冻食品的风味、组织结构、营养价值等方面与新鲜状态食品更为接近，食品的稳定性也相对更好，是食品长期贮藏的重要方法，它被国际上公认为最佳的食品贮藏保鲜技术。随着方便食品行业的兴起，速冻食品发展成为我国传统食品、主副食品工业化生产的重要方式之一。汤圆作为我国的传统糯米制品，深受广大人民的喜爱，在速冻技术迅速发展的带动下，速冻汤圆已实现了工业化生产。

1. 生产工艺

速冻汤圆的生产工艺一般工序：原辅料配方及处理→制馅→调制粉团→包馅成型→速冻→包装→冷藏。按面皮调制方法可将汤圆工艺分为三种：煮芡法（蒸煮法）、热烫法以及冷水调制法。

煮芡法是将糯米粉加水搅拌并常压蒸煮，用凉水冷却后再加入糯米粉、水搅拌混合，揉捏成型、包馅、速冻后冷冻贮藏。煮芡法的实质是先将部分糯米粉蒸煮形成糯米凝胶，再将此凝胶加入糯米粉中制成粉团。先凝胶化的糯米的比例一般在10%～50%较好，由于糯米凝胶在冷藏过程中的脱水收缩作用易引起表面裂纹。因此，随着凝胶用量增加，这种现象越严重。

热烫法是将水磨糯米粉加入70%的沸水，搅拌、揉搓至粉团表面光洁，此方法操作简单易行，与煮芡法原理类似，但是制得的面皮组织粗糙、松散、易破裂。经过热烫后，糯米粉中部分淀粉糊化，为体系提供了黏度，有利于汤圆的加工塑性，但同时也会因为糊化后的淀粉在低温条件下回生（即冷冻回生），导致其营养价值、口感等在贮藏期内都会有明显的劣变，从而给汤圆的整体品质带来负面影响。

冷水调制法是一种在糯米粉中直接加凉水进行调粉的方法。此法在早期因为冷水和面而存在着糯米粉黏度不足的缺陷，近年来这个问题已经通过添加品质改良剂而解决。这种方法工艺简单，成本得到明显控制，同时冷水调制还可保持糯米原有的糯香味，并且因本身皆是生粉而不存在汤圆的回生情况，因此目前现代工业化生产中均采用预加改良剂冷水调粉法。

2. 原料糯米粉要求

汤圆一般要求嫩滑爽口、绵软香甜、口感细腻，且有弹性、不粘牙。通常以黏弹性、韧性、细腻度三项指标来衡量汤圆的口感品质。速冻汤圆一般以水磨糯米粉为原料，糯米粉的质量与汤圆的口感密切相关。汤圆对糯米粉质粒度及黏度的要求较高，要求粉质细腻，粒度应基本达到100目筛通过率大于90%，150目筛通过率大于80%，口感好，龟裂较少，品质较好当粉粒较粗时，成型性好，但粗糙、色泽泛灰，光泽暗淡，易导致浑汤，无糯米的清香味；而粉粒过细时，色泽乳白，光亮透明，有浓厚的糯米清香味，但成型性不好，易粘牙，韧性差。同时糯米粉质粒度也直接影响其糊化度，从而影响到黏度及产品的复水性。

3. 速冻汤圆常见的品质问题

在速冻汤圆大规模工业化生产的过程中，由于糯米粉不像普通面粉可以形成面筋，延展性差，经过冷冻和冷藏的糯米团往往出现不同程度的开裂，形状塌陷，不耐煮制，制作的产品经过速冻后会出现明显裂纹、脱粉等现象，严重影响速冻汤圆的品质和销量。汤圆开裂的基本机理为冷冻过程产生的内部膨胀压力和蒸发失水。在冷冻过程中，汤圆表面先结冰，汤圆皮温不断下降，粉团内水分结冰膨胀致使表面开裂；在冻结过程中，随着温度的降低，汤圆馅料中存在的大量水分冻结膨胀产生内压施力于外层引起汤圆皮开裂。在贮存过程中，汤圆表面也会逐渐失水形成裂纹；贮存、运输过程中，由于温度波动和外力作用也会引起开裂。

速冻汤圆的生产工艺条件对汤圆的质量也有很大影响。由于糯米粉本身的吸水性、保水性较差，加水量的小幅度变化就可能会对汤圆的开裂程度造成影响，加水量大，糯米粉团较软，在加工时易偏心，导致产品易坍塌且冻裂率提高，加水量过小，粉团不易成型，在冻结过程中导致水分快速散失而引起干裂；冷冻过程中如果冷冻条件控制不好，汤圆中心温度不能迅速达到$-8℃$，糯米粉团淀粉间水分由于缓冻会生成大的冰晶导致粉团产生裂纹，使汤圆产生较多的开裂。

4. 速冻汤圆品质改良

速冻汤圆品质改良的方法主要集中在改良剂的添加应用方面。在汤圆面皮的加工过程中，通过适当添加改良剂，直接用冷水调粉代替传统面皮制作的煮芡或热烫工序，使糯米粉团具有一定的筋力，不仅包馅、贮藏时不易裂纹，还能减少粉团凝胶所带来的负面影响。选择改良效果较好的添加剂进行复配可以提高速冻汤圆的品质，例如在汤圆面皮中添加马铃薯氧化羟丙基淀粉、羟丙基交联淀粉和黄原胶等变性淀粉复配，可以改善汤圆面皮质构的稳定性和面团的黏弹性的影响，有利于速冻汤圆皮品质的改良。

三、稻谷加工副产品的综合利用

（一）碎米

碎米形成的原因是稻米在碾白过程中由于受到摩擦力和碾磨力的作用，在这个过程中会不可避免地产生$10\% \sim 15\%$的碎米。虽然从化学成分上来讲，碎米与整米区别不大，但碎米与整米的价值、食用品质是很不相同的，因此不符合成品质量要求的碎米，只能做副产物处理且经济价值较低。

碎米综合利用的途径主要有以下两个方面：一是利用碎米中的蛋白质，将碎米中的蛋白质含量提高后制得的高蛋白米粉，可作为婴儿、老年人、病人所需的高蛋白食品；二是开发利用碎米中较高含量的淀粉。目前，我国利用碎米淀粉生产的新产品主要有果葡糖浆、山梨醇、液体葡萄酒、麦芽糖醇、麦芽糊精粉、饮料等。碎米淀粉利用后的米渣含有较多的蛋白质，可用作生产酱油、蛋白饲料、果酱、蛋白胨和酵母培养基等多种产品。

1. 碎米发酵制取甘露醇

甘露醇是天然的糖醇，广泛存在于自然界中，如海带、地衣、胡萝卜、食用菌、柿饼等都含有甘露醇。D-甘露醇又称甘露糖醇、己六醇，是一种六元糖醇，和山梨糖醇是同分异构体。甘露醇纯品为无色或白色针状、斜方柱状晶体、结晶状粉末，无臭，有清凉的甜味，甜度是蔗糖的$40\% \sim 50\%$，熔点$165 \sim 170℃$，质量能$8.36kJ/g$，沸点$290 \sim 295℃$（$0.4 \sim 0.67kPa$），相对密度1.489，易溶于水，溶解度（$25℃$）$21.3g/100g$。易溶于吡啶、甘油、苯胺和热的乙醇，几乎不溶于大多数有机溶剂（如醚、酮、烃等），更是多元糖醇中唯一一种没有吸湿性的晶体。

目前天然物提取法和化学氢化法是工业生产甘露醇的主要方法，但有污染大、能耗大、副产物难分离的缺点。微生物转化生产甘露醇，尤其是以乳酸菌利用果糖为底物生产甘露醇的方法，具有不产生副产物等优点。利用碎米资源来制取甘露醇，实现碎米附加值的成倍增加，为碎米的精深加工和综合利用提供一条新的途径。

（1）碎米前处理

称取一定量的碎米，将杂质挑拣出来，然后放入高速粉碎机中进行粉碎，时间 2～3min 粉碎完成后，过 60 目筛，将筛下物装袋封口，放置在干燥的环境中备用。

（2）工艺流程

取若干经过前处理的碎米粉末，按照 6∶1 的液料比加水混合均匀后，再向其中加入 15U/g 的耐高温 α-淀粉酶，然后放置在 90℃的水浴锅中液化 20min。液化完成后，将液化液冷却并保持在 60℃，调节 pH 为 3.5，并向其中添加糖化酶约 80U/g，搅拌糖化 24h。将糖化以后的糖化液煮沸灭酶，用纱布进行粗过滤，然后再用抽滤机进行抽滤，反复两次，收集滤过液，即为碎米葡萄糖液。用 3，5-二硝基水杨酸法测定葡萄糖浓度。

将制备完成的碎米葡萄糖液放置于恒温水浴锅中，加热并保持在 70℃，调节 pH 为 7.5，向其中添加与葡萄糖含量比例为 0.9% 的葡萄糖异构酶，搅拌异构化 35h。将异构化以后的糖液煮沸灭酶，抽滤后收集滤过液，即为碎米果葡糖液。果糖含量用旋光度法测定。

调整制备好的碎米果葡糖液的果糖浓度至约 75g/L，向其中添加剩余发酵培养基所需要的成分，调节 pH 为 6.9，再将培养好的摇瓶种子液按 10% 接种量接入发酵液中，在发酵温度 42℃、摇床转速 120r/min 的条件下，发酵 48h。

将发酵液煮沸灭酶钝化，抽滤后在滤液中加入活性炭，加热至 50～60℃，脱色约 30min。

脱色完成后抽滤，将抽滤液按照一定的流速、进料量通过一定高度的大孔阴阳离子树脂交换柱，以足量的去离子水作为洗脱液进行洗脱，用自动部分收集器来收集洗脱液，通过高效液相色谱法测定甘露醇的洗脱曲线。根据洗脱曲线，将含有纯的甘露醇的各级分进行收集，用旋转蒸发仪浓缩后，加入少量 80 目的甘露醇晶种，放入 4℃冰箱中冷却结晶。将结晶抽滤后烘干，得到甘露醇初结晶，将初结晶加热溶解配成 900g/L 的水溶液，再冷却结晶，干燥以后得到甘露醇纯品。

2. 碎米蛋白的利用

（1）高蛋白质米粉

由于婴儿与幼童无法食用足够的大米来获得适量的蛋白质，国内外都在研制高蛋白质米粉食品。将碎米经过磨粉、液化、发酵并分离其淀粉，把离心后沉淀部分加以冷冻干燥，再经过鼓风和喷雾干燥可制成高级蛋白米粉，其蛋白质是普通大米的 3 倍，比面粉的蛋白质要多 3 倍，可用作儿童食品和乳粉。

（2）大米抗氧化肽

大米中蛋白质含量远低于淀粉，因此可用碎米中含量丰富的蛋白质生产大米抗氧化肽，不但可减少浪费，还可创造更多价值。因此，一般选取米糠、米渣、碎米作为制备大米抗氧化肽的原料。

制备大米抗氧化肽的主要方法是酶水解法。酶解法制备大米抗氧化肽主要是利用酶对大米蛋白的降解和修饰作用，使大米蛋白变成可溶肽而被提取出来。酶解法制备大米抗氧化肽对其溶解性、泡沫稳定性和乳化稳定性都有明显优势，且操作简单、条件温和、对营养成分破坏低。酶解法使用的蛋白酶包括动物蛋白酶、植物蛋白酶、微生物蛋白酶。

碎米可作为提取大米蛋白质的原料，可运用不同的提取手段得到不同蛋白质含量和不同性能的产品。除了上述应用外，可作为营养补充剂用于食品的是蛋白含量为80%以上并具有很好水溶性的大米蛋白产品；大米蛋白浓缩物是一种极佳的蛋白质源，含量为40%~70%的大米蛋白一般作为高级宠物食品、小猪饲料、小牛饮用乳等，其天然无味和低过敏，以及不会引起肠胃胀气的独特性质，使其常适合用作宠物食品；也可用米粉制作面包，不仅式样各异，而且松软可口；大米蛋白还可应用于日化行业中，如用于洗发水，作为天然发泡剂。

3. 碎米淀粉的利用

（1）糊精粉

以精白米粉用α-淀粉酶两次处理酸化，再用活性炭和阳离子交换树脂处理，干燥即得到糊精粉。将碎米浸胀后磨成浆，用中火煮沸，并按干米重的2.5%慢慢匀撒麦芽粉，边撒、边煮、边搅拌，直至煮熟。冷却过滤后再用中火熬煮，待水分基本蒸发，浆液变成乳白色胶状物，趁热倒出冷却即成。

（2）米粉饮料

以糯米、粳米（碎米）为原料磨成米粉制成饮料。在米粉中加入10~20倍的水一起煮（兼杀菌），再加入山慈姑粉防沉淀。然后把此饮料煮至出香味时再加入少量盐分即可供饮用。如再加入优质赤砂糖或蜂蜜直至母乳的甜度即可作为母乳代用品。

（二）米糠

1. 米糠油及米糠油衍生物

（1）精炼米糠油

全国大米加工拥有丰富的米糠资源，如能集中加工利用，可为国家增产油脂1.7×10^9kg（按含糠率5%，米糠含油率18%计），米糠油具有气味芳香、耐高温煎炸、耐长久贮存和几乎无有害物质生成等优点。正因为米糠油的性能优越，它已成为继葵花籽油、玉米胚芽油之后的又一新型保健食品用油。其加工精制而得的米糠油含有38%的亚油酸和42%的油酸，亚油酸和油酸比例约为1:1.1，从现代营养学的观点看，米糠油的膳食脂肪酸比例最为接近人类的膳食推荐标准。我国是全球第二大油料作物进口国，作为稻谷生产大国，我国的米糠资源极为丰富，但目前对这一资源的开发利用还极为不足。由此可见，米糠油具有相当大的市场开发潜力。

（2）米糠油衍生物

米糠油衍生物包括谷维素、植物甾醇、糠蜡、维生素E、二十八烷醇、三十烷醇等。与其他植物油脂比较，从米糠油副产物中提取谷维素、植物甾醇、二十八烷醇和三十烷醇具有比较优势。

谷维素：谷维素可抑制胆固醇的吸收和合成，并促进胆固醇的异化和排泄，具有降血脂和防治动脉粥样硬化等心血管疾病的作用。作为米糠油生产的副产品，谷维素的提取一般都与毛糠油精炼结合在一起。近年来，谷维素的生产方法在简化工艺、提高得率和降低成本方面得到不断改进。据报道，在优化的条件下，谷维素的得率可比传统的弱酸取代法提高 1 倍。

植物甾醇：一类具有生理价值的物质，可用于合成调节水、蛋白质、糖和盐代谢的甾醇激素。植物甾醇作为治疗心血管疾病、抗哮喘、抗皮肤鳞癌、治疗顽固性溃疡的药物已被应用或正在做临床试验，用氧化谷甾醇法生产的雄甾-4-烯-3，17-二酮是类固醇药的中间体，可用以制造口服避孕药和治疗高血压药等，在各种植物油脂中米糠油的植物甾醇含量较高。

二十八烷醇和三十烷醇：米糠油中含蜡 3%~4%，米糠蜡主要由高级脂肪醇酯组成，而这些高级脂肪醇酯经过分解转化处理可获得具有生物活性的功能性物质——二十八烷醇和三十烷醇，它们都是美国食品与药物管理局（FDA）认可的功能性添加剂，可以改善运动耐力，调节脂肪代谢和降低胆固醇，可广泛应用于功能性食品、各种营养补助品、医药、化妆品和高档饲料中，其市场份额也在不断扩大。

2. 米糠多糖

米糠多糖存在于稻谷颖果皮层中，作为一种功能性多糖，米糠多糖近几年也备受人们的关注。米糠多糖是一种结构复杂的杂聚糖，由木糖、葡萄糖、半乳糖、鼠李糖、甘露糖和阿拉伯糖等组成。米糠多糖有着显著的保健功能和生物活性，其良好的溶解性能、浅淡的颜色，使得它可与多种食品相匹配。米糠多糖不仅具有一般多糖所具有的生理功能，同时在抗肿瘤、增强免疫、对白血病原代细胞体外培养的抑制和美容保健方面有独特的生理功能。

3. 米糠膳食纤维

米糠膳食纤维是一种优质的谷物膳食纤维，米糠中的半纤维素和纤维素分别占米糠的 8.7%~11.4% 和 9.6%~12.8%。营养学家认为，膳食纤维能够平衡人体营养和调节机体功能，增加膳食纤维的摄入量，可以预防高血脂、肥胖症、脂肪肝等现代疾病。

4. 其他应用

除了上述应用外，可利用米糠中富含蛋白质、维生素、食物纤维生产高营养食品和保健品，如米糠面包、米糠饼干、米糠面条等食品。

第二节　小麦制粉及面制品加工

一、小麦清理

（一）小麦清理的方法

1. 筛选法

依据小麦与杂质粒度的大小不同，将被清理的毛麦放在不同形状和大小筛孔的筛板上进行筛理，通过筛面与小麦的相对运动，使小麦发生运动、分层，粒度小、相对密度大的物质接触筛面成为筛下物，这样就可以逐步把粒度大于或者小于小麦的杂质从毛麦中清理出去。

2. 风选法

根据小麦和杂质空气动力学性质（一般用悬浮速度表示）的不同进行分选，在气流作用下，当气流速度大于物料的悬浮速度，则物料被吸走，而当气流速度小于该物料的悬浮速度，则物料在气流中下落。例如，带风选设备的吸风分离器、垂直吸风道等，可以分离小麦中的尘土、麦壳、草秆等轻杂质，而砂石、金属物、玻璃等被下沉到另一处装置收集。

3. 相对密度法

根据小麦和杂质相对密度不同进行分选，可用空气或者水作介质进行分离，轻者上浮或者上行，重者下沉或者下行。杂质在水中重的易下沉，轻的则漂在水面；经筛面振动，重的被沉到底层筛面，轻的浮于上层，被风吸走。相对密度法可以清除毛麦中粒度和小麦相似但是相对密度不同的杂质。

4. 磁选法

根据小麦和杂质磁性不同进行分选，利用磁力清除毛麦中的磁性金属物。小麦是非磁性物质，不会被磁铁所吸附，而混入小麦中的一些金属杂质（如铁钉、螺母、螺帽、铁屑等）是磁性物质，在磁场中会被磁化而被磁铁所吸附，从而从小麦中被分离出去。

5. 精选法

利用杂质与小麦的几何形状和长度的不同将其分离。利用几何形状不同进行清理需要借助斜面和螺旋面，通过小麦和球形杂质发生的不同运动轨迹来进行分离；利用长度不同进行清理是借助圆筒或圆盘工作表面上的袋孔及旋转运动形式，使短粒嵌入袋孔内并带到一定高度落入收集槽中，长粒留于袋孔外，从而使长于或者短于小麦的杂质得以分离。

6. 撞击法

利用小麦与杂质强度的不同，通过高速旋转构件的撞击、摩擦使强度低的杂质（如发芽霉变的小麦、土块等）破碎、脱落，利用合适的筛孔使其分离，从而达到清理的目的。

7. 光电分析法

根据小麦和杂质颜色的不同进行分离，可分离小麦中色泽比较深的杂质，如草籽、麦角、石子等。使用的设备为色选机，由于该设备价格昂贵，目前应用还不普遍。

（二）除杂设备

1. 振动筛

振动筛是一种筛理、筛选清理设备，利用小麦与杂质粒度大小不同除杂。振动机构带动筛体倾斜往复运动，结合机器本身角度造成的重力作用推动物料，使形状与物料不同的杂质下落到设定的收料口。小麦经振动筛清理后，把杂质中的草秆、麦穗、瓦砾、塑料布及制品、非并肩泥、石块、砂粒、颗粒小的杂草种子、煤渣、水泥块等从小麦中分离出去。

2. 比重去石机

比重去石机是一种利用小麦和杂质的相对密度不同进行分选。相对密度分选法需要介质的参与，介质可以是空气和水。利用空气作为介质的称为干法相对密度分选，常用的设备有比重去石机、重力分级机等；利用水作为介质的称为湿法比重分选，常用的设备有去石洗麦机等。主要用来分离筛选设备难以处理的并肩泥块。

比重去石机主要由进料装置、去石装置、支承机构和振动电机等部分组成。去石筛面采用钢丝编织筛网，其下部设有匀风格和匀风板。去石机的筛体由支撑弹簧与带有弹性的撑杆支撑，由双振动电机驱动，沿特定的倾斜方向产生振动。筛面上方是吸风罩，气流经筛孔由下至上穿透料层，使筛面上的小麦悬浮起来。物料经带有弹簧压力闸的喂料机构进入去石筛面，在上升气流与筛面振动的共同影响下，较重的并肩石贴在筛面上，沿筛面上行，由筛面上端的出石口排出；处于悬浮状态的小麦沿筛面向下流动，经筛面下端的小麦出口排出。

3. 打麦机

打麦机是面粉厂对小麦表面进行干法处理的设备。一般筛选、风选等清理设备无法清除黏附在小麦表面和腹沟处的尘土，打麦机不仅能将混杂在小麦中的泥块打碎，还可以将强度较差的病害变质麦粒打碎清除，同时也可以去除部分表皮，将麦粒表面的灰土、嵌在麦沟里的泥沙、麦毛等杂质打下。打碎的泥灰、细杂通过筛筒的孔眼分离，经出灰口排出。打麦主要是利用机械的打和摩擦作用来清理小麦。摩擦作用力强的打麦机还能擦去部分麦皮，有利于降低面粉灰分。打麦机主要由风机支架、风机、进料口、机壳、机架、机门、转子、筛框电动机及传动带轮、出料口、出灰口等部分组成，该设备利用转子打板对物料的反复打击及物料与筛筒和齿板的不断摩擦达到清除杂质的目的。

4. 洗麦机

洗麦机的主要功能是着水去石。去石洗麦机是根据物料的相对密度、大小形状不同来分离杂质。不同颗粒在水中不仅受其自身重力，且受水的浮力和阻力作用，相对密度小于水的颗粒上浮，因而一些病粒可以分离出去。相对密度大于水的颗粒下沉，按沉降速度不同，可将小麦和石子分离开，并肩石在水中沉降的速度比小麦快得多，利用具有一定速度的绞龙，将在水中下沉慢的小麦，从一端推向另一端，砂石下沉较快，便逐渐离开小麦绞龙而沉入水底的另一小绞龙中，从相反方向送出，达到将小麦和砂石分离的目的。洗麦过程还可增加小麦的水分，对于含水量低的小麦，起润水作用。去石洗麦机主要由进料装置、洗槽、甩干机、传动机构和供水系统组成。原料小麦首先进入洗槽内，被淘洗的同时，原料中的石子沉降下来，被反向送至洗槽的进料端，随清水管中的水流经喷砂管送入滤砂盒中，清水流入洗槽。小麦在洗槽中被淘洗后送入甩干机，甩去多余的水后由甩干机上部排出，小麦在甩干机中受到摩擦作用，得到进一步的表面清理。

5. 碟片滚筒组合精选机

滚筒精选机的特点是分选精度高，下脚含粮少，但产量较小，设备占地面积较大；碟片精选机的特点是产量较大，调节较方便，但物料对碟片的磨损较厉害，分选精度不高，适合用来分级。碟片滚筒组合精选机将碟片精选机和滚筒精选机组合在一台设备中，扬长避短，提高设备的精选产量及除杂效率，下脚含粮少，相对占地面积较小，在大、中型面粉厂应用较多。设备主要由上部同轴安装的两组碟片、下部并列的两个滚筒及相应的调节、输送、传动机构等部分组成，处理量较大的碟片对物料进行分级，滚筒从分级副流中精选出杂质。物料进入机器后，先由大袋孔碟片组分级把进料分成两部分，一部分是短粒小麦及荞子，另一部分是大麦、燕麦和长粒小麦。前者由绞龙送入小袋孔碟片组进行分级，选出的短粒小麦和荞子等，再进入荞子滚筒处理，留下中粒小麦，即该机的主流。而后者送至大麦滚筒，选出长粒小麦，剩下的是燕麦和大麦。荞子滚筒将其中的荞子选出，留下短粒小麦。

6. 抛车

抛车又称为螺旋精选机，是利用小麦与杂质粒形差别进行除杂的设备，除杂对象是荞子即豌豆类球形杂质，包括野豌豆和杂草种子。螺旋精选机的主要工作机构是与水平面具有一定倾角的螺旋面抛道。螺旋精选机不需动力，物料依靠自身的重力沿抛道向下运动在运动过程中实现分选。小麦由进料斗通过料闸门均匀地分配到几层内抛道上，沿倾斜的螺旋面流下，因抛道面具有一定的倾角 β 与螺旋角，使得沿抛道不作规则滚滑动的麦粒运动的线速度较低，只可沿螺旋面内侧稳定地滑下，因此不离开抛道。而荞子、豌豆等球状颗粒则以滚动的形式沿螺旋面向下运动，在抛道上良好地滚动并逐渐加速，由此获得较大的离心惯性力而被甩出抛道，从而使荞子等球状颗粒和小麦分离，并分别从各自的出口管道流出机外。

7. 永磁滚动筒

永磁滚动筒主要由喂料机构、滚筒、永磁体及机壳等组成。滚筒采用有色金属制造，本身为非导磁体，工作时慢速转动，筒内部同轴线装置一块圆心角约170°的静止扇形永磁体。因扇形永磁体可透过筒面吸住原料中的铁杂，被吸住的铁杂随筒面转过磁体所影响的170°范围以后，铁杂自行落入设备的杂质出口。当小麦由进料口进入，喂料门使小麦均匀地流过滚筒，磁性物质在磁区被吸于滚筒上，当滚筒转到非磁区时，就把它卸掉，从而实现磁性物质与小麦的分离。

（三）小麦清理流程

1. 毛麦初清

近年来，联合收割机的使用，使小麦中含有大量的秸秆与麦糠，如直接进入配麦，经常会造成配麦器堵塞。导致配麦不准，在小麦进入毛麦仓之前进行一次清理很有必要，此清理过程称为毛麦初清。毛麦初清是粉厂的头道工序，清理效果的好坏，对后道工序影响较大，甚至会影响到产品质量。初清至少应通过一道风筛结合的初清筛。初清的任务是清除小麦中的大杂质（麦秸、麦穗、麻绳、木片等）和部分轻而小的杂质，以避免大杂质堵塞设备的进出口或输送管道、灰尘到处飞扬。小麦进入毛麦仓前，还应设置一道自动秤，以便及时了解小麦的品种、数量，有计划地进仓和为小麦搭配提供依据。

2. 毛麦清理

从毛麦仓到水分调节之间的清理过程称为毛麦清理。毛麦清理的任务是分离小麦中的各种杂质，使达到入磨净麦含杂标准以下。毛麦清理总的来说要做到清理大于或者小于小麦粒的尘芥杂质和部分粮谷杂质；精选出荞子、野草种子、大麦及燕麦；利用风选清除轻杂质和尘土；利用打麦、刷麦和擦麦，清理小麦表面；根据相对密度的不同去除石子；利用磁选设备清除金属杂质。毛麦处理一般采用筛选、去石、洗麦、打麦、磁选和精选设备。

3. 小麦的水分调节

水分调节是小麦入磨制粉前的重要准备工作，是任何制粉厂制粉前不可或缺的一道工序。小麦的水分调节包括着水和润麦，是将小麦加水到适合制粉要求的水分含量，并经一段时间水分向内扩散的过程。水分调节使得小麦表皮柔韧性增加、脆度降低，同时降低胚乳的强度，促使胚乳的结构疏松，易破碎，耗能低；小麦皮层与胚乳的结合力下降，皮层不易破碎，使麦麸不易混入面粉中，有利于提高产品纯度；水分调节后的小麦，出粉率高，色泽和质量较好；改善面粉的烘焙性能。小麦籽粒结构化学成分的不均匀性使水分调节对小麦加工品质产生显著影响，但水分太低籽粒坚硬，不易磨细；水分太高筛理又困难。水分影响小麦皮层的韧性，当水分从12.7%增加到16.5%时，小麦皮层的纵向抗破坏力增加10%，横向抗破坏力增加50%，皮层的抗破坏力达胚乳抗破坏力的3~5倍，这是研磨时保持麦皮完整的基础。一般希望小麦皮层与胚乳之间的水分比为（1.5~2.0）∶1。

小麦水分调节，可分为温室水分调节和加温水分调节。室温水分调节是在室温条件下将小麦着水并在麦仓内存放一段时间的水分调节；加温水分调节是将小麦着水后用水分调节器加热处理并在麦仓内存放一段时间的水分调节。小麦室温水分调节的流程是我国中小型面粉厂使用的着水润麦形式，它由洗麦机、着水绞龙、润麦仓三种设备组成，一般流程是，除杂后的小麦→洗麦机→着水绞龙→润麦仓。干法处理小麦的水分调节流程是在干法清理小麦之后，以高速着水机着水，或用蒸汽绞龙着水，然后润麦。

小麦首先经过着水设备对小麦进行着水，然后通过螺旋输送机搅拌混合，使水分在麦粒间的分配较为均匀，送到润麦仓，小麦着水后如果着水量达不到要求，可再经过第二次着水，然后再到润麦仓去润麦。着水后的小麦在润麦仓内存放一段时间，使水分由小麦籽粒外部向内部渗透，以达到净麦水分含量的要求。小麦着水后的润麦时间一般为18~24h，加工硬质麦或者气温较低的地方可适当延长润麦时间，硬麦24~30h（吃水量大、渗透速度慢）；软麦16~20h。硬麦需要加入较多的水才能使胚乳充分软化；软麦只需加入较少的水就能使胚乳充分软化，如果加的水过多，则会造成剥刮和筛理困难的问题。硬麦的最佳入磨水分为15.5%~17.5%；软麦的最佳入磨水分为14.0%~15.0%；标准粉为14.0%~14.5%，高质量等级粉14.5%~15.0%；高精度的优质粉15.0%~16.0%。

润麦仓容量大小会影响润麦时间的长短。根据所需润麦时间和生产线的产量来确定润麦仓容量的大小。每个润麦仓仓容不宜过大，但只数不能太少，一个生产线至少要有3只润麦仓，以便于各种小麦分开存放和周转。正常生产时，一个仓在进麦，一个仓在出麦，两个仓只起一个仓的作用。

4. 小麦搭配

我国小麦的种植方式是以农户分散种植为主，小麦的品种和品质千差万别。品种及产地的不同，小麦的色泽、粉质、皮层薄厚、水分含量、面筋质含量和胚乳含量等存在一定差异，将直接影响小麦粉的品质。只用一种小麦进行加工不能满足面粉的质量要求，或者制粉性能不佳，不同等级、不同用途的面粉有不同的质量要求，两种以上小麦更能满足面粉的品质要求。小麦搭配是指将各种原料的小麦按照一定的比例混合搭配，搭配的目的是保证原料工艺性质的稳定性，保证产品质量符合国家标准，合理使用原料，提高出粉率。准确的小麦配混是稳定小麦粉品质的基础，确保小麦配混效果是小麦制粉的第一个关键技术。搭配时按照国家规定的小麦粉质量搭配小麦，使之能磨制出符合质量标准的小麦粉，搭配的原则首先要考虑面粉的色泽和面筋质量，其次是灰分、水分、杂质及其他项目。各批小麦水分差值不宜超过1.5%，搭配后的小麦，按入磨净麦计赤霉病粒不超过4%。

小麦的搭配使用交叉法计算，一是按照面筋值数量搭配，一是按照面筋质品质搭配。在此过程中还应考虑小麦粉的降落数值、酶活力等因素的影响，比如发芽小麦磨制的面粉，淀粉酶活力过高，降落值很小，制作食品时，面团发黏，质量很差。具体生产中小麦的搭配比例应根据小麦粉的某一质量指标来确定，搭配数量可用反比例方法来确定。

小麦搭配是将分仓存放的不同性质的小麦，同时打开仓门，由配麦控制器搭配比例，使小麦流入麦仓的输送设备中混合。配麦器实际上是流量控制器，一般安装在仓的下面，可以方便地调节其流量。配麦器有多种形式，如：手动（电动、气动）闸门、容积（叶轮）式配麦器、螺旋配麦器（变速绞龙）、流量平衡器等。小麦的混合搭配可以是毛麦，也可以是分别清理、着水、润麦完成的小麦再混合搭配。一般来讲，小麦配混分5步完成：接收配混，有条件的小麦制粉企业采取多点卸粮一点入仓，完成第一次配混；毛麦仓匀质，毛麦仓的作用除满足贮存需要外，更重要的是满足配混要求，少于6个仓时，可满足一次匀质；多手8个仓时，可满足2次匀质；多于12个仓时，可满足3次匀质；仓数越多，配混的次数越多，配混的均匀性越高；配麦仓搭配，同类小麦匀质后，进入配麦仓，按指定配比完成配麦；润麦仓匀质，仓内自动分级现象是不可避免的，当光麦清理单仓供麦时，用量超过仓容的85%，应开启下一个新仓，并按比例均匀添加；净麦仓匀质，根据仓容、仓型实际情况，设置适宜的进（出）仓匀质装置，除非长期停机，仓底的10%不宜独立使用。

5. 净麦处理

小麦在水分调节后至一皮磨之间的清理过程称为净麦处理。它是为了确保入磨净麦质量，提高产品纯度，对小麦做进一步彻底清理的过程。净麦处理主要采用打、筛、刷（均结合风选）等设备。打麦可采用立式花铁筛打麦机适当重打。刷麦能进一步对麦粒表面进行清理，降低灰分。为保证磁性杂质分离的效率，在小麦入磨前的一道磁选应采用永磁滚筒。净麦处理一般流程：润麦后小麦→磁选→打麦（重打）→筛选（带风选）→磁选→净麦仓→一皮磨。如有刷麦和喷雾着水时，则其流程为：润麦后小麦→磁选→打麦（重打）→筛选（带风选）→刷麦（带风选）→磁选→喷雾着水→净麦仓→一皮磨。如果在毛麦清理阶段设有去石洗麦机时，精选则应安排在润麦仓之后，打麦机之前。为了计算入磨净麦的数量，净麦仓应装自动秤。净麦仓仓容量一般应能保证半小时的贮存量，保证粉间连续生产，净麦仓还可以作为二次着水短时间润湿麦皮。

二、研磨制粉

（一）小麦制粉流程

1. 研磨

研磨是指将净麦送入研磨机械设备中，利用机械作用力将胚乳和皮层分开，并将胚乳磨成一定细度的小麦粉的过程。辊式磨粉机小麦皮层厚，结构紧密而坚韧，并且有一条腹沟，腹沟所含麦皮占全部麦皮组织的1/10以上，要将皮层从麦粒上剥下来非常困难，不是只经过一道研磨设备就可以将小麦胚乳与皮层分类，并将胚乳研磨成粉的，需要多道连续的过程。经过第一道磨粉机研磨的净麦，使用筛理设备筛出面粉外，还有麸皮、麦渣、麦芯、粗粉等不同的物料，按照处理物料种类和方法的不同，将制粉系统分为皮磨系统（B）、渣磨系统（S）、心磨系统（M）和尾磨系统（T）。

2. 筛理

小麦经过磨粉机研磨，获得颗粒大小及质量不一的混合物，按粒度依此减少分为麸片、麸屑、麦渣、粗麦心、细麦心、粗粉、面粉等，筛理目的就是把研磨中间产品的混合物按颗粒大小和密度进行分级，筛出小麦粉，并分别送往不同的机器处理，以提高制粉设备的工作效率。

常用的筛理设备有平筛、圆筛。平筛是制粉厂最主要的筛理设备，筛理效率高，对研磨中间产品的分级目数多，筛理效果好。圆筛多用于处理刷麸机或打麸机刷下的麸粉和吸风粉，也可以用于流量小的末道心磨系统筛尽的面粉。筛面按筛理任务不同可分为粗筛面、分级筛面、细筛面和粉筛面。粗筛面是从皮磨系统下混合物中分离出麸片的筛面，其筛上物为麸片，一般用金属丝网；分级筛面是将同类粗粒，比如麦渣和麦心混合物等按照粒度大小进行分级的筛面，一般用金属丝网或者非金属丝网（蚕丝网、锦纶丝网等）；细筛面是经过等级粉时，分离麦心的筛面，其筛上物为粗麦心；粉筛面是筛出面粉的筛面，其筛下物为小麦粉，筛上物一般为麦心或粗粉，一般用非金属丝网。

筛网配置原则：每层筛面"前密后稀"，逐段放大；同段筛面"上稀下密"，逐层加密；各段筛孔应与进机物料的粒度范围相适应，还要考虑气流的作用。筛路组合的原则：按照粗路设计中面粉的种类，在制品的种类安排筛分的级数。根据各种物料的性质和数量比例安排筛理长度，防止产生物料少、筛路长而筛理"过枯"，或物料多、筛路短而又筛不透的现象。根据筛理工作的难易，在筛路中要安排先筛容积大，易筛理的物料。在流量大、筛出物含量高时，可采用双进口，降低流层厚度，提高筛理效果。

3. 清粉

清粉是通过气流和筛理的联合作用，将研磨过程中的麦渣、麦心或粗粉进行精选，按质量分成麸屑、带皮麦胚乳和纯胚乳三部分的过程。清粉机是利用物料中各颗粒的气体力学性质和颗粒大小来进行精选，纯粉粒的相对密度大于带皮粉粒而具有较大的悬浮速度，在一定的上升气流中能够穿过筛孔，按大小分级；较小的麸屑在一定的上升气流中将悬浮在空中，经过相互碰撞，不断地落在筛面上成为筛上物或者被气流吸走。分选出来的麸屑进入皮磨系统处理，带皮粉粒则送往渣磨系统或次心磨处理，提取得到的纯粉粒直接经过心磨系统磨制成粉。清粉可以实现麦渣和麦心的提纯，提高研磨的效率以及面粉的精度和出粉率。

4. 刷麸

得到小麦粉的同时，还残留有一些胚乳的片状或屑状麸皮，如果继续使用磨粉机来剥刮这些胚乳，不仅不能有效刮净胚乳，还会使带胚乳的麸皮变得更加细碎。生产上常采用擦刷、打击等办法来弥补磨粉机的不足，使黏附在麸皮上的胚乳得以分离。刷麸常用的机械设备包括刷麸机和打麸机，专门用来处理末道皮磨和心磨平筛筛出的麸皮。刷麸机工作时物料由进料口进入筛筒，筛筒中转子在传动机构的带动下转动，转子上的打板以一定的螺旋将物料推向出麸口的同时，转子上的刷子紧贴筛绢筛筒旋刷，将物料中的面粉刷下。由于刷麸机可以把麸皮上黏附的粉粒分离下来，刷后的麸片较完整，含粉量大为减少，起着磨粉机和平筛不能完成的独特作用，因此往往把刷麸机用在处理末道皮磨及尾磨平筛筛出的麸皮，以进一步降低麸皮含粉。筛后刷麸处理前路和中路皮磨的粗筛物（麸片），其作用是刷出其上附着的面粉，刷出物的质量较好，有利于好粉提前取出。降低后路负荷，刷后麸片干净、完整，有利于提高后路的研磨效率，节省动力消耗。

（二）小麦的制粉工艺

1. 前路出粉

前路出粉法指在系统的前路（1皮、2皮和1心）大量出粉（70%），是最简易的粉路。小麦经研磨筛理后，提取大量面粉后，分出的麸片（带胚乳的麦皮）和麦心由皮磨和心磨系统分别进行研磨和筛理，胚乳磨细成粉，麸皮剥刮干净。前路制粉法，通常磨辊全部采用齿辊，不使用清粉机，整个粉路由3~4道皮磨、3~5道心磨系统组成，生产面粉等级较高时还可以增设1~2道渣磨，可以生产标准粉和特制粉。前路出粉流程比较简单，使用设备较少，生产操作简便，生产效率较高，但面粉质量差

2. 中路出粉

中路出粉法是在整个系统的中路（1~3心）大量出粉（35%~40%），也称心磨出粉。小麦经研磨筛理后，筛出部分面粉，其余的制品按粒度和质量分成麸片、麦渣、麦心等物料，分别送往各系统进一步处理，麸片送到后道皮磨继续剥刮，麦渣和麦心通过清粉系统分开后送往心磨和渣磨处理，尾磨系统专门处理心磨系统送来的小麸片。中路出粉法大量

使用光辊磨粉机，并配备各种技术参数的松粉机。整个粉路由 4~5 道皮磨，7~8 道心磨，1~2 道尾磨，2~3 道渣磨和 3~4 道清粉等系统组成，适合生产高等级粉或同时生产中、低等级粉。中路出粉法的主要特点是轻碾细分，粉路长，物料分级较多，单位产量较低，电耗较高，但面粉质量好。目前，大多数制粉厂采用的制粉方法为中路出粉法。

3. 剥皮制粉

剥皮制粉也称分层研磨制粉法。由于麦粒的物理结构及表面特点，完全剥皮难度很大，只能先碾去部分或大部分麦皮后逐道研磨制粉。小麦经剥皮后，灰分降低，并且由于把含有大量粗纤维的外果皮去掉了，使其再没有机会混入面粉，相对地有可能把含有蛋白质及多种营养成分的糊粉层磨入粉中，提高了面粉的营养价值，在食用上容易消化和吸收。在磨制等级粉时，剥皮制粉可提高好粉的比例。目前，有部分制粉厂采用剥皮制粉法进行生产。

毛麦经过筛理和吸风、相对密度去石处理，然后着水混合（着水量为小麦质量的 1%），暂存仓（小麦滞留时间低于 5min），再经过 2~4 道碾麦剥皮，剥取 5%~8% 的麦皮。由于仍会残留一部分内果皮和种皮，且这部分皮层韧性差、易碎，所以剥皮小麦进行二次着水、润麦（4h），以提高剩余皮层的韧性，最后入磨。剥皮后要尽量将剥掉的皮层与胚乳分离，否则会影响小麦的散落性，易造成管道堵塞。用分层研磨制粉工艺生产的小麦粉，其中糊粉层的含量较高，因而维生素和矿物质的含量也较高。由于剥去部分皮层，剥皮制粉可以使中路出粉法皮磨系统缩短 1~2 道，心磨系统缩短 3~4 道，但渣磨系统需增加 1~2 道。采用分层碾磨制粉工艺可以省去传统工艺的小麦表面清理工序；显著缩短润麦时间，甚至可以只用一个润麦仓进行动态润麦；分层碾麦为麦皮的分层利用创造了条件；简化粉路，不需渣磨和清粉系统；皮磨和心磨系统也可缩短；有利于出粉率的提高；利于发芽和霉变小麦的处理，可以大大减少发芽和霉变对成品面粉的不良影响；节省建厂投资费用；单位产量较高，面粉粉色较白；但麸皮较碎，电耗较高，剥皮后的物料在调质仓中易结拱。

（三）小麦的粉后处理工艺

小麦的粉后处理是小麦粉加工的最后阶段，包括小麦粉的收集与配制，小麦粉的散存、称量、杀虫、微量元素的添加，以及小麦粉的修饰与营养强化等。粉后处理的工艺流程一般为：小麦粉检查→自动秤→磁选机→杀虫机→小麦粉散存仓→配粉仓→批量秤→混合机→打包仓→打包机→成品。粉后处理的设备主要有杀虫机、震动卸料器、小麦粉混合机、批量秤微量元素添加机等。

小麦籽粒不同部位的胚乳中，蛋白质、淀粉的含量和质量有所不同，不同系统的小麦粉来自小麦籽粒中的不同部位，其蛋白质、淀粉含量和质量及灰分也有所差别。将不同原料、同一原料不同加工的小麦粉分别收集起来，经过面粉撞击杀虫机杀死面粉中各个虫期的害虫和虫卵处理后，送到不同的小麦粉散存仓或者配粉仓。生产专用粉通过小麦配粉来实现。配粉是根据消费者对小麦粉的质量要求，结合配粉仓内基本粉的品质，计算出配方，再按照配方上的比例用散存仓内的基本粉配制出要求的小麦粉。配粉车间制成的成品小麦粉，可通过气力输送送往打包仓内打包。

小麦粉的修饰是指根据小麦粉的用途，通过一定的物理或化学方法来对小麦粉进行处理，以弥补小麦粉在食品制作时的某些缺陷和不足。常见的小麦修饰有减筋修饰、增筋修饰、酶处理修饰和漂白修饰。减筋修饰可以通过添加还原剂（L-半胱氨酸、亚硫酸氢钠、山梨酸等）或者添加淀粉、熟小麦粉来降低面筋筋力。增筋修饰可以添加氧化剂（维生素C 等）或者添加活性面筋等来增强小麦粉的筋力。酶修饰是通过添加富含淀粉酶的物质（大麦芽、发芽小麦粉等）来增强淀粉酶的活力。漂白修饰常用添加过氧化苯甲酰作为漂白剂。

三、小麦粉的分类

（一）通用小麦粉

通用小麦粉，也称等级粉，适合制作一般食品，通用小麦粉按其加工精度的不同，从高到低可分为特制一等粉、特制二等粉、标准粉和普通粉 4 个等级，质量指标有加工精度、灰分、粗细度、面筋质、含砂量、磁性金属物、水分、脂肪酸值、气味和口味等，不同等级的小麦粉主要在加工精度、灰分、粗细度的要求上有所不同。但目前我国小麦粉的国家标准已远远落后于市场标准，新的小麦粉国家标准的颁布已势在必行。

（二）专用粉

专用粉是利用特殊品种小麦磨制而成的面粉，或根据使用目的的需要，在等级粉的基础上加入食品添加剂，混合均匀而制成的能满足制品、食品工艺特性和食用效果要求的专一用途面粉。专用粉的种类多样，配方精确，质量稳定。对于各种粉的蛋白质含量、水分、粒度及灰分等方面的要求各不相同，比如面包用小麦粉要求蛋白质含量较高，即湿面筋含量较高，保证强度高，发气性好，吸水量大；饼干要求断面细、酥、软，饼干用小麦粉的强度、蛋白质可低一些，色泽要求也不高。

1. 面包类小麦粉

面包粉应采用筋力强的小麦加工，制成的面团有弹性，能生产出体积大、结构细密而均匀的面包。面包质量和面包体积与面粉的蛋白质含量成正比，并与蛋白质的质量有关。为此，制作面包用的面粉，必须具有高含量的优质蛋白质。

2. 面条类小麦粉

面条粉包括各类湿面、挂面和方便面用小麦粉，一般应选择蛋白质和筋力中等偏上的原料粉。面粉蛋白质含量过高，面条煮熟后口感较硬，弹性差，适口性低，加工比较困难，在压片和切条后会收缩、变厚，且表面会变粗糙。若蛋白质含量过低，面条易流变，韧性和咬劲差，生产过程中会拉长、变薄，容易断裂，耐煮性差，容易糊汤和断条。

3. 馒头类小麦粉

馒头的质量不仅与面筋的数量有关，更与面筋的质量、淀粉的含量、淀粉的类型和灰分等因素有关。馒头对面粉的要求一般为中筋粉，馒头粉对白度要求较高，灰分一般应低于 0.6%。

4. 饺子类小麦粉

饺子、馄饨类水煮食品，一般和面时加水量较多，要求面团光滑有弹性，延伸性好、易擀制、不回缩，制成的饺子表皮光滑有光泽，晶莹透亮，耐煮，口感筋道，咬劲足。因此，饺子粉应具有较高的吸水率，面筋质含量在 25%~32%，稳定时间大于 3min，与馒头专用粉类似。太强的筋力，会使得揉制很费力，展开后很容易收缩，并且煮熟后口感较硬。而筋力较弱时，水煮过程中容易破皮、混汤，口感比较黏。

5. 饼干小麦粉

饼干的种类很多，不同种类的饼干要配合不同品质的面粉，才能体现出各种饼干的特点。饼干粉要求面筋的弹性、韧性、延伸性都较低，但可塑性必须良好，故而制作饼干必须采用低筋和中筋的面粉，面粉粒度要细。

6. 糕点小麦粉

糕点种类很多，中式糕点配方中小麦粉占 40%～60%，西式糕点中小麦粉用量变化较大。大多数糕点要求小麦粉具有较低的蛋白质含量、较少的灰分和较低的筋力。因此，糕点粉一股采用低筋小麦加工

（三）高、低筋小麦粉

利用高筋小麦（高面筋质小麦），通过一定的制粉工艺生产出高面筋质的小麦粉，为高筋小麦粉，适合用于生产面包等高面筋食品。同样利用低筋小麦（低面筋质小麦），采取相应的制粉工艺生产出一定质量的低面筋质的小麦粉，为弱筋小麦粉，适合用于生产饼干、糕点等低面筋食品。此外各小麦粉要求气味正常，含沙量均不得超过 0.02%，磁性金属不得超过 0.003g/kg，脂肪酸值（以湿基计）不得超过 80。

四、面制食品对小麦粉品质的要求

面包、馒头等发酵食品，体积大而松软、富有弹性，需要面筋蛋白含量较高、富有弹性的小麦粉；面条、方便面等食品具有一定的强度、细度，煮而不糊、不断条，有一定的韧性，需要中等的面筋蛋白含量，并富有延展性的小麦粉；饼干定型后不干缩、不硬，松脆而不碎，需要灰分低，粒度细，面筋蛋白含量低，弹性差而延展性好的小麦粉；蛋糕、西点等食品柔软，有弹性，入口不粘牙，需要粒度细，面筋蛋白含量低，可以保持液体成分的面粉；油炸面制品，体积大，松脆，不硬，不疲，需要面筋蛋白含量较高的小麦粉；水果蛋糕需要面筋筋力较大的小麦粉。

五、面制食品

（一）月饼类面制食品

月饼是使用小麦粉等谷物粉或植物粉、油、糖（或不加糖）等为主要原料制成饼皮，包裹各种馅料，经加工而成，在中秋节食用的传统节日食品。按地方派式特色有广式月饼、京式月饼、苏式月饼、潮式月饼、滇式月饼、晋式月饼、琼式月饼、台式月饼、哈式月饼等。

（二）糕点类面制食品加工

1. 热加工糕点

（1）烘烤类糕点

烘烤类糕点是以烘烤为最终熟制工艺的糕点。

酥类糕点是用较多的食用油脂和糖等调制成可塑性面团，经成型、烘烤而成的组织不分层次、口感酥松的糕点。如京式核桃酥、芝麻酥、苏式杏仁酥、潮式杏仁酥、滇式金钱酥、晋式桃酥，西式糕点中的小西饼、苹果派、鲜果塔等。

松酥类糕点是用较少的食用油脂、较多的糖，辅以蛋品、乳品等并加入膨松剂，调制成具有一定韧性、良好可塑性的面团，经成型、烘烤而成的糕点。如京式冰花酥、苏式香蕉酥、广式德庆酥、滇式冰沙饼、晋式一口酥、桂花酥、豆沙饼、荷叶酥，西式糕点中的司康饼、小松饼、冰糖饼等。

松脆类糕点是用较少的食用油脂、较多的糖浆或糖调制成的面团，经成型、烘烤而成的口感松脆的糕点。如广式薄脆、滇式乐口酥、苏氏金钱饼等。

酥层类糕点是用水油面团包入油酥面团或食用油脂，经反复压片、折叠、成型后，烘烤而成的具有多层次的糕点。如广式千层酥、滇式乐口酥，西式糕点中的糖面酥、奶油千层酥、蝴蝶酥等。

酥皮类糕点是用水油面团包油酥面团或食用油脂制成酥皮，经包馅、成型后，烘烤而成的饼皮分层次的糕点。如京八件、苏八件、广式莲蓉酥、滇式酥皮鲜花饼、滇八件、苏式月饼太史饼、潮式卷酥、香麻酥、晋八件，西式糕点中的咖喱饺、酥皮蛋挞等。

松酥皮类糕点是用较少的食用油脂、较多的糖，辅以蛋品、乳品等并加入膨松剂，调制成具有一定韧性、良好可塑性的面团，经制皮、包馅、烘烤而成的口感松酥的糕点。如京式状元饼、苏式猪油松子酥、广式莲蓉甘露酥、湘式宝斗酥、滇式莲花酥等。

糖浆皮类糕点是用糖浆面团制皮，然后包馅，经成型、烘烤而成的柔软或韧酥的糕点。如京式提浆月饼、苏式松子枣泥（麻）饼、广式月饼、广式鸡仔饼（小凤饼）、潮式月眉饼等。

硬皮类糕点是用较少的糖和饴糖，较多的食用油脂和其他辅料制皮，经包馅、成型、烘烤而成的外皮硬酥的糕点。如京式自来红、自来白月饼，滇式硬壳鲜花饼等。

水油皮类糕点是用水油面团制皮，然后包馅、成型、烘烤而成的糕点。如福建礼饼、春饼、滇式蛋清饼、荞饼等。

发酵类糕点是用发酵面团，经成型或包馅成型后，烘烤而成的口感柔软或松脆的糕点。

烤蛋糕类糕点是以谷物粉、蛋品、糖等为主要原料，经打蛋、注模或包馅、烘烤而成的组织松软的糕点。如苏式桂花大方蛋糕、广式莲花蛋糕、滇式重油蛋糕、晋式草籽糕点、云蜜糕、晋式蛋皮月饼，西式糕点中的清蛋糕、油蛋糕、烤芝士蛋糕等。

烘糕类糕点是以谷物粉等为主要原料，经拌粉、装模、炖糕、成型、烘烤而成的口感松脆的糕点。如苏氏五香麻糕、广式淮山鲜奶饼、绍兴香糕等。

烫面类糕点是以水或牛乳加食用油脂煮沸后烫制小麦粉，搅入蛋品，通过挤糊、烘烤、填馅料等工艺而制成的糕点。如西式糕点中的泡芙类糕点等。

（2）油炸类糕点

油炸类糕点是以油炸为最终熟制工艺的糕点。

酥皮类糕点是用水油面团包油酥面团或食用油脂制成酥皮，经包馅、成型后，油炸而成的饼皮分层次的糕点。如京式酥盒子、苏式花边饺、广式莲蓉酥饺、潮式浮饼等。

水油皮类糕点是用水油面团制皮，然后包馅、成型、油炸而成的糕点。如京式一品烧饼、滇式夹心麻花、苏式巧酥等。

松酥类糕点是用较少的食用油脂、较多的糖，辅以蛋品、乳品等并加入膨松剂，调制成具有一定韧性、良好可塑性的面团，经成型、油炸而成的糕点。如京式开口笑、苏式炸食、广式炸多功、潮式酥饺、滇式巧酥，西式糕点中的美式糖纳子等。

酥层类糕点是用水油面团包油酥面团或食用油脂，经反复压片、折叠、成型后，油炸而成的具有多层次的糕点。如京式马蹄酥、潮式膀方酥等。

水调类糕点是以小麦粉和水等为主要原料制成韧性面团，经成型、油炸而成的口感松脆的糕点。如京式炸大排叉、潮式鸡蛋酥、滇式麻花等。

发酵类糕点是用发酵面团，经成型或包馅成型后，油炸而成的口感柔软或松脆的糕点。如滇式软皮饼，西式糕点中的豆沙糖纳子等。

（3）蒸煮类糕点

蒸煮类糕点是以水蒸、水煮为最终熟制工艺的糕点。

蒸蛋糕类糕点是以蛋品、谷物粉等为主要原料，经打蛋、调糊、入模、蒸制而成的组织松软的糕点。如苏式夹心蛋糕、广式莲蓉蒸蛋糕，西式糕点中的蒸布丁等。

印模糕类糕点是以熟或生的原辅料，经拌合、印模成型、蒸制而成的口感松软的糕点。如苏式绿豆糕、闽式福禄糕等。

韧糕类糕点是以糯米粉、糖等为主要原料，经蒸制、成型而成的韧性糕点。如京式百果年糕、苏式猪油年糕、广式马蹄糕、滇式年糕等。

发糕类糕点是以小麦粉或米粉等为主要原料调制成面团，经发酵、蒸制、成型而成的带有蜂窝状组织的松软糕点。如京式白蜂糕、苏式蜂糕、广式伦敦糕等。

松糕类糕点是以粳米粉、糯米粉等为主要原料调制成面团，经包馅（或不包馅）、成型、蒸制而成的口感松软的糕点。如苏式松子黄千糕、高桥式百果松糕、定胜糕等。

粽子类糕点是以糯米和其他谷物等为主要原料，裹入或不裹馅料，用粽叶包扎成型，煮（或蒸）至熟而成的糕点。如肉粽子、蛋黄粽子、豆沙粽子等。

水油皮类糕点是用水油面团制皮，然后包馅、成型、熟制而成的糕点。如晋式甜咸细点太师饼等。

片糕类糕点是以米粉等为主要原料，经拌粉、装模、蒸制或炖糕，切片成型而制成的口感绵软的糕点。如苏式桂云云片糕等。

（4）炒制类糕点

炒制类糕点是以面粉、油、糖为主要原料，添加其他辅料，经炒制而成的制品，如油炒面等。

2. 冷加工糕点

（1）熟粉糕点

熟粉糕点是将米粉、豆粉或小麦粉等预先熟制，然后与其他原辅料混合而成的糕点。如核桃云片糕、莲蓉水晶糕、油炒面等。

热调软糕类糕点是用糕粉、糖和沸水等调制成有较强韧性的软质糕团，经成型制成的糕点。如苏式橘红糕、青团等。

冷调韧糕类糕点是用糕粉、糖浆等调制成有较强韧性的软质糕团，经成型制成的糕点。如闽式食珍橘红糕、麻薯等。

冷调松糕类糕点是用糕粉、糖浆等调制成松散型的糕团，经成型制成的糕点。如苏式松子冰雪酥、青闵酥等。

印模糕类糕点是以熟制的米粉等为主要原料，经拌合、印模成型等工序而制成的口感柔软或松脆的糕点。如广式莲蓉水晶糕、四川仁寿芝麻糕等。

挤压糕点类糕点是以小麦粉、豆粉等为主要原料，以食用植物油、食用盐、白砂糖、辣椒或剁辣椒等为辅料，经挤压熟化、切分、拌料、包装等工艺加工制成的具有甜、咸、柔韧、香辣等特色的糕点。

（2）西式装饰蛋糕类

西式装饰蛋糕类是以谷物粉、蛋品、糖等为主要原料，经打蛋、入模成型、烘烤后，再在蛋糕坯表面或内部添加奶油、蛋白、可可、果酱等的糕点。如裱花蛋糕、蛋类芯饼、卷心蛋糕、慕斯蛋糕、糖膏（团）装饰蛋糕等。

（3）上糖浆类糕点

上糖浆类糕点是以谷物粉为原料，加入水、蛋液等调制、成型，经油炸后再拌（或浇、浸、喷）入糖浆制成的口感松酥或酥脆的糕点。如萨其马（沙琪玛）、京式蜜三刀、苏式枇杷梗、广式雪条、多纳圈（金麦圈）、滇式芙蓉糕、兰花根等。

（4）夹心（或注心）类糕点

夹心（或注心）类糕点是在两块熟制糕点产品中通过夹心工序添加芯料而制成的糕点。如夹心蛋糕、注心蛋糕、夹心蛋黄派、注心蛋黄派等。

（三）饼干类面制食品

饼干是以小麦粉（可添加糯米粉、淀粉等）为主要原料，加（或不加）糖、油脂及其他原料，经调粉（或调浆）、成型、烘烤（或煎烤）等工艺制成的食品。饼干口感酥松或松脆，水分含量高，质量轻，块形完整，易于保藏，便于包装和携带，食用方便，老少皆宜。

（四）面包类面制食品

面包是一种以小麦粉为主要原料，加入适量酵母、食盐、水、鸡蛋等辅料，经搅拌面团、发酵、整型、醒发、成型、烘烤或油炸、冷却等工艺制成的松软多孔的食品，以及烤制成熟前或后在面包坯表面或内部添加奶油、人造黄油、蛋白、可可、果酱等的制品。面包是烘烤食品中历史最悠久，消费量最大，品种最多的一大类食品。面包营养丰富，芳香可口，组织蓬松易于消化，耐贮存，食用方便，易于机械化和大批量生产，对消费者需求适应性广。面包种类繁多，按不同的分类方式，分类各有不同。按照面包的物理性质和食用口感分为软式面包、硬式面包、起酥面包、调理面包和其他面包。

1. 软式面包

软式面包以小麦粉为主要原料，以酵母、鸡蛋、油脂、果仁等为辅料，加水调制成面团，经过发酵、整形、成型、焙烤、冷却等过程加工而成，配方中使用较多的食糖、油脂、鸡蛋水等柔性原料，食糖、油脂用量均为面粉用量的4%以上，糖量一般可高达6%~12%，油脂8%~11%，讲究样式漂亮，形式繁多，整型制作工艺多用滚圆、辊压后卷成柱状的方法。软式面包表皮较薄，组织松软，气孔均匀，口感柔软，质地细腻，有甜味。大部分亚洲和美洲国家生产此类面包，比如小圆面包、牛油面包、小甜面包等餐用面包和干酪面包、牛乳面包、辫子面包、牛角面包等花式面包。

2. 硬式面包

硬式面包配方简单，主要是面粉、水、酵母和盐，配方中使用的糖、油脂均为面粉用量的4%以下。有两种制作方式，一种是使用面粉筋度较低、水分较少，但其他配料成分较高的配比与老面团一起搅拌的面坯，这种面坯质地较硬，调制后不需要基本发酵，可直接分割、整形；一种是以筋度较高的面粉为主料，与一般面包一样，将面团调好，经基本发酵后整形，然后经过很短时间的最后发酵，进行烘焙。硬式面包表皮硬脆、有裂纹，口感硬脆，质地较粗糙，缺乏弹性，内部组织柔软有韧性，咀嚼性强，麦香味浓。如法国棍式面包、维也纳面包意大利橄榄形面包、德国黑面包、英国茅屋面包、荷兰脆皮面包及其硬式餐包，以及我国生产的赛义克、大列巴面包等。

3. 起酥面包

起酥面包是层次清晰、口感酥松的面包，属于面包中档次较高的产品，既保持面包的特色，又近似于馅饼及千层酥等西点类食品。以小麦粉、酵母、糖、油脂等为主要原料，搅拌成团，发酵后，采用冷藏技术，在面团中包入奶油，再进行反复折叠和压片、冷藏、整形、醒发、烘烤而成。其主要用油脂将面团分层，产生清晰的层次，加热汽化形成一层层又松又软的酥皮，外观呈金黄色，内部组织为一层层酥松层，柔软，入口即化，有明显的层次感，奶香味浓郁。如丹麦酥油面包等。

4. 调理面包

调理面包属于二次加工的面包，在烤制前醒发完成后的面包坯表面添加水果、蔬菜、肉制品等各种辅料，烘烤成熟，或烤制成熟的面包经切割加工后在其中间加入水果、蔬菜、肉类色拉酱、果酱等而制成的面包。便餐面包、火腿面包、香肠面包、意大利薄饼包、馅饼式面包均是在烘烤前加上馅料，成型，再烘烤。汉堡包、热狗、三明治等是烤熟后深加工面包。汉堡包是小圆状面包（表面有或无芝麻），中间切开后夹入蔬菜、肉饼之类；热狗通常是梭形甜面包，中间剖开后夹入一段小红肠，再抹上黄油、干酪等佐料；三明治是将平顶或弧顶形主食面包切成片，夹入方火腿，再抹上黄油或干酪等佐料或夹入什锦蔬菜、色拉等调味副食品。

（五）面条类面制食品的加工

1. 挂面

挂面是以小麦粉、荞麦粉、高粱粉、绿豆（或绿豆粉、绿豆浆）、大豆（或大豆粉、大豆浆）、蔬菜（或蔬菜粉、蔬菜汁）、鸡蛋（或蛋黄粉）等为原料，添加食盐、食用碱或面质改良剂、营养强化剂，经和面机充分搅拌均匀，静止熟化后将成熟面团通过两个大直径的辊筒压成适当厚度的面片，再经过压薄辊连续压延面片6~8道，使之达到所要求的厚度，通过切面机进行切条成型，干燥后切割整齐即可包装成品。由于湿面条挂在面杆上干燥而得名挂面，是我国面条类面食制品中生产量最大，销售范围最广的首要品种，占全部面条制品的90%。挂面的品种多样，食用方便，保存期长，可以实现工业化生产，物美价廉，深受消费者喜爱。

2. 面饼

面饼是使用特制粉或标准粉加水、食用碱、鸡蛋或其他用于花色面饼的虾、鱼松、肉松等原料，经和面、熟化、轧片、切条等工序制作成湿面条，再用手工或模具把湿面条做成各种饼形状，经过蒸熟定型后，烘干的或不烘干的面条的制品。由于面饼制作的和面过程中加入了少量的食用碱，因此蒸熟后面饼表面略微呈黄色。不烘干的湿制品一般是当天生产当天销售，主要有鲜面条、煮面、湿面等各类面条制品；烘干的面饼有普通面饼和花色面饼两大类。面饼常见的有圆形、椭圆形、正方形、长方形、半球形、三角形、蝴蝶形、菊花形等多种形状，产品可根据形状命名，如鞋底面、圆蛋面、方蛋面；或以添加辅料命名，如鸡蛋面肉松面等；或以祝福意义命名，如长寿面、多字面等。

3. 方便面

方便面是一种可在短时间（3~5min）之内用热水泡熟食用的面制食品。具有节约时间方便食用、加工专业化、包装精美、便于携带、品种丰富、价格低廉、老少皆宜等特点。方便面面块是以小麦粉为主要原料，经过和面、熟化、复合压延、连续压延、切丝成型、定量切断得到生面条，经过温度为90℃的隧道蒸煮机，使面条中的蛋白质充分变性，淀粉糊化，然后用油炸干燥或热风干燥快速脱水，经冷风冷却后包装。方便面的种类繁多，按包装方式可分为袋装、碗装、杯装；按产品风味可分为中华面、和式面、欧式面等。世界各国的方便面各有不同，方便面制造商致力于新产品的研发和口味创新，不断推陈出新，采用新的配方提高方便面的复水性和口感，如添加变性淀粉等；研制和生产高质量的方便面专用面粉，提高湿面筋质量；采用挤压成型同时完成糊化，不用油炸而且增强咬劲；根据各地饮食习惯改变产品配方，采用不同谷物产生不同风味的方便面，如玉米面、绿豆面、大豆面等，进行营养成分均衡；添加营养强化剂，生产营养型方便面。

4. 通心粉（通心面）

通心粉也称通心面，国际上统称麦卡罗尼，是西方国家的著名面制食品，有实心和空心之分。传统制作通心面使用的原料是杜伦小麦磨制成的粗粉粒（砂子面），其腹沟较浅，结构特别紧密，硬度大，蛋白质含量达14%~15%，筋力强，胡萝卜素含量高，制作出来的通心面光滑而透明，呈特殊的琥珀色。但杜伦小麦产量低、成本高、价格昂贵，故不少国家为降低制作成本，制作通心面使用的原料是普通小麦粉，通过在成型前给面团加入各种蛋白质、氨基酸混合物（如乳粉、谷朊粉与酶水解物等）来弥补普通小麦粉和杜伦小麦粉在化学组成上的差异，或通过适当的工艺改进来提高和改善小麦粉通心面的品质。其制作是首先将原料与适量的水经一次和面混合均匀后送至第二和面机内进行真空处理，以排去包含在面团中的空气，之后将面团送至螺旋挤压器中，由模板一端推送，强迫通过模孔即形成各种形状的湿通心面，经干燥切条和包装成最终产品。

第三节　植物油脂的加工与利用

一、植物油制取

（一）物理压榨法

1. 压榨过程和基本原理

（1）压榨过程

压榨取油过程中，料坯粒子受到强大的压力作用，使其中的油脂液体部分和非脂物质的凝胶部分分别发生两个不同的变化：油脂从榨料空隙中被挤压出来和榨料粒子经弹性变形形成坚硬的油饼。

油脂从榨料中被挤压出来的过程：在压榨开始阶段，粒子发生变形，在个别接触处结合，粒子间空隙缩小，油脂开始被压出；在压榨中间阶段，粒子进一步挤压变形结合，其间空隙缩得更小，油脂大量压出；在压榨结束阶段，粒子结合完成，其内空隙横截面显著缩小，油路封闭，油脂很少被榨出。解除压力后的油饼，由于弹性变形而膨胀，其内形成细孔，有时有粗的裂缝，未排走的油反而被吸入。

油饼形成的过程：在压榨取油过程中，在压力作用下，料坯粒子间随着油脂的排出而不断挤紧，由于粒子间直接接触产生压力而造成某些粒子的塑性变形，尤其在油膜破裂处将会相互结成一体。榨料已不再是松散体，而是完整的可塑体，称为油饼。油饼成型是压榨制油过程中形成排油压力的前提，更是压榨制油过程中排油的必要条件。

（2）基本原理

排油动力：榨料受压之后，料坯间空隙被压缩，空气被排出、料坯体积减小、料坯密度增加、料坯互相挤压变形和移位。结果，料坯外表面被封闭，内表面孔道迅速缩小。孔道小到一定程度后，常压油变为高压油，具有流动能量。在流动中，小油滴聚成大油滴，甚至形成独立液相存在于料坯间隙内。当压力大到一定程度，高压油打开流动油路，摆脱榨料中蛋白质分子与油分子、油分子与油分子等的结合阻力，冲出榨料，与塑性饼分离。

榨料在压榨中，机械能转为热能，物料温度上升，分子运动加剧，分子间摩擦阻力降低，表面张力减少，油脂黏度变小，为油脂的迅速流动聚集以及与塑性饼分离提供了方便。

油饼成型：如果榨料塑性低，受压后榨料不变形或很难变形，油饼不能成型，排油压力无法形成，料坯外表面不能被有效封闭，内表面孔道不被压缩变小，密度也不能增加。在这种状况下，油脂不能从不连续相变为连续相，不能由小油滴集聚成为大油滴，常压油不能被封闭起来变为高压油，也就无法产生流动的排油动力，油脂就无法排出。相反，料坯受压形成饼，压力顺利形成，适当控制温度，减少排油阻力，出油率就会提高。

油饼能否成型与以下因素有关：物料含水量和温度。当含水量和温度适当时，物料就有一定的受压变形可塑性，当抗压能力减小到一个合理数值时，压力作用就可以充分发挥起来。排渣排油量适当（压榨过后的料渣和油脂需要及时引走）。物料应封闭在一个容器内，形成受力而塑性变形的空间力场。

排油深度：压榨取油时，榨料中残留的油量可反映排油深度（程度），是压榨制油中重要的评价出油效率的指标。残留量越低，排油深度越深。排油深度与施加的压力大小、压力递增量、油脂黏度等因素有关。

压榨过程中必须有一定的压榨压力使料坯被挤压变形、体积减小、空气排出、间隙缩小与内外表面积缩小。压力大，物料变形也就大。合理递增压榨过程的压力才能获得良好的排油深度。压力递增量小，增压时间不能过短，榨料间隙逐渐变小，给油脂聚集流动充分的时间，聚集的油脂又可以打开油路排出榨料外，排油深度就可以提高。土法榨油总结的"轻压勤压"经验适用于一切榨机的增压设计。榨料温度升高，油脂黏度降低，油脂在榨料内运动阻力减少，有利于出油。但温度太高将会影响油脂品质。调整适宜的压榨温度，使黏度阻力减少到最小，可提高排油深度。

2. 影响压榨效果的因素

（1）榨料结构性质

压榨取油过程中，榨料的结构性质主要取决于油料自身性质和油料预处理效果。

压榨取油对榨料结构的一般要求是榨料颗粒大小应适当且均匀一致。如果榨料颗粒粒子过大，易结皮封闭油路，不利于出油；若粒子过细，也不利于出油，因为压榨中会带走细粒，增大油脂流动阻力，甚至堵塞油路。另外，颗粒过细会使榨料塑性加大，不利于压力提高。榨料内外结构均匀一致，榨料中完整细胞的数量就越少，这样有利于出油。榨料容重在不影响内外结构的前提下越大越好，这样有利于提高设备处理量。榨料中油脂黏度与表面张力尽量降低，榨料粒子具有足够的可塑性。榨料可塑性对压榨取油效果的影响最大，必须有一定的范围：过低，榨料没有完全的塑性变形；过高，榨料流动性大，不易建立压力，压榨时会出现榨料"挤出"、提前出油和形成坚硬油饼等现象。榨料的这些性质都取决于油料所采取的各种预处理手段的合理性。

压榨取油的效果决定于榨料本身的性质，包括水分含量、温度和蛋白质变性。如果水分太低，可塑性降低，粒子结合松散，不利于油脂榨出。随着水分含量的增加，可塑性也逐渐增加。当水分达到某一点时，压榨出油情况最佳，但超过此含量，则会产生很剧烈的"挤出"现象。榨料加热，可塑性提高；榨料冷却，则可塑性降低。压榨时，若温度显著降低，则榨料粒子结合不好，所得饼块松散不易成型。但是，温度也不宜过高，否则将会因高温而使某些物质分解成气体或产生焦味。因此，保温是压榨过程重要的条件之一。榨料中蛋白质变性充分与否，衡量着油料内胶体结构破坏的程度。压榨时由于加热与高压的联合作用，会使蛋白质继续变性，但是温度、压力不适当，会使变性过度，降低榨料塑性，从而提高榨油机的"挤出"压力，这与提高水分含量和温度的作用相反。因此，榨料蛋白质变性，既不能因变性过度使可塑性太低，也不能因变性不足而影响出油效率和油品质量，例如，油脂中带入未变性胶体物质而影响精炼。

实际上，榨料性质由油料水分含量、温度、含油率、蛋白质变性等因素的相互配合体现出来。在实际生产中，榨料水分与温度的配合是水分越低则所需温度越高。较低的残油率需要榨料的合理低水分和高温。但榨料温度过高且超过了一定限度（如130℃）则会严重影响油脂品质。不同的预处理过程可能得到相同的入榨水分和温度，但蛋白质变性程度则大不一样。榨料性质是否有利于压榨出油，需要选择合适的预处理方法和条件。

（2）压榨条件

压榨条件即压榨过程中的工艺参数，包括榨膛压力、压榨时间、温度等，是提高出油效率的决定因素。

榨膛压力：压榨法取油的本质在于对榨料施加压力取出油脂。与榨膛压力有关的影响要素有压力大小、榨料受压状态、施压速度以及压力变化规律等。

压榨过程中榨料的压缩主要由于榨料受压后固体内外表面的挤紧和油脂被榨出造成。但是，水分蒸发、油脂排出带走饼屑、凝胶体受压凝结以及某些化学转化使榨料密度改变等因素也会造成榨料体积收缩。压榨时所施压力越高，粒子塑性变形的程度也越大，油脂榨出也越完全。然而，在一定压力条件下，某种榨料的压缩总有一个限度，此时即使压力增加至极大值而其压缩也微乎其微，因此被称为不可压缩体。此不可压缩开始点的压力，称为"极限压力"（或临界压力）。生产时需要根据榨料性质合理控制施加压力。压力大小与榨料的压缩比有关，两者之间呈指数或幂函数关系。在同样的出油率要求下，动态压榨所需最大压力将比静态压榨低而且压榨时间也短。

对榨料施加的压力必须合理，压力变化必须与排油速度一致，即做到"流油不断"，对榨料突然施加高压将导致油路迅速闭塞。压力在压榨过程中的变化一般呈指数或幂函数关系。为了适应不同油料取得最大出油效果，压榨过程可分级进行，有一级、二级和多级压榨之分。然而，每一级压榨的压力变化仍应连续并符合上述变化规律。螺旋榨油机的最高压力区段较小，最大压力一般分布在主榨段。对于低油分油料的一次压榨，其最高压力点一般在主压榨段开始阶段；对于高油分油料籽粒的压榨或预榨，最高压力点一般分布在主压榨段中后段。长期实践中总结的施压方法"先轻后重、轻压勤压"具有非常显著的实际意义。

压榨时间：压榨时间是影响榨油机生产能力和排油深度的重要因素。通常认为，压榨时间长，出油率高，这在静态压榨中比较明显。然而，压榨时间过长，会造成不必要的热量散失，对出油率的提高和油脂品质不利，还会影响设备处理量。适当的压榨时间必须综合考虑榨料特性、压榨方式、压力大小、料层厚薄、油料含油量、保温条件以及设备结构等因素。一般情况下，在满足出油率的前提下，应尽可能缩短压榨时间。

温度：温度直接影响榨料的可塑性及油脂黏度，影响压榨取油效率，最终关系到榨出油脂和饼粕的质量。压榨时榨腔温度过高，导致饼色加深甚至发焦，饼中残油率增加，榨出油脂的色泽加深。低温压榨时，不能实现油饼成型和榨出最多的油脂。因此，压榨过程中必须保持适当的温度。

合适的压榨温度范围通常是指榨料入榨温度（100～135℃），不同油料和不同压榨方式有不同的温度要求。此参数只是控制入榨时才有必要和可能，因为实现压榨过程中的温度的控制实际上很难做到。对于静态压榨，由于其本身产生的热量少，而压榨时间长，多数考虑采用加热保温措施。对于动态压榨，其本身产生的热量高于需要量，故以采取冷却或保温为主。

3. 压榨方法及常见设备

（1）静态压榨

静态压榨指榨料受压时颗粒间位置相对固定，无剧烈位移交错，因而在高压下粒子因塑性变形易结成坚实的油饼。静态压榨过程采用的液压榨油机有多种形式，但工作原理都相同，即均按液体静压力传递原理（巴斯喀原理）设计，在密闭系统内，凡加于液体上的压力均能以不变的压强传遍到该系统内任何方向。

掌握好压力与排油速率的关系才能确保"流油不断"。榨料受压过程一般分成预压成型（快榨）、塑性变形结成多孔物（慢榨）、压成油饼（沥油）等阶段，最主要的出油阶段在榨料塑性变形的前期（一般占总排油量的75%以上，时间15～20min）。此时阻力不宜突然升得太高，否则易闭塞油路和使饼过早硬化。因此，分阶段施压形成曲线变化，在液压式榨油机操作中十分重要。同时，在榨料相对固定的饼中，出油还受到油路长短的影响。因此液压式榨油机必须保持较长时间的高压，以排尽饼中间剩留的油分，不致"返吸"，即"沥油"操作。但是，沥油时间过长也毫无意义，随着压榨时间的延长，榨料温度的下降不利于出油，故榨腔保温（或车间保温）十分必要。

液压式榨油机按榨料暴露于环境的形式分为开式（板式）、半开式（盘式）与闭式（笼式）三类；按油饼叠放的位置分为卧式、立式和斜式；按油饼外形又可分为方饼车、圆饼车；按照液压泵的结构类型则分为手掀式和电动式。

卧式液压榨油机由主油缸、副油缸、圆柱螺杆、榨缸、进浆阀、液压系统、电气系统等组成。工作时，齿轮泵将浆料打入榨机，经进浆总管分配到10支进浆阀，使浆料充满10个榨板空腔，随即开启压缩空气阀，依靠空气的压力迫使阀杆关闭进浆阀门；由液控系统输来的高压油，进入主缸体推动柱塞前移，迫使榨板空腔体积缩小，内压逐渐增高；腔内浆料在压力作用下，油脂与浆料分离并经过多层不锈钢筛网和滤油板排出，汇集流入油池。当压榨达到预定工艺要求时，主缸释放油压，同时副油缸中进入高压油推动活塞，通过出饼拉杆等机构使榨腔打开，油饼脱落排出，经皮带输送机输出。油饼经粉碎机粉碎和颗粒压制机造粒可送往浸出车间浸出，以提取残留油脂。副油缸释压，榨板在弹簧作用下复位，又形成空腔，重复上述循环。

卧式液压榨油机的特点是饼块横叠，便于滤油，且流油顺畅。油脂不会积于饼圈上，有利于提高出油效率。在同样条件下，卧式榨油机比立式榨油机出油率高0.2%～0.5%。采用液压自动退榨有利于清渣和卸饼自动化。卧式液压榨油机的缺点是占地面积大、稳定性差、装饼时易受重力影响而错位，必须装重锤式或液压式等退榨装置。卧式液压榨油机适用于可可仁、芝麻、花生仁等软质高油分油料的制浆连续成型压榨。

立式液压榨油机由分油缸、机架、挡饼装置、油盘及承饼盘等几部分组成。工作时，先将预制成型的料坯放置在承饼盘和顶板之间，当压力油进入榨机油缸后，由于活塞上升，使固定在活塞上的承饼盘随之一起上升，而容纳在承饼板与顶板之间的饼块因顶板位置固定而受压出油，榨出的油脂经中座从油槽流出。压榨结束后，压力油自榨机油缸回入油箱，此时活塞、承饼盘及上面放置的饼块一起下降，进行卸榨。特点是占地面积小、操作使用方便，其缺点是装卸饼的劳动强度大，装卸料饼自动化组合较困难，其属于间歇操作，仅适于小型榨油厂使用。

液压榨油机优点是结构简单、油饼品质好、消耗动力小，甚至不需电力等特点。设备具有高压高温压榨油料，几乎所有可以出油的油料都可以压榨；缺点是出油率相对低，单机能小，油料在压榨前预处理工作繁多，需要破碎、蒸炒和包饼，设备占地面积大，生产成本高，设备投资大，产量小。压榨法制油一般用来生产高档油，液压榨油机逐渐被螺旋榨油机所取代，但是就其对特殊油料榨油工艺的效果而言，又有其他榨油设备不可替代的优势。

（2）动态压榨

榨料在榨油过程中呈运动变形状态，粒子间在不断运动中压榨成型，且油路不断被压缩和打开，有利于油脂在短时间内从孔道中被挤压出来。螺旋榨油机的主要部分是榨膛，榨膛由榨笼和在榨笼内旋转的螺旋轴组成。螺旋榨油机工作原理是由旋转着的螺旋轴在榨膛内的推进作用，使榨料连续地向前推进；由于榨料螺旋导程的缩短或根圆直径逐渐增大，使榨膛空间体积不断缩小而产生压榨作用。螺旋轴有三个作用：推进榨料、将榨料压缩后油脂从榨笼缝隙中挤压流出和将残渣压成饼块从榨轴末端不断排出。

压榨取油概括地可分为三个阶段即进料（预压）段、主要榨（出油）段、成饼（重压沥油）段，逐渐从进料端向出饼端方向推进。由于榨螺螺纹底径由小到大的变化，使榨膛内各段容积逐渐缩小；又因榨螺螺纹连续不断将料坯推入榨膛，这样前阻后推地产生压力，压缩料坯，把油挤压出来。同时调节出饼间隙来改变饼的厚度，间隙越小，出饼越薄，榨膛内压力也越大。料坯在榨膛内呈运动状态，造成料坯与笼壁、料坯与榨螺、料坯与料坯之间的摩擦，并产生大量热量，使料坯在榨膛内温度急剧上升，这样有利于料坯内油脂流出提高出油率。

螺旋榨油机是国际上普遍采用的较先进的连续式榨油设备。螺旋榨油机无论什么机型，其工作原理相同，结构上均由进料装置、榨膛（包括榨笼和螺旋轴）、调饼机构、传动系统、机架等几部分组成。螺旋榨油机取油的特点是连续化生产、单机处理量大、劳动强度低、出油效率高、饼薄易粉碎、有利于综合利用，故应用十分广泛。根据压榨次数，螺旋榨油机可分为一次压榨和预榨机型。一次压榨机的特点是通过一次挤压，最大限度地将油料中的油脂压榨出来，使饼中的残油尽量的低，压榨饼作为最终产品，一般残油率在5%~7%，其缺点是榨料在榨膛中停留时间长、压缩比大、单机处理量相对预榨机小，动力消耗大；预榨机多用于高含油油料的预榨工艺中，通过预榨可将油料中60%油脂挤出，而后再进行浸出制油，使最终粕中残油率低于1%。

（3）低温压榨

低温压榨技术也称冷榨法，在传统机械压榨工艺基础上逐步发展起来。相对于榨料入榨温度在100~135℃的常规压榨制油，低温压榨制油时榨料入榨温度和在压榨出油过程中的温度一般不超过65℃。传统压榨制取油脂因为高温，油料中蛋白质和还原性糖类发生较为严重的美拉德反应，产生颜色较深的产物，从而使得毛油颜色加深，增加后续精炼处理的压力；高温使得脂溶性的热敏性营养或活性成分发生结构变化而受到损失，降低植物油的功能性质。因此，低温压榨制油避免了高温压榨时产生对人体有害的杂质，较好地保持了维生素 E、角鲨烯、甾醇等活性成分，以及保持了油料的天然风味和颜色，将不溶性杂质分离后即可作为食用油出售，如特级初榨橄榄油或初榨橄榄油。

低温压榨与传统压榨制油最大的区别在于对榨料初始温度和榨膛温度的控制，用于低温压榨的设备也主要包括液压榨油机和螺旋榨油机，其中以螺旋榨油机在低温压榨中应用较多。

在对小型双阶多级压榨的冷榨机的性能试验中，其结果表明未经预处理的脱皮菜籽仁（水分 6.3%；湿基含油 44.7%）的油脂提取率在 85% 以上，干饼残油率为 10.8%，榨笼的最高温度为 60.5℃。在喂料段通过增大输送螺旋的封料长度，设置带阻转槽的衬套成功解决了这种高油、低粗纤维含量的软油料的输送，无需专门的强制喂料装置。该小型冷榨机能适用于中国乡村的双低油菜籽和其他特种油料冷榨的小规模化生产。

生产试验及推广应用的实践证明：LYZX 系列低温螺旋预榨机不仅可用于油菜籽脱皮、低温压榨制油新工艺，在入料温度室温 65℃，入榨水分 7%~9% 条件下，一次压榨可使饼中残油率达 16%~18%，串联进行二次压榨可使残油率达到 8% 以下。适当调整技术参数还可广泛应用于其他油料的低温压榨，目前已经成功地应用于紫苏籽仁、花生仁、葵花籽仁、核桃仁等的低温压榨。

低温压榨也存在较为显著的劣势，以花生油的低温压榨为例，尽管低温压榨花生油的氧化稳定性、维生素 E 及甾醇含量均远远高于高温压榨花生油，并且采用低温压榨工艺制油可以得到高附加值的低温压榨花生饼，但是低温压榨花生油风味无法满足消费者需求。其次，低温压榨制油出油率较低，冷榨饼中残油率一般在 10%~20%。冷榨饼在渗透性、扩散性等方面都劣于热榨饼，因此冷榨饼直接浸出性能差，其浸出粕的残油也略高。

（二）有机溶剂浸提法

1. 浸出法制油原理

在浸出时，油料用有机溶剂处理，其中易溶解的成分（主要是油脂）就溶解于溶剂。当油料浸出在静止情况下进行时，油脂以分子的形式进行转移，属分子扩散。但浸出过程中大多是在溶剂与料粒之间有相对运动的情况下进行，除了有分子扩散外，还取决于溶剂流动情况的对流扩散过程。

分子扩散是指物质以单个分子的形式进行的转移，由分子无规则的热运动引起。当油料与溶剂接触时，油料中的油脂分子借助于自身热运动，从油料中渗透出来并向溶剂中扩散，形成混合油。同时，溶剂分子也向油料中渗透扩散，这样在油料和溶剂接触面的两侧就形成了两种浓度不同的混合油。由于分子的热运动及两侧混合油浓度的差异，油脂分子将不断地从其浓度较高的区域转移到浓度较小的区域，直到两侧的分子浓度达到平衡为止。一般情况下，在分子扩散过程中，扩散物通过某一扩散面进行扩散的数量，应与该扩散面的面积成正比，与该扩散面垂直方向上扩散物分子的浓度梯度成正比，与扩散时间成正比，与分子扩散系数成正比。分子扩散系数取决于扩散物分子的大小、介质黏度和温度。提高温度，可加速分子的热运动并降低液体的黏度，因此分子扩散系数增大，分子扩散速度提高。

对流扩散是指物质溶液以较小体积的形式进行的转移。与分子扩散一样，扩散物的数量与扩散面积、浓度差、扩散时间及扩散系数有关。在对流扩散过程中，对流的体积越大，单位时间内通过单位面积的体积越多；对流扩散系数越大，物质转移的数量也就越多。

油脂浸出过程的实质是传质过程，由分子扩散和对流扩散共同完成。在分子扩散时，物质依靠分子热运动的动能进行转移。适当提高浸出温度，有利于提高分子扩散系数，加速分子扩散。而在对流扩散时，物质主要是依靠外界提供的能量进行转移。一般是利用液位差、泵或搅拌桨使溶剂或混合油与油料处于相对运动状态下，促进对流扩散。

2. 浸出溶剂

（1）浸出法制油对溶剂的要求

良好的溶剂能够保证在浸出过程中获得最高出油率，高质量油脂和成品粕，溶剂应尽量避免对人体产生伤害，保证生产操作的安全。具体要求表现在溶剂的性质和对油脂的溶解性能方面。物质溶解一般遵循"相似相溶"的原理，即溶质分子与溶剂分子的极性越接近，相互溶解程度越大。分子极性大小通常以介电常数表示，分子极性越大，其介电常数也越大。植物油的介电常数较小，常温下一般在 3.0 ~ 3.2。所选用的浸出溶剂极性也应较小。

通过多年的生产实践和科学调查，油脂工业界认为理想的浸出溶剂应具备以下几个条件：对油脂有较好的溶解度；化学性质稳定；不溶于水；易与油脂分离；安全性能好；来源广；油料综合开发利用效果好。

在室温或稍高于室温的条件下，溶剂能以任意比例溶解油脂，而对油料中的非脂成分溶解能力要尽可能的小，甚至不溶。这样就能尽可能把油料中的油脂提取出来而使混合油中少溶甚至不溶解非脂成分，提高毛油质量。

溶剂在生产过程中循环使用，反复不断地被加热和冷却。一方面要求溶剂本身物理、化学性质稳定，不起变化；另一方面要求溶剂不与油脂和粕中的成分发生化学变化，更不允许产生有毒物质；另外对设备不产生腐蚀作用。

在生产过程中，溶剂不可避免与水接触，油料本身也含有水。要求溶剂与水互不相溶，便于溶剂与水分离，减少溶剂损耗，节约能源。

为了容易脱除混合油和湿粕中的溶剂，使毛油和成品粕不带异味，要求溶剂容易汽化，即溶剂沸点低，汽化潜热小。同时，在脱除混合油和湿粕的溶剂时产生的溶剂蒸汽容易冷凝回收，要求沸点不能太低，否则会增加溶剂损耗。实践证明，溶剂的沸点在 65 ~ 70℃ 范围内比较合适。

溶剂在使用过程中不易燃烧，不易爆炸，对人、畜无毒。在生产中，往往因设备、管道密闭不严和操作不当，会使液态和气态溶剂泄漏出来。因此，应选择闪点高、不含毒性成分的溶剂。

油脂浸出的溶剂要满足较大工业规模生产的需求，即溶剂的价格要便宜，来源要充足。

对浸出溶剂的要求，主要作为选择浸出溶剂时的参考依据。在选择工业溶剂时，应该选择优点较多的溶剂，至于其缺点，可以通过工艺和操作方面采取适当的措施加以克服。

（2）常见的浸出溶剂

轻汽油：我国目前普遍采用的浸出轻汽油俗称 6 号轻汽油，因为所含主要成分为 6 碳烷烃。6 号轻汽油比较便宜，对设备材料呈中性，对油脂有很好的溶解特性，具有广泛的应用。6 号轻汽油是石油原油的低沸点分馏物，为多种碳氢化合物的混合物，沸点是一个范围（馏程）。

6 号轻汽油对油脂的溶解能力强，在室温条件下可以以任何比例与油脂互溶，并且对油中胶状物、氧化物及其他非脂肪物质的溶解能力较小，因此浸出的毛油比较纯净。6 号轻汽油的物理和化学性质稳定，对设备腐蚀性小，不产生有毒物质，与水不互溶，沸点较低易回收，来源充足，价格低，且能满足大规模工业生产的需要。但是 6 号轻汽油的最大缺点是容易燃烧爆炸，并对人体有害，损伤神经。另外，6 号轻汽油的沸点范围较宽，在生产过程中沸点过高和过低的组分不易回收，造成生产过程中溶剂的损耗。

正己烷：工业己烷是目前应用于油脂浸出的主要溶剂，其浸出制油工艺已经比较稳定：油料经过预处理后，进入浸出设备进行萃取，然后对浸出的混合油采用过滤、沉降方法将其中的固体粕分离，再对其进行蒸发和气提，使溶剂与油脂进行分离；对浸出后的湿粕进行脱溶、干燥和冷却处理。虽然工业己烷已成为全球普遍采用的浸出溶剂，但正己烷对神经系统有明显毒害作用，质量比超过 1.8g/kg 时，暴露其中，会引起多发性神经炎和末梢神经障碍。正己烷蒸气在大气中经光化学降解会形成臭氧，作为臭氧的前驱物，已达到美国环境空气质量标准所规定的作为监控物质的要求。

异己烷也是以六号溶剂为原料，采用精馏技术而制得的馏出物，沸点 58~63℃。异己烷以其低沸点、馏程窄、汽化潜热低及不在污染空气有害物质之列等诸多优点，且易于脱除，安全性优于正己烷，浸出装置与正己烷浸出无大变动，成为优先考虑的替代溶剂。虽然异己烷浸出制油工艺技术工业应用难题不多，但是由于国内生产异己烷厂家较少，价格偏高，厂家设备需改造等问题，导致国内还没有油脂生产厂家应用异己烷浸出制油。

正丁烷：正丁烷是 4 号轻汽油的主要成分。在常温下为无色无臭的气体，常压下沸点为 -0.5℃，在常温（18.9℃）和压力高于 2000kPa 时，呈液体状态。采用液态正丁烷（或丙烷混合物）在低压条件下浸出油脂时，浸出速度大大提高，毛油中非脂肪物质含量下降。而且脱脂粕的脱溶方法十分简单，只需在常温或稍加温（40~50℃）条件下便可很容易回收丁烷和丙烷。由于油脂浸出在常温下进行，脱脂粕中蛋白质变性程度极低，提供了制取高质量蛋白质的基础。缺点是对浸出设备条件和安全要求较高。优点是工艺简单、设备少、生产灵活、投资省；低温低压浸出确保毛油和脱脂粕蛋白质的高质量；可利用工艺系统内部热交换技术，大大降低生产成本与能耗；浸出车间基本无三废排放，减少环境污染。

丙烷的资源比丁烷丰富，在国外丙烷作为浸出溶剂已成功地应用于植物油脂的工业化生产。美国食品及药品管理局规定，2000 年以后美国国内工业己烷和轻汽油不能用作浸出溶剂。因此，用丙烷或丁烷作为浸出溶剂是浸出法制油的发展方向。

对于浸出法取油的生产来说，如何选择一种适合于生产用的溶剂，是一个极为重要的问题。因为它不仅影响产品的质量和数量，而且也影响浸出的工艺效果、各种消耗和安全生产。

3. 浸出工艺

（1）浸出工艺的分类

浸出法制油工艺按操作方式分为间歇式浸出和连续式浸出。间歇式浸出是指料坯进入浸出器，粕自浸出器中卸出，新鲜溶剂的注入和浓混合油的抽出等工艺操作，都是分批、间断、周期性进行的浸出过程；连续式浸出是指料坯进入浸出器，粕自浸出器中卸出，新鲜溶剂的注入和浓混合油的抽出等工艺操作，都是连续不断进行的浸出过程。

按接触方式，浸出法制油工艺分为浸泡式浸出、喷淋式浸出和混合式浸出。浸泡式浸出是指料坯浸泡在溶剂中完成浸出过程，浸泡式的浸出设备有罐组式，另外还有弓形、U形和Y形浸出器等。喷淋式浸出是指溶剂呈喷淋状态与料坯接触而完成浸出过程，喷淋式的浸出设备有履带式浸出器等。混合式浸出是一种喷淋与浸泡相结合的浸出方式，混合式的浸出设备有平转式浸出器和环形浸出器等

按生产方法，浸出法制油工艺分为直接浸出和预榨浸出。直接浸出也称"一次浸出"，是将油料经预处理后直接进行浸出制油工艺过程，此工艺适合于加工含油量较低的油料。预榨浸出是指油料经预榨取出部分油脂，再将含油较高的饼进行浸出的工艺过程，此工艺适用于含油量较高的油料。

（2）浸出工艺的选择

油脂浸出生产能否顺利进行，与所选择的工艺流程关系密切，它直接影响到油厂投产后的产品质量、生产成本、生产能力和操作条件等诸多方面。因此，应该采用既先进又合理的工艺流程。选择工艺流程的依据有以下几个方面。

（3）浸出制油的一般工艺及关键参数

油料预处理：经过前面所述预处理操作后的料坯，如蒸炒后的料坯、挤压膨化料坯和预榨料坯等，可以直接输送至浸出容器中。作为直接浸出的油料生坯、预榨浸出的油料预榨饼、膨化浸出的油料颗粒等的性质由于处理技术和方法不同，油脂在油料中存在的状态和形式不同，往往在工艺加工过程中要经过一定程度的处理。如生坯进行烘干，控制浸出油料的水分；榨机出饼经过破碎变成适宜浸出的饼块，方可进行浸出；膨化颗粒应进行温度和水分的调节。

油脂浸出：浸出工序是植物油料浸出工艺中最重要的工艺过程。不同油料或相同油料生产目的不同时，浸出工艺参数和所选择的溶剂不同。生产手段和生产规模是浸出过程中选择浸出设备的主要依据，油料浸出的深度和浸出效率取决于油脂在油料结构中存在的状态，油脂在物料中的状态取决于油料预处理方法。油脂浸出时需要控制好操作温度和时间，经预处理后的料坯送入浸出设备完成油脂萃取分离的任务，经油脂浸出工序分别获得混合油和湿粕。

湿粕脱溶：从浸出设备排出的湿粕，一般含有 25%～35% 的溶剂，必须进行脱溶处理才能获得质量合格的成品粕。湿粕脱溶通常采用加热解吸方法，使溶剂受热汽化与粕分离，生产中称为湿粕蒸烘。湿粕蒸烘一般采用间接蒸汽加热，同时结合直接蒸汽负压搅拌等措施，促进湿粕脱溶。湿粕脱溶过程中要根据粕的用途来调节脱溶的方法及条件，保证粕的质量。如要求生产大豆分离蛋白产品时，需采用低温脱溶豆粕，可以采用减压蒸发以实现在较低温度下蒸发溶剂，保证大豆蛋白不发生变性。油粕在蒸脱层停留时间不小于 30min；蒸脱机气相温度为 74～80℃；蒸脱机粕出口温度，高温粕不低于 105℃，低温粕不高于 80℃。带冷却层蒸脱机（DTDC）粕出口温度不超过环境温度 10℃。经过处理后，粕中水分不超过 8.0%～9.0%，残留溶剂量不超过 0.07%。

混合油蒸发和汽提：从浸出设备排出的混合油中含有溶剂、油脂、非油物质等组分，混合油经蒸发和汽提，从混合油分离出溶剂而获得浸出毛油。混合油蒸发是利用油脂与溶剂的沸点不同，将混合油加热至沸点温度，使溶剂汽化与油脂分离。混合油沸点随油脂浓度增加而提高，相同浓度的混合油沸点随蒸发操作压力降低而降低。混合油蒸发可以采用

二次蒸发法：第一次蒸发使混合油浓度由 20%～25% 提高到 60%～70%，第二次蒸发使混合油浓度达到 90%～95%。

混合油汽提是指混合油的水蒸气蒸馏。混合油汽提能使高浓度混合油的沸点降低，从而使混合油中残留的少量溶剂在较低温度下尽可能地完全脱除。混合油汽提一般在负压条件下进行油脂脱溶，毛油品质更优。为了保证混合油汽提效果，用于汽提的水蒸气必须是干蒸汽，避免油脂直接与蒸汽中的水接触，造成混合油中磷脂沉淀，影响汽提设备正常工作，同时可以减少汽提液泛现象。

溶剂回收在油脂浸出过程中，所用溶剂都需循环使用。溶剂回收是浸出生产中的一个重要工序，它直接关系到生产的成本和经济效益，浸出毛油和粕的质量，生产过程安全，废气、废水对环境的污染以及车间的工作条件等。油脂浸出生产过程中的溶剂回收包括溶剂气体冷凝和冷却、溶剂和水分离、废水中溶剂回收、废气中溶剂回收等。由湿粕蒸脱机、混合油蒸发器、汽提塔、蒸煮罐等设备排出的溶剂气体，通常采用冷凝器进行冷凝回收，一般经冷凝后的冷凝液需经分水处理后方可进行循环使用。

4. 影响浸出制油的因素

（1）料坯和预榨饼性质

料坯和预榨饼性质主要取决于料坯结构和料坯入浸水分。料坯结构应均匀一致，料坯细胞组织应最大限度被破坏且具有较大孔隙度，以保证油脂能向溶剂迅速扩散。料坯应具有必要的机械性能，容重和粉末度小，外部多孔性好，以保证混合油和溶剂在料层中有良好渗透性和排泄性，提高浸出速率和减少湿粕含溶。

料坯水分应适当。料坯入浸水分太高会使溶剂对油脂溶解度降低，溶剂对料层渗透发生困难，同时会使料坯或预榨饼在浸出器内结块膨胀，造成浸出后出粕困难。料坯入浸水分太低，会影响料坯结构强度，从而产生过多粉末，同样削弱溶剂对料层的渗透性，增加混合油含粕末量。物料最佳入浸水分含量取决于被加工原料特性和浸出设备形式，一般认为料坯入浸水分应低一些为好。

采用油料膨化工艺进行前处理，经膨化后油料具有细胞组织最大限度被破坏，料坯机械性能好，容重大，粉末度小，多孔性好等特点，非常利于浸出。

（2）浸出温度

浸出温度对浸出速度有很大影响。提高浸出温度，增强分子热运动，促进扩散作用，油脂和溶剂黏度减少，因而提高浸出速度。但浸出温度过高，会造成浸出器内汽化溶剂量增多，油脂浸出困难，压力增高，溶剂损耗增大，同时浸出毛油中非油物质量增多。一般浸出温度控制在低于溶剂馏程初沸点 5℃，如采用 6 号轻汽油，浸出温度为 50～55℃。若有条件的话，也可在接近溶剂沸点温度下浸出，以提高浸出速度。

（3）浸出时间

根据油脂与物料的结合形式，浸出过程在时间上可分为两个阶段：第一阶段提取位于料坯内外表面游离油脂；第二阶段提取未破坏细胞和结合态油脂。浸出时间应保证油脂分子有足够时间扩散到溶剂中去；但随浸出时间延长，粕残油降低已很缓慢，且浸出毛油中非油物质含量增加，浸出设备处理量也相应减小。因此，浸出时间过长并不经济。在实际生产中，应在保证粕残油量达到指标情况下，尽量缩短浸出时间，一般为 90～120min；在料坯性能和其他操作条件理想的情况下，浸出时间可缩短为 60min。

（4）料层高度

料层高度影响浸出设备的利用率及浸出效果。料层提高，对同一套而言，使浸出设备生产能力提高，同时料层对混合油自过滤作用也好，混合油中含粕沫量减少，混合油浓度也较高。但料层太高，溶剂和混合油渗透、滴干性能会受到影响。高料层浸出要求料坯机械强度要高，不易粉碎，且可压缩性小。一般来说，应在保证良好效果前提下，尽量提高料层高度。

（5）溶剂比和混合油浓度

浸出溶剂比是指使用溶剂与所浸料坯质量之比。溶剂比越大，浓度差越大，对提高浸出速率和降低粕残油量越有利；但混合油浓度会随之降低，混合油浓度太低，增大溶剂回收工序工作量。溶剂比太小，达不到或部分达不到浸出效果，而使干粕中残油量增加。若干粕中残油降得太低，则将会增加毛油中一些伴随物含量，加大精炼难度和损耗，得不偿失。因此，要控制适当溶剂比，以保证足够浓度差和一定粕中残油率。对于一般料坯浸出，溶剂比多选用为（0.8~1）∶1。混合油质量分数要求达到18%~25%。对于料坯膨化浸出，溶剂比可降为（0.5~0.6）∶1，混合油浓度可更高。入浸料坯含油18%以上，混合油浓度不小于20%；入浸料坯含油大于10%，混合油浓度不小于15%；入浸料坯含油大于5%而小于10%，混合油浓度不小于10%。

（6）沥干时间和湿粕含溶量

料坯经浸出后，尚有一部分溶剂（或稀混合油）残留在湿粕中，须经蒸烘操作将这部分溶剂回收。为减轻蒸烘设备负荷，往往在浸出器内要有一定时间让溶剂（或稀混合油）尽可能与粕分离，这种使溶剂与粕分离所需时间，称为沥干时间。生产中，在尽可能减少湿粕含溶量前提下，尽量缩短沥干时间。沥干时间按浸出所用原料而定，一般为15~25min。

综上所述，油脂浸出过程能否顺利进行由许多因素决定，而这些因素又错综复杂、相互影响。在浸出生产过程中需要辩证地掌握这些因素并很好地加以运用，提高浸出生产效率和产品品质，降低粕中残油。

二、植物油精炼

经压榨、浸出、水代法或水酶法得到的未经任何处理的植物油称为毛油。毛油中混有非脂成分，而这些非脂成分对于植物油的口感、稳定性、外观、营养性等品质有重要的影响。随着人们生活水平的提高，对食用油脂的品质的要求也逐步提高。通过对油脂进行精炼，可以除去油脂中所含杂质，使油脂获得良好的色泽和风味以及较为稳定的贮藏特性。油脂精炼是一个复杂的多种物理和化学过程的综合过程，能够对油脂中的杂质进行选择性地作用，使其与油脂主要组分结合减弱并从中分离出来。同时，最大限度地从油脂中分离出的杂质可以提高副产物的经济价值。

（一）毛油的组成情况和精炼目的

1. 组成情况

毛油的主要成分是混合脂肪酸甘油三酯，俗称中性油。此外，还含有数量不等的各类非甘油三酯成分，统称为油脂的杂质。油脂杂质一般分为机械杂质、水分、胶溶性杂质、脂溶性杂质、微量杂质等。

机械杂质指在制油或贮存过程中混入油中的泥沙、料坯粉末、饼渣、纤维、草屑及其他固态杂质。机械杂质的存在对毛油输送、贮存和后续精炼效果有不良影响，须及时除去。这类杂质不溶于油脂，可采用过滤、沉降等方法除去。

水分的存在。易与油脂形成油包水型（W/O）乳化体系，影响油脂透明度，使油脂颜色较深；产生异味，促进酸败，降低油脂的品质及使用价值，不利于其安全贮存，工业上常采用常压或减压加热法除去，但以减压法最好。

胶溶性杂质以极小的微粒状态分散在油中，尺寸一般在 $1nm \sim 0.1\mu m$，与油一起形成胶体溶液，主要包括磷脂、蛋白质、糖类、树脂和黏液物等，其中最主要的是磷脂。胶溶性杂质的存在状态易受水分、温度及电解质的影响而改变其在油中的存在状态，生产中常采用水化、加入电解质进行酸炼或碱炼的方法将其从油中除去。

磷脂是一类结构和理化性质与油脂相似的类脂物。油料种子中呈游离态的磷脂较少，大部分与碳水化合物、蛋白质等组成复合物，呈交替状态存在于植物油料种子内，在取油过程中伴随油脂溶出。在毛油中的含量除了与油料品种有关外，还与取油方式有关。

脂溶性杂质主要有游离脂肪酸、色素、甾醇、生育酚、烃类、蜡、酮，还有微量金属和由于环境污染带来的有机磷、汞、多环芳烃、黄曲霉毒素等。游离脂肪酸的存在，会影响油品的风味和食用价值，促使油脂酸败。生产上常采用碱炼、蒸馏的方法将其从油脂中除去。

色素能使油脂带较深的颜色，影响油的外观，可采用吸附脱色的方法将其从油中除去。某些油脂中还含有一些特殊成分，如棉籽油中含棉酚，菜籽油中含芥子苷分解产物等，它们不仅影响油品质量，还危害人体健康，也须在精炼过程中除去。

微量杂质主要包括微量金属、农药、多环芳烃、黄曲霉毒素等，虽然它们在油中的含量极微，但对人体有一定毒性，因此须从油中除去。

油脂中的杂质并非对人体都有害，如生育酚和甾醇都是营养价值很高的物质。生育酚是合成生理激素的母体，有延迟人体细胞衰老、保持青春等作用，它还是很好的天然抗氧化剂；不仅可以防止油脂的自动氧化，还对光氧化有较好的延缓作用。甾醇在光的作用下能合成多种维生素 D，能够抑制胆固醇的合成。

2. 油脂精炼目的和方法

油脂精炼通常是指对毛油进行精制，因为毛油中杂质的存在，不仅影响油脂的食用价值和安全保藏而且给深加工也带来困难。但是精炼时，又并不是将毛油中的非油成分全部除去，而是将其中对食用、保藏、工业生产等有害无益的杂质除去，如棉酚、蛋白质、磷脂、黏液等，而有益的杂质，如生育酚、甾醇等需要保留。因此，油脂精炼的目的是根据不同的用途与要求，除去油脂中的有害成分，并尽量减少中性油和有益成分的损失，得到符合一定质量标准的成品油。

在实际生产过程中，一种方法往往是不能达到预期的精炼效果或者与其他精炼方法密不可分。如碱炼是典型的化学法，然而，中和反应产生的皂脚能够吸附色素、黏液和蛋白质等，从而一起脱除。即碱炼时伴随着物理化学过程。油脂精炼是比较复杂而具有灵活性的单元操作，必须根据油脂精炼的目的，兼顾技术条件和经济效益，选择合适的精炼方法。

油脂精炼技术是将上述精炼方法有机结合，实现油脂品质的提升的过程。大体可分为化学精炼与物理精炼两大类方法。油脂的化学精炼是指精炼过程中采用了化学精炼方法，如碱炼脱酸；而物理精炼则是指在精炼过程中只用到纯物理的精炼方法。在化学精炼时，因为脱胶之后伴随的脱酸工序可以进一步将残余磷脂等胶质去除，在化学精炼中脱胶工序后磷脂等物质允许有一定的残留量；但在物理精炼过程中，如果脱胶后的磷脂残留量超标，往往在其后工序中很难完全去除，会影响最终产品的风味和氧化稳定性。相对化学精炼，物理精炼方法虽然无需脱酸，可减少废弃物的产生，有利于环境保护，但其对脱胶效果要求极高。

（二）毛油的初级处理

毛油经过简单的油渣分离后仍混有料坯粉末、饼渣粕屑、泥沙、纤维等杂质。这些杂质粒度在 $0.5\sim100\mu m$，在油体中形成悬浮体系，也称为悬浮杂质。这些悬浮杂质的存在会促使油脂水解酸败，在精炼加工中容易造成设备管路堵塞、在水化脱胶或碱炼脱酸时造成过度乳化。悬浮杂质的去除是必不可少的环节。毛油的初级处理则是针对这些悬浮杂质的去除，主要包括沉降、过滤和离心分离。

利用油脂和杂质间的相对密度不同并借助重力将它们自然分开的方法称为沉降法，所用设备简单，凡能存油的容器均可利用。然而，毛油中都有以细粒子、大粒子密聚体以及细分散的悬浮体出现，因油的黏度较高，使得这些粒子和悬浮液在自然情况下根本无法自动沉淀。这种方法沉降时间长、效率低，生产实践中已很少采用。澄清法则是利用重力场的重力去分离毛油中的杂质，沉降过程稳定地自动进行。沉降设备有沉降池、暂存罐、澄油箱等，国内目前已有油脂加工企业在油脂初步精炼流程中应用沉降塔或连续沉降罐等设备，效果显著。

借助重力、压力、真空等外力的作用，在一定温度条件下使用滤布过滤的方法统称为过滤法。过滤是提高油脂得率并最大限度地保留有经济价值的伴随物必不可少的工艺环节。必须充分了解被过滤物质的性质，有针对性地配置过滤设备和工艺方案，才能使过滤工艺实现稳定、高效。被过滤的混合物（滤渣）通常可分为非压滤和压滤两类：非压滤滤渣的疏松性在压差高时不会减少，而压滤滤渣在同等条件下却反而会减少。由此可见，滤渣的液相流体阻力会随着压差增加而增加。增加压力是提高过滤速度的有效途径。过滤时，过分增加压力既受设备结构的限制，又受已分离粒子的渗漏等因素的影响，以免劣化滤液质量。过滤设备包括厢式压滤机、板框式压滤机、叶片过滤机和圆盘过滤机。

利用离心力的作用进行过滤分离或沉降分离油渣的方法称为离心分离法。离心场对多相物质分离的作用力大于重力场，效率明显提高。当然，作用力的大小还取决于分离机械的性能及被分离体系的相行为。离心设备的选型是关键。在几乎相同的条件下，不同型号标准的离心机分离作用差异很大，有的离心机只能分离悬浮液；而有的虽能对乳化、黏度较高、分散细的悬浮液进行分离，但却无法清除沉淀物。根据分离系数与旋转数的平方和旋转的半径成正比的定律可知，分离系数是离心机性能最重要的特性。因而，要根据精炼工艺的目标来选用离心设备。常用的离心分离设备包括卧式螺旋卸料沉降式离心机和 CYL 型离心分渣筛，离心分离效果好，生产连续化，处理能力大，而且滤渣中含油少，但设备成本较高。

（三）脱胶

1. 水化法脱胶

（1）水化法脱胶原理

水化脱胶是利用磷脂等胶溶性杂质的亲水性，把一定数量的水或电解质稀溶液在搅拌下加入毛油中，使其中的胶溶性杂质吸水膨胀，凝聚并被分离除去的一种脱胶方法。在水化脱胶过程中，能被凝聚沉降的物质以磷脂为主，以及与磷脂结合在一起的蛋白质、黏液物和微量金属离子等。水化脱胶的原理在于胶体体系的分散性与不稳定性，以及毛油中胶溶性杂质的胶体性。胶体体系的分散性与不稳定性是胶体体系的基本特性，与体系中所含胶粒的比表面积或粒子大小等有关。

毛油中的磷脂是多种含磷类脂的混合物，主要有卵磷脂和脑磷脂。磷脂分子比油脂分子中的极性基团多，属于双亲性的聚集胶体，既有酸性基团，也有碱性基团，磷脂分子能够以游离羟基式和内盐式的形式存在。

当毛油中水很少时，磷脂以内盐结构存在，这时极性很弱，能溶解于油中；毛油中有一定数量水时，水分就能与磷脂分子中的成盐原子结合，以游离羟基式结构存在。当水分散成小滴加入油中时，磷脂分子便在水滴和油的界面上形成定向排列，疏水的长碳氢链留在油相，亲水的极性基团则投入水相。磷脂具有强烈的吸水性，其极性基团会结合相当数量的水，水分子会渗入极性基团邻近的亚甲基周围，以及进入两个磷脂分子之间。水分子的进入并没有破坏磷脂分子的结构，只是引起磷脂的膨胀。在水的作用下，磷脂分子可电离成既带正电荷又带负电荷的两性离子，磷脂不再以单分子分散在油相中，而是以多分子聚集体——胶粒分散在油中，并且疏水基聚集在胶粒内部，亲水基朝向外部，胶粒表现为亲水性而从油体中析出。如果水化时加入的是电解质的稀溶液，由于电介质能电离出较多的正离子，使表面双电子层的厚度受到压缩，这样就降低了动电位，胶粒间的排斥力减弱，因此电解质的加入有利于胶粒的凝聚。电解质浓度越高，凝聚作用越显著。

在水化时，在水、加热、搅拌等联合作用下，磷脂胶粒逐渐合并、长大，最后絮凝成大胶团。胶团因密度比油体大而发生沉降，可以采用自然沉降或离心的方式进行分离。胶团内部疏水基之间持有一定数量的油脂，当磷脂与油脂比例为 7 : 3 时，油脂、水、磷脂结合力最强，须通过其他适当的方法克服。

（2）影响水化法脱胶效果的因素

操作温度：将胶体分散相在一定条件下开始凝聚时的温度，称为胶体分散相凝聚的临界温度。只有当体系的温度等于或低于该温度时，胶体才能凝聚。临界温度与分散相质点粒度有关，质点粒度越大，质点吸引圈也越大，凝聚温度也越高。毛油中胶体分散相的质点粒度随水化程度的加深而增大；胶体分散相吸水越多，凝聚临界温度越高。毛油水化脱胶过程中，温度必须与加水量相配合。工业生产中往往是先确定工艺操作温度，再根据毛油胶质含量计算加水量，最后再根据分散相水化凝聚情况，调整操作的最终温度。温度低，加水量少；温度高，加水量多。加水少，磷脂吸水少，胶粒小，密度小，因布朗运动所引起的扩散作用与沉降方向相反，使胶粒难以凝聚，即凝聚临界温度较低。操作温度必须相应降低，才能使油脂和磷脂实现较好的分离。加水多，磷脂吸水多，胶团大，容易凝聚，临界温度高，即在较高温度下磷脂也能凝聚析出。

加水的温度必须基本相同或略高于油温，以免油水温差悬殊，产生局部吸水不均而造成局部乳化。终温不能太高，不超过 85℃，因为高温油接触空气会降低油的品质。生产实践证明，加水水化后油温升高 10℃，有利于油与油脚的分离。

加水量：水在脱胶过程中润湿磷脂分子，使磷脂由内盐式转变成水化式；使磷脂发生水化作用，改变凝聚临界温度；使其他亲水胶质吸水改变极化度；促使胶粒凝聚。加水及适量加水才能实现良好的脱胶效果。

混合强度和作用时间：在加入水后，需要对油水两相进行混合；在混合时，要求水分在油相中能分散均匀，又不能形成稳定的 W/O 型或 O/W 型乳化体系。在低温下胶质水化速度慢，过度搅拌会使较快完成水化的那部分胶质在大量水存在的情况下形成 O/W 型乳化，从而导致分离困难。连续式水化脱胶的混合时间短，可适当提高搅拌速度。间歇式水化脱胶时，混合强度要求较高，搅拌速度以 60~70r/min 为宜；随着水化的进行，混合强度应逐渐降低，到水化结束时，搅拌速度控制在 30r/min 为宜。

水化脱胶过程中，由于水化作用发生在油水界面上，加之胶体分散相各组分性质上的差异，因此胶质从开始润湿到完成水化，需要一定时间。在一定混合强度下，给予充分作用时间十分必要。在连续式脱胶工艺中，油水快速混合后，一般经过另一设备絮凝一段时间才能进入离心机分离。间歇脱胶中，加水后必须继续搅拌，直到胶粒开始长大，然后升高终温，促进胶团聚集。当油中胶体杂质较少时，胶粒絮凝较慢，应适当延长水化时间。

电解质：对于胶质物中分子结构对称而不亲水的部分 β-磷脂、钙、镁复盐式磷脂、蛋白降解产物等物质，同水发生水合作用而成为被水包围着的水膜颗粒，具有较大的电斥性导致水化时不易凝聚。对这类分散相胶粒，应添加食盐、明矾、硅酸钠、磷酸、氢氧化钠等电解质或电解质的稀溶液，中和电荷，促进凝聚。电解质的选用需根据毛油品质、脱胶油质量水化工艺或操作情况而定。实际生产中一般采用食盐作为水化电解质。在间歇水化中，常加食盐或食盐的热水溶液，加盐量为油重的 0.5%~1%，并且往往在乳化时才加。连续脱胶时常按油量的 0.05%~0.2%添加磷酸（浓度为 85%），可以大大提高脱胶效果。

原料油质量：用未完全成熟或变质油料制取的毛油，脱胶比较困难，胶质难以脱净。制油过程中，使用没有蒸炒好的油料的脱胶也较为困难。另外，原料油本身含水量过大，难以准确确定加水量，水化效果难以控制。原料油含饼末量过多，一定要过滤后再进行水化，否则因机械杂质含量过多，会导致乳化或油脚含中性油脂过高。

（3）水化法脱胶工艺

水化工艺可简单分为间歇式和连续式两种。前者适用于规模较小或优质品种更换频繁的企业；后者适用于生产规模较大的企业。

水化过程中根据温度高低可分为高温水化法、中温水化法和低温水化法。高温水化法是将过滤毛油预热到较高温度进行水化的方法，温度一般为 75~80℃。高温水化的优点是回收油脂投资少，操作方便，处理费用低，能减轻油脚回收油的劳动强度，改善卫生条件；出油率增加 0.2%~0.3%，出粕率增加 0.5%~0.8%，提高粕的营养价值。缺点是回收油色较深，与浸出毛油混在一起，会加深毛油颜色，磷脂脚送入蒸烘机，会对蒸烘机的操作产生不利影响。中温水化是中小型油厂普遍采用的方法，与高温水化的区别在于加水量较少，为磷脂含量的 2~3 倍，水化温度一般为 50~60℃，静置时间较长，不少于 8h，以及要求严格的操作条件及控制。低温水化又称简易水化，温度一般为 20~30℃，加水量为毛油胶质含量的 0.5 倍，静置时间不少于 10h；缺点是操作周期长，油脚含油量高，处理过程复杂，只适用于规模较小的企业。

连续式水化是较为先进的脱胶工艺，水化和油脚分离连续进行。按照油-油脚分离设备不同，可分为离心分离和沉降分离两种。

2. 酸炼脱胶

传统水化脱胶仅可对水化磷脂有效，磷脂按其水化特性可分为可水化和非可水化两类。其中 α-磷脂很容易水化，而 β-磷脂则不易水化。另外，钙、镁、铁等磷脂复合物也不易水化。在正常情况下，非水化磷脂占胶体杂质总含量的 10%。在脱胶时，对这些非水化磷脂需要尤其重视。生产上可采用碱或酸处理除去 β-磷脂，而磷脂金属复合物则必须采用酸处理才可除去。酸炼脱胶常采用的酸有硫酸和磷酸。

（四）脱酸

毛油中含有一定量的游离脂肪酸，其含量与制油方式和油料质量有关。游离脂肪酸的存在会使得油脂不耐贮藏。尤其是在有水分或其他杂质存在的情况下，油脂更容易发生水解等化学反应，一些高度不饱和的脂肪酸甘油酯还容易发生氧化反应，散发出令人厌恶的异味，使油脂品质下降。脱除毛油中的游离脂肪酸的过程称为脱酸。脱酸的方法有碱炼、蒸馏、溶剂萃取及酯化等，在工业生产上应用最多的是碱炼法和水蒸气蒸馏法（即物理精炼法）。

（五）脱色

纯净的甘油三酯在液态时呈无色，在固态时呈白色。但常见的各种植物油都带有不同的颜色，是因为油脂中含有数量和品种各不相同的色素。这些色素有些是天然的，有些是在油料贮藏和制油过程中新生成的。第一类是有机色素，主要有叶绿素（使油脂呈绿色）和类胡萝卜素（胡萝卜素使油脂呈红色、叶黄素使油脂呈黄色）。个别油脂中还有特殊色素，如棉籽油中的棉酚使油脂呈深褐色。这些油溶性的色素大多是在油脂制取过程中进入油中的，也有一些是在油脂生产过程中生成的，如叶绿素受高温作用转变成叶绿素红色变体，游离脂肪酸与铁离子作用生成深色的铁皂等。第二类是有机降解物，即品质劣变油籽中的蛋白质、糖类、磷脂等成分的降解产物（一般呈棕褐色），这些有机降解物形成的色素很难用吸附除去。第三类是色原体，色原体在通常情况下无色，氧化或特定试剂作用会呈现鲜明的颜色。绝大部分色素都无毒，但会影响油脂的外观。要生产较高等级的油脂产品，如高级烹调油、色拉油、人造奶油的原料油以及某些化妆品原料油等，就必须对油脂进行脱色处理。

工业生产中应用最广泛的油脂脱色是吸附脱色法，此外还有加热脱色、氧化脱色、化学试剂脱色法等。事实上，在油脂精炼过程中，油中色素的脱除并不全靠脱色工段，在碱炼、酸炼、氢化、脱臭等工段都有辅助的脱色作用。碱炼可除去酸性色素，如棉籽油中的棉酚可与烧碱作用，因而碱炼可比较彻底地去除棉酚。碱炼生成的肥皂可以吸附类胡萝卜素和叶绿素，但肥皂的吸附能力有限，如碱炼仅能去除约 25% 的叶绿素。碱炼后的油脂还要用活性白土进行脱色处理。氢化能破坏可还原色素。如类胡萝卜素分子内含有大量共轭双键，易氢化，氢化后红、黄色褪去。叶绿素中含一定数量共轭和非共轭双键，氢化时部分叶绿素被破坏。脱臭可去除热敏感色素。类胡萝卜素在高温高真空条件下分解而使油脂褪色，它适用于以类胡萝卜素为主要色素的油脂。

脱色的作用主要是脱除油脂中的色素，同时还可以除去油脂中的微量金属，除去残留的微量皂粒、磷脂等胶质及一些有臭味的物质，除去多环芳烃和残留农药等。如用活性炭作脱色剂时，可有效地除去油脂中分子质量较大的多环芳烃，而油脂的脱臭过程只能除去分子质量较小的多环芳烃。

（六）脱臭

纯净的甘油三酯没有气味，但用不同制取工艺得到的油脂都具有不同程度的气味，有些为人们所喜爱，如芝麻油和花生油的香味等；有些则不受人们欢迎，如菜籽油和米糠油所带的气味。通常将油脂中所带的各种气味统称为臭味，包括天然的和在制油和加工中新生的。

引起油脂臭味的主要组分有低分子的醛、酮、游离脂肪酸、不饱和碳氢化合物等。如已鉴定的大豆油气味成分就有乙醛、正己醛、丁酮、丁二酮、3-羟基丁酮、庚酮、辛酮、乙酸、丁酸、乙酸乙脂、二甲硫等。在油脂制取和加工过程中也会产生新的异味，如焦湖味、溶剂味、漂土味、氢化异味等。个别油脂还有其特殊的味道，如菜籽油中的异硫氰酸酯等硫化物产生的异味。油脂中的臭味组分含量很少，仅 0.1%。气味物质与游离脂肪酸之间存在一定关系。当降低游离脂肪酸的含量时，能相应地降低油中一部分臭味组分。当游离脂肪酸达 0.1% 时，油仍有气味，当游离脂肪酸降至 0.01%~0.03%（过氧化值为 0）时，气味即被消除，可见脱臭与脱酸关系密切。

油脂脱臭既可以除去油中的臭味物质，提高油脂的烟点，改善食用油的风味，还能使油脂的稳定度、色度和品质有所改善。因为在脱臭的同时，还能脱除游离脂肪酸、过氧化物和一些热敏性色素，除去霉烂油料中蛋白质的挥发性分解物，除去小分子质量的多环芳烃及残留农药，使之降至安全程度内。因此，脱臭在高等级油脂产品的生产中备受重视。

（七）脱蜡

油脂中的蜡是高级一元羧酸与高级一元醇形成的酯。植物油料中的蜡质主要存在于皮壳胚芽和细胞壁中。蜡在 40℃ 以上能溶解于油脂，因此无论是压榨法还是浸出法制取的毛油中，一般都含有一定量的蜡质。各种毛油含蜡量有很大的差异，大多数毛油的含蜡量极微，但有些毛油的含蜡量则较高。如米糠油含蜡量 3%~9%、玉米胚芽油含蜡量 0.01%~0.05%，葵花籽油含蜡量 0.01%~0.35%。一般油脂中的含蜡量随料胚含壳量的增加而增加。

常温及以下，蜡质在油脂中的溶解度降低，析出蜡的晶粒而成为油溶胶，具有胶体的一切特性，随着贮存时间的延长，蜡的晶粒逐渐增大而变成悬浮体，此时体系变成"粗分散系"悬浊液，体现了溶胶体系的不稳定性。可见含蜡毛油既是溶胶又是悬浊液。油脂中含有少量蜡质，即可使浊点升高，使油品的透明度和消化吸收率下降，并使气滋味和适口性变差，从而降低了油脂的食用品质、营养价值及工业使用价值。另外，蜡是重要的工业原料，可用于制蜡纸、防水剂、光泽剂等。因此，从油中脱除或提取蜡质可达到提高食用油脂品质和综合利用植物油脂蜡源的目的。

蜡分子的酰氧基使其呈现弱极性，因此蜡是一种带有弱亲水基的亲脂性化合物。温度高于 40℃ 时，蜡的极性微弱，溶解于油脂中，随着温度的下降，蜡分子在油中的游动性降低，蜡分子中的酯键极性增强，特别是低于 30℃ 时，蜡形成结晶析出，并形成较为稳定的胶体系统。在此低温下持续一段时间后，蜡晶体相互凝聚成较大的晶粒，相对密度增加而变成悬浊液。可见油和蜡之间的界面张力随着温度的变化而变化。两者界面张力的大小和温度呈反比关系。脱蜡工艺必须在低温条件下进行。

三、植物油脂加工食品和副产物综合利用

（一）植物油脂深加工产品

1. 人造奶油

人造奶油是指精制食用油添加水及其他辅料，经乳化、急冷捏合成具有天然奶油特色的可塑性制品。人造奶油传统配方中油脂含量一般在 80%，是人造奶油的主要成分。近年来，国际上人造奶油新产品不断出现，其规格在很多方面已超过了传统规定，在营养价值

及使用性能等方面超过了天然奶油。目前，人造奶油大部分是家庭用，一部分是行业用。我国人造奶油的起步较晚，产量不高，大部分用于食品工业。

（1）人造奶油的种类

根据用途，人造奶油可分为两大类：家庭用人造奶油和食品工业用人造奶油。

家庭用人造奶油：家庭用人造奶油直接涂抹在面包上食用，少量用于烹调。市场上销售的多为小包装。目前国内外家庭用人造奶油主要有以下几种类型：①硬型餐用人造奶油；②软型人造奶油；③高亚油酸型人造奶油；④低热量型人造奶油。

食品工业用人造奶油：食品工业用人造奶油是以乳化液型出现的起酥油，除具备起酥油的加工性能外，还能够利用水溶性的食盐、乳制品和其他水溶性增香剂改善食品的风味，使制品带上具有魅力的橙黄色等。

（2）人造奶油的原辅料与配方

人造奶油的原料油脂主要包括植物油及其氢化油、动物油及其氢化油和动植物油的酯交换油，且要求都是经过有效的碱炼、脱色和脱臭以后的精炼油，以及以植物性油脂为主。

油相是人造奶油的主要部分（80%），在成本中费用最大，合理地选择原料油脂，是降低成本，同时又能保持产品质量的首要问题。一般原料油由一定数量的固体脂和一定数量的液体油搭配调合而成。固体脂和液体油的比例和品种需根据产品要求和各国资源来确定，一般可根据以下三方面选择：根据产品的用途和气温，确定固体脂肪指数（SFI）的值和熔点，使之符合产品口熔性、稠度等要求，再根据 SFI 值和熔点确定固、液体油脂的比例；选择原料油脂合适的结晶性；营养性的考虑。

人造奶油是油脂和水乳化后进行结晶的产物。使用的水必须经严格的消毒，除去大肠杆菌等，使之符合食用的卫生要求。另外，还必须除去各种有害的金属元素及有害的有机化合物。为了改善制品的风味、外观、组织、物理性质、营养价值和贮存性等，还要使用各种添加剂。人造奶油常用辅料包括牛乳或乳粉、食盐、乳化剂（如卵磷脂和单硬脂酸甘油酯）、防腐剂（苯甲酸或苯甲酸钠）、抗氧化剂（维生素 E、BHT、BHA、PG）、香啉剂、着色剂、维生素（维生素 A 或维生素 D）等。

采用两种以上油脂混合作为原料油脂，目的在于调节合适的塑性范围。食品工业用人造奶油的原料油脂配比有：氢化花生油（熔点 32~34℃）70%+椰子油（熔点 24℃）10%+液体油 20%；氢化棉籽油（28℃）85%+氢化棉籽油（42~44℃）15%；氢化葵花籽油（熔点 44℃）20%+氢化葵花籽油（熔点 32℃）60%+液体油 20%；氢化菜籽油（熔点 42℃）10%+氢化菜籽油（熔点 32℃）38%+牛脂（熔点 46℃）10%+液体油 42%。家庭用软型人造奶油的原料油脂配比有：氢化大豆油（熔点 34℃）+氢化棉籽油（熔点 34℃）+红花籽油 20%+大豆色拉油 20%。

（3）人造奶油的加工工艺

人造奶油的一般加工工艺：

其中包括原辅料的调和、乳化、急冷捏合、包装、熟成五个阶段。

第一阶段：调和原料油按一定比例经计量后进入调合锅调匀。油溶性添加物（乳化剂、着色剂、抗氧化剂、香味剂、油溶性维生素等）在用油溶解后倒入调合锅。若有些添加物较难溶于油脂（也较难溶于水），可加一些互溶性好的丙二醇，帮助它们很好分散。水溶性添加物（食盐、防腐剂、乳成分等）在用经杀菌处理的水溶解成均匀的溶液后备用。

第二阶段：乳化加工普通的 W/O 型人造奶油，可把乳化锅内的油脂加热到 60℃，然后加入计量好的相同温度的水（含水溶性添加物），在乳化锅内迅速搅拌，形成乳化液，水在油脂中的分散状态对产品的影响很大。水滴直径太小，油感重，风味差；水滴过大，风味好，易腐败变质；水滴大小适当（直径 1～5μm 的占 95%，5～10μm 的占 4%，10～20μm 的占 1%，1cm³ 的人造奶油中小水滴约一亿个），风味好，细菌难以繁殖。水相的分散度可通过显微镜观察。

第三阶段：急冷捏合乳状液由柱塞泵在 2.1～2.8MPa 压强下喂入急冷机，利用液态氨急速冷却，在冷却壁上冷冻析出的结晶被筒内的刮刀刮下。物料通过急冷机时，温度降到 10℃，此时料液已降至油脂熔点以下，析出晶核，由于受到强有力的搅拌，不致很快结晶，成为过冷液。

急冷机的过冷液已生成晶核，如果让过冷液在静止状态下完成结晶，会形成固体脂结晶的网状结构，形成硬度很大的整体，没有可塑性。食品工业用人造奶油必须通过高效的捏合机，打碎原来形成的网状结构使它重新结晶，降低稠度，增强可塑性。捏合机对物料剧烈搅拌捏合，并慢慢形成结晶。由于结晶产品的结晶热（209kJ/kg）和搅拌产生的摩擦热，出捏合机的物料温度升至 20～25℃，此时结晶完成 70%，但仍呈柔软状态。家庭用软型人造奶油如果进行过度捏合，会有损风味，因而急冷机出来的物料不经捏合机，而是进入滞留管（静止管）进行适当强度的捏合。

第四阶段：包装与熟成从捏合机出来的人造奶油为半流体，要立即送往包装机。有些需成型的制品则先经成型机后再包装。包装好的人造奶油，置于比熔点低 10℃ 的仓库中保存 2～5d，使结晶完成，这项工序称为熟成。

2. 起酥油

起酥油是指用这种油脂加工饼干等，可使制品酥脆易碎，因而把具有这种性质的油脂称为起酥油。传统的起酥油是具有可塑性的固体脂肪，它与八造奶油的区别主要在于起酥油没有水相。新开发的起酥油有流动状、粉末状产品，均具有可塑性产品相同的用途和性能。因此，起酥油的范围很广，下一个确切的定义比较困难，不同国家、不同地区起酥油的定义不尽相同。起酥油的一般概念是指精炼的动、植物油脂、氢化油或上述油脂的混合物，经急冷捏合制造的固态油脂或不经急冷捏合加工出来的固态或流动态的油脂产品。起酥油一般不宜直接食用，而是用来加工糕点、面包或煎炸食品，必须具有良好的加工性能。

3. 代可可脂

巧克力是一类深受广大群众喜爱的糖果食品。块状巧克力具有独特的物理性质，在室温下很硬，拿在手中不熔化，并且有脆性；放在嘴里能很快熔化，并且不使人感到油腻。在显微镜下观察巧克力，可以发现，它是由脂肪连续地围绕分布在许多非常微小的粒子周围而构成。这些固体颗粒是可可粉、糖粉和乳粉，它们的直径小于 30μm。巧克力的优良特性主要是因为采用了可可脂这种有特殊性质的脂肪作为基础原料。

4. 煎炸油

食品工业生产的煎炸食品，如油炸方便面、麻花等，应具有良好的外观、色泽和较长的保存期。因此，并不是所有的油脂都可以适用，必须具备下列性质：①稳定性高：大部分食品的油炸温度在 150～200℃，个别的需要温度更高（如油炸酥脆饼 250～

270℃）。要求所使用的油脂在持续高温下不易氧化、分解、水解、热聚合，油炸食品在贮藏过程中不易变质。②烟点高：烟点太低会导致油炸的操作无法进行。③具有良好的风味。

（二）植物油加工副产物综合利用

1. 饼粕利用

植物油饼粕中大多数含有较高含量的优质蛋白质、膳食纤维，以及其他的活性成分，是良好的饲料原料和食品原料。以脱脂豆粕为例，可以进一步加工生产大豆分离蛋白、大豆浓缩蛋白和大豆组织蛋白等产品。

除大豆、花生、芝麻饼粕可以直接作为食用或饲用蛋白质外，菜籽饼粕、棉籽饼粕都涉及脱毒问题。菜籽饼粕中含有硫代葡萄糖苷、植酸、单宁、芥子碱、皂素等有毒物和抗营养因子；棉籽饼粕中则含有游离棉酚等有毒物质，综合利用前需要有效除去。脱毒后的饼粕可作饲料蛋白质。常用饼粕脱毒方法分为两类：一类是使饼粕中的抗营养素发生钝化、破坏或结合等作用；另一类是将有害物从饼粕中分离出来。具体有热处理、水洗处理和碱处理等。

热处理法可分为干热处理法、湿热处理法、加热处理法和蒸汽汽提法。干热处理法是将碾碎的饼粕不加水，在80~90℃温度下蒸30min，使饼粕中的酶钝化。湿热处理法是先碾碎饼粕，在开水中浸泡数分钟，然后再按干热处理法加热。加热处理法和蒸汽汽提法是将饼粕在0.2MPa压力下加热处理60min，通入蒸汽，温度保持在110℃，处理1h后，饼粕的饲喂效果较好。

饼粕用热水浸泡可去除其中的有毒物质，并可连续水洗，也可2次水洗，以此法应用较多。第一种方法是将饼粕用水浸泡8h后过滤，然后再放在水中浸泡2h。第二种方法是第一次用水浸泡14h后过滤，再用水浸泡1h。饼水比例以1：5为宜。此法用水量大，饼粕中干物质损失较多。

碱液用氨水或纯碱溶液，按照100份菜籽饼粕加7%氨水22份或150g/L纯碱溶液24份的比例，迅速充分搅拌，装入容器，用塑料布覆盖或加盖密封4~5h，然后放入蒸锅内蒸40~50min，而后晒干或炒至散开，即可配入饲料使用，此法脱毒率在94%以上。

2. 皂脚或油脚的利用

皂脚或油脚是从毛油加工成精油过程中产生的下脚料，约占精油质量分数的20%。油脚中含有多种营养成分，值得进一步开发利用。目前皂脚或油脚主要应用在以下4个方面：一是用于脱膜剂、防水沥青、人工饲料等粗产品的制备；二是经过酸化、水解，生产不饱和脂肪酸（油酸和亚油酸等）和混合饱和脂肪酸，但附加值低，同时副产大量植物沥青，约占植物油脚的10%，主要作为重油燃烧处理，其中还含有60%~70%的混合脂肪酸、5%~10%的植物甾醇及5%的维生素E等，造成大量天然资源的浪费；三是磷脂的制取，如大豆粕中含有20%~25%的磷脂；四是随着生物柴油的发展，用于生产生物柴油的原料。

思考题

1. 稻谷的物理性质有哪些？分别对稻谷加工有何影响？
2. 稻谷清理方法有哪些？各自的原理是什么？

3. 什么是麦路？什么是粉路？

4. 什么是小麦粉的修饰？为什么要对小麦粉进行修饰？

5. 简述面包制作过程中面团成型的几个阶段的特点。

6. 油料预处理方法有哪些？各自的作用是什么？

7. 植物油制取的常见方法有哪些？各自的优缺点是什么？

第十章　果蔬食品的加工生产

导读

　　果蔬的色、香、味，以及营养成分是由各种化学物质组成的，这些物质在果蔬加工以及产品贮存过程中，常常会发生各种各样的变化，从而影响果蔬制品的品质和营养价值，所以果蔬加工首先要研究果蔬化学成分的性质及其变化，以便在原料处理、产品加工和贮存时尽量控制这些变化，保持和提高果蔬制品的食用品质；既能够增加果蔬食品的花色品种，改进风味，又可充分利用资源，提高果蔬的利用价值，对于调节市场供应，减少果蔬腐烂损失，增加经济效益，有着重要作用。

学习目标

　　1. 了解果蔬罐藏制品、汁制品、糖制品、干制品等加工的基本原理及工艺流程。

　　2. 重点掌握各制品加工的关键控制点。

　　3. 学会各类制品加工的基本操作技能。

第一节　罐藏制品

　　食品罐藏就是将原料经预处理后装入密封容器，经排气、密封、杀菌、冷却等一系列过程制成的产品。罐藏加工技术是由尼克拉·阿培尔在18世纪发明的，距今已经有几百年的历史，当初由于对引起食品腐败变质的原因还没有认识，故技术上发展较慢，直到1864年巴斯德发现了微生物，为罐藏技术奠定了理论基础，才使罐藏技术得到较快发展，并成为食品工业的重要组成部分。

　　罐藏制品的共同特点为：必须有一个能够密闭的容器（包括复合薄膜制成的软袋）；必须经过排气、密封、杀菌、冷却这四道工序；从理论上讲必须杀死致病菌、腐败菌、产毒菌，达到商业无菌，并使酶失活。

一、罐藏制品的加工原理

　　罐藏食品能长期保藏主要是借助罐藏条件（排气、密封、杀菌）杀灭罐内引起败坏、产毒、致病的微生物，破坏原料组织中酶的活性，并保持密封状态，使食品不再受外界微生物污染来实现的。

（一）影响杀菌的因素

　　杀菌是罐藏工艺中的关键工序，影响杀菌效果的因素主要是微生物，包括需氧性芽孢杆菌、厌氧性芽孢杆菌、非芽孢细菌、酵母菌和霉菌等。

1. 微生物

微生物的种类、抗热力和耐酸能力对杀菌效果有不同的影响，但杀菌还受其他因素的影响。果蔬中细菌的数量，尤其是孢子存在的数量越多，抗热能力越强。果蔬所处环境条件可改变芽孢的抵抗能力，干燥能增加芽孢的抗热力，而冷冻有减弱抗热力的趋势。在微生物一定的情况下，随着杀菌温度的提高，杀菌效率会升高。

2. 果蔬原料特点

果蔬原料的品种繁多，组织结构和化学成分不一。

（二）罐头杀菌的理论依据

在罐头食品杀菌中，酶类、霉菌类和酵母菌类是比较容易控制和杀灭的，罐头热杀菌的主要对象是抑制在无氧或微量氧条件下，仍然活动且产生孢子的厌氧性细菌，这类细菌的孢子抗热力是很强的。理论上，要完成杀菌的要求就必须考虑到杀菌温度和时间的关系。

热致死时间就是作为杀菌操作的指导数据，是指罐内细菌在某一温度下被杀死所需要的时间。热对细菌致死的效应是操作时温度与时间控制的结果，温度越高，处理时间越长，效果越显著，但同时也提高了对食品营养的破坏作用。

二、罐藏容器

容器对罐藏食品的保存有重要作用，应具备无毒、耐腐蚀、能密封、耐高温高压、不与食品发生化学反应、质量轻、便于携带等条件。

三、工艺流程

原料→预处理（选别）→分级→清洗→去皮→切分、去核→烫漂→抽真空→装罐→注入汤汁或不注→排气（抽气）→密封→杀菌→冷却→保温处理→贴标→成品

四、关键控制点及预防措施

（一）原料选择

原料选择，是保证制品质量的关键。一般要求原料具备优良的色、香、味，糖酸含量高，粗纤维少，无不良风味，耐高温等。水果常用的原料有柑橘、桃、梨、杏、菠萝等；蔬菜常用的原料有竹笋、石刁柏、四季豆（青刀豆）、甜玉米蘑菇等。

（二）原料预处理

预处理的目的是为了剔除不适的和腐烂霉变的原料，去除果蔬表面的尘土、泥沙、部分微生物及残留农药，并按原料大小、质量、色泽和成熟度进行分级、去皮、去核、去心并修整，然后烫漂的操作。

（三）装罐

1. 空罐的准备

空罐在使用之前应检查，要求罐型整齐，缝线标准，焊缝完整均匀，罐口和罐盖边缘无缺口或变形，马口铁皮上无锈斑或脱锡现象。玻璃罐应形状整齐，罐口平坦光滑无缺口，罐口正圆，厚度均匀，玻璃内无气泡裂纹。

2. 填充液配制

目前生产的各类水果罐头，要求产品开罐后糖液浓度为 14%~18%，大多数罐装蔬菜装罐用的盐水含盐量 2%~3%。填充液的作用包括：调味；充填罐内的空间，减少空气的作用；有利于传热，提高杀菌效果等。生产上使用的主要是蔗糖，另外还有果葡糖浆、玉米糖浆、葡萄糖等，常用直接法和稀释法进行配制。

3. 装罐

原料准备好后应尽快装罐。装罐的方法有人工装罐和机械装罐两种。装罐时注意合理搭配，力求做到大小、色泽、形态、成熟度等均匀一致，排列式样美观。同时要求装罐量必须准确，净重偏差不超过±3%。

4. 排气

原料装罐注液后、封罐前要进行排气，将罐头和组织中的空气尽量排除，使罐头封盖后能形成一定程度的真空度以防止败坏，有助于保证和提高罐头食品的质量。为了提高排气效果，在排气前可以先进行预封。所谓预封就是用封口机将罐身与罐盖初步钩连上，其松紧程度以能使罐盖沿罐身旋转而不会脱落为度。

5. 密封

密封是使罐头与外界隔绝，不致受外界空气及微生物污染而引起败坏。排气后要立即封罐，封罐是罐头生产的关键环节。不同种类、型号的罐，使用不同的封罐机。封罐机的类型很多，有半自动封罐机、自动封罐机、半自动真空封罐机，自动真空封罐机等。

6. 杀菌

罐头食品在装罐、排气、密封后，罐内仍有微生物存在，会导致内容物的腐败变质，所以在封罐后必须迅速杀菌。罐头杀菌一般分为低温杀菌和高温杀菌两种。低温杀菌，又称常压杀菌，温度在 80~100℃，时间 10~30min，适合于含酸量较高（pH 值在 4.6 以下）的水果罐头和部分蔬菜罐头。高温杀菌，又称高压杀菌温度 105~121℃，时间 40~90min，适用于含酸量较少（pH 值 4.6 以上）和非酸性的肉类、水产品及大部分蔬菜罐头。在杀菌中热传导介质一般采用热水和热蒸汽。

7. 冷却

杀菌后的罐头应立即冷却，如果冷却不够或拖延冷却时间会引起不良现象的发生，如罐头内容物的色泽、风味、组织、结构受到破坏，促进嗜热性微生物的生长等。罐头杀菌后一般冷却到 38~42℃即可。

8. 保温处理

将杀菌冷却后的罐头放入保温室内，中性或低酸性罐头在 37℃下保温一周，酸性罐头在 25℃下保温 7~10d，未发现胀罐或其他腐败现象，即检验合格。

9. 成品的贴标包装

保温处理合格后就可以贴标签。标签要求贴得紧实、端正、无皱折，贴标中应注明营养成分等。

五、成品的检验与贮藏

成品检验与贮藏是罐头食品生产的最后一个环节。

（一）检验方法

1. 感官检验

容器密封完好，无泄漏、胖听现象存在。容器外表无锈蚀，内壁涂料无脱落。内容物具有该品种果蔬类罐头食品的正常色泽、气味和滋味，汤汁清晰或稍有浑浊。

2. 细菌检验

将罐头抽样，进行保温试验，检验细菌。

3. 化学指标检验

包括总重、净重、汤汁浓度、罐头本身的条件等的评定和分析。水果罐头：总酸含量0.2%～0.4%，总糖含量为14%～18%（以开罐时计）。蔬菜罐头：要求含盐量1%～2%。

4. 重金属与添加剂指标检验

指标按国家标准执行。

5. 微生物指标

符合罐头食品的商业无菌要求。罐头食品经过适度杀菌后，不含有致病性微生物，也不含有在通常温度下能在其中繁殖的非致病性微生物。

（二）常见败坏现象及原因

1. 罐形损坏

（1）胀罐

胀罐的形成是由于细菌的存在和活动产生气体，导致罐头内容物发生恶臭味和毒物。根据发生阶段的不同有轻微和严重胀罐之分。轻微的胀罐是由于装罐过量、排气不够或杀菌时热膨胀所致，这种胀罐无害。硬胀是最严重的，施加压力也不能使其两端底盖平坦凹入。

（2）氢胀

由于罐壁的腐蚀作用而释放出氢气，产生内压，使罐头底盖外突。这种胀罐多发生在酸性菇类罐头中，如汤液中加入了太多的柠檬酸，且用马口铁包装的罐头，常发生这类胀罐。这类胀罐不危及人体健康。

（3）漏罐

这是指由罐头缝线或孔眼渗漏出部分内容物，如封盖时缝线形成的缺陷，或铁皮腐蚀生锈穿孔，或是腐败微生物产生气体而引起过大的内压损坏缝线的密封，或机械损伤，都可造成这种漏罐。

（4）变形罐

罐头底盖出现不规则的峰脊状，很像胀罐。这是由于冷却技术掌握不当，消除蒸汽压过快，罐内压力过大造成严重张力而使底盖不整齐地突出，冷却后仍保持其突出状态。这种情况冷却后出来就形成，而不是在罐头贮存过程中形成的因罐内并无压力，如稍加压力即可恢复正常。这种类型对罐内固体品质无影响。

（5）瘪罐

多发生于大型罐上，罐壁向内凹陷变形。这是由于罐内在排气后，真空度增高、过分的外压或反压冷却等操作不当而造成的，对罐内固体品质无影响

2. 绿色蔬菜罐头色泽变黄

叶绿素在酸性条件下很不稳定，即使采取了各种护色措施，也很难达到护绿的效果，而且叶绿素具有光不稳定性，所以玻璃瓶装绿色蔬菜经长期光照，也会导致变黄。如果生

产上能调整绿色蔬菜罐头罐注液的 pH 至中性偏碱，并采取适当的护绿措施，例如热烫时添加少量锌盐，绿色蔬菜罐头最好选用不透光的包装容器等，在一定程度上能缓解这种现象的发生。

3. 果蔬罐头加工过程中发生褐变

采用果蔬原料加工罐头时，通常容易发生酶促褐变。采用热烫进行护色时，必须保证热烫处理的温度与时间；采用抽空处理进行护色时，应彻底排净原料中的氧气，同时在抽空液中加入防止褐变的护色剂；果蔬原料进行前处理时，严禁与铁器接触。

4. 果蔬罐头固形物软烂与汁液混浊

在生产上一定要选择成熟度适宜的原料，尤其是不能选择成熟度过高且质地较软的原料；热处理要适度，特别是烫漂和杀菌处理，要求既达到烫漂和杀菌的目的，又不能使罐内果蔬软烂；热烫处理期间，可配合硬化处理；避免成品罐头在贮运与销售过程中的急剧震荡、冻融交替以及微生物的污染。

（三）罐头食品的贮藏

仓库位置的选择要便于进出库的联系，库房设计要便于操作管理，防止不利环境的影响；库内的通风、光照、加热、防火等均要有利于工作和保管的安全。贮存库要有严密的管理制度，按顺序编排号码，安置标签，说明产品名称、生产日期、批次和进库日期或预定出库日期。管理人员必须详细记录，便于管理。贮存库要避免过高或过低的温度，也要避免温度的剧烈波动。空气温度和湿度的变化是影响生锈的条件，因此，在仓库管理中，应防止湿热空气流入库内，避免含腐蚀性的灰尘进入。对贮存的罐头应经常进行检查，以检出损坏漏罐，避免污染好罐。

第二节　汁制品、糖制品、干制品

一、汁制品

果蔬汁是优质新鲜的果蔬经挑选、清洗后，通过压榨或浸提制得的汁液，含有新鲜果蔬中最有价值的成分，是一种易被人体吸收的果蔬饮料。虽然发展历史较短，但发展非常迅速。世界各国生产的果蔬汁以柑橘汁、菠萝汁、苹果汁、葡萄汁、胡萝卜汁、番茄汁及浆果汁为多，国内主要是柑橘汁、菠萝汁、苹果汁葡萄汁、胡萝卜汁、番茄汁和石榴汁等。

（一）工艺流程

原料选择→预处理→破碎（或榨汁）→澄清或筛滤→调配→脱气、均质→糖酸调整→罐装→杀菌、冷却→成品

（二）关键控制点及预防措施

1. 原料选择

榨汁果蔬原料要求优质、新鲜，并有良好的风味和芳香、色泽稳定、酸度适中，另外要求汁液丰富，取汁容易，出汁率较高。常用果蔬原料有：柑橘类中的甜橙、柑橘、葡萄柚等；核果类有桃、杏、乌梅、李、梨、杨梅、樱桃、草莓、荔枝、猕猴桃、山楂等；蔬菜类有番茄、胡萝卜、冬瓜、芦笋、黄瓜等。

2. 原料预处理

鲜果榨汁前，要用流动水洗涤，除去黏附在表面的农药、尘土等，可用0.03%的高锰酸钾溶液或0.01%~0.05%二氧化氯溶液洗涤，后者可不用水再冲洗。

3. 原料破碎或打浆

不同种类的原料可选择不同的设备和工艺。破碎粒度要适当，粒度过大，出汁率低，榨汁不完全；过小，外层果汁迅速流出，但内层果汁反而降低滤出速度。破碎程度视果实品种而定，大小可通过调节机器来控制。如用辊压机进行破碎，苹果、梨破碎后大小以3~4mm、草莓和葡萄等以2~3mm、樱桃为5mm为宜。同时要注意不要压破种子，否则会使果汁有苦味。常用破碎机械有粉碎机和打浆机。桃、杏、山楂等破碎后要预煮，使果肉软化，果胶物质降低，以降低黏度，利于后期榨汁工序。

4. 榨汁或浸提

榨汁前为了提高出汁率，通常要对果实进行预处理，如红色葡萄、红色西洋樱桃、李、山楂等水果，在破碎后，须进行加热处理或加果胶酶制剂处理。目的是使细胞原生质中的蛋白质凝固，改变细胞通透性，使果肉软化、果胶质水解，降低汁液黏度，同时有利于色素和风味物质的渗出，并能抑制酶的活性。榨汁机主要有螺旋榨汁机、带式榨汁机、轧辊式压榨机、离心分离式压榨机等。一般原料经破碎后就可以直接压榨取汁。

对于汁液含量少的果蔬应采用加水浸提法，如山楂片提汁，将山楂片剔除霉烂果片，用清水洗净，加水并加热至85~95℃后，浸泡24h，滤出浸提液对有很厚外皮如柑橘类和石榴类果实，不宜采用破碎压榨取汁，因为其外皮中有不良风味和色泽的可溶性物质，同时柑橘类果实外皮中含有精油，果皮、果肉皮和种子中存在柚皮苷和柠檬碱等导致苦味的化合物，所以此类果实宜采用逐个榨汁法。

5. 过滤

过滤一般包括粗滤和精滤两个环节，对于混浊果汁是在保存色粒以获得色泽风味和香味特性的前提下，去除果蔬汁中粗大果肉颗粒及其他一些悬浮物，筛板孔径为0.8mm和0.4mm；对于透明汁，粗滤之后还需精滤或先澄清后过滤，务必除尽全部悬浮粒。

6. 脱气

脱气也称去氧或脱氧，即在果汁加工中除去存在于果实细胞间隙中的氧、氮和呼吸作用产生的二氧化碳等气体，防止或减轻果汁中色素、维生素C、香气成分和其他物质的氧化，防止品质降低，同时去除附着于悬浮微粒上的气体，减少或避免微粒上浮，以保持良好外观，防止或减少装罐和杀菌时产生泡沫，减少马口铁罐内壁的腐蚀。但脱气会造成挥发性芳香物质的损失，为减少这种损失，可先进行芳香物质回收，然后再加入到果汁中。

果汁的脱气方法有真空脱气法、氮气交换法、酶法脱气法和抗氧化剂法等。一般果蔬脱气采用真空脱气罐进行脱气，要求真空度在90.7~93.3kPa以上。

7. 均质

均质是使果蔬汁中不同粒子通过均质设备，使其中悬浮粒进一步破碎，使粒子大小均一，促进果胶渗出，使果胶和果汁亲和，保持一定的混浊度，获得不易分离和沉淀的果汁。

8. 糖酸调整

糖酸调整是为使果汁适合消费者口味，符合产品规格的要求和改进风味，保持果蔬汁原有风味，在鲜果蔬汁中加入适量的砂糖和食用酸（柠檬酸或苹果酸）或用不同品种原料的混合制汁进行调配。一般成品果汁糖酸比为（13~18）:1为宜。

9. 装罐

果蔬汁一般采用装汁机热装罐，装罐后应立即密封，封口应在中心温度75℃以上，真空度5.32kPa条件下抽气密封。

10. 杀菌

果蔬汁中会存在大量微生物和各种酶，存放过程中会影响果蔬汁的保藏性和品质。杀菌的目的就是杀死其中的微生物、钝化酶，尽可能在保证果蔬汁品质不变基础上延长其保藏期。但果蔬汁热敏性较强，为了保持新鲜果汁的风味，部分采用了非加热钝化微生物的方法，但大多数还是采用加热杀菌的方法，其中最常用的是高温瞬时杀菌，即92（±2）℃保持15~30s或120℃以上保持3~10s。

冷却后即时擦干送检，有条件者先自检，同时送中心化验室检测，检验合格者，可进行贴标和装箱，然后将成品入库。

二、糖制品

（一）糖制原理

果蔬糖制是利用高浓度食糖的防腐作用为基础的加工方法。食糖本身对微生物无毒害作用，低浓度糖还能促进微生物的生长发育。

1. 食糖的性质

糖制中使用的食糖主要有：甘蔗糖、甜菜糖、饴糖、淀粉糖浆、蜂蜜等。蔗糖类因纯度高、风味好、色泽淡、取用方便和保藏作用强等优点被广泛使用。食糖的性质对糖制品的质量有很大影响，食糖的性质主要包括糖的甜度、糖的溶解度和晶析、糖的吸湿性、糖的沸点及蔗糖的转化等。

（1）糖的甜度

糖的种类、糖液的浓度、温度对甜度均有影响。

食糖除甜味不同外，风味也不同，蔗糖甜味纯正，显味快，葡萄糖甜中带酸涩，麦芽糖甜味小带酸，因此糖的风味会影响制品风味，糖制品一般多用蔗糖。但蔗糖溶液和食盐混合后，会呈现对比现象，使其别具风味。

（2）糖的溶解度和晶析

食糖在水中的溶解度随温度的升高而加大。如蔗糖在10℃时溶解度为65.6%（相当于糖制品的含糖量），果蔬糖制时温度为90℃，溶解度为80.6%。制品贮藏时温度降低，当低于10℃时，就会出现晶析现象（即返砂）。在生产中，为避免产生晶析，可加入部分淀粉糖浆、饴糖、蜂蜜或果胶等，增大糖液的黏度，阻止蔗糖晶析，增大糖液的饱和度。

（3）吸湿性和潮解

糖的吸湿性与糖的种类及环境的相对湿度有关。果糖与麦芽糖的吸湿性最大，其次是葡萄糖。各种结晶糖吸水达15%以下，便于开始失去晶形成液态，蔗糖吸湿后会发生潮解结块，所以制品必须用防潮纸或玻璃纸包裹。蔗糖宜贮存在相对湿度40%~60%的环境中。

（4）沸点

糖液的沸点随浓度增加而升高。在生产中，糖制时常常利用沸点估算浓度或固形物含量，进而确定煮制终点。如干态蜜饯出锅时糖液沸点为107~108℃，可溶性固形物含量可达75%~76%，含糖量达70%。果酱类出锅时糖液沸点为104~105℃，制品的可溶性固形物为62%~66%，含糖量约为60%

（5）蔗糖的转化

蔗糖在酸和转化酶的作用下，在一定温度下可水解为转化糖（等量的葡萄糖和果糖）。蔗糖转化的适宜 pH 为 2.5。蔗糖转化为转化糖后，可抑制晶析的形成和增大，但转化糖吸湿性强，在中性或微碱性条件下不易分解，加热可产生焦糖。糖制品中转化糖含量应控制在 30%~40%，占总糖量的 60%以上时，质量最佳。

2. 糖制品的保藏原理

（1）食糖的高渗透压

糖溶液有一定的渗透压，通常使用的蔗糖，其 1%的浓度可产生 70.9kPa 的渗透压，糖液浓度达 65%以上时，远远大于微生物的渗透压，从而抑制微生物的生长，使制品能较长期保存。

（2）降低水分活性

水分活度 Aw 表示食品中游离水的水蒸气压与同条件下纯水水蒸气压之比。大部分微生物适宜生长的 Aw 值在 0.9 以上。当食品中可溶性固形物增加时，游离含水量减少，Aw 值变小，微生物就会因游离水的减少而受到抑制。如干态蜜饯的 Aw 值在 0.65 以下时，能抑制一切微生物的活动，果酱类和湿态蜜饯的 Aw 值在 0.80~0.75 时，霉菌和一般酵母菌的活动被抑制。对耐渗透压的酵母菌，需借助热处理、包装、减少空气或真空包装才能被抑制。

（3）抗氧化作用

氧在糖液中的溶解度小于在水中的溶解度，糖浓度越高，氧的溶解度越低。如浓度为 60%的蔗糖溶液，在 20℃时，氧的溶解度仅为纯水含氧量的 1/6。于糖液中氧含量的降低，有利于抑制好氧型微生物的活动，也利于制品色泽、风味和维生素的保存。

（4）加速糖制原料脱水吸糖

高浓度糖液的强大渗透压，亦加速原料的脱水和糖分的渗入，缩短糖渍和糖煮时间，有利于改善制品的质量。然而，糖制初期若糖浓度过高，也会使原料因脱水过多而收缩，降低成品率。蜜制或糖煮初期的糖浓度以不超过 30%~40%为宜。

3. 果胶及其胶凝作用

果胶是天然高分子化合物，具有良好的胶凝化和乳化稳定作用，广泛用于食品、医药等行业。果胶具有胶凝性，影响胶凝的主要因素是溶液的 pH 值、温度食糖的浓度和果胶种类。在 pH 2.0~3.5 范围内果胶能胶凝，pH 3.1 左右时，凝胶的硬度最大，pH3.6 时凝胶比较柔软，甚至不能胶凝，称为果胶胶凝的临界 pH 值。食糖能使果胶脱水，糖液浓度越大，脱水作用也越大，胶凝也越快，硬度也越大，但只有溶液中含糖量达 50%以上时，才有脱水作用。当果胶、糖、酸比适当时，温度越低，胶凝越快，硬度越大，而当温度高于 50℃时不胶凝。果胶若含甲氧基较多或糖液浓度较大时，则果胶需要量可相应减少，一般要求含量在 1%左右即可。胶凝温度范围为 0~58℃，在 30℃以下，温度越低胶凝度越大，30℃凝胶强度开始减弱，温度越高强度越弱，58℃时接近于 0，所以制得的果冻必须保存于 30℃以下。糖液浓度对低甲氧基果胶的胶凝无影响，所以，用低甲氧基果胶制造含糖量低的果冻，实用价值最大，风味也好。

（二）果脯蜜饯类加工工艺

1. 工艺流程

原料选择→预处理→果坯处理→预煮→糖渍→调味→着色→整形→干燥→整饰→包装

→成品

2. 操作要点

（1）原料选择

一般选用果实含水量少，固形物含量高，成熟时不易软绵，煮制中不易糜烂的品种，多选择果实颜色美观，肉质细腻并具有韧性，果核易脱落，耐贮藏，七分熟的果实为原料。

（2）预处理

包括原料的洗涤、选别、硬化处理或硫化处理、去皮等操作。硬化处理是用石灰、氯化钙、亚硫酸氢钠进行处理，硬化后的果实需经预煮脱盐脱硫。硫化处理的目的在于使果蔬蜜饯色泽明亮，防止褐变及蔗糖的晶析，减少维生素 C 的损失。干态蜜饯原料需要脱酸者则用石灰，如冬瓜、橘饼的料坯常用 0.5% 石灰水溶液浸泡 1~2h；果脯及含酸量低的用氯化钙、亚硫酸钙等，如苹果脯、胡萝卜蜜饯等一般用 0.1% 氯化韩溶液处理 8~10h；而蜜枣、蜜姜片等本身耐煮制，一般不进行硬化处理。

（3）果坯制作

原料进行预处理后，用适量食盐进行腌制，一般包括盐腌、曝晒、回软和复晒，目的是利用食盐的保藏作用改变组织细胞的通透性，促进糖渍时糖分的渗透。

（4）预煮

预煮的目的是为了抑制微生物、防止败坏、固定品质、破坏酶、排除果蔬中氧气、防止果蔬氧化变色。也能适度软化果肉，糖制时使糖易于渗入。

（5）糖渍

糖渍是最关键的步骤，糖渍方法有很多，根据加工方式分为糖腌法和糖渍法。

糖腌法：中式蜜饯加工时，将原料杀菌滴水，用约 1/3 糖一层层撒布于原料上进行腌渍，并酌加 0.2%~0.3% 的柠檬酸，使 pH 在 3~4，次日稍稍加热，另加 1/3 量糖腌渍，1~2d 后，将最后 1/3 的糖加入，浓缩至半透明。

糖渍法：糖腌法易造成原料收缩影响外观，且糖不易渗入，故改良型中式蜜饯与西式蜜饯的制作采用糖渍法。首次糖渍液与水果糖度差不宜超过 10~15°Bx，糖液糖度一般为 25~30°Bx，糖渍 24h 后，提高糖液糖度到 40°Bx，之后，每浸渍 24h 提高 10°Bx，直到所求糖度达到 70°Bx 左右为止。现代也用真空连续渗透法，此法可缩短糖渍时间及提高品质。

（6）调味、着色、整形

针对不同蜜饯和果脯，糖渍至终点后，根据品种品质要求用香料调味，用着色剂着色，或对糖渍半成品进行整形，以达到成品色、香、形的要求。

（7）干燥

糖渍后滴干所附着的糖液就得湿式蜜饯。干燥的目的是为了减少果肉水分以提高糖度和降低水活性，并在加温下使还原糖与氨基酸发生轻微美拉德反应以增加成品色泽。煮制的糖制品捞出沥去糖液，可以以热水洗涤表面，使成品最后不太粘手，然后铺于屉上，干燥温度一般为 50~60℃，糖制品含水量达 18%~20%，即可获干态蜜饯。

（8）装饰

为了使产品美观与避免粘手，常用糖衣法、糖结晶析出法和糖结晶混合法装饰。糖衣法是指蜜饯干燥后，再以过饱和糖液包覆成品；糖结晶析出法是指将糖渍后的蜜饯浸于过饱和糖液中，使其表面析出细小糖晶；糖结晶混合法是指糖渍后以颗粒均匀细砂糖洒于成品表面。

（9）包装

一般用透明材料包装，使之卫生、美观并防潮。

（三）果酱类加工工艺

1. 工艺流程

原料选择→原料预处理→调味或加入添加剂→加热煮软→浓缩→冷却→充填→密封→杀菌→成品

2. 操作要点

（1）原料选择

选择成熟度适宜的果蔬，含酸及果胶量多，芳香味浓，色泽美观，去除病虫害或劣质部分果蔬，并于 24 h 内进行加工。如番茄、草莓、西瓜皮、桃、杏、柑橘、山楂等。

（2）原料预处理

充分洗涤并除去杂物。洗涤时应注意防止果形崩溃、果汁外流，同时去除不可食部分，再以打浆机打浆筛滤，果质柔软者，可原形直接加热浓缩。

（3）调配

一般要求果肉（汁）占总配料量的 40%～55%，糖占 55%～60%，若使用淀粉糖浆则其量为占总用糖量的 20% 以下。若在制作过程中加入柠檬酸或果胶，则柠檬酸补加量应控制在成品含酸量的 0.5%～1.0%，果胶、琼脂补加量应控制在成品含果胶量的 0.4%～0.5%。

（4）加热煮软

配制好的物料需加热 10～20 min，目的在于蒸发部分水分，破坏酶活性，防止变色和果胶水解，软化果肉组织，便于糖液渗透，使果肉中果胶溶出。

（5）浓缩

常用浓缩方法有常压浓缩和真空浓缩两种。

常压浓缩：常压浓缩是在夹层锅中用蒸汽加热浓缩，开始时蒸汽压力可大约为 0.3～0.4kPa，后期压力宜降低至 0.2kPa 左右。边加热边搅拌，防止锅底原料焦化，每锅时间控制在 20～30 min。

真空浓缩：真空浓缩也称减压浓缩，将调配好的原料送入真空锅前先预热至 60～70℃将原料送入真空锅中，锅内蒸汽压力为 0.15～0.21kPa，真空度为 84.5～93.6kPa，锅内温度为 50～60℃，然后加入辅料溶解，保持温度浓缩至所需浓度，再送转化槽，在 82℃下加热 10 min 使砂糖发生 30%～40% 转化并杀菌。

（6）装罐密封

浓缩后的果酱冷却到 85～90℃，趁热装罐并密封，一般不需单独杀菌，只要保持在 85℃以上装填，倒立静置 3～5min，即可利用余温对瓶盖杀菌。为了安全起见，密封后趁热在 90℃以上热水中加热 20～30 min，杀菌后马口铁罐直接冷却到 38℃以下，玻璃罐要分 65℃，50℃，35℃及一般冷水等四段温度喷洒冷水冷却。

3. 注意事项

（1）使用粉末果胶时，以 5～10 倍砂糖混合均匀，然后加水搅拌，彻底煮沸，使其充分溶解。（2）充填温度不宜太高，一般在 85～90℃，防止果肉上浮。（3）香料、色素都要求具有耐热性和耐酸性，以防分离破坏。

（4）气泡含量较多的果酱要注意防止泡沫进入容器内，影响品质。（5）终点的正确判断一般以糖度为依据，多用仪器或经验判定。常用方法有流下法、冷水杯法、折光计法和温度计法等。流下法是用大匙或搅拌棒舀起果酱，任其滴下观察，若酱呈浆状流下，表示未到终点；若有一部分附着在搅拌棒上，呈凝固胶状缓慢流下，或将果酱滴落在器皿上冷却，倾斜时表面呈薄皱纹状，表示已达终点。冷水杯法是将浓缩果酱滴入盛有冷水的杯中，凝固成胶状常常表示达终点。折光计法是用折光计测定糖度，若糖度达 65°Bx 左右则表示达到终点。

温度计法是用温度计测沸点，温度为 104~105℃则表示达到终点。

三、干制品

（一）干制原理

果蔬的干制主要是用物理的方法降低水分来抑制微生物和酶的活性，使微生物处于反渗透的环境中，处于生理干燥的状态，从而使果蔬得到保存。

干制除去水分的方法有干燥和脱水两种。干燥是指利用日光照晒或热源直接烘烤等方法使果蔬所含水分直接转变成气体而除去，同时果蔬品质发生改变，食用时无须加水复原的干制方法。脱水是指用人工方法如间接热风、蒸气、减压、冻结等方法使果蔬所含水分以液体状态被除去，果蔬品质不会改变，食用时需加水复原的干制方法。

果蔬干燥机理包括外扩散作用和内扩散作用。在干燥初期，首先是原料表面的水分吸热变为蒸汽而大量蒸发，称为水分的外扩散。当表面水分逐渐低于内部水分时，内部水分才开始向表面移动，借助湿度梯度的动力，促使果蔬内部的水蒸气向表面移动，同时促使果蔬内部的水分也向表面移动，这种作用称为水分的内扩散。湿度梯度大，水分移动就快；湿度梯度小，水分移动就慢，所以湿度梯度是干燥的一个动力。

此外，在干制过程中，有时采用升温、降温、再升温、再降温的方法，形成温度的上、下波动，即将温度升高到一定的程度，使果蔬内部受热，而后再降低其表面的温度，这样内部温度就高于表面温度，这种内外层温度的差别称为温度梯度。水分借助温度梯度沿热流方向向外移动而蒸发，因此，温度梯度也是干燥的一个动力。

在水分蒸发的过程中，空气起热传导作用，也起输送的作用，将蒸发出的水分以蒸汽的形式输送出去。如果外扩散作用小于内扩散作用，则产生流汁，内部水分到达表面不能蒸发，在表面凝结；如果外扩散作用大于内扩散作用（如温度过高，风速过大）易使物料表面产生结壳的现象，将物料表面水分蒸发的通道阻塞，这种现象叫作外干内湿，或叫糖心，在实际生产中要注意。

干燥速度的快慢对于成品的品质起着决定性的作用，当其他条件相同时，干燥越快越不容易发生不良变化，干制品的品质就越好。影响干燥速度的因素主要有：内在因素，即原料的种类、状态等，外在因素，即干燥介质的温度、干燥介质的湿度、气流速度、原料的装载量、大气压力等。

（二）干制的方法和设备

自然干燥法用自然光、风等进行干燥，设备简单，成本低，但时间长，品质差，易变色，受气候影响大，无法批量生产，成品水分含量高，不易久贮。常用于葡萄干、杏、甘薯、笋的干燥。

常压干燥法中的泡沫簇干燥法是指在液体果蔬制品中加适量增稠剂或表面活性剂，再用打泡器通入高压气体，形成泡沫而聚集为泡沫簇，再吹热风干燥。干燥剂干燥法是在果蔬中加入硅胶、硼砂、盐、珍珠岩、浓硫酸等干燥剂间接干燥。最常用的热风干燥法是用人工强制吹送热风使果蔬原料干燥，常用设备有箱式、隧道式、带式、回转式、气流式干燥机等。真空干燥法是将原料放在真空干燥器内，在一定真空度下使原料中水分蒸发或升华，在常温下对原料进行干燥。该法可减少因热和氧化作用而使维生素及其他成分分解或变质，也能减少组织表面硬化现象，制品复原性好。但要求包装材料气密性好，耐冲击或耐压。冷冻干燥法是在加工时将原料冷冻到 −40～30℃，再在高真空度（0.0133～0.133kPa）下，使水分升华而达到干燥的目的，常用设备有冷冻干燥机、真空连续薄膜干燥机和喷雾冷冻干燥机等。

（三）工艺流程

原料选择→整理分级→洗涤→去皮去核→切分→护色→干燥→成品→均湿回软→包装。

（四）关键控制点及预防措施

1. 原料挑选

干制对原料总的要求是干物质含量高，风味好，皮薄，肉质厚，组织致密，粗纤维少，新鲜饱满，色泽好。适于干制加工的蔬菜有甘蓝、萝卜、洋葱、胡萝卜、青豌豆、黄花、食用菌、竹笋、甜椒等。葡萄、枣子、菠萝、柿子、李子、山楂等大部分水果均可以用于干制。

2. 清洗

目的是去除果蔬表面的泥土、杂质及药剂的残留，一般先用 0.05%～0.1% 高锰酸钾溶液或 0.06% 漂白粉溶液浸泡数分钟，后用水冲洗干净。

3. 去皮

可用人工去皮或机械去皮，去皮后必须立即浸入清水或护色液中以防褐变

4. 切分、成型

根据市场的要求，将果蔬切分成一定的形式（粒状、片状等），易褐变的果蔬切分后应立即浸入护色液或进行烫漂。

5. 烫漂

一般采用沸水、热水或蒸汽进行烫漂。水温因不同果蔬品种而异，范围为 80～100℃，时间为 1～2min。目的在于利用热力以破坏酶的活性，防止氧化。避免变色，减少营养物质的损失，同时具有洗涤作用。烫漂时，可在水中加入少量食盐、糖或有机酸等，以改进果蔬的色泽和增加硬度，烫漂完毕应立即冷却，冷却时间越短越好。

6. 硫处理

硫处理的目的是抑制褐变并促进干燥及防止虫害、杀死微生物，主要用于水果和竹笋，是果蔬干制中的一个重要工序。样品烫漂处理后，冷却沥干喷以 0.1%～0.2% 的 Na_2SO_3 溶液或按 1t 切分巧料约 0.1%～0.4% 硫黄粉燃烧处理 0.5～5h。因熏硫法需有严密的熏硫室，因此常用浸硫法进行硫处理，即用含 SO_2 的化学药品如 0.2%～0.6% 浓度的亚硫酸、亚硫酸盐溶液浸泡。

7. 干燥

根据原料不同选用不同的干燥方法。为了提高干燥效率，对于葡萄、李子、无花果等

果皮外附着蜡质的水果，可用 0.5%~10% 的 NaOH 的沸腾液浸渍 5~20s，苹果、梨、桃等果肉中含有气体的水果品种，一般用表面活性剂浸渍后干燥，对于果皮组织致密的，可在果皮表面刺上小孔等。

8. 分拣、包装

干燥后的产品应立即分拣，剔除杂质及等外品，部分蔬菜要经过回软，以保证干制品变软，水分均匀一致，一般菜干回软时间为 1~3d，并按要求准确称量，装入包装容器内。

第三节　酿造制品与腌制品

一、酿造制品

（一）果酒的酿造

1. 果酒酿造原理

（1）酒精发酵及其产物

乙醇的生成：乙醇是果酒的主要成分之一，为无色液体，具有芳香和带刺激性的甜味。长期贮存后，由于与水通过氢键缔合生成分子团，使人的感官不能感知，因此缔合度越高，其酒味越醇和。乙醇来源于酵母的酒精发酵，同时产生 CO_2 并释放能量，因此在发酵过程中，往往伴随着有气泡的逸出与温度的上升，特别是发酵旺盛时期，要加强管理。

甘油及其形成：甘油味甜且稠厚，可赋予果酒清甜味，增加果酒的稠度，果酒含有较多的甘油而总酸不高时，会有自然的甜味，使果酒变得轻快圆润。甘油主要由磷酸二羟丙酮转化而来，少部分由酵母细胞所含卵磷脂分解产生。

杂醇及形成：果酒的杂醇主要有甲醇和高级醇。甲醇有毒害作用，含量高对品质不利，酒中甲醇主要来源于果实原料中的果胶，果胶脱甲氧基后生成低甲氧基果胶时即会形成甲醇。此外，甘氨酸脱羧也会产生甲醇。高级醇是构成果酒二类香气的主要成分，但含量太高，可使酒具有不愉快的粗糙感，且使人头痛致醉。它溶于酒精，难溶于水，在酒度低时似油状，又称杂醇油，主要为异戊醇、异丁醇、活性戊醇等，其他还有丁醇等。高级醇主要从代谢过程中的氨基酸、六碳糖及低分子酸中生成，它的形成受酵母种类、酒醪中氨基酸含量、发酵温度、添加糖量的影响。

（2）酯类及生成

酯类赋予果酒以独特的香味，新产的葡萄酒一般含酯为 176~264 mg/L，陈酒上升至 792~880mg/L。果酒中酯的生成有两个途径：陈酿和发酵过程中的酯化反应及发酵过程中的生化反应。

酯化反应：酸和醇反应生成酯，这一简单的化学反应，即使在无催化的情况下也照样发生。葡萄酒中的酯主要有醋酸、琥珀酸、异丁酸、己酸和辛酸的乙酯，还有癸酸己酸和辛酸的戊酯。酯化反应为一可逆反应，一定程度时可达到平衡。

生化反应：在果酒发酵中，通过其代谢同样有酯类物质的生成，已证明它是酰基辅酶 A 与酸作用生成的，通过生化反应形成的酯主要为中性酯。酯类形成的影响因素很多，温度、酸含量、pH 值、菌种及加工条件均会影响酯的生成。

（3）氧化还原作用

氧化还原作用是果酒加工中一个重要的反应，氧化和还原是同时进行的两个方面，如酒内某一成分被氧化，那么必然有一部分成分被还原，葡萄酒加工中由于表面接触、搅动、换桶、装瓶等操作会溶入一些氧。葡萄酒在无氧的条件下形成和发展其芳香（醇香）成分，当葡萄酒通气时，芳香味的发展就或多或少变得微弱。强烈通气的葡萄酒则易形成某些过氧化物，酒中会出现苦涩味。

氧化还原作用与葡萄酒的芳香和风味关系密切，在成熟阶段，需有氧化作用，以促进单宁与花色素的缩合，促进某些不良风味物质的氧化，使易沉淀的物质尽早沉淀去除。而在酒的老化阶段，则希望处在还原状态为主，以促进酒的芳香气味的产生

（4）葡萄酒酵母

果酒酿造采用葡萄酒酵母，这种酵母附生在葡萄果皮中，在土壤中过冬，通过昆虫或灰尘传播，可由葡萄自然发酵、分离制得。葡萄酒酵母形状为椭圆形，细胞大小一般为（3~6）mm×（6~11）mm，膜很薄，原生质均匀，无色。在固体培养基上，25℃培养3d，形成的菌落呈乳白色，边缘紧齐，菌落隆起，湿润光滑。

2. 工艺流程

果酒生产是以新鲜的水果为原料，利用野生的或人工添加的酵母菌来分解糖分，产生酒精及其他副产物，伴随着酒精和副产物的产生，果酒内部发生一系列复杂的生化反应，最终赋予果酒独特的风味及色泽。果酒酿造的工艺流程为：

鲜果→分选→破碎、除梗→果浆→分离取汁→澄清→清汁→发酵→倒桶→贮酒→过滤→冷处理→调配→过滤→成品

3. 关键控制点及预防措施

（1）破碎、除梗

要求每枚果实都破裂，但不能将种子和果梗破碎，否则种子内的油脂、糖苷类物质及果梗内的一些物质会增加酒的苦味。破碎后的果浆应立即将果浆与果梗分离，防止果梗中的青草味和苦涩物质溶出。

（2）渣汁的分离

破碎后不加压自行流出的果汁叫自流汁，加压后流出的汁液叫压榨汁。自流汁质量好，宜单独发酵制取优质酒。压榨分两次进行，第一次逐渐加压，尽可能压出果肉中的汁，质量稍差，应分别酿造，也可与自流汁合并。将残渣疏松，加水或不加，作第二次压榨，压榨汁杂味重，质量低，宜作蒸馏酒或其他用途

（3）澄清

压榨汁中的一些不溶性物质在发酵中会产生不良效果，给酒带来杂味。用澄清汁制取的果酒胶体稳定性高，对氧的作用不敏感，酒色淡，芳香稳定，酒质爽口

（4）糖的调整

酿造酒精含量为10%~12%的酒，果汁的糖度需17~20°Bx。如果糖度达不到要求则需加糖，实际加工中常用蔗糖或浓缩汁。

（5）酸的调整

酸可抑制细菌繁殖，使发酵顺利进行，使红葡萄酒颜色鲜明，使酒味清爽，并具有柔软感。酸与醇生成酯，增加酒的芳香，增加酒的贮藏性和稳定性。干酒酸含量为0.6%~0.8%，甜酒酸含量为0.8%~1%，一般pH大于3.6或可滴定酸低于0.65%时应该对果汁加酸。

（6）酒母的制备

酒母即扩大培养后加入发酵醪的酵母菌，生产上需经三次扩大后才可加入，分别称一

级培养（试管或三角瓶培养）、二级培养、三级培养，最后用酒母桶培养。

（7）发酵设备

发酵设备要求应能控温，易于洗涤、排污，通风换气良好等。使用前应进行清洗，用 SO_2 或甲醛熏蒸消毒处理。发酵容器也可制成发酵贮酒两用，要求不渗漏，能密闭，不与酒液起化学作用，有发酵桶、发酵池，也有专门的发酵设备，如旋转发酵罐、自动连续循环发酵罐等。

（8）果汁发酵

发酵分主（前）发酵和后发酵。主发酵时，将果汁倒入容器内，装入量为容器容积的 4/5，然后加入 3%~5% 的酵母，搅拌均匀，温度控制在 20~28℃，发酵时间随酵母的活性和发酵温度而变化，一般约为 3~12d。残糖下降为 0.4% 以下时主发酵结束，然后应进行后发酵，即将酒容器密闭并移至酒窖，在 12~28℃ 下放置 1 个月左右。发酵结束后要进行澄清，澄清的方法和果汁相同。

（9）成品调配

果酒的调配主要有勾兑和调整。勾兑即选择一定的原酒按适当比例的混合，根据产品质量标准对勾兑酒的某些成分进行调整。勾兑一般先选一种质量接近标准的原酒作基础原酒，据其缺点选一种或几种另外的酒作勾兑酒，按一定的比例混合后进行感官和化学分析，从而确定比例。调整主要包括酒精含量，糖、酸等指标的调整，酒精含量的调整最好用同品种酒精含量高的酒进行调配，也可加蒸馏酒或酒精，甜酒若含糖不足，用同品种的浓缩汁效果最好，也可用砂糖，视产品的质量而定，酸分不足可用柠檬酸调整。

（10）过滤、杀菌、装瓶

过滤有硅藻土过滤、薄板过滤、微孔薄膜过滤等。果酒常用玻璃瓶包装。装瓶时，空瓶用 2%~4% 的碱液在 50℃ 以上温度浸泡后，清洗干净，沥干水后杀菌。果酒可先经巴氏杀菌再进行热装瓶或冷装瓶，含酒精低的果酒，装瓶后还应进行杀菌

（二）果醋的酿造

1. 果醋发酵原理

当氧气、糖源充足时，醋酸菌将葡萄汁中的糖分解成醋酸；当缺少糖源时，醋酸菌将乙醇变为乙醛，再将乙醛变为醋酸。

2. 果醋的酒酿造工艺

（1）清洗

将水果或果皮、果核等投入池中，用清水冲洗干净，拣去腐烂部分与杂质等，取出沥干。

（2）蒸煮

将上述洗净的果实放入蒸汽锅内，在常压下蒸煮 1~2h。在蒸煮过程中，可上下翻动 2~3 次，使其均匀熟透，然后降温至 50~60℃，加入为原料总重量 10% 的用黑曲霉制成的麸曲，或加入适量的果胶酶，在 40~50℃ 温度下，糖化 2h。

（3）榨汁

糖化后，用压榨机榨出糖化液，然后泵入发酵用的木桶或大缸中，并调整浓度。

（4）发酵

糖化液温度保持在 28~30℃，加入酒母液进行酒精发酵，接种量（酒母液量）为糖化液的 5%~8%。发酵初期的 5~10d，需用塑料布密封容器。当果汁含酸度为 1%~1.5%、

酒精度为 5~8 度时，酒精发酵已基本完成。接着将果汁的酒精浓度稀释至 5~6 度，然后接入 5%~10% 的醋酸菌液，搅匀，将温度保持在 30℃，进行醋酸静置发酵。经过 2~3d，液面有薄膜出现，说明醋酸菌膜形成，一般 1 度酒精能产生 1% 的醋酸，发酵结束时的总酸度可达 3.5%~6%。

（5）过滤灭菌

在醋液中加入适量的硅藻土作为助滤剂，用泵打入压滤机进行过滤，得到清醋。滤渣加清水洗涤 1 次，将洗涤液并入清醋，调节其酸度为 3.5%~5%。然后将清醋经蒸汽间接加热至 80℃ 以上，趁热入坛包装或灌入瓶内包装，即为成品果醋。

上述液体发酵工艺，能保持水果原有香气。但应注意，酒精发酵完毕后，应立即投入醋酸菌，最好保持 30℃ 恒温进行醋酸发酵，温度高低相差太大，会使发酵不正常。如果在糖化液中加入适量饴糖或糖类混合发酵，效果更好。

二、腌制品

（一）腌制品的分类及特点

1. 发酵性蔬菜腌制品

这类腌菜食盐用量较低，往往加用香辛料，在腌制过程中，经乳酸发酵，利用发酵所产生的乳酸与加入的食盐及香辛料等的防腐作用来保藏蔬菜并增进其风味，这一类产品具有较明显的酸味。根据腌制处理方法的不同可分为干盐处理和盐水处理两类。干盐处理是先将菜体晾晒，使菜萎蔫失去部分水分，然后用食盐揉搓后下缸腌制，让其自然发酵产生酸味，如酸菜。盐水处理是将菜放入调制好的盐水中，任其进行乳酸发酵产生酸味，如泡菜等。

2. 非发酵性蔬菜腌制品

（1）咸菜类

咸菜类制品是一种腌制方法比较简单、大众化的蔬菜腌制品，只进行盐腌，利用较浓的盐液来保藏蔬菜，并通过腌制改进蔬菜的风味。根据产品状态不同有湿态、半干态和干态三种。

（2）酱菜类

将经过盐腌的蔬菜浸入酱或酱油内进行酱渍，使酱液中的鲜味、芳香、色素和营养物质等渗入蔬菜组织内，增进制品的风味。酱腌菜的共同特点是无论何种蔬菜，均先进行盐腌制成半成品咸坯，而后再酱渍成酱菜。根据干湿状态不同可分卤性酱菜和干态酱菜两种。

（二）泡酸菜类

泡菜和酸菜是用低浓度食盐溶液或少量食盐来腌泡各种鲜嫩蔬菜而制成的一种带酸味的腌制加工品，主要是利用乳酸菌在低浓度食盐溶液中进行乳酸发酵

1. 生产工艺

（1）泡菜

泡菜不仅咸酸适口，味美嫩脆，还能增进食欲帮助消化，具有一定的医疗功效。

工艺流程：原料选择→原料预处理→装坛泡制与管理→成品

（2）酸菜

酸菜的腌制方法简单，除乳酸发酵外，不加或加少量食盐腌制，制品有特殊酸香味。

腌制时，一层菜一层盐，并进行揉压，以全部菜压紧压实至见卤水为止。一直腌渍到距缸沿 10cm 左右，加上竹栅，压以重物。待菜下沉，菜卤上溢后，还可加腌一层，其上仍然压上重物，使菜卤漫过菜面 7~8cm，然后置于凉爽处任其自然发酵产生乳酸，约经30~40d 即可腌成。

2. 泡菜腌制的关键控制点及预防措施

（1）失脆及预防措施

失脆原因：蔬菜腌制过程中，促使原果胶水解而引起脆性减弱的原因有两方面：一是原料成熟度过高，或者原料受了机械损伤；二是由于腌制过程中一些有害微生物分泌的果胶酶类水解果胶物质，导致果蔬变软。

预防措施：

①原料选择

原料预处理时剔除过熟及受过损伤的蔬菜。

②及时腌制与食用

收获后的蔬菜要及时腌制，防止品质下降；不宜久存的蔬菜应及时取食；及时补充新的原料，充分排出坛内空气。

③抑制有害微生物

腌制时注意操作及加工环境，尽量减少微生物的污染。

④使用保脆剂

把蔬菜在铝盐或钙盐的水溶液中进行短期浸泡，然后取出再进行腌制。

⑤泡菜用水的选择

泡菜用水与泡菜品质有关，以用硬水为好，井水和泉水是含矿物质较多的硬水，用以配制泡菜盐水，效果最好，硬度较大的自来水亦可使用。

⑥食盐的选用

食盐宜选用品质良好，含苦味物质如硫酸镁、硫酸钠及氯化镁等极少，而氯化钠含量至少在95%以上者为佳。我们常用的食盐有海盐、岩盐、井盐。最宜制作泡菜的是井盐，其次为岩盐。

⑦调整腌制液的 pH 值与浓度

果胶在 pH 值为 4.3~4.9 时水解度最小，所以腌制液的 pH 值应控制在这个范围。另外，果胶在浓度大的腌渍液中溶解度小，菜不容易软化。

（2）生花及预防措施

生花原因：在泡菜成熟后的取食期间，有时会在卤水表面形成一层白膜，俗称"生花"，实为酒花酵母菌繁殖所致。此菌能分解乳酸，降低泡菜酸度，使泡菜组织软化，甚至导致腐败菌生长而造成败坏。

预防措施：

①注意水槽内的封口水，务必不可干枯。坛沿水要常更换，始终保持洁净，并可在坛沿内加入食盐，使其含盐量达到15%~20%。

②揭坛盖时，勿把生水带入坛内。

③取泡菜时，先将手或竹筷清洗干净，严防油污。

④经常检查盐水质量，发现问题，及时酌情处理。

补救办法是先将菌膜捞出，加入少量白酒或酒精，或加入切碎洋葱或生姜片，将菜和盐水加满后密封几天，花膜即可消失。

（三）咸菜类

1. 咸菜

咸菜全国各地每年都有加工，四季均可进行，而以冬季为主。

（1）原料选择与处理

适用的蔬菜有芥菜、白菜、萝卜、辣椒等，尤以前三种最常用。采收后削去菜根，剔除边皮黄叶，在日光下晒 1~2d，减少部分水分，并使质地变软。

（2）腌制方法

将晾晒后的净菜依次排入缸内（或池内），按每 100kg 净菜加食盐 6~10kg，依保藏时间的长短和所需口味的咸淡而定。按照一层菜铺一层盐的方式，并层层搓揉或踩踏，进行腌制。要求搓揉到见菜汁流出，排列紧密不留空隙，撒盐均匀而底少面多，腌至八至九成满时将多余食盐撒于菜面，加上竹栅并压上重物。到第 2~3d 时，卤水上溢菜体下沉，使菜始终淹没在卤水下面。

（3）腌渍时间

冬季约 1 个月左右，以腌至菜梗或片块呈半透明而无白心为标准，成品色泽嫩黄，鲜脆爽口。一般可贮藏 3 个月。腌制时间过长，其上层接近缸面的腌菜质量下降，开始变酸，质地变软直至发臭。

2. 榨菜

（1）工艺流程

原料收购→剥菜→头次腌制→头次上囤→二次腌制→二次上囤→修剪挑筋→淘洗上榨→拌料装坛→覆口封口→成品

（2）工艺要点

原料收购：菜头大小适中，不抽薹，呈团圆形，无空心硬梗，菜体完整无损伤，空心老壳菜及硬梗菜应不予收购。

剥菜：用刀从根部倒扦，除去老皮老筋，刀口要小，不可损伤菜头上的突起菜瘤及菜耳，剥菜损耗约 10%~15%。剥菜后根据菜头形状和大小，进行切分，长形菜头则拦腰一切为二，500g 以上菜头，切分为 2~3 块，中等大小圆形的对剖为两半，150g 以下的不切。

头次腌制：一般采用大池腌制，每批不超过 16~17cm，撒盐要均匀，层层压紧，直到食盐溶化，如此层层加菜加盐压紧，腌到与池面齐时，将所留面盐全部撒于菜面，铺上竹栅压上重物。

头次上囤：腌制一定时间后（一般不超过 3d）即出池，进行第一次上囤。先将菜块在原池的卤水中进行淘洗，洗去泥沙后即可上囤，囤底要先垫上篾垫，囤苇席要围得正直，上囤时要层层耙平踩紧，囤的大小和高度，按菜的数量和情况适当掌握，以卤水易于沥出为度，面上压以重物。上囤时间勿超过一天。出囤时菜重为原重的 62%~63%。

二次腌制：菜出囤后过磅，进行第二次腌制。操作方法同前，但菜块下池时每批不超过 13~14cm。用盐量按出囤后重每 100kg 用盐 5kg。在正常情况下腌制时间一般不超过 7d，若需继续腌制，则应翻池加盐，每 100kg 再加 2~3kg，灌入原卤，用重物压好。

二次上囤：操作方法同前一次上囤，这次囤身宜大不宜小，菜上囤后只需耙平压实，面上可不压重物，上囤时间以 12h 为限。出囤时的折率约为 68% 左右。

修整挑筋：出囤后将菜块进行修剪，修去粗筋，剪去飞皮和菜耳，使外观光滑整齐，整理损耗约为第二次出囤菜的 5%左右。

淘洗上榨：整理好的菜块再进行一次淘洗，以除尽泥沙。淘洗缸需备两只以上，一只供初洗，二只供复洗，淘洗时所用卤水为第二次腌制后的滤清卤。洗净后上榨，上榨时榨盖一定要缓慢下压，使菜块外部的明水和内部可能压出的水分徐徐压出，而不使菜块变形或破裂。上榨时间不宜过久，程度须适当，勿太过或不及，必须掌握出榨折率在 85%~87%。

拌料装坛：出榨后称重，按每 100 kg 加入以下配料：辣椒粉 1.75kg、花椒 65~95g、五香粉 90g、甘草粉 65g、食盐 5kg、苯甲酸钠 60 g。

覆口封口：装坛后 15~20d 要进行一次覆口检查，将塞口菜取出，如坛面菜块下陷，应添加同等级的菜块使其装紧，铺上一层菜叶，然后塞入干菜叶，要塞得平实紧密，随即封口。封口用水泥，其配方为水泥 4 份，河沙 9 份，石灰 2 份，先将各物拌匀加适量水调成稠浆状。涂封要周到、勿留孔隙。

（四）酱菜类

1. 扬州什锦酱菜

什锦酱菜是一种最普通的酱菜，系由多种咸菜配合而成，所以称之为"什锦"。什锦酱菜所选用的蔬菜有大头菜、萝卜、胡萝卜、草石蚕、洋姜、生姜、球茎甘蓝、榨菜、莴笋、花生仁等。

（1）原料选择及配料（以百分比计算）

传统什锦酱菜配料：甜瓜丁 15kg，大头芥丝 7.5kg，莴苣片 15kg，胡萝卜丝 7.5kg，乳黄瓜段 20kg，佛手姜 5kg，萝卜头丁 20kg，宝塔菜 5kg，花生仁 2.5kg，核桃仁 1kg，青梅丝 1kg，瓜子仁 0.5 kg。

普通什锦苦菜配料：黄瓜段 20kg，菜瓜丝 8kg，胡萝卜片 8kg，莴苣片 16kg，大头菜丝 6kg，菜瓜丁 8kg，萝卜头丁 15kg，大头菜片 6kg，佛手姜 5kg，宝塔菜 3kg，胡萝卜丝 5kg。

（2）加工方法

加工时先去咸漂淡排卤后，进行初酱。即将菜坯抖松后混合均匀，装入布袋内（装至口袋容量的 2/3，易于酱汁渗透），投入 1：1 的二道甜酱内，漫头酱制 2~3d，每天早晨翻捻酱袋一次，使酱汁渗透均匀。初酱后，把酱菜袋子取出淋卤 4~5h（袋子相互重叠堆垛，一半时间后上下对调一次），然后投入 1：1 的新稀甜酱内进行复酱，仍按初酱的工艺操作，复酱 7~10d 即成色泽鲜艳（红绿、黄、黛）、咸甜适宜、滋味鲜甜、质地脆嫩的酱菜。

2. 绍兴酱瓜

（1）贡瓜

用鲜嫩菜瓜制成，瓜长约 15~16cm，横径约 1.5~1.6cm。洗净沥干后按每 100 kg 原料加盐 15kg 入缸腌制，腌足 4d，出缸沥干，再翻入另一缸中再加盐 5kg 作第二次腌制，腌 3d 后取出沥干 4 h。此时瓜重约为原重的 66%左右。酱制时每 100kg 瓜坯用"酱籽"（即作甜酱的霉饼）56kg，预先将其晒干捣碎，按一层酱籽一层瓜的装法入缸，瓜要排列整齐，约经 5~6d，其瓜卤逐渐上升，使表面酱籽润湿，即可进行第一次翻缸。如此时尚未润湿，可洒入少量二榨酱油后再行翻缸。翻缸后放在室内酱制的约需 40d 酱好，置于室外日晒者约 30d 即可酱好。将酱好的贡瓜从酱缸内取出抹去面酱，装入小口坛内压紧，坛口处加原酱 2.5~3kg 将瓜淹没，然后密封坛口即成。

（2）酱瓜

用较大的菜瓜制成。腌制时第一次按每 100kg 鲜瓜加食盐 20kg，腌制 7d，出缸沥干，翻入另一缸中加盐 12kg 进行第二次盐腌。在瓜面加上竹栅压以重物，使瓜淹没在卤水中即可长期贮藏，以备随时取用。酱制前取出咸瓜切开去籽，再切成片状，在清水中去咸，取出沥水排卤，按每 100kg 瓜片加入榨酱油 40 kg 浸渍酱制，夏季浸 24 h，冬季浸 48h 即成。

（3）酱黄瓜（乳黄瓜）

原料为 10cm 左右的鲜嫩小黄瓜。洗净后每 100kg 用盐 18kg，腌渍 4~5d 时间不宜过短，否则使第二次腌制时出卤多，对贮藏不利。准备长期贮藏的咸坯。于第一次腌制后取出沥干，翻入另一缸中再加盐 12kg，加竹栅以重物压实。如不需贮藏可随即酱制，第一次用盐量也可以酌减。用贮藏的咸坯酱制时，先行去咸（不需切分），按每 100kg 加入榨酱油 30kg，酱制 24h 后，取出沥干，翻入另一缸中再加入榨酱油 30kg，酱渍 24h 后，即为成品。

（五）糖醋菜类

1. 糖醋大蒜

大蒜收获后选择鲜茎整齐、肥大色白、质地鲜嫩的蒜头。切去根部和假茎，剥去包在外部的粗老蒜皮，洗净沥干水分，进行盐腌。腌制时，按每 100kg 鲜蒜头用盐 10kg，分层腌入缸中，一层蒜头一层盐，装到半缸或大半缸时为止。腌后每天早晚各翻缸一次，连续 10 d 即成咸蒜头。

把腌好的咸蒜头从缸内捞出沥干卤水，摊铺在席上晾晒，每天翻动 1~2 次，晒到 100kg 咸蒜头只重 70kg 左右为宜。

按晒后重每 100kg 用食醋 70kg，红糖 18kg，糖精 15g。先将醋加热至 80℃，加入红糖令其溶解，稍凉片刻后加入糖精，即成糖醋液。

将晒过的咸蒜头先装入坛内，只装 3/4 坛并轻轻摇晃，使其紧实后灌入糖醋液至近坛口，将坛口密封保存，1 个月后即可食用。在密封的状态下可供长期贮藏，糖醋腌渍时间长些，制品品质会更好一些。

2. 糖醋芥头

芥头形状美观，肉质洁白而脆嫩，是制作糖醋菜的好原料。原料采收后除去霉烂、带青绿色及直径过小的芥头，剪去根须和梗部，保留梗长约 2cm，用清水洗净泥沙。

腌制时，按每 100 kg 原料用盐 5kg。将洗净的原料沥去明水，放在盆内加盐充分搅拌均匀，然后倒入缸内，至八成满时，撒上封面盐，盖上竹帘、用大石头均匀压紧，腌制 30 ~40d，使芥头腌透呈半透明状。捞出并沥去卤水，用清水等量浸泡去咸，时间约 4~5h。最后用糖醋液，方法和蒜头腌法基本相同，但所用糖醋液配料为 2.5% 的冰醋酸液 70kg，白砂糖 18kg，糖精 15g。不可用红糖和食醋，这样才能显出制品本身的白色。

第四节　果蔬加工的其他工艺

除上述几种果蔬加工工艺外，还有速冻制品、果蔬脆片加工、果蔬最少加工处理，等等；这里我们以速冻制品加工为例来做简单介绍。

果蔬速冻，是将经过处理的果蔬原料以很低的温度（-35℃左右）在极短的时间内采用快速冷冻的方法使之冻结，然后在-20～-18℃的低温中保藏的方法。这种保藏方法不同于新鲜果蔬的保藏，属于果蔬的加工范畴，因为原料在冻结之前，需经过修整、热烫或其他处理，再放入-35～-25℃的低温条件下迅速冻结，这时原料已不再是活体，但物质成分变化极小。

速冻保鲜方法是食品保鲜方法中能最大限度地保持食品原有色、香、味和外观、品质的方法，低温不仅能抑制微生物及酶类活动，而且降低了食品基质中的水活性，防止了食品的腐烂变质，并且能起到地区和季节差异的调节作用。

一、速冻原理及速冻过程

冷冻是一种去热的结果，热是与物体相联系的能量，来自物体内部的分子运动。冷冻就是将产品中的热或者能量排出去，使水变成固态的冰晶结构，这样可以有效地抑制微生物的活动及酶的活性，使产品得以长期保存。

（一）冷冻过程及冰点温度

水的冻结包括降温和结晶两个过程。水由原来的温度降到冰点时（0℃）开始变态，由液态变为固态即结冰。在有温差的条件下，待全部水分结冰后温度才能继续下降。

在冷冻过程中，果蔬品温的下降会出现一个过冷现象，过冷现象的产生，主要是液态变为固态须放出潜热的缘故。

水在降温过程中，当其达到冰点时，就开始液态—固态之间的转变，进行结冰。结冰过程也包括两个过程，即晶核的形成和晶体的增长。晶核的形成是极少一部分水分子以一定的规律结合成颗粒型的微粒，是结晶的核心，晶体增大的基础。晶核是在过冷条件下形成的。晶体的增大是水分子有次序地结合到晶核上去，继续增加就会使晶体不断扩大。

纯水的结冰温度称为冰点（0℃），而果蔬中的水呈一种溶液状态，内含许多有机物质，它的冰点温度比纯水要低，而且溶液浓度越高，冰点温度越低。

（二）冷冻时晶体形成的特点

晶体形成的大小与晶核的数目有关，而晶核数目的多少又与冷冻速度有关。在速冻条件下，由于果蔬组织细胞内和细胞间隙中的水分能够同时形成数量多分布又比较均匀的晶核，进而生成比较细小的晶体，这样在晶体增长过程中，体积增长得小，不会损伤果蔬细胞组织，因此解冻后容易恢复原状，从而更好地保持了果蔬原有的品质，使色、香、味和质地均接近于新鲜原料。

与缓冻相比较，即形成的晶核数目少。随着冷冻的持续进行，晶核就要增长为较大的晶体，由于晶体在细胞间隙中不断增长变大，就要造成细胞的机械损伤：细胞破裂，汁液外流，果蔬软化，风味消失，影响产品质地，食用时具有一定的冻味。

果蔬解冻后再冻结，会使冰晶体的体积继续增大，对产品不利，如解冻和冷冻反复进行，情况将更严重，因此在冻藏中要避免库温的波动，否则就是速冻产品也会失去速冻的优越性。

（三）冷冻量的要求

冷冻食品的生产，首先是在控制的条件下，排除食品中的热量达到冰点，使产品内的水冻结凝固，其次是冷冻保藏。两者都涉及热的排除和防止外来热源的影响。冷冻的控制、制冷系统的要求以及保温建筑的设计，都要依据产品的冷冻量进行合理规划。

二、速冻方法和设备

果蔬速冻的方法大体可分为间接冷冻和直接冷冻两类，以间接冷冻方法比较普遍。

（一）鼓风冷冻机

生产上一般采用的是隧道式鼓风冷冻机，在一个长形的、墙壁有隔热装置的通道中进行，产品放在车架上层筛盘中以一定的速度通过隧道。冷空气由鼓风机吹过冷凝管再送到隧道中川流于产品之间，使之降温冻结。冷风的进向与产品通过的方向相对进行，产品出口的温度与最低的冷空气接触得到良好的冻结条件。有的装置是在隧道中设置几次往复运行的网状履带，原料先落入最上层网带上，运行到末端则卸落到第二层网带上，如此反复运卸到最下层的末端，冷冻完毕卸出。

这种速冻方法一般采用的冷空气温度为 $-34 \sim -18℃$，风速 $30 \sim 1000 m/min$。

（二）流动床式冻结器

这是当前被认为较理想的速冻方法，特别适用于小型水果，如草莓、樱桃等，冻结器中有带孔的传送带，也可以是固定带孔的盘子，从孔下方以极大的风速向上吹送 $-35℃$ 以下的强冷风，使果实几乎悬空漂浮于冷气流中冷冻，缺点是原料失重较大。此法也是小型颗粒产品，如青豆、甜玉米及各种切分成小块的蔬菜常用的速冻方法，但该方法要求原料形体大小要均匀，铺放厚度一致，冷冻效果才速、均衡。

（三）板式冰结器

在冻结器中有一组冷冰板，垂直或平行排列，将小包装或散装的原料夹在两冻结板之间，加压使之与冻结板紧密接触，冷冻板降温到 $-35℃$ 以下，因而原料迅速冻结。目前板式冻结器的使用也很普遍，有间歇式、半自动和全自动的，但其冷冻方式基本上是一样的，即将包装的原料放置在冷冻器的空心金属板上，上面的空心金属板紧密地压放在包装原料的上面，制冷剂川流于空心金属板中，以维持低温。这种方式冷冻速度很快，一般在 $30 \sim 90 min$ 即完成冷冻任务，冷冻时间的差异取决于包装体积的大小和内容物的性质等。

（四）鼓式冻结器

主要设备是一个能够旋转的鼓形冻结器，其内壁光滑并安装有蒸发器，使温度降到 $-35℃$ 以下。这种冻结器适用于果汁等流体的冻结，当冻结鼓缓缓旋转时，倒入果汁即可在鼓的内壁冻结成薄冰片，然后剥下装入容器中贮藏。

（五）浸渍（或喷淋）冷冻法

这是一种直接的冷冻方法，即将产品直接浸在液体制冷剂中的冷冻方法。由于液体是热的良好导体，且产品直接与制冷剂接触，增加热交换效能，冷冻速度最快。进行浸渍冷冻的产品，有包装的和不包装的，直接浸入制冷剂中或用制冷剂喷淋产品。

果蔬浸渍冷冻中，为了不影响产品的风味质量，常采用糖液或盐液作为直接浸渍冷冻介质，而糖液和盐液由机械冷凝系统将其降温维持在要求的冷冻温度。

三、速冻工艺

果蔬种类不同，速冻前处理方法也不同，有的需要烫漂，有的需要以添加剂浸泡，所以果蔬速冻加工工艺可分为烫漂速冻工艺和浸泡速冻工艺两种。

（一）烫漂速冻工艺

原料验收→挑选→清洗→预处理→烫漂→冷却、沥干→快速冻结→加冰衣→包装→冻藏

（二）浸泡速冻工艺

原料验收→挑选→清洗→预处理→浸泡、漂洗→（沥干）、预冷→快速冻结→包装→冻藏

思考题

1. 简述果蔬罐藏制品的加工原理及工艺流程。
2. 果蔬汁制品的关键控制点有哪些
3. 糖制品的保藏原理是什么？
4. 果脯蜜饯类的加工工艺有哪些？
5. 果蔬干制的设备有哪些
6. 简述果醋的发酵原理及酒酿造工艺

第十一章 食品的安全及质量控制

导 读

20世纪50年代，美国品质管理专家戴明博士应邀到日本讲授品质管制，课程以抽样计划与管制图为主，包括许多统计原理与方法。戴明博士的方法在美国的企业已使用将近百年的时间，但大部分仅局限于工程师在使用。在日本不但技术人员学习使用，他们更把这些方法有技巧地传授给基层的操作人员，让他们自己能够找出影响品质及生产力的问题，并用简单的统计手法进行改善，这是日本产品后来居上的关键所在。统计品管（Statistical Quality Control，SQC）在日本企业界的广泛应用并不是日本产品质量第一的唯一因素，还因为日本的企业重视基层人员的文化特质，愿意对其投资进行质量教育及培训，然后给他们更大的工作挑战空间，一方面磨练自己，另一方面改善工作。

学习目标

1. 掌握并理解食品安全的含义；
2. 理解质量的含义；
3. 了解食品质量特性的内容？
4. 掌握食品安全风险评估的基本程序。
5. 掌握食品质量风险管理的程序。

第一节 食品安全及食品质量

有这么一个故事：在美国有一个家庭主妇买了一包新上市的桂格麦片粥，第二天尝了以后，感觉不满意，于是她就依美国的消费者保护法令要求退款。在她把抱怨信寄给桂格公司后，她又再尝了一次，发现其实也还可以，但在这个时候桂格公司却寄来了一张退款支票，并附上了很诚恳的道歉函，为他们的产品不合口味而道歉，并欢迎继续试用其他产品。这样一来她倒是感觉不好意思，又再写了一封信告诉桂格公司，她现在蛮喜欢这个产品的，并且也退回了退款支票。然而桂格公司却寄来了更多免费的新产品，同时征求她的意见希望把这个情况刊登在公司的刊物上。如此一来桂格公司保住了一位老顾客，并且由于这位老顾客的故事，吸引了更多的新顾客。所以说，除了产品的品质要好，服务的品质也要跟上，你的产品才有机会在市场上成为知名产品。

有经验的管理专家一致认为，质量是拉住客户最有效的武器。事实上，客户购买产品也是要获得利益，有能力提供稳定可靠的产品质量也就等于提供给客户稳定可靠的利益。

市场的竞争越来越激烈，质量一词大家均有共识，然而对品质的期待早已不再局限于产品的质量、服务的质量，甚至于企业形象，已经形成了企业永续经营的最重要条件了。不少企业主管已经意识到追求质量是企业建立竞争优势的关键性因素，因此也导引着企业，并动员全体员工，不断地训练，不断地改善，朝追求高质量的目标迈进。

20世纪70年代以来，市场竞争逐步由价格竞争演变为质量竞争。日本被誉为质量型经济战略国家，他们所使用的战略武器就是质量，这一武器使日本迅速崛起，成为世界超级经济大国。世界各国也十分重视推行最新质量管理理论和研究提高产品质量的新方法，认为这是国家富强、企业兴盛的重要战略之一。近年来，食品质量已经成为国际上农产品和食品市场竞争的一个极其重要的方面。为了获得质量优异的产品，人们必须对从原料生产、收购到产品消费全程进行质量控制。另外，消费者也已经清楚食品质量对人类健康的重要性。这就迫使农产品贸易和食品加工的从业人员在生产、加工和技术革新过程中必须

一、食品安全

食品是人类赖以生存的基本要素，然而在人类漫长的历史进程中，采用自采、自种、自养、自烹的供食方式一直是人类社会繁衍的主要方式，真正意义上的食品工业还不过200余年。西方社会19世纪初开始发展食品工业，英国1820年出现以蒸汽机为动力的面粉厂；法国1829年建成世界上第一个罐头厂；美国1872年发明喷雾式乳粉生产工艺，1885年实现乳品全面工业化生产。我国真正的食品工业诞生于19世纪末20世纪初，比西方晚100年左右。1906年上海泰丰食品公司开创了我国罐头食品工业的先河，1942年建立的浙江瑞安定康乳品厂是我国第一家乳品厂。今天，我国食品工业已经进入了高速发展期，食品的生产实现了全面的工业化，越来越多的传统食品进入工业化时代；企业产量规模化，企业为了创效益、创品牌，需要尽可能增大产能；食品品质标准化，异地贸易与国际贸易都需要产品的一致性、相容性，因此需要有统一的标准体系。食品工业的发展促进了食品贸易的快速发展，使得商品化的食品具有高度的流通性，在一些国际化都市，人们可以购买到来自世界各地的食品。多样化的食品为人们的生活带来了方便，但也带来了危险，一些传染病、地方性疾病有可能随着食品的流通而传播。因此，食品的安全成为食品工业的核心问题。

食品安全在任何一个国家或地区都是难点问题，也是极为重要的问题，尤其是近十余年来，世界上食品质量安全事件频繁发生，影响深度和广度逐渐递增，解决难度不断增大。

食品安全，从广义上来说是"食品在食用时完全无有害物质和无微生物的污染"，从狭义上来讲是"在规定的使用方式和用量的条件下长期食用，对食用者不产生可观察到的不良反应"，不良反应包括一般毒性和特异性毒性，也包括由于偶然摄入所导致的急性毒性和长期微量摄入所导致的慢性毒性。

一般在实际工作中往往把"食品安全"与"食品卫生"视为同一概念，其实这两个概念是有区别的。20世纪末，WHO把食品安全问题与食品卫生明确作为两个不同的概念。食品安全是对最终产品而言，是指"对食品按其原定用途进行制作，食用时不会使消费者健康受到损害的一种担保"，食品卫生是对食品的生产过程而言，其基本定义是：为确保食品安全性，在食物链的所有阶段必须采取的一切条件和措施。

二、质量与食品质量

（一）质量的基本概念及演变

自从有了商品生产，就有了品质的概念，在我国，一般均称为质量（quality）。这里对品质和质量的概念不加以区分。人们对质量的认识是随着生产的发展而逐步深化的，许多学者和机构尝试着对质量的概念进行描述，典型的有：（1）质量就是能遵从某种特定规格，而管理则是对实现这种规格的监督。在质量管理的现实世界中最好视质量为诚信，即"说到做到，符合要求"。产品或服务质量取决于对它的要求。质量（诚信）就是严格按要求去做。（2）质量指产品能让消费者满意，没有缺陷，简言之，就是适于使用。更概括地用"适用性"来表述，他说："该产品在使用中能成功地适合用户目的的程度称为适用性，通俗地称其为质量。"在质量管理活动中频繁应用的三个过程是：质量策划、质量控制和质量改进，即著名的质量管理三部曲。（3）质量是某项产品或服务给予顾客帮助并使之享受到愉悦。戴明鼓励研究、设计、销售及生产部门的人员跨部门合作，不断提供能满足顾客要求的产品，服务顾客。（4）（食品）质量指食品的优良程度，能满足使用目的的程度，并拥有营养价值特性。（5）产品的质量都应达到下列两项要求：一是产品的各种特性值应是消费者所要求的，二是产品的价格应便宜。

另一些人认为，质量指没有明显缺点的产品和服务，而大多数人承认提高质量是为了满足消费者，因此人们如此定义质量：能满足人们某种特定需要的产品或服务特性。仅仅满足消费者基本要求的产品在市场竞争中很难取得成功，还需要优质的服务质量。要想在行业内的竞争取胜，厂商就必须超越顾客的期望。

ISO 9000—2000 对质量的定义是：一组固有特性满足要求的程度。它体现了质量概念及其术语演进至今的最新成果。其中，①术语"质量"可使用形容词如差、好或优秀来修饰。②"固有的"（其反意是"赋予的"）就是指在某事或某物中本来就有的，尤其是那种永久的特性。③"特性"，指可区分的特征。它可以是固有的或赋予的，定性的或定量的。有各种类别的特性，如物理的、感观的、行为的、时间的、功能的特性等。④"要求"，明示的、通常隐含的或必须履行的需求或期望。⑤"质量"表达的是某事或某物中的固有特性满足要求的程度，其定义本身没有"好"或"不好"的含义。⑥质量具有广义性、时效性和相对性。

ISO 9000—2015 对质量的阐述为：质量促进组织所关注的以行为、态度、活动和过程为结果的文化，通过满足顾客和相关方的需求和期望实现其价值。组织的产品和服务质量取决于满足顾客的能力，以及对相关方有意和无意的影响。产品和服务的质量不仅包括

其预期的功能和性能，而且还涉及顾客对其价值和利益的感知。质量是一个抽象的概念，在现实中必须有一个载体来表现质量，这个载体即质量特性。质量特性可分为内在特性和外在特性（赋予特性）两种。外在特性是指产品形成后因不同需要所赋予的特性，如环境、包装等。内在特性是指在某事物中本来就有的，尤其是那种永久的特性，它反映了某事物满足需要的能力，如营养性品质和感观品质等。质量的本质是某事或某物具备的某种"能力"，产品不仅要满足内在质量特性要求，还要满足外在质量特性要求。

（二）质量模型与观点

1. 拉链模型

拉链模型说明了供应商或生产商按照顾客或消费者的需求来生产和销售产品间的关

系。生产商只有生产出满足顾客需求的产品，才能使供给和需求相一致，生产商才能顺利的销售自己的产品，并由于满足的顾客的需求而获得了好的口碑，进而得到良性循环，生产商获得良好的利润。

2. 质量观点

质量的概念很容易混淆，因为人们所处的位置不同，因而对质量的理解有差异。他们常用的判断标准有 5 种类型：

（1）评判性的（judgmental）

评判性判定的质量往往是优秀与极好的同义词，即公认的品牌，顾客根据品牌的声誉来判断产品质量的好坏。从这个观点看，质量与产品的性质的关系不紧密，它更多地来自于市场对产品的评价及其声誉。例如，全聚德烤鸭、镇江香醋、老干妈辣椒酱、可口可乐、雀巢咖啡等著名品牌的产品，它们被认为质量优秀，主要是因为它们长期在顾客或消费者中形成了一贯质量优异的印象。当然，这些产品本身即能满足消费者的需求，他们的商标就是质量的保证。

（2）以产品为基础的（product-based）

以产品为基础的质量观点是一种特殊的、可衡量的变化。质量的差异反映了数量上特定指标的变化，质量好就是某些指标比预定的指标高，例如发芽糙米，含有较高的 γ-氨基丁酸，比普通糙米含有更丰富的营养价值；深海鱼油，含有更丰富的人体必需的脂肪酸，比普通鱼油更受消费者青睐。这种质量通常和价格相关，价值越高质量越好。

（3）以用户为基础的（user-based）

从以用户为基础的质量观点看，质量指符合顾客的要求，即只要满足消费者或顾客的期望的产品质量就是好的，如食品质量好就是指既要安全、有营养，又要可口、能满足个人的嗜好。

（4）以价值为基础的（value-based）

从以价值为基础的质量观点看，质量与产品的性能和价格有关。一种有质量的产品就可以从性能和价格上与同类产品竞争，即同样价格的产品在性能上高于其他产品，或性能相同的产品在价格上低于其他产品，也就是说性能/价格比好或质量/价格比佳。普通的消费者大多从这个角度来评价产品质量。

（5）以制造为基础的（manufacturing-based）

从以制造为基础的质量观点看，质量描述为设计与生产实践相结合的产物，它指满足某种新产品和服务的设定的特性，当然，这种特性也包括客户的需要和期望，即能够达到产品设计或服务标准所预定的指标。

判断标准的确定往往根据个人在生产和供应链中的定位而定。作为顾客，通常用评判性的、以产品和以价值为基础的判断标准，市场销售人员应该用以用户为基础的判断标准。产品设计者既要考虑制造和成本的平衡作用，还要使产品适合目标市场，因此采用以价值为基础的判断标准。从生产者来说，生产出符合产品特性的商品是生产的主要目标，因此，以产品为基础的判断标准是最实用的。质量的本质是用户对一种产品或服务的某些方面所做出的评价。因此，也是用户通过把这些方面同他们感受到的产品所具有的品质联系起来以后所得出的结论。显而易见，在用户的眼里，质量不是一件产品或一项服务的某一方面的附属物，而是产品或服务各个方面的综合表现特征。

人们对质量的认识经过了两个阶段：①符合型质量观；②用户型质量观。所谓产品质量，即产品的"适用性"，或是产品满足用户需要的优劣程度，它是产品质量特性的综合表现。因为这种被规定了的质量特性是以标准的形式出现的，所以可将产品质量狭义地定义为"产品相对于所选定质量标准的符合程度"。在生产水平不很发达时，由于生产者还不直接面对用户，他们只强调符合标准而很少重视用户需求，狭义定义尚可适用。随着生产力的发展，市场已经向买方型过渡，在这种情况下，不研究用户的需要，产品是很难占有市场的，更何况所谓质量标准存在着相对性、滞后性和间接性的局限，故产品质量的概念有必要加以深化、完善，产品的质量不仅要符合标准，更重要的是满足社会需要。所以产品质量的广义定义是指"产品满足用户需要的程度"。

（三）质量与市场竞争力

美国麻省剑桥政策计划中心的专家对3000个有战略意义的商业部门的数据进行调查后认为，质量决定市场份额。当有优质产品和巨大市场时，利润便得到了保证。商品或半成品的生产者往往通过调整生产周期或其他质量特性将自己的产品与别人的区别开来，从而决定了企业的市场竞争力。除了利润和市场占有率以外，质量有利于企业的成长和降低生产成本，投资回报率也因较好的生产性而得到提高。另外，提高质量也会使产品生产供应链的库存减少。

尽管生产高质量的食品需要成本，但消费者愿意付出更多去购买安全、营养和可口的高质量的食品。事实上，生产高质量的食品成本并不是很高，倒是低质量的商品提高了生产成本。因为当低劣的产品生产出来后，必然要有相当的补救措施，甚至要收回，成本随之增加。在食品工业中，当生产了劣质食品后，很难有补救措施，一般都是将劣质食品销毁，因此，成本就更大。另外，产品要占据市场主导地位，投资开发新产品和改善产品质量是增加利润空间的一个有效方法。因此，质量管理部门要将质量意识贯穿于产品创新、生产、流通和销售的全过程。由于产品质量的提升，不合格品率的下降，内部一致性带来成本的降低，符合客户要求则会扩大市场份额、产生溢价，这就是质量免费原理。因此市场的竞争也是产品质量的竞争，特别是农产品（食品）市场的竞争。我国在农产品的国际市场上，有过由于某些质量指标达不到顾客的要求而造成巨大的经济损失的惨痛教训。

（四）食品质量

在农产品贸易和食品加工业中，产品质量是重中之重。消费者对食品质量，特别是食品安全极为敏感。对于消费者而言，安全、健康高于一切。人们每天必须摄入食品，如果食品有质量问题，必然会对健康造成各种直接或间接的影响。起初，食品质量侧重于食品卫生，而现在，质量的概念得到了大大的扩展，不仅要考虑到农产品的安全性（农药、兽药、环境化学物质的残留、是否是转基因的农产品等），还要考虑到食品加工过程中化学、物理和生物的污染，以及食品的营养性、功能性和嗜好性等方面的质量因素。食品的安全性凭肉眼无法判断，消费者只能相信生产商提供的信息。在世界处于领先地位的食品企业，往往通过严密的食品安全管理体系，生产商的产品的质量、品牌和信誉已经得到消费者认可，建立起了相互信任的关系。

食品的安全性可以通过质量保证体系如 ISO22000、HACCP、GMP 以及 ISO9000 质量体系来体现。食品容易腐烂变质，在种养殖、运输、加工、贮藏、消费整个链上，均可能造成食品向不利的一面发展。因此对食品质量管理者，需要掌握更多的专业知识，熟悉农产品的特性，才能在质量管理中考虑各种因素的制约，提高企业管理水平。

食品质量管理的特点：①农产品腐败主要是生理成熟和微生物污染的结果，它会对人们的健康造成损害，要进行有效的质量控制，管理人员须精通或掌握相关领域的知识。②大多数农产品质量差异比较大，如重要的组成成分的含量（糖、脂肪等）、大小、颜色等都不尽相同，造成这种差异的因素（栽培条件和气候变化等）都是不可控制的。因此，食品加工过程中容易产生质量的波动，需要适当的工艺处理进行调整。③农产品的初级生产要经过许多精细的农艺操作，增加了食品质量控制的难度，如作物的施肥和病虫害防治、牲畜喂养和疾病防治等过程中经常会使用化学物质，这使得食品质量控制变得更为复杂。如果食品的原料已经受到一些有毒化学物质的污染，加工过程中质量控制得再好，也无法去除危害性物质，不能保证食品的质量。除上述特点外，还有一些因素在农产品质量控制过程中需加注意，如病毒的污染、生物毒素的污染等。

在动物性食品生产中，努力提高和改善动物饲养环境条件，减少抗生素类药物的使用，可以大大提升产品质量。随着农产品原料的流通范围拓展，不同地区间农产品原料的流通增加了疾病传播的风险，如疯牛病、非洲猪瘟和禽流感有可能会传染给人类，影响人体健康。辐射、低温加热、微波加热、高压处理等许多技术在预防新鲜食品微生物污染的方面取得了明显的效果。但是，低温处理的产品虽然很好的保持了产品的营养成分和感官品质，但在贮存过程中如果温度升高，微生物就会迅速繁殖，因此需要冷链作为配套。包装材料的熔化等污染也会影响食品的安全性。食品加工过程和流通过程中存在大量影响食品质量的因素，需要在管理中统筹考虑，食品质量控制应当贯穿从田间到餐桌的所有过程。

第二节 食品质量特性与影响食品质量的因素

一、食品质量特性

质量特性是指产品所具有的满足用户特定需要的，能体现产品使用价值的，有助于区分和识别产品的，可以描述或度量的基本属性。ISO9000 标准定义质量特性为产品、过程或体系与要求相关的固有特性。产品质量特性是指直接与食品产品相关的特性，如食品安全、营养、感官及性能特性。过程质量特性是指与生产和加工过程相关的特性，如工人福利、动物福利、生物技术、可追溯性、环境保护及可持续农业发展等。体系质量特性是指与产品质量、安全等管理体系相关的质量特性，如 GMP、GAP、HACCP 及 ISO9001 体系等。

由于顾客的需求多种多样，所以反应产品质量的特性也各种各样。有些质量特性，如风味、色泽、包装，消费者可以通过感官判断；然而有些质量特性，如营养、微生物、添加剂、毒素、药物残留、生产加工过程等，通常消费者无法凭经验或感官加以判断，只能通过外部指示，如质量标签、认证标志等加以判断。消费者对食品质量的认识因文化、道德、法律、价值观等因素而各有不同。他们在选购食品时，不仅根据食品的产品质量特性，还会根据食品的过程质量特性、体系质量特性等多方因素选购复合他们要求的食品。

根据形成特性，食品的质量特性可分为内在质量特性和外在质量特性两方面。内在质量特性也称固有质量特性，尤其是产品永久的特性，它反应了产品满足需要的能力，主要包括：①产品本身的安全特性；②产品的感官特性；③产品的可靠性。外在质量特性也称非固有质量特性，是产品形成之后因不同需求而对产品所增加的特性，包括：①生产系统特性；②环境特性；③市场特性。外在质量特性并不能直接影响产品本身，但却影响到消费者的感觉，例如，市场景气可以影响消费者的期望，但和产品本身却无关系。产品的质量本质是满足需求的能力，因此不仅要满足内在质量特性要求，还要满足外在质量特性要求。

（一）内在质量特性

1. 产品的安全特性

食品的安全特性是其质量特性的首位。从广义上说，食品的安全性指的是食品在食用时完全无有害物质和无微生物的污染。从狭义上说，它指的是在规定的使用方式和用量的条件下长期食用，对食用者不产生可观察到的不良反应。影响食品安全的最主要危害因素有以下几个方面：

（1）微生物污染

微生物污染是危害食品安全的最主要因素，它会造成农产品和食品的变质和腐败，同时引起食品中毒。引起微生物污染的因素主要是不当的冷藏方法、食品原材料供应不当、操作人员个人卫生差、烹饪或加热不充分和食品贮藏温度适宜细菌的生长等。因此，在食品质量管理过程中，应充分考虑到这些因素。

污染食品的微生物包括细菌、真菌和病毒。病原微生物可以引起食物中毒和感染性疾病。

病原菌通过食物传递给人或动物，它可以穿透肠黏膜，并能在肠道或其他组织中生长繁殖。其中以沙门氏菌最为常见。家禽类、牛肉、鸡蛋、猪肉和生奶等往往会成为传播沙门氏菌的媒介食品。感染后有恶心、呕吐、腹痛、头痛等症状。

病原微生物所致的食物中毒是由于食品中的病原菌产生的有毒成分（真菌毒素和细菌毒素等）而引起的。肉毒梭菌、金黄色葡萄球菌都是引起食物中毒的重要细菌。肉毒梭菌可以芽孢的形式广泛存在于土壤和水中，尤其是在低氧状态下保存的低酸性食品（罐装食品和气调包装的食品等）比较容易发生污染。霉菌也可以引起食物中毒，最著名的真菌毒素就是黄曲霉毒素，这是由黄曲霉菌和寄生曲霉菌产生的毒素。微生物毒素在原料或加工品中释放出来，这些有毒食品可以导致许多病症，诸如急性腹痛、腹泻和慢性疾病如癌症、肝组织的病变等。

（2）毒性成分

毒性成分来源于食品生产的产业链的每一个阶段。毒性成分可以是原料中本来存在的（如农药等化学物质的残留、动植物毒素等），也可以是在贮存和加工过程中添加或产生的（食品添加剂、熏烤和高度油炸的鱼和肉中会产生杂环胺毒素等）。为了判断有毒物质对食品安全性的危害程度，必须考虑毒性成分的来源、性质、控制或预防的能力。有很多毒性成分是脂溶性的，脂溶性的毒性成分可以在食物链中积累，进而影响人类健康，例如，毒性成分多氯联苯（PCBs）可在鱼脂肪组织中聚集，高脂肪鱼类已成为食物中 PCBs 的最大来源。一些毒性成分非常稳定，因此可以在食物循环中存在很长时间，如有机氯类杀虫剂 DDT，它可以经过鱼类、贝类等在食物链中富集。

（3）外源物质

外源物质污染是第三类影响安全性的因素，外源成分包括放射性污染、玻璃片、木屑、铁屑、昆虫等，如核工厂的事故导致食品中放射性物质增加而影响食品安全。

2. 产品的感官特性

食品的感官品质是由口味、气味、色泽、外观、质地、声音（如薯条的声音等）等综合决定的，它取决于食品的物理特性和化学成分。食品的感官品质的变化速度是货架期的决定因素。货架期指食品被贮藏在推荐的条件下，能够保持安全以及理想的感官、理化和微生物特性，保留标签声明的任何营养值的一段时间。食品通常比较容易腐烂，在新鲜产品收获或经加工后，其品质将会出现不同程度的降低。加工和包装的目的就是要推迟、抑制和减缓品质的下降，从而延长货架期。例如，新鲜豌豆在 12 h 内会腐烂变质，而罐装的豌豆可以在室温下保存 2 年。影响货架期的主要因素有：微生物（腐败菌）、化学反应、生化反应、物理变化、生理反应等过程。

有害微生物侵入食品，利用食品中的营养物质进行生长繁殖的过程中，会导致食品感官品质的下降，主要包括质构、风味和颜色的劣变等，另外，其代谢过程中产生的有毒有害物质已经让食品不安全了。化学反应中的非酶促褐变（或美拉德反应）主要引起外观变化或营养成分的流失，氧化反应会导致油脂风味改变以及植物褪色等。生物化学反应涉及各种酶类，其中酶促褐变是影响食品感官特性的典型生化反应之一，例如，新鲜蔬菜被切开后可以引起多种酶促反应，如多酚氧化酶引起褐变，脂肪氧化酶产生不良气味等。生理学反应主要是指果蔬的呼吸作用，影响采后贮存阶段的产品质量。物理变化主要指农产品在收获、加工和流通过程中由于处理不当造成物理损伤或温湿度变化从而导致腐烂变质加速或带来产品外观的变化。

食品的货架期受制于上述多种因素，同样地，一种感官特性的变化也可能由上述多种因素引起。例如，腐臭可能是由于脂肪酶引起的短链脂肪的产生或脂肪的氧化。抑制、减少或阻止影响货架期的主要因素可以延长货架期，然而，这应该建立在最大程度降低感官品质劣变的基础之上，例如冷冻食品延长了货架期，但在半年到一年以后，由于物理和化学反应的发生导致食品的色泽和质构发生了改变。为了从技术方面控制产品质量，要全面并深入地了解影响产品货架期和感官品质的不同过程。

3. 产品的可靠性和便利性

产品的可靠性是指产品实际组成与产品规格符合的程度。例如，实际加工、包装和贮存后的成分组成或含量必须与说明书中的相一致。便利性是指消费者使用或消费产品时的方便程度。目前提升便利性正成为全球食品发展的关键趋势。在人们生活日益快节奏化的今天，方便快捷的产品不仅显得更加贴心，而且还能很好的契合广大消费者对方便快捷的需求，而且这种需求还将会越来越大。新一代的现代方便食品正不断涌现，制造商正在应对日益增长的健康饮食需求、对美食口味的要求、对个性化的兴趣以及来自快速送货服务的竞争。

（二）外在质量特性

1. 生产系统特性

食品的生产系统特性主要是指食品从采购、加工到成品的整个生产加工过程工艺的特性。它包括很多因素，如果蔬栽培时使用的农药、畜禽繁育时的特殊喂养、为改善农产品特性的基因重组技术以及特定的食品保鲜技术等。这些技术对产品安全性和消费者接受性的影响很复杂的，有的还未能确定。例如，公众对转基因食品十分关注，消费者并不在意食品中有无新技术的使用，而认为产品质量（特别是安全性）是最重要的。

2. 环境特性

食品的环境特性主要是指产品包装和生产废弃物的处理。消费者在购买产品时表现出有对包装款式的偏爱，同时也会考虑包装对自身健康和外部环境的影响。废弃的包装会带来环境污染问题，绿色可降解型包装材料的开发及推广也成为目前世界各国的关注焦点。

食品生产过程从采购原料采购到成品形成整个过程都不可避免的产生废弃物，这些废弃物的处理直接影响到最终食品产品的安全与卫生。食品产品的消费者越来越关心食品制造商的整条制造链，从原料、制造过程及贮藏的整个过程管理都进行关注，另外环境法规也在不断完善，这都要求食品生产企业必须对食品废物的产生和处理进行良好管理及控制，对操作人员进行严格培训。这不仅能保障食品的质量，降低环境的污染，更能提升企业的形象，增强企业的竞争力和生命力。

3. 市场特性

市场对食品质量的影响是很复杂的，根据 VanTrijp 和 Steen Kamp 的研究，消费者认为市场影响力（品牌、价格和商标）决定了产品的外在质量，从而影响对质量的期望，但市场也可以影响人们对产品的信任度。需求决定市场，满足需求的能力即产品的质量决定产品的市场影响力。市场竞争是产品质量的重要调节机制，市场化程度越高，市场的可竞争性越强，产品质量越高，反之，产品质量则越低。

二、影响食品质量的因素

（一）动物生产条件

1. 品种选择

动物育种很多时候仅注重产量而忽视了产品质量。例如，奶牛品种主要考虑选择牛奶高产的品种，但很少考虑到牛奶的营养成分。动物育种专家发现：一些猪种的猪肉质量参数有典型遗传性，如杜洛克猪种（美国红色猪种）常常是暗红的肌肉，相较其他猪种其脂肪硬度和嫩度都有所提高。这些品种常与其他猪种杂交以获得优良猪种。所以，品种选择不仅要考虑增加产量，还必须考虑对食品营养等品质的影响。

2. 动物饲料

动物的饲料会直接或间接地影响食品质量。例如，奶牛乳腺合成脂肪所需的前体物质是饲料在胃中发酵产生的，因此，饲料组分会影响牛奶中的脂肪成分和乳脂含量。淀粉有利于维持微生物的发酵和随后的蛋白质合成，也影响牛奶的产量和成分。动物饲料本身的安全如是否有药物性添加剂的滥用、有毒金属元素的污染、致病微生物污染等，都间接地影响终产品的安全性。用含有黄曲霉素的草饲料去喂养奶牛，在牛乳中就会出现黄曲霉素的代谢物。动物体内药物残留过量，人食用这类动物的肉制品后，药物会在人体内蓄积，产生过敏、畸形和癌症等不良后果，危害人体健康。为了保护消费者的利益，国内外都制定了动物性食品中兽药的最大残留量标准。

3. 圈舍卫生

动物的居住条件直接影响附着在动物体表细菌的数量，改善圈舍卫生条件能够降低动物体表细菌附着率。对于肉类生产而言，外部皮肤和内部肠道的微生物数量是影响食品安全性的重要因素，细菌的大量附着容易导致屠宰时肉的污染。对于奶制品生产，必须严格执行卫生预防措施，清洗乳头、装乳器具及设备并杀菌。另外，动物饲养密集会直接影响到动物活动的空间，降生长环境的质量，影响动物体内激素的分泌，进而会影响肉类食品的质量和产量。

（二）动物的运输和屠宰条件

1. 应激（stress）因素

如在装载、运输、卸货、管理及宰杀的整个过程中受到挤压、撞伤、拖拉、惊吓、过冷过热、通风不畅等对肉类的质量具有负面影响。受外界刺激而产生应激反应的猪肉结构松软，持水力弱，色泽灰白，叫作白肌肉（pale soft exudative meat，PSE 肉）。由于外界应激导致乳酸积累，从而使 pH 值迅速下降到肌肉蛋白的等电点，进而导致持水力下降。另一种情况是动物宰前因受过度应激，耗尽糖原，宰后 pH 值不会下降，导致肉质变暗、变硬和干燥（dark，firm，dry meat，DFD 肉）。

为了保持良好的肉类质量，应该采取措施尽可能消除或减少在运输和屠宰操作中的应激反应，具体应注意：①合理的装载密度，太高的密度会导致产生 PSE 猪肉和 DFD 牛肉，而且会引起肌肉血肿。②装载和卸载的设备，例如陡峭的斜面坡道可以导致动物心跳加快，因此使动物进入平缓的单独通道对于保持肉的良好品质效果明显。此外，驱赶工具如长柄叉会经常导致动物体的外皮剥落甚至组织出血，最终影响肉品质量。整个装载和卸载过程要根据动物数量保证充足的时间；③运输持续时间对肉的质量也有影响，频繁的短时间运输会增加猪 PSE 肉的数量；长时间运输则可能会使动物平静下来，从而使代谢正常，但应注意在长时间运输过程中给予动物水、食物等方面的充分照顾；④在屠宰场，不同种动物的混合会引起应激反应，从而导致 DFD 或 PSE 肉的出现，所以应避免这种情况。

2. 屠宰条件

屠宰包括杀死、放血、烫洗、去皮、取内脏等步骤。在宰杀过程中，肌肉组织可能被肠道内容物、外表皮、手、刀和其他使用的工具污染。为了减少鲜切肉的微生物数量，可以采取表面喷洒含氯热水、乳酸或化学防腐剂等措施，也可以通过严格控制屠宰场墙壁、地板、刀具和其他器具的清洗消毒程序以保证卫生安全。另外，随着动物福利概念引入国际贸易中，更温和的宰杀方式逐渐被采用，避免造成等待宰杀的动物突然处于恐怖和痛苦状态，造成肾上腺素大量分泌，从而形成毒素，严重影响成品肉的质量。

（三）果蔬产品的栽培和收获条件

不同的栽培和收获条件会导致新鲜产品的营养成分、感官特性（如色泽、质构和风味）、以及微生物污染等质量特性存在差异，进而影响加工产品的质量特性。

栽培过程中影响产品质量的重要因素有：①品种，如可选择抗病虫害或营养富集型等优良品种；②栽培措施，包括播种、施肥、灌溉和植保（比如除草剂的使用）等；③栽培环境，如温度、日照时间、降雨量等。可以通过育种和栽培条件的定向改善来调控产品的营养成分。

收获时间和收获期间的机械损伤都会对产品质量产生影响。果蔬的生长和成熟过程伴随着多种生物化学变化，如细胞壁组分变化使组织变软、淀粉转化为葡萄糖使口味变甜、色泽变化以及芳香气味形成等。这些变化绝大多数在果蔬收获后仍会继续，严重影响果蔬的质量和货架期，但收获时间会影响这些生化变化。例如红辣椒收获太早，就不会变红。

在果蔬的收获和运输过程中都会发生机械损伤，植物组织遭破坏后，果蔬会通过本身的生化机制恢复创伤、产生疮疤，影响产品质量。另一方面，果蔬在损伤过程中产生的应激反应会产生对植物本身具有保护作用的代谢产物，也会对产品质量产生负面影响。机械损伤后有利于酶和底物的接触，促进酶促褐变发生，产生不良的色泽变化。此外，植物伤口恢复时产生的乙烯会促进植物呼吸，加速植物成熟和衰老，大大缩短其货架期。

（四）食品加工条件

1. 温度和时间

高温能够杀死部分微生物，但易促进生物化学反应；低温可以抑制微生物的生长，抑制生物生理反应。在适当的湿度和氧气条件下，温度对食品中微生物繁殖和食品变质反应速度影响明显。在10~38℃范围内，恒定水分条件下，温度每升高10℃，化学反应速率加快1倍，腐败速率加快4~6倍。

细菌、真菌等微生物都各自具有最佳生长温度，高于或低于最佳生长温度，它们的活力都受到抑制，生长缓慢。同样，酶有最适温度范围，在一定的温度范围内酶反应速度随温度的升高而加快，温度过高会使酶活性丧失，温度过低会大大降低酶活性。对于食品来说，温度的过度升高可能导致感官品质和营养品质的下降，如风味的散失、维生素和蛋白质的破坏，但在某些产品中也会带来感官品质的提升，如面包皮的褐变和薯条变黄；温度过低则会对食品内部的组织结构和品质都产生破坏。如何寻找到最佳的时间温度组合，确保食品安全稳定的同时尽可能减少加热对食品质量的不良影响，一直是食品加工过程中追求的目标。

2. 水分活度

水分活度是控制微生物生长、酶活力和化学反应的另一因素。食品的颜色、味道、维生素、色素、淀粉、蛋白质等营养成分的稳定性以及微生物的生长都直接受制于水分活度。当水分活度低于0.6时，大部分微生物的生长停止，而油脂即使在低水分活度条件下其氧化反应速率也很快。在低水分含量的食品中，微生物破坏活动会受到抑制。例如，一块蛋糕水分活度为0.81，可在21℃下保存24天，如果将其水分活度提高到0.85，同样温度条件下其保存期限降低到12天。

3. 酸碱性（pH值）

pH值是控制微生物生长、酶和化学反应的另一重要因素。大部分微生物在pH值6.6~7.5时生长最快，在pH值4.0以下仅少量生长。食品的pH值范围为1.8（酸橙）~7.3（玉米）。一般细菌最适pH值范围比真菌小，但微生物的最低和最高pH值并不严格。此外，酸碱性对微生物的控制也依赖于酸的类型，例如柠檬酸、盐酸、磷酸和酒石酸允许微生物生长的pH值比醋酸和乳酸低。总之，pH值小于4.5的酸性食品足以抑制大部分污染食品的细菌生长。

大部分酶的最适pH值范围为4.5~8.0。酶在最适pH值时，一般表现为最大活性，通常一种酶的最适pH值范围很小。在极端的pH值时，因为造成蛋白质结构的变化，酶一般不可逆地失活。化学反应的速度也受到pH值的影响，例如极端pH值可加速酸或碱催化的反应。因此，调节pH值可以控制食品中的酶促反应和其他化学反应进而控制食品的质量。

4. 食品添加剂

为了延长货架期、改变风味、调节营养成分的平衡、提高营养价值、简化加工过程、便于食品的加工或者调整食品的质构，在食品中可以按规定添加特定的化学物质（食品添加剂）。食品添加剂从来源上可分为天然和人工合成添加剂。只有证明具有可行的和可接受的功能或特性，并且是安全的食品添加剂，才允许被使用。食品添加剂的使用要遵守严格的限量标准，任何添加剂的过量使用都有可能危害到食品的质量安全。

5. 气体组成

氧气会促使食品成分（脂质、维生素等）发生氧化反应，促使微生物大量繁殖，加速食品腐败变质。因此，包装食品中气体成分和包装材料透气性对食品的货架期和安全性影响较大。降低食品包装容器中的氧气浓度可延缓氧化反应（油脂氧化、褪色等），抑制好氧菌的生长，从而延长食品的货架期。真空包装、气调、活性氧吸附等措施均可实现低氧环境，但低氧或无氧条件会促进厌氧菌（肉毒梭状杆菌、乳酸菌等）的生长，因此，低氧条件必须同时采取合适的组合措施（适宜的加热处理、低 pH、低水分活度等）协同作用。

6. 多措施组合栅栏技术

实践发现单一或两种保藏技术难于达到期望的保质效果。而多项措施的有机组合，能够明显提高产品的保质保鲜效果。多项保藏措施组合的食品保藏技术称栅栏技术。典型的栅栏技术包括：降低 pH 值可提高酸性抗菌剂的效果；降低温度可以大大提高气调成分中二氧化碳的抗菌效果；压力和热处理协同作用用于杀灭芽孢杆菌，辐射和冷冻结合有利于杀灭微生物而又不产生"辐照味"。

7. 加工卫生

在食品加工过程中，初始污染和交叉性污染都严重影响产品的货架期和安全性。在收获期间的外界环境因素（土壤残留、机械损伤等）和屠宰卫生条件都会影响原材料的原始污染程度。在加工过程中的污染起源于不良的个人卫生、不当的操作，没有过滤的空气、产品之间的交叉污染，产品和原料的交叉污染等等。

（五）贮存和销售条件

贮存的根本目的就是要保证产品质量不降低。根据食品对环境（温度、湿度、气体等）的具体要求，在食品运输、贮存和销售环节中选择适合食品保存的工具、设备和条件，做好环境和器具消毒，保证产品的质量和安全。

新鲜果蔬的特点是其货架期依赖于采后的呼吸作用，大部分新鲜水果伴随成熟呼吸速率逐渐增长，同时伴有色泽、风味、组织结构的改变等。呼吸作用一般随着温度的下降而下降，但温度过低也会引起食品品质下降和货架期缩短，如苹果组织坏死、辣椒和茄子产生黑斑等冷伤害。此外，气体成分如适当比例的氧气和二氧化碳混合也可以延缓果实成熟、抑制腐烂；适当的相对湿度可以阻止霉菌生长和防止产品失水；也可利用化学物质抑制发芽或预防昆虫的破坏作用。对于包装的加工食品而言，最主要的影响因素是贮存温度。为了保证食品的质量，除了贮存温度合适之外，还要考虑选择具有阻止污染或氧气和水分的扩散的包装材料等多种措施加以综合控制。

第三节 食品安全与质量控制

一、技术—管理途径

食品安全与质量控制学是质量管理学的原理、技术和方法在食品原料生产、加工、贮藏和流通过程中的应用。食品是一种与人类健康有密切关系的特殊产品，它既具有一般有形产品的质量特性和质量管理特征，又具有其独有的特殊性和重要性，因此食品安全与质量控制具有特殊的复杂性。从农田到餐桌的食品链上，无论在时间和空间上，食品安全与质量控制都应该全面覆盖，任何一个环节稍有疏忽，都会影响食品安全与质量，同时食品安全与质量所涉及的面既广泛又很复杂，食品原料及其成分的复杂性、食品的易腐性、食品对人类健康的安全性、功能性和营养性以及食品成分检测的复杂性等都会对控制效果产生不同的效果。即使是同一种产品具有相同的生产工艺，由于厂房、操作人员、设备、原料、检测方法等情况的差异，整个食品安全与质量控制的过程都会有实质性的差异。因此，食品企业的质量管理者不仅应该全面的掌握质量管理的相关理论，还应该掌握食品加工的相关理论和科学技术，将技术和管理有机的结合起来。

食品成分的复杂多变，使得工程技术知识显得非常重要，对于诸如微生物、化学加工技术、物理、营养学、植物学、动物学之类的知识的掌握有助于理解这种复杂变化，并促进控制这种变化的技术和理论研究。在食品质量管理中，既要用心理学知识来研究人的行为，又要运用技术知识来研究原料的变化。与心理学同等重要的还有社会学、经济学、数学和法律知识。

食品安全与质量控制包含加工技术原理的应用和管理科学的应用，两者有机结合，缺一不可。但是，技术和管理学的结合分别可以产生3种管理途径：管理学途径、技术途径和技术—管理学途径。管理学途径以管理学为主，以管理学的原理来管理质量。因此，在管理方面能做得很好，但是，由于对技术参数和工艺了解不够，所以在质量管理方面就不能应用自如。反之，在传统的技术途径管理中，由于缺乏管理学知识，管理学方面只能考虑得很有限，因此在质量管理方面也有缺陷。而技术—管理学途径的重点是集合技术和管理学为一个系统，质量问题被认为是技术和管理学相互作用的结果。技术—管理学途径的核心是同时使用了技术和管理学的理论和模型来预测食品生产体系的行为，并适当地改良这一体系。体现技术—管理学途径的最好例子便是HACCP体系。在HACCP体系中，关键的危害点通过人为的监控体系来控制，并通过公司内食品质量管理学各部门合作使消费者期望得以实现。

食品关系到人们的健康和生命，因此，对食品安全与质量的要求比对一般日常用品质量的要求更高。在食品质量管理时，既要有充分的管理学知识，又要具备农产品生产和食品加工的知识。为了更好地保证食品的质量和安全性，在食品质量管理方面采用技术—管理途径。由于食品类专业的学生已经系统的学习了食品安全及相关的工艺控制技术，本教材在编写中注重了质量管理理论和相关的国家食品安全标准与法规的介绍，尽可能的从技术—管理相结合的途径引导学生学习食品安全与质量控制的理论和方法。

二、食品安全与质量控制的主要内容

（一）食品安全危害及风险管理

食品安全是一个综合性的概念，不仅指公共卫生问题，还包括一个国家粮食供应是否充足的问题。食品安全是社会概念，影响社会经济发展的导向。食品生产前、生产中、生产后都有不同的危害来源。一般而言，引起食品危害主要分三大类，即生物性危害、化学性危害和物理性危害。而风险分析是一种制定食品安全标准的基本方法，根本目的在于保护消费者的健康和促进公平的食品贸易。风险分析包括风险评估、风险管理和风险交流三部分内容，三者既相互独立又密切关联。风险评估是整个风险分析体系的核心和基础，也是有关国际组织和区域组织工作的重点。风险管理是在风险评估结果基础上的政策选择过程，包括选择实施适当的控制理念以及法规管理措施。风险交流是在风险评估者、风险管理者以及其他相关者之间进行风险信息及意见交换的过程。

（二）食品安全控制

食品安全控制危害贯穿于从农田到餐桌的每一个环节。食品安全危害的控制以相关的法规、标准为依据，通过现代食品安全控制理念、技术和控制体系，可有力保障消费者食品安全权利。由中国认证认可协会牵头组织有关机构制修订并备案的《食品安全管理体系谷物加工企业要求》等 22 项专项技术规范。至此共有 7 项国家标准和 22 项专项技术规范作为食品安全管理体系认证的专项技术规范，其中原 7 项国家标准没有变化，17 项专项技术规范替代原技术规范，5 项专项技术规范为新制定。教材精选了有代表性的关于粮油加工企业、肉蛋加工企业、酒类加工企业、果蔬及饮料加工企业共 11 个相关标准，介绍了相关的基本术语、前提方案、关键过程控制及产品检测等相关知识。学习者可以触类旁通，对相关的其它标准进行进一步的学习。

（三）食品品质设计

食品品质设计主要指新产品的设计，是一项复杂的技术与管理工作，需要在设计之初，了解市场和消费者的需求，根据企业自身的基础与条件，定位产品的类型，按照科学的工作程序进行设计工作。产品设计是一项多过程、多部门、多人员参与的复杂的技术与管理工作，为了保证设计工作的顺利开展、产品设计的实现，必须对设计工作进行过程分析，并制定科学、可行的工作程序。典型的产品设计过程包含四个阶段：概念开发和新产品计划、新产品试制、新产品鉴定和市场开发。在长期的设计实践中，一些新的设计方法和理念，如质量功能展开、过程设计、田口方法、稳健设计、并行工程等，使食品品质设计越来越成为一门系统的技术。

（四）食品质量控制

质量控制是质量管理的一个部分，主要是通过操作技术和工艺过程的控制，达到所规定的产品标准。质量控制包括了技术和管理学的内容。典型的技术领域是统计方法和仪器设备的应用，而管理学方面主要是质点控制的责任和质量控制方法。典型的管理因素是指对质量控制的责任，与供应商及销售商的关系，对个人的教育和指导，使之能够实施质量控制。

质量控制方法是保证产品质量并使产品质量不断提高的一种质量管理方法。它通过研究、分析产品质量数据的分布，揭示质量差异的规律，找出影响质量差异的原因，采取技术组织措施，消除或控制产生次品或不合格品的因素，使产品在生产的全过程中每一个环节都能正常的、理想的进行，最终使产品能够达到人们需要所具备的自然属性和特性，即产品的适用性、可靠性及经济性。运用质量图表进行质量控制。这是控制生产过程中产品质量变化的有效手段。控制质量的图表有以下几种，即：分层图表法、排列图法、因果分析图法、散布图法、直方图法、控制图法，以及关系图法、KJ 图法、系统图法、矩阵图法、矩阵数据分析法。PDPC 法、网络图法。这些图表，在控制产品质量的过程中相互交错，应灵活运用。

（五）食品质量检验

食品质量检验是指研究和评定食品质量及其变化的一门学科，它依据物理、化学、生物化学的一些基本理论和各种技术，按照制订的技术标准，对原料、辅助材料、成品的质量进行检测。质量检验参与质量改进工作，是充分发挥质量把关和预防作用的关键，也是检验部门参与质量管理的具体体现。

食品检验内容十分丰富，包括食品营养成分分析，食品中污染物质分析，食品辅助材料及食品添加剂分析，食品感官鉴定等。狭义的食品检验通常是指对食品质量所进行的检验，包括对食品的外包装、内包装、标志和商品体外观的特性、理化指标以及其它一些卫生指标所进行的检验。检方法主要有感官检验法和理化检验法。质量检验人员一般都是由具有一定生产经验、业务熟练的工程技术人员担任。他们熟悉生产现场，对生产中人、机、料、法、环等因素有比较清楚的了解。因此对质量改进能提出更切实可行的建议和措施，这也是质量检验人员的优势所在。实践证明，特别是设计、工艺、检验和操作人员联合起来共同投入质量改进，能够取得更好的效果。

（六）质量管理体系

新版质量管理体系将质量管理原则总结为七个方面：①以顾客为关注焦点；②领导作用；③全员参与；④过程方法；⑤改进；⑥循证决策；⑦关系管理。质量管理体系代表现代企业思考如何真正发挥质量的作用和如何最优地作出质量决策的一种观点，质量体系是使公司内更为广泛的质量活动能够得以切实管理的基础。质量体系是有计划、有步骤地把整个公司主要质量活动按重要性顺序进行改善的基础。任何组织都需要管理。当管理与质量有关时，则为质量管理。质量管理是在质量方面指挥和控制组织的协调活动，通常包括制定质量方针、目标以及质量策划、质量控制、质量保证和质量改进等活动。实现质量管理的方针目标，有效地开展各项质量管理活动，必须建立相应的管理体系，这个体系就叫质量管理体系。它可以有效进行质量改进。

（七）GMP 与 HACCP

GMP 和 HACCP 系统都是为保证食品安全和卫生而制定的措施和规定。GMP 是适用于所有相同类型产品的食品生产企业的原则，而 HACCP 则因食品生产厂及其生产过程不同而不同。GMP 体现了食品企业卫生质量管理的普遍原则，而 HACCP 则是针对每一个企业生产过程的特殊原则。

从 GMP 和 HACCP 各自的特点来看，GMP 是对食品企业生产条件、生产工艺、生产行为和卫生管理提出的规范性要求，而 HACCP 则是动态的食品卫生管理方法；GMP 的要求是硬性的、固定的，而 HACCP 的要求是灵活的、可调的。GMP 的内容是全面的，它对食品生产过程中的各个环节、各个方面都制定出具体的要求，是一个全面质量保证系统。HACCP 则突出对重点环节的控制，以点带面来保证整个食品加工过程中食品的安全。GMP 和 HACCP 在食品企业卫生管理中所起的作用是相辅相成的。通过 HACCP 系统，我们可以找出 GMP 要求中的关键项目，通过运行 HACCP 系统，可以控制这些关键项目达到标准要求。

掌握 HACCCP 的原理和方法还可以使监督人员、企业管理人员具备敏锐的判断力和危害评估能力，有助于 GMP 的制定和实施。GMP 是食品企业必须达到的生产条件和行为规范，企业只有在实施 GMP 规定的基础之上，才可使 HACCP 系统有效运行。

第四节　食品安全危害及风险管理

一、食品生产体系中的危害来源

（一）食品生产前（食品原料）危害来源

1. 天然有害物质

食品中的天然有害物质是指某些食物本身含有对人体健康产生不良影响的物质，或降低食物的营养价值，或导致人体代谢紊乱，或引起食物中毒，有的还产生"三致"反应

（致畸、致突变、致癌）。天然有害物质主要存在于动植物性食物中，但多集中于海产鱼贝类食物。如马铃薯变绿能够产生龙葵碱，有较强毒性，通过抑制胆碱酯酶活性引起中毒反应，还对胃肠黏膜有较强的刺激作用，并能引起脑水肿、充血。

河豚毒素是一种有剧毒的神经毒素，一般的家庭烹调加热、盐腌、紫外线和太阳光照射均不能破坏。其毒性甚至比剧毒的氰化钠要强 1 250 倍，能使人神经麻痹，最终导致死亡。但河豚毒素在鲀毒鱼类体内分布不均，主要集中在卵巢、睾丸和肝脏，其次为胃肠道、血液、鳃、肾等，肌肉中则很少。若把生殖腺、内脏、血液、皮肤去掉，新鲜的、洗净的河豚鱼肉一般不含毒素，但若河豚鱼死后较久，内脏毒素流入体液中逐渐渗入肌肉，则肌肉也有毒而不能食用。

2. 食物致敏

食物致敏原是指能引起免疫反应的食物抗原分子，大部分食物致敏原是蛋白质。不同人群对食物致敏有很大差异。成人一般为花生、坚果、鱼和贝类等食物；幼儿一般为牛奶、鸡蛋、花生和小麦等食物。加热可使大多数食物的致敏性降低，但有一些食物烹调加热后致敏性反而增加，如常规巴氏消毒不仅不能使一些牛奶蛋白质降解，还会使其致敏性增加。

3. 农兽药残留

现代农业生产中往往需要投入大量的杀虫剂、杀菌剂（拟除虫菊酯等）、除草剂，由于用药不当或不遵守停药期，在稻谷和果蔬等植物食品中发生农药残留超标问题。在大规模养殖生产中，为了预防疫病、促进生长和提高饲料效率，常常在饲料或饮水中人为加入一些药物（驱寄生虫剂等），但如果用药不当或不遵守停药期，动物体内就会发生超过标准的药物残留而污染动物源性食品等问题。

4. 重金属残留

有毒重金属进入食品包括如下途径：①工业"三废"的排放造成环境污染，是食品中有害重金属的主要来源。这些有害金属在环境中不易净化，可以通过食物链富积，引起事物中毒。②有些地区自然地质条件特殊，地层有毒金属含量高，使动植物有毒金属含量显著高于一般地区。③食品加工中使用的金属机械、管道、容器以及因工艺需要加入的食品添加剂品质不纯，含有有毒金属杂质而污染食品。

5. 细菌性污染

在全世界所有的食源性疾病暴发的案例中，66%以上为细菌性致病菌所致。对人体健康危害较严重的致病菌有：沙门菌、大肠杆菌、副溶血性弧菌、蜡样芽孢杆菌、变形杆菌、金黄色葡萄球菌等十余种。蜡样芽孢杆菌、金黄色葡萄球菌产生的肠毒素、沙门菌等食入人体后通常引起恶心、呕吐、腹泻、腹痛、发热等中毒症状。单核细胞增多性李斯特菌引起脑膜炎以及与流感类似的症状，甚至致流产、死胎。

6. 食源性寄生虫

各种禽畜寄生虫病严重危害着家畜家禽和人类的健康，如猪、牛、羊肉中常见的易引起人兽共患疾病的寄生虫有片形吸虫、囊虫、旋毛虫、弓形虫等。人们在生吃或烹调不当的情况下，就容易引起一些疾病，如片形吸虫可致人食欲减退、消瘦、贫血、黏膜苍白等；猪囊虫可致癫痫；旋毛虫可致急性心肌炎、血性腹泻、肠炎等；弓形虫可引发弓形虫病。

7. 真菌及其毒素污染

真菌的种类很多，有 5 万多种。霉菌是真菌的一种，广泛分布于自然界。受霉菌污染的农作物、空气、土壤等都可污染食品。霉菌和霉菌毒素污染食品后，引起的危害主要有两个方面：即霉菌引起食品变质和产生毒素引起人类中毒。霉菌污染食品可使食品食用价值降低，甚至完全不能食用，造成巨大经济损失。据统计，全世界每年平均有2%谷物由于霉变不能食用。霉菌毒素引起的中毒大多通过被霉菌污染的粮食、油料作物以及发酵食品等引起，而且霉菌中毒往往表现为明显的地方性和季节性，尤其是连续低温的阴雨天气应引起重视。一次大量摄入被霉菌及其毒素污染的食品，会造成食物中毒；长期摄入小量受污染食品也会引起慢性病或癌症等。

（二）食品生产中危害来源

1. 腌制技术

食物在腌制过程中，常被微生物污染，如果加入食盐量小于15%，蔬菜中硝酸盐可被微生物还原成亚硝酸盐。人若进食了含有亚硝酸盐的腌制品后，会引起中毒，皮肤黏膜呈青紫色，口唇发青，重者还会伴有头晕、头痛、心率加快等症状，甚至昏迷。此外，亚硝酸盐在人体内遇到胺类物质时，可生成亚硝胺。亚硝胺是一种致癌物质，故常食腌制品容易致癌。

2. 熏烤技术

3，4-苯并［α］芘是多环芳烃中一种主要食品污染物，随食物摄入人体内的3，4-苯并［α］芘大部分可被吸收，经过消化道吸收后，经过血液很快遍布人体，人体乳腺和脂肪组织可蓄积3，4-苯并［α］芘。其致癌性最强，主要表现在胃癌和消化道癌。

碳氢化合物在800~1 000℃供氧不足条件下燃烧能生成3，4-苯并［α］芘。烘烤温度高，食品中的脂类、胆固醇、蛋白质、碳水化合物发生热解，经过环化和聚合形成了大量多环芳烃，其中以3，4-苯并［α］芘为最多。当食品在烟熏和烘烤过程焦糊或炭化时，3，4-苯并［α］芘生成量显著增加。烟熏时产生3，4-苯并［α］芘主要是直接附着在食品表面，随着保藏时间延长逐步渗入到食品内部。加工过程中使用含3，4-苯并［α］芘的容器、管道、设备、机械运输原料、包装材料以及含多环芳烃的液态石蜡涂渍的包装纸等均会对食品造成3，4-苯并［α］芘的污染。

3. 干制技术

传统干燥方法（如晒干和风干），主要利用自然条件进行干燥，干燥时间长，容易受到外界条件的影响污染食品。采用机械设备干燥虽能降低污染，但容易引起油脂含量较高的食品氧化变质。

4. 发酵技术

食品发酵过程中也存在诸多方面的安全性问题。发酵工艺控制不当，造成污染菌或代谢异常，引入毒害性物质；曲霉等发酵菌在发酵过程中，可能产生某些毒素，危害到食品安全；某些发酵添加剂本身是有害物质，如部分厂家在啤酒糖化过程中添加甲醛溶液；发酵罐的涂料受损后，罐体自身金属离子的溶出，造成产品中某种金属离子的超标，如酱油出现铁离子超标等。

5. 蒸馏技术

蒸馏技术在食品加工中用于提纯一些有机成分，如酒精、甘油、丙酮。在蒸馏过程中，蒸馏出的产品可能存在副产品污染问题，如酒精馏出物有甲醇、杂醇油、铅的混入问题。

6. 分离技术

在食品生产过滤中，如果操作不当，会导致过滤周期不成比例地缩短，可能出现一些有害物质残留；在食品生产萃取中，为提取脂溶性成分和精炼油脂，大多使用有机溶剂，如苯、氯仿、四氯化碳等毒性较强的溶剂，如在食品中过量残留会造成一定的危害；在食品生产絮凝中，常采用的絮凝剂为铝、铁盐和有机高分子类，过量使用，残留于产品中会产生食品安全问题。

7. 灭菌技术

近年来，食品工业中灭菌技术有了很大发展，但仍有可能出现安全问题。

巴氏消毒法采用100℃以下温度杀死绝大多数病原微生物，但若食品被一些耐热菌污染，易生长繁殖引起食物腐败变质。

高压蒸汽灭菌是将食品（如罐头）预先装入容器密封，采用121℃高压蒸汽灭菌15～20 min。但肉毒梭状芽孢杆菌耐热性强，个别芽孢存活，能在罐头中生长繁殖，并产生肉毒毒素引起食物中毒。

（三）食品生产后危害来源

食品生产后危害来源主要集中在食品包装上。包装材料直接和食物接触，很多材料成分可迁移进食品中，称为"迁移"，可在玻璃、陶瓷、金属、硬纸板、塑料包装材料中发生。如采用陶瓷器皿盛放酸性食品时，表面釉料中含有铅等重金属离子就可能被溶出，随食物进入人体对人体造成危害。因此，对于食品包装材料安全性的基本要求就是不能向食品中释放有害物质，不与食品成分发生反应。

二、食品危害分析

（一）生物性危害分析

1. 细菌

（1）沙门菌

沙门菌（salmonella）是一类革兰氏阴性肠道杆菌，是引起人类伤寒、副伤寒、感染性腹泻、食物中毒等疾病的重要肠道致病菌，是食源性疾病的重要致病菌之一。沙门菌广泛分布于家畜、鸟、鼠类肠腔中，在动物中广泛传播并感染人群。患沙门菌病的带菌者的排泄物或带菌者自身都可直接污染食品，常被污染的食物主要有各种肉类、鱼类、蛋类和乳类食品，其中以肉类居多。

沙门菌随同食物进入机体后在肠道内大量繁殖，破坏肠黏膜，并通过淋巴系统进入血液，出现菌血症，引起全身感染。释放出毒力较强的内毒素，内毒素和活菌共同侵害肠黏膜继续引起炎症，出现体温升高和急性胃肠症状。大量活菌释放的内毒素同时引起机体中毒，潜伏期平均为12～24 h，短者6 h，长者48～72 h，中毒初期表现为头痛、恶心、食欲不振，之后出现呕吐、腹泻、腹痛、发热，严重者可引起痉挛、脱水、休克等症状。

（2）致病性大肠埃希菌

大肠埃希菌（Escherichia coli）是一类革兰阴性肠道杆菌，是人畜肠道中的常见菌，随粪便排出后广泛分布于自然界，可通过粪便污染食品、水和土壤，在一定条件下可引起肠道外感染，以食源性传播为主，水源性和接触性传播也是重要的传播途径。

某些血清型大肠杆菌能引起人类腹泻。其中肠产毒性大肠杆菌会引起婴幼儿腹泻，出现轻度水泻，也可呈严重的霍乱样症状。腹泻常为自限性，一般2～3天即愈，营养不良者可达数周，也可反复发作。肠致病性大肠杆菌是婴儿腹泻的主要病原菌，有高度传染性，严重者可致死。细菌侵入肠道后，主要在十二指肠、空肠和回肠上段大量繁殖。此外，肠出血性大肠杆菌会引起散发性或暴发出血性结肠炎，可产生志贺毒素样细胞毒素。

（3）葡萄球菌

葡萄球菌（staphylococcus）是一种革兰阳性球菌，广泛分布于自然界，如空气、水、土壤、饲料和其他物品上，多数为非致病菌，少数可导致疾病。食品中葡萄球菌的污染源一般来自患有化脓性炎症的病人或带菌者，因饮食习惯不同，引起中毒的食品是多种多样的，主要是营养丰富的含水食品，如剩饭、糕点、凉糕、冰激凌、乳及乳制品，其次是熟肉类，偶见于鱼类及其制品、蛋制品等。近年，由熟鸡、鸭制品引起的中毒现象有增多的趋势。

葡萄球菌中，金黄色葡萄球菌致病力最强，可产生肠毒素、杀白血球素、溶血素等，刺激呕吐中枢产生催吐作用。金黄色葡萄球菌污染食物后，在适宜的条件下大量繁殖产生肠毒素，若吃了这些不安全的食品，极易发生食物中毒。

（4）致病性链球菌

致病性链球菌是化脓性球菌的一类常见的细菌，广泛存在于水、空气、人及动物粪便和健康人鼻咽部，容易对食品产生污染。被污染的食品因烹调加热不彻底，或在加热后又被本菌污染，在较高温度下，存放时间较长，食前未充分加热处理，以致食后引起中毒。

食用致病性链球菌污染的食品后，常引起皮肤和皮下组织的化脓性炎症及呼吸道感染，还能引起猩红热、流行性咽炎、丹毒、脑膜炎等，严重者可危害生命。

（5）肉毒梭状芽孢杆菌

肉毒梭状芽孢杆菌（简称肉毒梭菌）属于厌氧性梭状芽孢杆菌属，广泛分布于土壤、水、海洋、腐败变质的有机物、霉干草、畜禽粪便中，带菌物可污染各类食品原料，特别是肉类和肉制品。

肉毒梭菌能够产生菌体外毒素，经肠道吸收后进入血液，作用于脑神经核、神经接头处以及植物神经末梢，阻止乙酰胆碱的释放，妨碍神经冲动的传导而引起肌肉松弛性麻痹。

（6）副溶血性弧菌

副溶血性弧菌又称肠炎弧菌，是我国沿海地区夏秋季节最常见的一种食物中毒菌。常见的鱼、虾、蟹、贝类中副溶血性弧菌的检出率很高。

副溶血性弧菌导致的食物中毒，大多为副溶血性弧菌侵入人体肠道后直接繁殖造成的感染及其所产生的毒素对肠道共同作用的结果。潜伏期一般为 6~10 h，最短者 1 h，长者可达 24~48 h。耐热性溶血毒素除有溶血作用外，还有细胞毒、心脏毒、肝脏毒等作用。

（7）空肠弯曲菌

空肠弯曲菌是一种重要的肠道致病菌。食品被空肠弯曲菌污染的重要来源是动物粪便，其次是健康的带菌者。此外，已被感染空肠弯曲菌的器具等未经彻底消毒杀菌便继续使用，也可导致交叉感染。

食用空肠弯曲菌污染的食品后，可发生中毒事故，主要危害部位是消化道。潜伏期一般 3~5 天，突发腹痛、腹泻、恶心、呕吐等胃肠道症状。该菌进入肠道后在含微量氧环境下迅速繁殖，主要侵犯空肠、回肠和结肠，侵袭肠黏膜，造成充血及出血性损伤。

（8）志贺菌

志贺菌是一类革兰阴性杆菌，是人类细菌性痢疾最为常见的病原菌，通称痢疾杆菌。痢疾病人和带菌者的大便污染食物、瓜果、水源、玩具和周围环境，夏秋季天气炎热，苍蝇滋生快，苍蝇上的脚毛可黏附大量痢疾杆菌等，是重要的传播媒介。因此，夏秋季节痢疾的发病率明显上升。

志贺菌污染食品后，大量繁殖，并产生细胞毒素、肠毒素和神经毒素，食后可引起中毒，抑制细胞蛋白质合成，使肠道上皮细胞坏死、脱落，局部形成溃疡。由于上皮细胞溃疡脱落，形成血性、脓性的排泄物，这是志贺菌对人体产生的主要危害。志贺菌食物中毒后，潜伏期一般为 10~20 h。发病时以发热、腹痛、腹泻、痢疾后重感及黏液脓血便为特征。

2. 病毒

病毒到处存在，只对特定动物的特定细胞产生感染作用。因此，食品安全只须考虑对人类有致病作用的病毒。容易污染食品的病毒有甲型肝炎病毒（Hepatitis A virus，HAV）、诺如病毒（Norovirus）、嵌杯病毒（Calicivirus）、星状病毒（Astrovirus）等。这些病毒主要来自病人、病畜或带毒者的肠道，污染水体或与手接触后污染食品。已报道的所有与水产品有关的病毒污染事件中，绝大多数由于食用了生的或加热不彻底的贝类而引起。

食品受病毒污染主要有4种途径：（1）港湾水域受污水污染能使海产品受病毒污染。（2）灌溉用水受污染会使蔬菜、水果的表面沉积病毒。（3）使用受污染的饮用水清洗和输送食品或用来制作食品，会使食品受病毒污染。（4）受病毒感染的食品加工人员，很容易将病毒带进食品中。

3. 寄生虫

寄生虫是需要有寄主才能存活的生物。寄生虫感染主要发生在喜欢生食或半生食的水产品特定人群中。目前，我国食品中对人类健康危害较大的寄生虫主要有线虫、吸虫和绦虫。其中，比较常见的有吸虫中的华枝睾吸虫和卫氏并吸虫，线虫中的异尖线虫、广州管圆线虫。

食品受寄生虫污染有以下几种途径：原料动物患有寄生虫病；食品原料遭到寄生虫虫卵的污染；粪便污染、生熟不分。

4. 真菌

真菌在自然界分布极广，特别是阴暗、潮湿和温度较高环境更有利于它们的生长，极易引起食品的腐败变质，失去原有的色、香、味、形，降低甚至完全丧失食用价值。有些真菌可以产生毒素，有的毒素甚至经烹调加热都不能被破坏，还可引起食物中毒，如黄曲霉毒素，耐高温，其毒性远远高于氰化物、砷化物和有机农药的毒性，摄入量大时可发生急性中毒，出现急性肝炎、出血性坏死、肝细胞脂肪变性和胆管增生；微量持续摄入，可造成慢性中毒，生长障碍，引起纤维性病变，致使纤维组织增生。

（二）化学性危害分析

食品中化学物质的残留可直接影响到消费者身体健康，因此，降低食物化学性危害程度，防止污染物随食品进入人体，是提高食品安全性的重要环节之一。造成食品化学性危害的物质有：食品添加剂、农药残留、兽药残留、重金属、硝酸盐、亚硝酸盐等。

化学污染可以发生在食品生产和加工的任何阶段。化学品，例如：农药、兽药和食品添加剂等适当地、有控制地使用是没有危害的，而一旦使用不当或超量就会对消费者形成危害。

化学危害可分为以下几种：（1）天然存在的化学物质：霉菌毒素、组胺、蘑菇毒素、贝类毒素和生物碱等。（2）有意加入的化学物质：食品添加剂（硝酸盐、色素等）。（3）无意或偶尔进入食品的化学物质：农用的化学物质（杀虫剂、杀真菌剂、除草剂、肥料、抗生素和生长激素等）、食品法规禁用化学品、有毒元素和化合物（铅、锌、砷、汞、氰化物等）、多氯联苯、工厂化学用品（润滑油、清洁剂、消毒剂和油漆等）。

（三）物理性危害分析

物理性危害通常是对个体消费者或相当少的消费者产生问题，危害结果通常导致个人损伤，如牙齿破损、嘴划破、窒息等，或者其他不会对人的生命产生威胁的问题。潜在的物理危害由正常情况下食品中没有的外来物质造成，包括金属碎片、碎玻璃、木头片、碎岩石或石头。法规规定的外来物质也包括这类物质，如食品中的碎骨片、鱼刺、昆虫以及昆虫残骸、啮齿动物及其他哺乳动物的头发、沙子以及其他通常无危害的物质。

要在食品生产过程中有效地控制物理危害，及时除去异物，必须坚持预防为主，保持厂区和设备的卫生，要充分了解一些可能引起物理危害的环节，如运输、加工、包装和贮藏过程以及包装材料的处理等，并加以防范。如许多金属检测器能发现食品中含铁的和不含铁的金属微粒，X线技术能发现食品中各种异物，特别是骨头碎片。

三、食品安全风险管理

（一）风险分析概要

1. 风险分析的概念

风险分析是一种制定食品安全标准的基本方法，根本目的在于保护消费者的健康和促进公平的食品贸易。风险分析是指对某一食品危害进行风险评估、风险管理和风险交流的过程，具体为通过对影响食品安全的各种生物、物理和化学危害进行鉴定，定性或定量地描述风险的特征，在参考有关因素的前提下，提出和实施风险管理措施，并与利益攸关者进行交流。风险分析在食品安全管理中的目标是分析食源性危害，确定食品安全性保护水平，采取风险管理措施，使消费者在食品安全性风险方面处于可接受的水平。

2. 风险分析的要素及其关系

风险分析包括风险评估、风险管理和风险交流三部分内容，三者既相互独立又密切关联。风险评估是整个风险分析体系的核心和基础，也是有关国际组织和区域组织工作的重点。风险管理是在风险评估结果基础上的政策选择过程，包括选择实施适当的控制理念以及法规管理措施。风险交流是在风险评估者、风险管理者以及其他相关者之间进行风险信息及意见交换的过程。

3. 风险分析在食品安全管理中的作用

风险分析将贯穿食物链（从原料生产、采集到终产品加工、贮藏、运输等）各环节的食源性危害均列入评估内容，同时考虑评估过程中的不确定性、普通人群和特殊人群的暴露量、权衡风险与管理措施的成本效益、不断监测管理措施（包括制定的标准法规）的效果并及时利用各种交流信息进行调整。风险分析为各国建立食品安全技术标准提供具体操作模式，也是WTO制定食品安全标准和解决国际食品贸易争端的依据。随着近几年全球性食品安全事件的频繁发生，人们已经认识到以往的基于产品检测的事后管理体系无法改变食品已被污染的事实，而且对每一件产品进行检测会花费巨额成本。因此，现代食品安全风险管理的着眼点应该是进行事前有效管理。

（二）风险评估

1. 风险评估的概念

风险评估（risk assessment）是指建立在科学基础上的，包含危害鉴定、危害描述、暴露评估、风险描述四个步骤的过程，具体为利用现有的科学资料，对食品中某种生物、化学或物理因素的暴露对人体健康产生的不良后果进行鉴定、确认和定量。

2. 风险评估的基本程序

危害鉴定（hazard identification）是指识别可能对健康产生不良效果，且可能存在于某种或某类特别食品中的生物、化学和物理因素。对于化学因素（包括食品添加剂、农药和兽药残留、重金属污染物和天然毒素）而言，危害识别主要是指要确定某种物质的毒性（即产生的不良效果），在可能时对这种物质导致不良效果的固有性质进行鉴定。实际工作中，危害识别一般采用动物试验和体外试验的资料作为依据。动物试验包括急性和慢性毒性试验，遵循标准化试验程序，同时必须实施良好实验室规范（good laboratory practice，GLP）和标准化的质量保证/质量控制（quality assurance/quality control，QA/QC）程序。最少数据量应当包含规定的品种数量、两种性别、剂量选择、暴露途径和样本量。动物试验的主要目的在于确定无明显作用的剂量水平（no-observed effect level，NOEL）、无明显不良反应的剂量水平（no-observed adverse effect level，NOAEL），或者临界剂量。通过体外试验可以增加对危害作用机制的了解。通过定量的结构—活性关系研究，对于同一类化学物质（如多环芳烃、多氯联苯），可以根据一种或多种化合物已知的毒理学资料，采用毒物当量的方法来预测其他化合物的危害。

危害特征描述（hazard characterization）指对与食品中可能存在的生物、化学和物理因素有关的健康不良效果的性质的定性和（或）定量评价。评估方法一般是由毒理学试验获得的数据外推到人，计算人体的每日允许摄入量（acceptable daily intake，ADI）。严格来说，对于食品添加剂、农药和兽药残留，制定 ADI 值；对于蓄积性污染物镉制定暂定每月耐受摄入量（provisional tolerable monthly intake，PIMI）；对于蓄积性污染物如铅、汞等其他蓄积性污染物，制定暂定每周耐受摄入量（provisional tolerable weekly intake，PTWI）；对于非蓄积性污染物如砷，制定暂定每日耐受摄入量（provisional tolerable daily intake，PTDI）；对于营养素，制定推荐膳食摄入量（recommended daily intake，RDI）。目前，国际上由联合国粮农组织和世界卫生组织下的食品添加剂委员会（Joint FAO/WHO Expert Committee on Food Additives，JECFA）制定食品添加剂和兽药残留的 ADI 值以及污染物的 PTWI/PTDI 值，由农药残留联席会议（Joint Meeting on Pesticide Residue，JMPR）制定农药残留的 ADI 值等。

暴露评估（exposure assessment）是指对于通过食品的可能摄入和其他有关途径暴露的生物因素、化学因素和物理因素的定性和（或）定量评价。暴露评估主要根据膳食调查和各种食品中化学物质暴露水平调查的数据进行，通过计算可以得到人体对于该种化学物质的暴露量。进行暴露评估需要有关食品的消费量和这些食品中相关化学物质浓度两方面的资料，一般可以采用总膳食研究、个别食品的选择性研究和双份饭研究进行。因此，进行膳食调查和国家食品污染监测计划是准确进行暴露评估的基础。

风险特征描述（risk characterization）是指根据危害鉴定、危害特征描述和暴露评估，对某一特定人群的已知或潜在健康不良效果的发生可能性和严重程度进行定性和（或）定量的估计，其中包括伴随的不确定性。具体为就暴露对人群产生健康不良效果的可能性进行估计，对于有阈值的化学物质，比较暴露量和 ADI 值（或者其他测量值），暴露量小于 ADI 值时，健康不良效果的可能性理论上为零；对于无阈值的物质，人群的风险是暴露和效力的综合结果。同时，风险特征描述需要说明风险评估过程中每一步所涉及的不确定性。将动物试验的结果外推到人可能产生不确定性。在实际工作中，这些不确定性可以通过专家判断等加以克服。

3. 风险评估的类别与作用

在化学危害物的风险评估中，主要确定人体摄入某种物质（食品添加剂、农兽药残留、环境污染物和天然毒素等）的潜在不良效果、产生这种不良效果的可能性，以及产生这种不良效果的确定性和不确定性。暴露评估的目的在于求得某种危害物对人体的暴露剂量、暴露频率、时间长短、路径及范围，主要根据膳食调查和各种食品中化学物质暴露水平调查的数据进行。风险特征描述是就暴露对人群产生健康不良效果的可能性进行估计，是危害鉴定、危害特征描述和暴露评估的综合结果。对于有阈值的化学物质，就是比较暴露量和 ADI 值（或者其他测量值），暴露量小于 ADI 值时，健康不良效果的可能性理论上为零；对于无阈值物质，人群的风险是暴露量和效力的综合结果。同时，风险描述需要说明风险评估过程中每一步所涉及的不确定性。

生物危害物的风险评估，相对于化学危害物而言，目前尚缺乏足够的资料，以建立衡量食源性病原体风险的可能性和严重性的数学模型。而且，生物性危害物还会受到很多复杂因素的影响，包括食物从种植、加工、贮存到烹调的全过程，宿主的差异（敏感性、抵抗力），病原菌的毒力差异，病原体的数量动态变化，文化和地域的差异等。因此，对生物病原体的风险评估以定性方式为主。定性的风险评估取决于特定的食物品种、病原菌的生态学知识、流行病学数据，以及专家对生产、加工、贮存、烹调等过程有关危害的判断。

物理危害风险评估是指对食品或食品原料本身携带或加工过程中引入的硬质或尖锐异物被人食用后对人体造成危害的评估。食品中物理危害造成人体伤亡和发病的概率较化学和生物的危害低，一旦发生，则后果非常严重，必须经过手术方法才能将其清除。物理性危害的确定比较简单，暴露的唯一途径是误食了混有物理危害物的食品，也不存在阈值。根据危害识别、危害特征描述以及暴露评估的结果给予高、中、低的定性估计。

（三）风险管理

1. 风险管理的概念

风险管理是根据风险评估的结果，同时考虑社会、经济等方面的有关因素，对各种管理措施的方案进行权衡，在需要时加以选择和实施。风险管理的首要目标是通过选择和实施适当的措施，有效地控制食品风险，保障公众健康。风险管理的具体措施包括制定最高限量，制定食品标签标准，实施公众教育计划，通过使用其他物质或者改善农业或生产规范，以减少某些化学物质的使用。

2. 风险管理的程序

风险管理可以分为四个部分：风险评价、风险管理选择评估、执行管理决定，以及监控和审查。

风险评价包括确认食品安全问题、描述风险概况、就风险评估和风险管理的优先性对危害进行排序、为进行风险评估制定风险评估政策、决定进行风险评估以及风险评估结果的审议。

风险管理选择评估的程序包括确定现有的管理选项、选择最佳的管理选项（如安全标准），以及最终的管理决定。为了做出风险管理决定，风险评价过程的结果应当与现有风险管理选项的评价相结合。保护人体健康应当是首先考虑的因素，同时，可适当考虑其他因素（经济费用、效益、技术可行性、对风险的认知程度等），可以进行费用效益分析。

执行管理决定指的是有关主管部门，即食品安全风险管理者执行风险管理决策的过程。食品安全主管部门，即风险管理者，有责任满足消费者的期望，采取必要措施保证消费者能得到高水平的健康保护。

监控和审查指的是对实施措施的有效性进行评估，以及在必要时对风险管理和（或）评估进行审查。执行管理决定之后，应当对控制措施的有效性以及对暴露消费者人群风险的影响进行监控，以确保食品安全目标的实现。重要的是，所有可能受到风险管理决定影响的有关团体都应当有机会参与风险管理的过程。这些团体包括但不应仅限于消费者组织、食品工业和贸易代表、教育和研究机构，以及管理机构。它们可以各种形式进行协商，包括参加公共会议、在公开文件中发表评论等。在风险管理政策制定过程的每个阶段，包括评价和审查中，都应当吸收有关团体参加。

3. 食品风险管理的原则

（1）遵循结构性方法

风险管理结构性方法的要素包括风险评价、风险管理选择评估、风险管理决策执行以及监控和回顾。在某些情况下，并不是所有这些方面都必须包括在风险管理活动当中。如标准制定由食品法典委员会负责，而标准及控制措施执行则是由政府负责。

（2）以保护人类健康为主要目标

对风险的可接受水平应主要根据对人体健康的考虑决定，同时应避免风险水平上随意性的和不合理的差别。在某些风险管理情况下，尤其是决定将采取措施时，应适当考虑其他因素（如经济费用、效益、技术可行性和社会习俗）。这些考虑不应是随意性的，而应当清楚和明确。

（3）决策和执行应当透明

风险管理应当包含风险管理过程（包括决策）所有方面的鉴定和系统文件，从而保证决策和执行的理由对所有有关团体是透明的。

（4）风险评估政策的决定是一种特殊的组成部分

风险评估政策是为价值判断和政策选择制定准则，这些准则将在风险评估的特定决定点上应用，因此，最好在风险评估之前，与风险评估人员共同制定。从某种意义上讲，决定风险评估政策往往是进行风险分析实际工作的第一步。

（5）风险评估过程应具有独立性

风险管理应当通过保持风险管理和风险评估二者功能的分离，确保风险评估过程的科学完整性，减少风险评估和风险管理之间的利益冲突。但是应当认识到，风险分析是一个循环反复的过程，风险管理人员和风险评估人员之间的相互作用在实际应用中是至关重要的。

（6）评估结果的不确定性

如有可能，风险的估计应包括将不确定性量化，并且以易于理解的形式提交给风险管理人员，以便他们在决策时能充分考虑不确定性的范围。例如，如果风险的估计很不确定，风险管理决策将更加保守。

（7）保持各方面的信息交流

在所有有关团体之间进行持续的相互交流是风险管理过程的一个组成部分。风险交流不仅仅是信息的传播，其更重要的功能是将对有效进行风险管理至关重要的信息和意见并入决策的过程。

（8）是一种持续循环的过程

风险管理应是一个考虑在风险管理决策的评价和审查中所有新产生资料的连续过程。为确定风险管理在实现食品安全目标方面的有效性，应对前期决定进行定期评价。

4. 风险管理的作用

风险管理的首要目标是通过选择和实施适当的措施，尽可能有效地控制食品安全风险，将风险控制到可接受的范围内，保障公众健康。风险管理措施包括制定最高限量和食品标签标准，实施公众教育计划，通过使用其他物质或者改善农业或生产规范以减少某些化学物质的使用等。风险管理措施的实施不仅能保证消费者的食品卫生安全，将食源性危害降到最低程度，而且能维护食品生产企业的合法权益，对食品行业的健康发展起到巨大的推动作用。

（四）风险交流

1. 风险交流的概念

风险交流（risk communication）是在风险评估人员、风险管理人员、消费者和其他有关的团体之间就与风险有关的信息和意见进行相互交流。

2. 风险交流的形式

风险交流的对象包括国际组织（CAC、FAO、WHO、WTO）、政府机构、企业、消费者和消费者组织、学术界和研究机构，以及大众传播媒介（媒体）。进行有效的风险交流的要素包括：风险的性质即危害的特征和重要性，风险的大小和严重程度，情况的紧迫性，风险的变化趋势，危害暴露的可能性，暴露的分布，能够构成显著风险的暴露量，风险人群的性质和规模，最高风险人群。此外，还包括利益的性质、风险评估的不确定性，以及风险管理的选择。其中一个特别重要的方面，就是将专家进行风险评估的结果及政府采取的有关管理措施告知公众或某些特定人群（如老人、儿童，以及免疫缺陷症、过敏症、营养缺乏症患者），建议消费者可以采取自愿性和保护性措施等。

3. 风险交流的作用

开展有效的风险交流，需要相当的知识、技巧和成熟的计划。因此，开展风险交流还要求风险管理者做出宽泛性的计划，制定战略性的思路，投入必要的人力和物力资源，组织和培训专家，并落实和媒体交流或发布报告要事先执行的方案。能否开展有效的风险交流、什么时候开展有效的风险交流，取决于国家层面的管理结构、法律法规和传统习惯，以及风险管理者对风险分析原则的理解，特别是风险交流支撑计划的实施。可以概括为风险管理者的管理需求、管理授权、以及技术支撑能力。通过风险交流所提供的一种综合考虑所有相关信息和数据的方法，为风险评估过程中应用某项决定及相应的政策措施提供指导，在风险管理者和风险评估者之间，以及他们与其他有关各方之间保持公开的交流，以增加决策的透明度，增强对各种结果的可能的接受能力。

综上所述，风险分析是一个由风险评估、风险管理、风险交流组成的连续过程。风险管理中决策部门、消费者及有关企业的相互交流和参与形成了反复循环的总体框架，充分发挥了食品安全性管理的预防性作用。风险评估、风险管理和风险交流三部分相互依赖，并各有侧重。在风险评估中强调所引入的数据、模型、假设及情景设置的科学性，风险管理则注重所做出的风险管理决策的实用性，风险交流强调在风险分析全过程中的信息互动。

思考题

1. 如何理解食品安全？
2. 如何理解质量的含义？
3. 食品质量特性包含哪些内容？
4. 结合具体实例，谈谈食品危害主要来自哪些方面？
5. 简述食品安全风险评估的基本程序。
6. 什么是暴露评估？
7. 简述风险管理的程序。

参考文献

［1］童淑媛，鲁晓峰．农作物生产技术［M］．北京：中国农业出版社，2017.07.

［2］孔令建，杨丙俭．主要农作物生产实用技术［M］．郑州：中原农民出版社，2017.04.

［3］刘秀玲．农作物配方施肥新技术［M］．石家庄：河北科学技术出版社，2017.02.

［4］王艳，王海．农作物栽培与管理［M］．北京：九州出版社，2017.06.

［5］白晓雷，王月华，张寒冰．农林业发展与食品安全［M］．长春：吉林人民出版社，2017.10.

［6］李旻辉，张春红．红花生产加工适宜技术［M］．北京：中国医药科技出版社，2017.11.

［7］马超．现代无公害有机食品标准生产技术［M］．北京：中国建材工业出版社，2017.01.

［8］张正科．农产品加工贮藏技术研究［M］．长春：吉林大学出版社，2017.09.

［9］卢元翠．农产品加工新技术［M］．北京：中国农业出版社，2017.11.

［10］熊明民．实用农产品加工运输安全知识［M］．北京：中国劳动社会保障出版社，2017.07.

［11］刘桂丽．农作物生产技术［M］．东营：石油大学出版社，2018.01.

［12］毛丹，胡锐，张俊涛．农作物科学用药手册［M］．郑州：中原农民出版社，2018.02.

［13］陈豫，胡伟．作物栽培与耕作［M］．北京：北京邮电大学出版社，2018.07.

［14］高占彪．定西主要农作物病虫害综合防治技术［M］．兰州：甘肃科学技术出版社，2018.08.

［15］张怀山，杨世柱，吴国锋．基地农产品加工新技术手册［M］．兰州：甘肃科学技术出版社，2018.12.

［16］李梅青．农产品（食品）加工与贮藏［M］．合肥：合肥工业大学出版社，2018.03.

［17］傅茂润．现代农产品贮藏与加工技术［M］．北京：中国纺织出版社，2018.02.

［18］朱宪良．主要农作物生产全程机械化技术［M］．青岛：中国海洋大学出版社，2019.06.

［19］吕建秋，田兴国．农作物生产管理关键技术问答［M］．北京：中国农业科学技术出版社，2019.08.

［20］汪波．身边的农作物［M］．武汉：武汉出版社，2019.09.

［21］张海清．现代作物学实践指导［M］．长沙：湖南科学技术出版社，2019.01.

[22] 金青，王维彪，王昕坤．经济作物规模生产与产业经营［M］．咸阳：西北农林科技大学出版社，2019.04.

[23] 秦文，张清．农产品加工工艺学［M］．北京：中国轻工业出版社，2019.04.

[24] 罗富民．农产品加工企业空间集聚发展研究［M］．北京：中国经济出版社，2019.11.

[25] 刘丽红，李涛，姜海军．农产品加工与贮藏保鲜技术［M］．北京：中国农业科学技术出版社，2019.02.

[26] 沈勇根．农产品加工技术［M］．南昌：江西人民出版社，2019.07.

[27] 刘春泉．农产品辐照加工与标准化［M］．南京：江苏凤凰科学技术出版社，2019.07.

[28] 郑晓杰．农产品贮藏与加工［M］．北京：中国农业出版社，2019.12.

[29] 赵建宁，周华平，肖能武．丹江口水源涵养区主要农作物绿色高效生产技术［M］．北京：中国农业科学技术出版社，2020.09.

[30] 张亚龙．作物生产与管理［M］．北京：中国农业大学出版社，2020.12.

[31] 猴国华，刘效朋，杨仁仙．粮食作物栽培技术与病虫害防治［M］．银川：宁夏人民出版社，2020.07.

[32] 曾强，曾美霞．一本书明白农产品加工［M］．长沙：湖南科学技术出版社，2020.02.

[33] 项铁男，刘小朋．农产品检测技术［M］．北京：中国轻工业出版社，2020.10.

[34] 陈阜，褚庆全，王小慧．近30年我国主要农作物生产空间格局演变［M］．北京：中国农业大学出版社，2021.07.

[35] 王学顺．作物病虫草害防治［M］．北京：中国农业大学出版社，2021.03.

[36] 刘永波，曹艳，胡亮．基于计算机视觉的农作物病害图像识别与分级技术研究［M］．成都：四川科学技术出版社，2021.09.

[37] 李进霞．近代中国农业生产结构的演变研究［M］．厦门：厦门大学出版社，2021.05.

[38] 李巧芝，柴俊霞．大豆病虫害识别与绿色防控图谱［M］．郑州：河南科学技术出版社，2021.08.

[39] 张玉华，胡锐．小麦病虫害识别与绿色防控图谱［M］．郑州：河南科学技术出版社，2021.08.

[40] 董全，闵燕萍，曾凯芳．农产品贮藏与加工·第2版［M］．重庆：西南师范大学出版社有限责任公司，2021.07.